城市生态环境学

（第二版）

杨士弘 等 编著

科学出版社

北 京

内 容 简 介

城市生态环境学是近30年发展起来的一门独立学科，系生态学、环境学、地理学等学科交叉的边缘科学。本书以城市生态环境问题为研究对象，分别论述了城市生态环境的基本概念，城市社会经济活动与生态环境之间的关系，人类活动影响下城市生态环境的变化，城市生态环境演变规律及调控机理等，侧重论述城市生态环境特征、要素结构功能变化，以及人类活动的生态环境行为效应研究。第二版对第一版的8章内容进行了修改和补充，并增加了近年来的新理论、新知识和新技术，以及扩展了"城市生态环境可持续发展"和"生态城市建设"两章。

本书可作为高等院校地理、环境、城市规划管理等专业的教材，并可供科研院所、城市政府管理部门等有关科技人员参考。

图书在版编目(CIP)数据

城市生态环境学/杨士弘等编著.—2版.—北京：科学出版社，2003

ISBN 978-7-03-010979-8

Ⅰ. 城… Ⅱ. 杨… Ⅲ. 城市环境-环境生态学-高等学校-教材 Ⅳ. X21

中国版本图书馆CIP数据核字(2002)第091408号

责任编辑：吴三保 / 责任校对：钟 洋

责任印制：赵 博 / 封面设计：耕者设计工作室

科学出版社出版

北京东黄城根北街16号

邮政编码：100717

http://www.sciencep.com

北京天宇星印刷厂印刷

科学出版社发行 各地新华书店经销

*

2003年2月第 二 版 开本：720×1000 1/16

2024年12月第二十二次印刷 印张：21 3/4

字数：420 000

定价：69.00元

（如有印装质量问题，我社负责调换）

第二版前言

城市生态环境学是一门新兴学科，随着世界城市化过程的迅猛发展，这门学科的研究和应用发展很快。本书自1996年出版以来，承蒙读者厚爱，由科学出版社多次重印。其间，深得广大读者提供许多宝贵意见，我们对此深表谢意。

为了反映学科发展新面貌，加强学科的基础理论建设，进一步提高本书的质量和适应新世纪广大读者的需要，决定对本书进行全面的修订。第二版对原来的8章内容进行了修改和充实，增加了近年来国内外最新研究成果，以及相关的新理论、新方法、新技术和新知识。在书的章节结构上，除保留初版的结构和特点之外，由原来的8章扩增为11章，增加了“城市生态环境可持续发展”和“生态城市建设”两章，并适当调整了部分结构，将原来第5章调整成两章，以保持自然环境要素的相对完整性，力求加强基础理论建设和适应新教材的需要。

本书第二版由杨士弘、廖重斌二人合作撰写。廖重斌负责第七、八、九三章的修改补充和第十章第三节部分的编写工作；其余8章由杨士弘教授修改、补充和撰写，并对全书进行了重新统稿和审定。本书再版得到科学出版社的热情支持和吴三保编审的积极帮助，在此致以衷心地感谢。

这次修订虽然经过一定的努力，但难免仍有不当之处。对于书中存在的问题，敬请读者提出宝贵意见，以供将来有机会再版时参考。

作者

2002年9月

第一版序

城市是地球表层物质、能量和信息高度集中的场所，是人类大量集中居住和活动的主要地域空间，是一个国家或地区的政治、经济和科技文化中心。在城市的特定空间里，城市人类活动与其周围环境相互作用形成的网络结构和功能关系，称为城市生态系统，它是人类在改造和适应自然环境基础上建立的人工生态系统，是一个自然、经济、社会复合的生态系统。城市生态系统中，除人以外的自然条件（环境）和人文条件（环境）的总和，就是城市生态环境。城市生态环境是城市居民从事社会经济活动的基础，是城市形成和持续发展的必要条件，它与城市居民生产和生活活动息息相关，是城市生态学、城市地理学研究的主要内容之一。

近数十年来，城市化进程迅猛，出现了一系列严重的城市生态环境恶化问题，诸如城市空气污染、噪音污染、水荒和水质污染、废弃物污染、生物资源减少等，威胁着城市居民的生存条件和生活空间。因此，城市生态环境质量下降问题，已引起各国政府和科学工作者的普遍关注，加快了对城市生态环境的保护和研究，包括地理学在内的许多学科纷纷加入城市生态环境研究领域，共同探求正确处理城市发展与环境保护的关系，以及城市可持续发展的途径，从而促进了城市生态环境研究的发展。

杨士弘教授从 1981 年开始，就已着手开展城市生态环境中气候要素的定位、半定位和流动观测研究，进而从事其他要素和城市生态环境的综合研究，取得可喜进展，发表了多篇有独到见解的学术论文，并于 1991 年将有关论文分类汇集成书，名为《城市生态环境研究》（中山大学出版社）。该书对我国城市生态研究有较大参考价值。

杨士弘教授在此基础之上，对城市生态环境进行全面系统研究，通过自身实践和参阅大量国内外文献资料，并与廖重斌、郑宗清两位同志合作，完成了这本《城市生态环境学》著作。本书从自然地理角度，着重研究了城市自然生态环境，深入论述了城市生态环境学的对象、任务，城市自然生态环境的各要素，以及城市生态环境的管理、调控和决策等，反映了国内外最新研究成果，不少资料是来自实际观测获得的第一手资料，十分珍贵，是我国首本城市生态环境学的原理性基础著作。它的出版将促进我国城市生态学、城市地理学的发展。

遵嘱作序如上。

刘南威

1995 年 11 月 1 日重阳节

第一版前言

城市化是人类社会发展的必然趋势，也是一个国家走向现代化的必经阶段。20 世纪以来，特别是近几十年来，世界城市化潮流汹涌澎湃。在城市化进程中，由于人口急剧集中，产业集中，社会经济活动强度大，带来住房紧张、交通拥挤、资源短缺、环境污染等一系列严重的城市生态环境问题。城市化的结果，还将大规模引起城市自然地理环境的变化、以及资源形态、结构、功能的变化，给资源开发、分配和利用带来巨大影响，甚至干扰全球生态系统的进化过程。人类社会发展的实践证明，走可持续发展道路，是解决社会经济发展与环境保护冲突的最佳选择。

城市是一个国家、一个地区的政治、经济、文教、科技等人类各种活动的中心，在现代化建设中起着主导作用。城市生态环境是人类从事社会经济活动的物质基础和条件，是城市形成和可持续发展的支持系统；城市生态环境是城市生态系统的主要组成部分，是城市生态学研究的基础和对象；城市生态环境是城市科学工作者、城市管理决策者，乃至每一个在城市中生活的市民都十分关心的问题。因此，城市生态环境问题已引起各国政府和科学家的普遍关注。20 世纪以来，尤其 70 年代以来，许多学科纷纷进入城市生态环境研究领域，从不同角度研究城市生态环境问题，探索如何正确处理城市发展、经济建设与环境保护之间的关系，寻求城市可持续发展的途径。

我国城市生态环境研究，单要素研究发展较快、较深入，如城市气候、城市地貌、城市水文、城市环境污染等，都有专著出版，成果较多。但系统综合的城市生态环境研究却较少见。目前还处于方法内容的探索阶段，多学科交叉渗透。本书尝试从地理空间角度，系统阐述城市自然生态环境在人类活动的影响下结构功能的变化、环境污染与生态破坏问题，改善城市生态环境的措施与效应，管理和调控方法及对策等。鉴于城市生态环境涉及自然、经济、社会各个方面，内容广泛，要素太多，这里只结合我们近年的研究工作，着重在自然支持系统方面，力图比较全面地反映国内外城市生态环境研究的最新成果。

本书由杨士弘编写第一章至第四章，廖重斌编写第六章至第八章，其中第六章第二节的第一部分和第三节由杨士弘编写，第七章第四节由廖重斌、杨士弘合写；第五章由郑宗清、杨士弘合写。华南师范大学刘南威教授为本书作序，书中插图由广州教育学院地理系绘图室谭颂红同志清绘，在此深表致谢。

由于城市生态环境涉及的学科多，知识面广，综合性强，而作者水平有限，经验不足，难免有错误和不当之处，敬请读者批评指正。

作者

1995 年 10 月

目　　录

第一章　引　　论

科学来自人类的社会实践,是人类认识事物客观规律的总结。城市作为人类聚居地的一种形式,它带来了人口集中、产业集中、资源能源消耗集中、需水量增加、不透水地面增多、绿地减少等一系列生态环境的变化。20 世纪以来,经济的高速发展,特别是 50 年代以来的工业大发展,使得城市环境污染、生态破坏达到了极其严重的地步,因此,人类开始关注其生存的环境,研究城市人类活动对环境的影响,研究城市社会经济发展与生态环境保护之间的关系。

第一节　城市生态环境学研究的对象和内容

一、城市生态环境学研究的对象

城市生态环境学研究的对象是城市,是城市空间范围内,围绕着以人群为中心的人类住区各种物质实体(如大气、水体、土地、生物、各种城市设施等)和社会因素(如人口、经济、科技、文化等),即研究以人为中心的自然环境、经济环境、社会环境的综合体,是城市居民与其生存环境之间的相互关系——城市生态环境。

(一) 城市

1. 城市的概念

城市是人类社会发展的产物,是人类进步的象征。人们从不同的研究角度出发,对城市作出了不同的定义。例如,地理学家定义:城市是地球表层物质流大量集中的地域,是以空间和环境资源利用为基础的区域,是人类生产、生活集聚的地理空间;经济学家定义:城市是集约经济的地域,是在一定空间范围内组织生产、集中进行社会物质生产与交流的场所,是一个经济实体,是区域的经济中心;政治家定义:城市是集约人口、集约经济、集约科技文化的中心,是一个国家或地区的政治中心、经济中心、科技文化中心,是人民精神生活、物质生活的中心,是一个政治社会实体,是组织生产力、实现社会分工和联系,推动社会发展的空间存在形式,代表一个地区最先进的生产力和经济发展水平与方向,是前进的主要动力;生态学家定义:城市是一个复杂的生态系统,是以人为主体,人口、活动、设施、物质、科技、文化高度集中,并不断高速运转的开放性有机综合体。各门学科专家对城市的定义虽然不同，但都概括了人口高度集中、物质高度集中、设施高度集中、活动高度集中、科技文化高度集中是城市区别于乡村的基本特征。

2. 城市的根本性质

人、物（生物、非生物）、空间（理化环境），是构成城市的三个基本因素，三位一体，以人为主体。以人为主体是城市的根本性质。这是因为：①任何城市都是人建造的，古今中外城市皆是人类劳动的结晶；②任何城市都是人管理的，“城市病”也是人造成的；③任何城市都是为人服务的，人是城市的主人。因此，当今提倡以人为本是城市一切工作的出发点和归宿。城市规划建设也要“以人为本”。“以人为本”，一是要充分考虑人的行为特征，从人类的生理感受和生活要求出发；二是要善解人意，尊重人格；三是要努力满足人的基本需求。发展经济不但是为人民提供日益丰富的物质产品，而且要同时提高人民的生活质量。如果经济增长了，物质产品丰富了，但呼吸的空气不清新，饮用的水不干净，吃的蔬菜、水果等食物被污染等，其结果将严重地影响了人们的健康，就不是以人为本了。

（二）环境

1. 环境的概念

环境是人类生存和发展的摇篮。环境总是相对于某个中心事物（或称主体）而言的，总是作为某个中心事物的相对面而存在的。从微观粒子到宏观宇宙，从自然界到人类社会，每一具体事物都是在一定的空间和时间中不断地运动着，都要与周围事物发生相互作用，并存在着相互依存、相互制约、相互转化的复杂关系。那些围绕着中心事物（主体）、占据一定空间、构成主体存在条件的各种物质实体或社会因素，就是该主体事物的环境。从生物学的角度看，生物存在的周围空间称环境。环境是空间实体，也是物质实体。从环境地学的角度定义，环境是人类赖以生存和发展的空间，是由各种性质不同、运动状态不一的物质所组成的有机统一体，是经过从无机环境到生物系统与智能社会三个发展阶段，由土圈、水圈、大气圈、生物圈以及技术经济圈所组成的复杂体系。

2. 环境的分类

环境因中心事物不同而不同，随中心事物变化而变化。环境是一个庞大而复杂的系统，人们为了认识如此庞大复杂的系统，从不同角度对它作了分类：

(1) 按环境的主体分，可有两种体系：一种是以人或人类作为主体，其他生命体和非生命物质都被视为环境，即环境就是指人类的生存环境，这是人类生态学的分类方法，这种分类方法在环境科学中广泛使用，本书按此分类方法论述；另一种是以生物体（界）作为主体，不把人以外的生物看成环境因素，此法在经典生态学中广泛应用。

(2) 按环境的范围大小分，有特定空间环境（飞机的机舱、轮船的船舱等）、车间环境（劳动环境）、生活区环境（居室环境、庭院环境等）、区域环境（城市环境、流域环境、行政区环境等）、全球环境（生物圈）、宇宙环境等。本书所述属区域环境的城市环境范畴。

(3) 按环境要素的属性分,可分为自然环境和社会(包括经济)环境两类。自然环境又分原生自然环境(指那些未经人类活动影响和改造利用的原始森林、海洋等)和次生自然环境(指那些经人类活动影响和改造利用的大气、水体和土地等)。次生自然环境虽然由于人类活动影响发生了巨大的变化,但它仍按自然的规律发展着。在自然环境中,按其主要的环境组成要素还可再分为大气环境、水环境、土壤环境、生物环境、地质环境等。

社会环境是人类社会在长期的发展过程中,为了不断提高人类的物质和文化生活而创造出来的,反映人对环境的改造利用,也称人工环境。社会环境也可按人类对环境的利用和环境的功能再分为聚落环境(院落、村落、城市等)、生产环境(工厂、矿区、农场、林场、果园等)、交通环境(机场、港口、车站等)、文化环境(学校、剧院、文物古迹保护区、风景游览区、自然保护区等),等等。

此外,在医学和生物学上还常按环境的功能划分内部环境和外部环境,内部环境是指人或生物体内部的系统和功能,外部环境则是指我们前面所述的环境内容。本书所述的城市生态环境是自然环境和社会环境两大范畴的综合体。

在环境科学中,一般认为,围绕着人群的空间及其中可以直接或间接影响人类生活和发展的各种自然因素、人工因素的总和,以及有关的社会因素,都看作环境。《中华人民共和国环境保护法》所定义的环境,是指大气、水、土地、矿藏、森林、草原、野生动物和植物、水生生物、名胜古迹、风景游览区、温泉、疗养区、自然保护区、生活居住区等人类生存环境。城市是人类集中聚居的区域,应当在保护之列。当然环境并不限于这些内容。

从人类生态学的角度来说,城市既是自然环境,又是社会环境。它以人群聚集和活动作为环境的主要特征和标志。这种环境以人工要素占优势,是人类以自己的劳动有目的、有计划地利用自然,改造自然环境而创造出来的新的生存环境。社会发展到今天,自然界到处都受到人类活动的干扰,到处都有人类所创造的环境,随着科学技术的发展,环境将被更深刻地改造。

(三) 生态

“生态”一词是20世纪以来流行最广泛的科学名词之一。“生态”一词意为“生物生长发育与其生存环境之间的相互关系”。其实,“生态”一词的科学涵义是极其深刻而广泛的。

“生态”的西语是“eco-”,它源自希腊文字“oikos”,意思是“居住地”“荫蔽所”等。19世纪中叶,德国动物学家E.Haeckel将“ecology”定义为“关于生物有机体与其周围外部世界之间相互关系的科学”。人类是自然界生物圈中的一员,故20世纪初,一些社会科学家、地理科学家主张将“eco-”理解为人类与环境的关系,把研究人类与环境之间相互关系的科学称为人类生态学(anthropo ecology),以区别于生物学界的生态学。20 世纪 60 年代末 70 年代初，由于全球人口、环境、资源与粮食问题越来越严峻，为解决这些与人类生存休戚相关的重大问题，生态学家进一步将“ecology”从对生物与其生存环境相互关系的研究，扩展到生命系统、生物、环境及与人类社会相互关系的研究。例如，E.P.Odum(1971)提出：生态学是研究自然界结构和功能的科学。1997 年他进一步指出：起源于生物学的生态学越来越成为一门研究生物、环境及人类社会相互关系的，独立于生物学之外的基础科学，即一门研究个体与整体关系的科学；我国学者马世骏(1980)提出：生态学是研究生命系统与环境系统之间相互作用规律及机理的科学。

现今“生态”一词的含义远远超越了其原来的本意，它不仅是指一种“关系”，如生物与环境的关系，人与环境的关系等，即生命有机体与其生存环境相互作用所形成的结构和功能的关系，而且是指一种和谐，一种复杂关系的和谐。“生态”是指一种和谐，是自然界的和谐，是生物与其生存环境相互关系的和谐；“生态”是指一种自然，是自然界(包括人类)的和谐；“生态”是指一种环境，是生物生存的环境、自然环境、人类生存的环境；“生态”是指一种适应，是生物对环境的适应，人对环境的适应；“生态”是一种综合，是多因素的综合作用的系统；“生态”是整体；“生态”是发展，是演变，是动态演化等等。

在城市中，城市居民与城市环境的复杂关系谓之“城市生态”，是城市居民与城市环境关系的和谐。城市生态关系包括人类对环境资源的开发与保护、利用与补偿、污染与治理，产业之间、城乡之间、行业之间，生产与生活、市区与郊区、局部与整体、活动强度与环境容量、眼前与长远、效益与风险、机会与失误等等之间的关系。这些关系，可通过规划、设计、实施，进行合理的安排和调节控制。

(四) 城市生态环境

1. 自然环境

生命有机体存在的周围空间，包括空气、阳光、水体、地质、地貌、动物、植物、微生物、土壤等，是客观存在的自然物或称自然条件。这些自然形成的物质能量的总体，称为自然环境。自然环境对生活在其中的生命有机体总是有直接或间接的作用，它们的相互作用谓之自然生态。自然生态系统的合理取决于其生物的合理。

2. 生态环境

从生态学的角度来说，生命有机体生活的环境是由许多因素组成的，包括有利的和不利的影响因素，称为生态因素或生态因子。在众多的生态因素中，对生物生活不可缺少的或那些直接参与生物的生理或代谢作用的自然物，称生存条件，如光、热、水、二氧化碳和无机盐类等，是植物的生存条件。各生态因子综合在一起构成影响生命有机体的生境。在生物学中生境是指动植物个体或种群天然栖息的场所，也是个体或种群生存所需的食物、资源的聚集地，包括水、土壤、气候以及生物有机体，能满足生物个体或种群摄取食物、躲避天敌、繁衍后代的需要。这些与生物体相互作用的资源环境或与生物体进行物质能量流动的因素，称为生态环境(有机体所处的环境或称生活环境)。可见，生态环境比通常所说的环境概念要窄一些，而且强调相互作用和综合作用。

3. 城市生态环境

事物有大小，环境也有大小，太阳系及其空间是地球生存和运动的环境；地球表层是生物和人类生存和发展的环境；对于居住在城市的人们来说，城市的空气、水体、土地、生物、建筑物、道路、设施以及社会秩序和风气等，包括了进行物质能量流动的因素(自然的、社会的)，就是城市居民生存和活动的环境。这种在特定城市区域中，城市居民与城市环境的统一体，以及这个统一体中进行物质能量流动的因素，即与城市居民相互作用的环境，称城市生态环境。研究城市居民与其生存环境之间相互关系的科学，称城市生态环境学。

二、城市生态环境学的性质和任务

(一) 城市生态环境学的性质

学科的性质决定了其所研究的对象和研究方法。城市生态环境学研究对象的广泛性、复杂性，研究方法和手段的多途径，决定了其学科性质的交叉性、二重性和综合性。

1. 城市生态环境学的综合性

城市是人类活动最集中、最频繁的地方，城市中的自然过程、生态环境过程、经济过程、文化过程等都异常活跃，它构成一个特殊的城市生态环境综合体，这个综合体不仅拥有阳光、空气、水体、土地、生物等自然景观和建筑(构筑)物、园林、绿地等人工景观，构成城市生态环境的物质部分。而且还有科技、文教、艺术等人文景观，构成城市生态环境的精神部分。还有生产、生活、供给、需求等社会经济环境，维持城市的生存和发展。这些要素和系统又是相互作用、互相制约的。所以城市生态环境学既研究城市自然环境，又研究城市社会经济环境。既研究单个要素或系统的状态，又研究多个系统或要素的相互关系，以及它们在时间上和空间上的发展变化规律。因此，城市生态环境学具有极强的综合性。

城市生态环境学是运用生态学的原理和系统论的方法，研究人类赖以生存的城市环境，围绕着城市人群活动与环境的关系开展研究，如研究城市环境在人类社会经济活动的影响下结构、功能的变化，污染物的环境行为和效应，城市环境质量的评价及其发展预测与调控，环境质量变化的规律及其对人类产生的后果等，涉及环境、生态、资源、时空分布和变化等各个方面。

2. 城市生态环境学的边缘科学特性

城市生态环境是在人类的强烈作用下已经发生了变化的自然环境。它既不单纯由自然因素也不单纯由社会因素构成，而是在自然环境的基础上经人类改造、加工形成的。因此，对这个系统的研究以及对它们之间相互关系的研究就不能不涉及多门自然科学、社会科学和技术科学的知识，需要大量运用生态科学、环境科学、地理科学、城市规划学、城市建筑学、生物学、物理和化学等的知识，而要对这个系统的关系进行综合研究还要运用经济学、数学、系统论、控制论、信息论等新兴横断科学理论。所以说城市生态环境学具有多学科交叉的边缘科学特性。

从科学的属性来说，它是介于自然科学、社会科学和技术科学之间的边缘科学；从学科体系的结构来说，它是生态科学、环境科学、地理科学、城市科学等多学科交叉的综合性边缘科学；从生态科学的角度说，它是研究城市居民与其生存环境的相互关系，它遵循平衡、竞争、优势、演替等自然生态规律；从环境科学的角度说，它又是研究城市的空气、土地、水体、生物等自然环境的污染和控制，资源及其合理开发利用；从地理科学的角度说，它是以城市居民与其生存的城市环境的关系为主线，研究特定城市区域的地理环境系统与社会经济系统的相互关系，即从地理空间角度研究城市环境污染与生态破坏问题，并从整体上来协调人类的社会经济活动与自然环境之间的关系，以达到城市社会经济的持续高效发展及其与人类生存环境始终保持着协调、稳定的良好状态。它与一般的地理学不同，城市生态环境学更加强调在人类活动影响下城市环境的变化，更突出人为过程的影响及其后效问题，更突出人地关系在城市空间的作用。它与环境学不同，它更注重于污染物在城市环境中的行为和效应，城市环境质量的综合评价与宏观的调控对策，而较少涉及环境污染工程控制问题。城市生态环境学的兴起，是现代城市发展和科学技术进步的标志，是人类改造和利用自然环境的产物。

3. 城市生态环境学的二重属性

城市生态环境学研究的对象是以人为中心的城市环境系统。在这个系统中，人既是自然的人，具有生物的属性，受自然规律的制约；人又是社会的人，具有社会的属性，以群居的形式在一定的生产条件下干预自然界的物质循环和能量流动，这种干预具有技术行为的因素，受社会规律的约束。城市生态环境研究便是研究这种人工环境和自然环境之间的关系，人工开发活动与区域自然负荷之间的关系。这种开发活动既受自然规律的制约，又受社会规律的约束。所以城市生态环境学具有自然科学与人文科学的两重属性。

城市生态环境学还只是一门新兴学科。今后还需加强基础理论研究，把学科建立在更加准确的科学概念上，使各有关学科真正交叉渗透融合。在解决城市环境和建设问题的实践过程中，不断完善学科内容，提高理论水平。

（二）城市生态环境学的根本任务

任何城市都是与自然环境不断进行物质能量交换的开放系统，大气、水、土壤、生物等各种自然因素，是城市的物质基础。城市自然环境不仅是城市资源的源泉，而且是人类生活、居住的空间，是城市生命支持系统。人类不应只利用城市自然环境，而要尽可能地减轻对自然环境的污染，能动地补充城市自然环境所不具备的功能，补偿由于开发建设而造成的自然资源损失和自然环境被过度利用而受到损害的功能。自然界的资源再生功能与环境再生功能是以生物地球化学大循环来完成的，所以要研究城市生物地球化学大循环的稳定条件。城市自然生态环境给予人类维持生存的物质条件，并提供了在智力、道德、社会和精神等方面获得发展的机会。任何城市又首先都是以居民的居住、工作、休憩的空间而存在的，人工生态环境的满足和满意程度，又是衡量城市生态环境好坏和是否稳定持续的重要准则。因此，从整体上来协调人类的社会经济活动与自然环境之间的关系，以城市生态系统平衡来支持和保障城市的持续发展，为建设一个规划布局合理，配套设施齐全，有利工作，方便生活，环境清洁、优美、安静，居住条件舒适的人类住区环境，从而实现城市可持续发展，是城市生态环境研究的目的和任务。

三、城市生态环境学研究的主要内容和方法

（一）城市生态环境学研究的主要内容

城市在其职能和自身发展方面的生态环境问题相当庞杂，研究内容广泛。概括而言，城市生态环境研究可以分为三个密切联系的方面：一是资源方面，二是环境方面，三是生态方面。这些问题又直接或间接地以社会经济过程为中介而表现出来。这一特点为人们发挥调节作用提供了相当大的余地，存在着改善环境质量的潜在能力。城市生态环境问题是我国当前城市环境保护的突出问题，目前城市生态环境研究一般侧重在以下几个方面：

1. 研究城市生态环境的组成和结构

城市生态环境的组成和结构是城市生态研究的基础，主要研究各组成要素的基本特征，如城市地质地貌、城市水文水资源、城市气候、城市生物、城市环境污染及生态破坏等的基本特征，各要素的相互关系和相互作用及效应。只有摸清了城市生态环境组成和结构的特征，才能进行其他深层次的研究。如研究人口动态结构、工业类型结构、土地利用结构、城市空间结构与生态环境的关系，城市内部空间布局、密度、分布对居民的影响等，城市人口规模、变化速率与生态环境的关系，能源和粮食的供求结构，给排水、交通运输网的分布等。

2. 研究城市生态环境的功能

城市生态环境具有三种功能：一是生产功能，二是生活功能，三是还原净化和资源再生功能。三者是既互相区别又密切联系的统一体。它们通过物质流、能量流、信息流来实现。这些功能与其结构有一定的对应关系。

如城市居民的生活福利和城市的承受能力，是城市生态环境质量的反映，因此要研究如何使城市居民生活在一个较好的生活环境和生产环境之中。但反映城市居民生活福利的高低，情况是多种多样的，有物质生活、精神生活、家庭生活和社会生活等诸多方面的水平。在考虑居民的生活和福利时，必须同时考虑城市的承受能力，即考

虑环境、资源、人口对保持居民衣、食、住、行、文化教育和福利事业的限度。例如要供给一定质量的生态环境，就要使城市环境具有较强的代谢各种废物的能力。

3. 研究城市生态环境中能流、物流和信息流

城市生态环境无时无处不在运动之中，城市生态环境的发展变化，正是依靠其中的物质循环、能量流动和信息交换而实现的。城市生态环境的协调、平衡，也与城市生态环境中物质、能量和信息的动态变化密切相关。因此，要研究城市物质流、能量流、物质-能量代谢，地球化学物质循环及废物管理，营养循环和食物供应等。从污染物质流的角度考虑，可以把城市社会经济系统作为污染物的“源”，把城市自然生态系统当作它的“汇”，研究“源”与“汇”之间物质流、能量流的变化规律，并以整个城市环境系统的相对稳定作为目标函数，选择、求解城市系统中“流”的最佳状态。

4. 研究城市生态环境的动态变化

城市生态环境不是一成不变的、静止的，而是发展变化的、动态的。所以，研究城市生态环境的动态，不但要对城市生态环境的发展历史作研究，以找出其已有的动态变化规律和特征，还要对城市生态环境的现状作评价，以及对其未来作预测，以便看出它的发展变化趋势，从而有针对性地对其进行调节和控制，以期达到城市生态环境的最佳功能。如城市化带来的环境变化对生物和人的影响以及对城市环境变化的反应，环境污染的范围和程度变化，人口的分布与动态变化，生物区系和群落的分布与动态变化，城市环境的特点和动态变化等。

5. 研究城市生态环境管理和调节控制

由于城市生态环境是处于不停的运动变化之中，城市生态环境又是高度“人化”了的环境，所以更离不开对其进行科学的管理，包括城市生态环境评价、预测、区划、规划、优化模型研究。综合调查分析，用动态系统论方法、数学模拟进行研究，以确定城市生态环境的开发方向。前述对城市生态环境的结构、功能、能流、物流、信息流以及动态的研究，最终都要为城市生态环境的管理提供决策，为因地制宜利用、改造城市生态环境，以及调控城市生态环境提供科学的服务。包括城乡合理结构、工业合理布局，实现城市生态环境良性循环的决策和措施研究等。此外还有城市人文生态环境研究、城市经济生态环境研究等。

如今，全世界面临生态环境危机的严重挑战，城市化过程引起的一系列生态环境问题，正在威胁着人类的生存和持续发展，解决城市生态环境问题，制止生态环境恶化，已成为世界各国极度关注的重大问题。为综合解决城市生态环境问题，各有关学科正在协同作战，开展多途径研究，提出城市生态环境建设的新构想。近年在国内外还开展了生态城市的规划和建设的研究和实践。

（二）城市生态环境学研究的基本原理和方法

城市生态环境学是近年才发展起来的一门新兴学科，其研究方法还很不成熟。概括而言，由于它是生态科学、环境科学、地理科学等多学科交叉的边缘科学，具有自然科学、人文科学二重属性,这就决定了其研究方法的多样性和综合性。首先,它起源于生态学,生态学原理在城市生态环境研究中都适用。但城市生态环境主要是人工生态,又具有其特殊性。用生态学的原理和方法探讨城市人类社会经济活动与环境的相互关系,用现代科学技术如系统论、控制论、信息论、3S 系统(遥感 RS、地理信息系统 GIS、全球卫星定位系统 GPS)和 5R 原则[节约资源、减少污染(reduce),绿色消费、环保选购(reevaluate),重复使用、多次利用(reuse),分类回收、循环再生(recycle),保护自然、万物共存(rescue)等]解决具体问题。

1. 生态学的基本原理

(1) 整体性原理　又称联系性原理。生态系统的整体观,即生物与环境是不可分割的有机整体,互相依存,相互制约,这是生态学最基本的原理。生态环境中各因子不是孤立的,而是彼此联系、相互促进、互相制约的,任何一个单因子的变化,必然引起其他因子不同程度的变化及其反作用,即所谓的"牵一发而动全身"。生态因子所发生的作用虽然有直接作用和间接作用,主要作用和次要作用,重要作用和非重要作用之分,但它们在一定条件下可以相互转化。如光和温度的关系密不可分。温度的高低不仅影响空气的温度和湿度的变化,同时也影响土壤的温度和湿度的变化。正是由于生物对某一个极限因子的耐受性会因其他因子的改变而变化,所以生态因子对生物的作用不是单一的而是综合的起作用。换言之,生态系统中任一组分的增长,必须服从整体的需要,综合平衡,互相适应。任何事物都不是孤立的,都是相互联系的,所以不能孤立研究城市某一部分,部分(或部门)的最优未必是系统的最优。要注意各部分之间的联系,如城市与乡村与区域的联系等。

(2) 物质循环再生原理　即生态流原理。生命的各种表现都是与物质循环、能量流动、信息传递分不开的。自然生态系统中的能量来自太阳,生态系统通过生产者、消费者、分解者组成食物链、食物网结构,而进行物质生产、能量流动和信息传递。初级生产者(绿色植物将太阳能转化为有机化合物)其净生产量被食草动物所利用,利用量中大部分被消化吸收,未能被消化利用的部分(粪便)排出体外,回归环境再为绿色植物根系吸收,重新参加生态系统的物质循环。被动物所利用固化的能量,一部分用于呼吸而被消耗掉,其余部分被用于个体成长或用于生殖,而进入下一级的物质能量循环流动。生态系统中各种消费者的营养层次虽不相同,但它们的次级生产过程基本上都遵循与上述相同的途径。各种营养物质经过分解者分解成为可被生产者利用的形式,归还环境中重复利用,周而复始地循环,多层分级利用,没有废物,提高资源利用效率,改善环境。

城市生态系统中除自然能外,还有各种附加能量,能流复杂,但基本原理相同,从一个营养级转移到另一个营养级。在能量流动过程中,物质随之转移。能流、物流都伴随着信息传递或以信息为引导。城市由于人为附加能量,加速了物质流动,使循环变得不完全,甚至无循环。所以物质再循环应成为城市发展的目标。

(3) 主导因子原理　生态因子中对生物或人类起直接作用的,称直接因子,如光、温、水、二氧化碳、氧气等;通过影响直接因子而间接影响生物与人类的,称间接因子,如地形、坡向、坡度等,通过对光照、温度、风、土壤质地的影响,才能对生物与人类发生作用。在诸多生态因子中必有一个生态因子对生物起决定性作用,称为主导因子。主导因子发生变化时会引起其他因子发生变化。由于生物生长发育的不同阶段对环境因子的需求不同,因此因子对生物的作用也具有阶段性。

(4) 因子的不可代替性和补偿性原理　　环境中各种生态因子对生物的作用各有其重要性,尤其是主导因子,如果缺少便会影响生物的正常生长发育,甚至导致疾病和死亡。所以,从总体上说生态因子是不能代替和补偿的。但在一定条件下的多个生态因子的综合作用过程中,由于某一因子在量上的不足,可以由其他因子来补偿,同样可以获得相似的生态效应。如植物在进行光合作用的过程中如果光照不足,可以通过增加二氧化碳的量来补足。当一个种的某因子不是处于最适状态时,另一些生态因子的耐性限度将会下降,因子之间有补偿作用。但生态因子的补偿作用只能在一定范围内作部分补偿,不能以一个因子代替另一个因子,且因子之间的补偿作用也不是经常存在的。因子的相互作用可以改变因子的利用率,从而在一定范围内起到补偿作用。

(5) 限制因子与耐性定律原理　　任何生态因子在数量和质量上的不足和过多都会损害生态系统的功能。植物生长取决于最小状态的因子。作物产量常常不是受需要量大的营养物质所限制,而是受那些只需要微量的营养物质所限制。生物生长发育受它们需要的综合环境因子中那个数量最小的因子所控制,称最小因子(最低量)定律。生物生长发育同时也受它们对环境因子的耐性限度(不足或过多)控制,称耐性定律。两者结合就是限制因子原理。

生物种群生活的环境条件有一定范围,这就是生物的耐性。它对某因子耐性范围很广,对另一因子耐性范围很窄。在诸多生态因子中,使生物的耐受性接近或达到极限时,生物的生长、发育、生殖、活动、分布等直接受到限制、甚至死亡的因子,称为限制因子。也可以理解为是限制一种有机体或种群的分布和活动的环境因子。如温度升高到上限时,会导致许多动物死亡,温度上限对动物生存成了限制因子,也称“阈值”。每种生物对一种环境因子都有一个生态上的适应范围,称生态幅,即有一个最低点和一个最高点,两者之间的幅度为耐性限度。生物在最适点或接近最适点生长最好,趋向耐性限度两端时就减弱,然后被抑制,因而遵循正态分布规律。如果某些因子所起的限制作用很强,即使其他因子处于最优的活力水平上,植物产量也只能下降到限制性最强的因子所制约的水平上。如干旱地区即使光、温条件很好,但产量也必然下降到水分因子所限制的水平上。

如果生物对某个因子的耐性限度很广,而这个因子在环境中比较稳定,数量适中,那么这个因子不可能成为限制因子;相反,如果生物对某个因子耐性限度是有限的,而这个因子在环境中又容易变化,这就要仔细研究该因子的情况,因为它可能是一个限制因子。所以要注意那些有显著作用的、有限的、容易变化的因子,以便抓住问题的关键。注意，在不同地点、不同时期，限制因子是不同的。理想的生态对策是离上下限风险值的距离最远。要使城市社会经济持续发展，居民生活水平稳步上升，必须采取自然生态系统的最小风险对策，即各项人类活动应处于离上下限风险值最远的位置，使城市长远发展的机会最大。城市的土地、资源、能源等都是有限的，会限制城市的发展。其中某个因子可能成为城市发展的限制因子，所以城市发展要根据资源条件确定最佳规模。

(6) 生态位原理　　生物生态位是指种群在群落中与其他种群在时间上和空间上的相对位置及其功能的关系，或有机体在与环境的相互关系中的功能和地位。每种生物的生存都需要一定的空间和资源，为了获得这些资源和空间，都有扩张的本能倾向，即扩大它们的分布范围。但资源和空间都是有限的，因此，必然引起有同样需要的物种间竞争。由于竞争的影响，种群所占领的实际生态位总是小于其没有竞争条件下可能达到的生态位(基础生态位)。

资源和空间虽然有限，但是多种多样的。种群间通过竞争和选择，可产生生态位隔离，使得生态位不重叠或少重叠，从而达到一定范围内许多物种共存。人类社区与自然群落不同，它能移动和选择生存环境，能控制和改变生存环境的现状，力求在可能的条件下占领最有利的生态位，获得最佳的生存条件。

(7) 生态平衡原理　　生态系统具有抵抗胁迫、保持平衡的倾向，受外界干扰时，能通过自动调节在新的水平上实现新的平衡，但有一定限度。在自然界中，生态平衡是通过生物与环境的物质循环、自然调节来实现的。但是这种自然调节在一些地方不可能永远正常地进行下去。因为生物的发展、物质的积累，可能会引起循环不正常，从而导致失调，出现不平衡。城市人工生态系统的稳定性，则可以通过人为的调节来实现。

生态平衡的破坏主要有两种原因：一是生境直接遭受破坏；二是生物群落被破坏引起生境恶化。随着社会生产力的发展和人口的增长，生态系统在发生变化，尤其近半个世纪以来，随着世界人口的猛增、城市化和工业的迅速发展，人类主要从三个方面威胁着生态平衡：①地球自然资源的不合理开发利用，森林被过度采伐；②土地的掠夺性利用和不考虑生态平衡的大规模建设；③矿物燃料的大量使用，工业废气、废渣、废液、农药、有机化学物质对环境的污染。这些因素使全球生态平衡危机在加剧，并威胁人类社会的生存和发展。

(8) 拮抗作用与协同作用原理　　各个因子在一起联合作用时，一种因子能抑制或影响另一种因子起作用时称拮抗。如青霉菌产生的青霉素能抑制革兰氏阳性菌和部分革兰氏阴性菌。两种或多种化合物共同作用于生物体，由于化合物间产生的拮抗作用，可使其毒性低于各化合物毒性之和。两种或多种化合物共同作用时的毒性等于或超过各化合物单独作用时的毒性总和称协同作用；两种或多种化合物共同作用时的毒性为化合物单独作用时的毒性总和称叠加。

(9) 生态演替原理　　①演替是一个有序的过程，可以预见；②变化由外因引起，但受生命系统控制；③生态演替以系统的稳定为发展顶点。

（10）人与自然统一性原理　“天人合一”是生态学的本质。顺应自然，尊重自然规律，发挥主观能动性。师法自然，建立人与自然和谐的关系。强调自然生态建设与经济生态建设的统一，充分合理利用自然资源、能源，保护环境，维护生态平衡。

2. 熵的法则、耗散结构和反馈作用原理

（1）热力学第二定律——熵的定律　城市生态环境系统是一个开放性系统，开放系统遵循热力学第二定律，其主要原理是：

第一，孤立系统中，热量是由高温物体自动地流向低温物体，直到热量平衡、能量均匀分布为止。即孤立系统中的自发过程总是使系统的熵增加。熵（entropy）是一个描述系统无序性（即混乱度）的物理量。

$$熵 = \Delta Q / T = \Delta S，用微分表示为\ dS = dQ / T$$

即系统吸收的能量除以系统本身的温度称熵。式中：T 为物体的绝对温度，ΔQ 为物体增加的热量，称熵的增加。所以，熵是描述系统能量变化、表示系统发展的稳定状态和变动方向：一是表征系统能量分布的均匀度，当 dS 增加时，说明能量分布趋向于均匀；当 dS 减少时，说明能量分布趋向于不均匀。二是表征系统内部的混乱程度。

第二，孤立系统自发过程总是从概率小的状态趋向概率大的状态。即从有序趋向无序（混乱）状态。引入熵这一物理量，热力学第二定律就有了一个普遍的判据。因此，热力学第二定律也称熵的定律或熵增定律。熵的增加表示系统向无序状态发展，熵越大，系统越混乱（无序）。最终达到远离平衡态时，系统的熵为最大值。与热力学第一定律一样，它亦可应用于社会经济学、生命科学。

第三，孤立系统的自发过程总是使系统的熵增加。所以要减少转换过程中的消耗，要求城市生态系统在利用能源过程中，物流、能流尽可能减少中间环节，减少能量在转化过程中的消耗，缩短生产线，减少废物、余热，建立生态工艺流程。

（2）耗散结构　根据宇宙大爆炸理论，宇宙正不断膨胀，向着熵增加的方向发展。而地球表层与此相反，它的熵并没有增大，反而减小。无论自然界或人类本身一直都处于不断的进化和发展之中，从简单到复杂、从低级到高级、从无序到有序地进化发展，在远离平衡的情况下，通过涨落形成了相对稳定有序的结构。比利时的物理学家普利高津（Prigogine）称其为耗散结构。他指出：一个远离平衡状态的开放系统，只要通过不断与外界交换物质与能量，在外界条件的变化达到一定阈值时，可以从原有的混乱无序状态自发地转变为一种在时间上、空间上或功能上的有序状态。即输入的影响达到一定程度时，从原来的混乱状态自发转化为有序，这是在远离平衡情况下依靠外界能量耗散维持的结构（系统），故称耗散结构。自然界是远离平衡状态的开放系统，所以是耗散结构。城市生态环境系统也是远离平衡状态的开放系统，所以也是耗散结构。

普利高津把开放系统的熵分为两部分：熵产生（dS_i），是系统自发过程中熵增加；熵流（dS_e），是系统与外界交换物质与能量引起的熵变化。

开放系统的总熵变(dS)为熵产生与熵流之和,即:

$$dS = dS_i + dS_e$$

根据熵定律,$dS_i \geqslant 0$,而 dS_e 可以为负数。只要输入开放系统的能量与物质熵低,而输出系统能量熵高,输入与输出的熵的差(熵流)就为负数,即负熵流,$dS_e \leqslant 0$。只要负熵流足够强,开放系统的总熵变也为负数,即:

$$dS = dS_i + dS_e \leqslant 0$$

这样开放系统的总熵就会减少。城市生态环境系统是具有耗散结构的开放系统,输入太阳能、光量子,能量高,熵低;输出热辐射、热量子,能量低,熵高。城市生态环境系统与外界的物质能量交换,使城市生态环境结构趋向有序性:空间有序,(整体性与差异性)、时间有序(发展节律与方向)、功能有序(自然环境稳定性与进化从低级向高级发展)。

负熵即有序性,负熵增大,系统有序性增加,这依靠外界物质能量输入来维持。生态系统是开放系统,有输入输出。一个开放系统若没有外界物质能量输入,根据热力学第二定律,该系统便向无序发展,混乱度增大;若外界有物质能量输入,便可增加其有序性。另一方面,系统本身也对外作用,系统输出物质。在一定时间尺度内,若系统输入=输出,则出现平衡——生态平衡,系统有序性得以维持;系统越复杂,内稳定性越大,越能保持平衡,反之则不平衡。

所以,一个开放系统要靠输入负熵维持系统的稳定,这样的开放系统,便是耗散结构。系统除具有各成分的特征外,更加重要的是它们之间还有相互作用的特征。这种相互作用越复杂,彼此间调节能力便越强;反之,相互作用越简单,彼此间调节作用便越弱。这种系统中各成分间相互作用,互相调节,称反馈作用。最常见的反馈是负反馈,它使系统具有自动调节的能力,保护系统稳定。当系统中某一成分发生变化时,其他成分会通过彼此的相互联系和相互影响,去改变已经发生变化的那个成分,从而使系统达到平衡稳定。

3. 实践方向

如何系统地辨识城市社会、经济、自然之间复杂而耦合的联系,是城市生态环境研究的重要途径。趋势是从物到人、从链到网、从单因子到多因子、到多属性综合。用系统化、工程化、生态化的理论对时、空、量、构、序等进行多层次耦合。分自然生态、社会文化、经济管理、工程技术等因素作等级性、异质性和多样性识别。从技术、体制和行为三个方面去调控城市的生产、生活与生态服务功能。

研究方法方面,手段多种多样,如系统动力学方法,从复杂系统的基本构造出发充分考虑系统与环境,系统内部各因素间的关系,构造出一种能够比较全面刻画复杂系统的动力学模型,以计算机模拟实验为手段,主要从高层次、大规模等方面描述和揭示事物发展的宏观趋势,可谓是较先进的综合研究方法。城市生态系统实为自然、社会、经济相互作用的复杂巨系统,系统动力学不失为研究城市生态系统多方面问题的得力工具。在城市生态系统研究中,离不开对系统功能的综合评价，关联矩阵法、相关法、模糊综合评价法、功效系数法、可能满意度法、多元统计的综合评价等方法，为系统的综合评价提供了可供选择的机会。多目标决策方法、层次分析法、灰色分析、判别分析、时间序列分析、聚类分析等常用的统计学方法，模型法、优化法等也常应用。人们常用定性与定量相结合的方法。其基本程序为：

(1) 界定系统边界，确定研究对象的范围。

(2) 明确系统变量，包括状态变量（环境变量）、控制变量（政策变量）、输出变量（观测变量）等。

(3) 系统建模。将一个实际系统的结构、功能、输入-输出关系，用数学模型、逻辑模型等描述出来，用对模型的研究来反映对实际系统的研究。

(4) 模拟系统功能——系统仿真（系统的实验研究）。研究系统在不同输入下的反应，系统的动态特性以及未来行为的预测，即系统分析。

(5) 系统优化。找出为使系统具有所希望的功能最优、次优或满意的政策、策略。

(6) 修正模型，调整参数，重复上述工作多次，直到各方面的专家认为结果可信。

(7) 做出结论和政策建议。

首先是加强生态环境影响评价与环境管理体系的建立、关系整合、体制调控、指标测度、动态监控、系统模拟、强化宏观生态调控，其基础是生态规划、生态设计与管理。其次是发展产业生态学、清洁生产工艺技术和生命周期分析理论，推进在工农业生产中资源、产品及废物的代谢规律，促进资源的有效利用和对环境的正面影响。第三是研究按生态学原理将城市住宅、交通、基础设施及消费过程与自然生态系统融为一体，为城市居民提供适宜的人居环境。第四是研究城区、城郊及城市支持系统的景观格局、自然过程、生态秩序、环境容量及生态服务功能等。研究如何将生态学原理应用到城市产业、社区及景观生态设计、规划与建设中去，促进城市及其区域生态支持系统的持续协调发展。

目前在全球范围内已经出现了从可持续发展的口号走向生态建设的具体行动：生态城（村、镇）、生态住宅、生态交通、生态建筑、生态代谢、生态能源、生态恢复、生态产业的规划、设计、试验和管理，产业生态工程、人居生态工程和区域生态工程已成为城市及人口密集区可持续发展的三大前沿工程。

第二节　城市生态环境学的发展简史

一、城市生态环境问题的出现和演变

（一）环境问题

1. 环境问题及其分类

由上述环境的概念可见，环境是人类从事生产、生活活动的物质基础，也是人

类赖以生存的基本条件。环境问题是指地球环境对人类生存和发展产生不良影响的问题，是人类活动作用于地球环境所引起的环境质量变化以及这种变化反作用于人类，对人类的生存发展产生不良影响的问题，或者说是由自然力或人力引起的生态平衡破坏，最后直接或间接影响人类生存和发展的问题。它既受自然发展规律所控制，也为人类的社会经济活动所约束。

现代环境问题可分三大类：

第一类环境问题——原生环境问题，是指自然灾害，如地震、台风、水、旱等。

第二类环境问题——次生环境问题，是人类活动对环境的污染和生态破坏。环境污染是指由于人类活动所引起的环境质量下降而有害于人类及其他生物的正常生存和发展的现象。生态破坏是指由于人类活动或自然原因使地球环境发生不利于人类的变化以及影响人类的生产和生活。

第三类环境问题——社会环境问题，是人口增长、城市膨胀、经济发展带来的社会结构、生活问题。广义的环境问题是指上述三大类环境问题的总和，狭义的环境问题是指第二类环境问题，主要是人类不适当的开发利用环境资源造成的。

2. 全球环境问题

从人类影响而改变自然生态过程的角度来说，环境问题与人类的出现几乎是同时存在的。不过，真正引起全人类的关注以致成为一种"公害"的环境问题，主要是在第二次世界大战以后，由于工业化、人口膨胀和城市化加速发展，人类的社会经济活动对地球环境的干扰越来越强烈，由地壳释放或人工合成的各种物质大量进入人类环境，从而出现了严重的环境污染与生态破坏之时，才成为举世瞩目的一个焦点的。20 世纪是人类历史上的一个大发展时期，随着现代科学技术的发展，人类创造了世界经济奇迹。在过去的 100 年中，人类创造的财富超过了以往财富的总和。但是随着生产的发展，地球的资源和环境也遭受了前所未有的破坏。20 世纪 70 年代以后，人们利用宇航技术、遥感技术、环境监测技术以及计算机模拟技术所得到的气候变化信息、臭氧层破坏信息、生物多样性消失信息、环境污染信息等，足以证明人类正以惊人的速度破坏着地球几十亿年来形成的生态平衡。目前，全球化的十大环境问题是：①温室效应及全球变暖；②臭氧层耗损；③酸雨；④森林锐减；⑤水土流失、荒漠化；⑥物种减少、生态系统简化；⑦淡水资源危机；⑧海洋环境污染；⑨固体废弃物污染；⑩有毒化学品污染。这些全球环境问题尤其在城市表现最明显。

（二）城市生态环境问题

1. 城市生态环境问题的产生

城市是人类集中居住和活动的场所，人类活动对环境的干扰最集中、最强烈、最频繁，因而环境问题也最突出、最严重。现代工业的兴起和城市的迅速发展，生产力和劳动生产率的提高，增强了人类利用自然和改造自然的能力。人类大幅度地改变了自然生态环境的结构，改变了物质循环和能量转化的功能，虽然扩大了人类的生存空间，改善了人类的物质生活条件，但同时也带来了复杂的城市环境问题。工业生产和消费过程中排放的“三废”物质、有毒有害物质，是人类和生物在漫长的进化过程中从未曾遇到过的。农药的污染已经遍布全世界，随着城市的发展，酸雨、光化学烟雾出现越来越多，这些已经产生了许多不良后果，并引起人们广泛的关注。

从历史上看，城市生态环境问题与城市发展几乎是同时产生的。国外发达国家的城市生态环境问题大体上与其相应的手工业、近代产业革命和现代化大生产相同步。随着都市化、现代化的发展，城市作为一个运动着的客体，其活动频率和活动容量都在随时间不断增加，城市的社会功能越来越大。城市活动对环境生态的影响在强化，于是出现了一系列的城市生态环境问题。

2. 近代城市的主要生态环境问题

(1) 城市人口爆炸式增长　城市强大的经济活力、丰富多彩的物质和文化环境，对农村人口具有强大的吸引力。进入 20 世纪以来，人口城市化加速发展，城市人口急剧增长。世界城市人口，1920 年只占总人口约 14%，1990 年已超过总人口的 40%，到 21 世纪初将占总人口一半以上(表 1-1)。全世界人口超过千万的城市有 20 个，人口超过百万的城市将有 400 多个，而且城市人口的 1/5 将集中在千万人口以上的超级城市中。我国城市化虽然起步较晚，但城市人口增长的速度却十分惊人。1980 年我国城市人口总数 1.34 亿，占全国总人口 13.6%，1990 年增加到近 3 亿，占全国总人口 26.2%。不到 10 年时间就翻了一番(表 1-2)。

表 1-1　世界城市人口增长状况

项目＼年代	1900	1920	1950	1960	1970	1980	1990	2000	2010
城市人口/亿	1.6	2.5	7.34	10.32	23.71	17.64	22.6	28.54	36.23
占总人口/%	10	13.6	29.2	34.2	37.1	39.6	42.7	46.6	51.8

表 1-2　我国城市人口增长状况

项目＼年代	1952	1970	1980	1984	1987	1990	1993	1995	2000	2010
城市人口/亿	0.39	0.93	1.34	1.91	2.62	2.97	3.21	3.48	3.87	4.71
占总人口/%	8.3	11.2	13.6	18.6	24.3	26.2	28.6	28.8	29.03	32.94

注：据城市统计年鉴。

城市人口膨胀将带来一系列的社会经济和生态环境问题：城市自然生态环境受到人们强烈的干扰、改变和破坏；城市生态平衡失调，人与生态环境的矛盾尤为尖锐。目前世界各国都面临着城市人口膨胀问题的冲击，发展中国家更是如此。

(2) 交通拥挤,居住环境恶劣　城市人口集中,工商业集中,活动强度大,交通拥挤。发达国家城市车辆密度每平方公里1200~9400辆。大型高架路桥,立体交通,空中、地面、地下三层交通运输线密如蛛网;乘客数量巨大,伦敦地铁每天乘客300万,纽约每天有350万人拥入曼哈顿,造成车辆堵塞,交通事故频繁。如日本1981年发生交通事故48.6万起,美国1980年发生交通事故205.3万起。城市快速地向四周蔓延,城市功能混杂,用地紊乱,市内工厂、河港、码头、仓库、铁路支线、站场设施、机关、学校以及居住区交错。建筑稠密,缺乏空地、阳光、绿地、新鲜空气。城内居住环境恶劣,城市变成了传染病的发源地,导致城市人口死亡率高。有些人为了逃避城市环境公害,从城市中心迁往郊区。发展中国家城市,如墨西哥城、圣保罗、加尔各答、孟买等,发展了自由拓居区,即城市贫民窟。90%的城市居民集中居住在贫民区,卫生公共服务设施很差,无上下水道,缺乏电力、道路、公共交通工具。如墨西哥城200万人没有自来水,300万人没有下水道,每天排出垃圾1400t,清运处理只有800t。环境恶劣,疾病蔓延(石弘之,1988)。

(3) 城市超负荷运转　城市人口密度大,人工设施密度高,道路密布。发达国家城市,每平方公里地面有长达19km长的道路,面积率达25%。我国城市建筑密度一般为50%~60%,最大超过80%。我国大城市人口密度平均一般每平方公里1万人以上,是郊区人口平均密度的22~96倍。有的中心区人口密度高达每平方公里5万人,如广州市中心街区平均每平方公里12.5万人,最高达15万人。城市中数量巨大的工矿企业,单位面积上的投资高、能耗高。1985年北京城区有800间工厂,平均每平方公里13家,能耗0.184亿t标煤,占全市能耗80%,相当于每年每平方米能耗15.2亿J,约为自然生态系统中能流密度最高系统(每年每平方米8.8×10^7J)的17倍。由于城市处于高密度、超负荷运转状态。城内空气、水体、土地、空间及一切基础工程设施都承受着超载的负担,从而引起一系列环境问题。

(4) 水资源短缺,城市供水紧张　由于城市增长快,经济高速发展,城市用水集中、量大、增长快,因此缺水现象首先反映到城市。我国缺水城市达300多座,严重缺水城市40多座,日缺水量0.16亿t。如辽宁省的城市每天缺水8.5万t。不少城市目前水资源开采量已超过可供水量。如太原每年超采地下水0.37亿t,沈阳超采0.7亿t。过分开采地下水会造成地面沉陷,诱发地震灾害,影响经济和生活。水资源因受污染而降低或丧失使用价值,使水资源更加短缺。

(5) 城市环境污染严重　城市由于人口集中、工业集中,工厂任意排放"三废",使江河遭受严重污染,空气烟雾弥漫,垃圾堆积如山,从而加剧了环境污染,造成城市环境恶化的恶性循环。如1952年伦敦严重烟雾事件造成4000多人死亡(表1-3)。随着工业的发展,生产愈来愈集中,日本1973年5月对248个城市调查,约70%的城市空气质量不达标准。不仅严重危害人体健康,而且对动、植物的生长和建筑物的寿命都有损害。如四日市1963年公害事件达171起,成为著名的四日气喘病发源地。

表 1-3　世界重大的大气污染事件

发生年月	地　点	主要污染物	受害情况
1930.12	比利时 马斯河谷	二氧化硫、烟尘	患者 6000 余人,死亡 60~80 人
1948.10	美　国 多诺拉		患者 5920 人,死亡 20 人
1948.11	英　国 伦　敦	烟尘	死亡 700~800 人
1950.11	墨西哥 波萨里卡	二氧化硫、烟尘	患者 320 人,死亡 22 人
1952.12	英　国 伦　敦	二氧化硫、烟尘	患者无数,死亡 4000 人
1953.10	美　国 新奥尔良	二氧化硫、烟尘	患者 200 人,死亡 2 人
1953.11	美　国 纽　约	二氧化硫、烟尘	患者不明,死亡 165 人
1956.1	英　国 伦　敦	烟尘、二氧化硫	死亡 1000 人
1957.12	英　国 伦　敦	飘尘、二氧化硫	死亡 200~250 人
1962.12	英　国 伦　敦	二氧化硫	患者不明,死亡 700 人
1962.12	日　本 大　阪		死亡 60 人
1963.1	美　国 纽　约	烟尘、二氧化硫	死亡 200~400 人
1964.2	美　国 纽　约		死亡 168 人

注:据张志杰,1989 年。

大量工业废水和城市生活污水排入江河,使水质恶化,妨碍水源的利用,并影响水中鱼类的生存。例如 1956 年日本熊本县水俣湾地区,海域水体被汞污染,使当地居民产生一种叫水俣病,上千人受害,206 人死亡。70 年代,日本河流 23.8%,湖泊 45.3%,近海海域 15.8%所含污染物均超过允许浓度。我国长江流域大中城市星罗棋布,工矿企业 10 万多个,每年排放污水 130 多亿吨,渡口、重庆、武汉、南京、上海五大沿江城市的污水排放量占总数的 80%以上,形成“污染带”累计长达 800km。已监测出的污染物达 40 余种。发展中国家人口基数大,增长快,城市化进程加速发展,导致城市人口高度集中,食物、住房、道路、交通、娱乐、教育等需求量剧增,资源能源大量消耗,而经济基础薄弱,技术落后,城市生态环境问题仍十分严重。现代城市环境公害以垃圾、噪声、光化学烟雾为最常见。

3. 城市环境问题的生态学实质

人类是环境的产物,也是环境的一员。人类和一切生物一样,不可能脱离环境而存在,每时每刻都生活在环境之中,并且不断地受着各种外界环境因素的影响,又不断地对外界环境施以各种影响。人类为了维持生命,要从周围环境中获取生活资料和生产资料,随之也就开始了改造环境的工作。一切生物都必须适应环境而生存,人类不但要适应环境,而且还要利用、支配、改造环境。也就是说,城市环境问题实质是指在城市社会经济发展过程中出现的人与环境之间的相互关系问题,是人们不适当开发利用环境资源造成的。人类过分贪婪,无节制不合理开发利用自然资源,使有限的资源变成废弃物进入环境而造成危害。研究城市环境问题就是要提出协调这个关系问题的理论与方法，这就要求我们必须有一个正确的环境观、生态观、人地关系观，必须对目前的人与环境关系有一个全面而客观的认识。

从生态学的角度看，城市生物资源、水资源、土地资源都极为有限。城市化导致的人口、物质、能量的高度集中，社会经济的高速发展，带来了人口流、物质流、能量流、信息流在狭窄的时间空间范围内迅速集结，高强度活动产生对环境的强烈影响。人类为了求生存、求发展、求生活的舒适，必然加大活动强度和频率，盲目加快开发利用环境资源，而对资源的利用又不充分，高投入、低产出，高消耗、低效率，缺乏自然生态系统那种循环再生的结构功能关系，从而给城市生态环境造成沉重压力，使人与其周围环境之间的生态关系失调，破坏了原有的生态平衡，出现了全球性的城市膨胀、交通拥挤、资源短缺、住房紧张、就业困难、环境污染、居住条件恶劣等“城市生态危机”。概括而言，城市环境问题的生态学实质主要表现为：①认为城市物质能量流动恪守资源取之不尽，废物可以任意排放的“哲理”。物质循环系统基本上是线状而不是环状，分解功能不全，大量物质、能量以废物形式输出。②条条块块间缺乏必要的共生关系和物质能量的多层分级利用功能。行业间、部门间、甚至学科间横向联系，共生关系薄弱。③城市生产分部门、分行业，各自着眼于局部产品而不是整体功能。各部门可能实现本系统的最优，但整体行为往往很不协调。④对外部环境的强烈依赖性以及受经济技术力量、社会生产关系、决策水平的限制，自我调节能力差，多样性低（王如松，1988）。或者说是“多”与“少”的问题，流的问题、网的问题、序的问题。城市人口多、污染物排放多、历史遗留问题多，资源少、资金技术缺乏、住房和基础设施不足，缺乏自然生态系统那种严格的食物链、食物网关系。城市问题的产生，正是这种生态关系失调的具体表现。因此主张解决城市生态危机，关键在于解决人与环境的关系，首先改变城市人口失控状态，以及资源配置的不合理模式。提出用生态学原理和最优化方案去调节城市内部各组分之间的关系，提高物质转化和能量利用的生态效率。开发城市未被利用的人力、物力和环境资源。

（三）经济发展与生态环境协调关系的城市类型

20 世纪以来，尤其是近几十年来，世界城市化趋势急剧增长，人口、产业、交通向城市高度集中，城市能量流、物质流、信息流异常强大，产生了许多城市生态环境问题。在世界城市化发展的历史中，经济发展与生态环境的协调状况有三种类型：

（1）第一类城市，特别注重经济与环境协调发展。新加坡是近二三十年崛起的这类城市成功的典范，他们在改造旧城区时就注意到人口、资源、环境的统筹兼顾规划，使其在经济不断发展的同时建成花园式国际大都市。

（2）第二类城市，是先污染后治理类，如伦敦、东京、洛杉矶等较早发展起来的大都市，分别在 20 世纪 50 年代前后出现过世界级的城市公害。其根本原因是工业、商业及人口过分集中于市区所致。后来经十多年的改造，以巨大的经济投入才避免了这些污染事故的重演。但有些城市至今仍因超量的人口及高密度交通影响，导致汽车尾气污染、水污染和水资源等问题威胁着城市的进一步发展。

(3) 第三类城市，是以牺牲生态环境为代价，只顾发展经济的城市，如墨西哥城、圣保罗、孟买等许多第三世界的大城市，它们承受着人口的巨大压力，在迅速城市化过程中虽然成为这些国家的经济中心，但失控的城市发展导致最肥沃的农田减少，空气、水、噪声和固体废弃物严重污染，市政给排水、住房、道路及公共设施不足，城市居民的生活和健康受到极大影响，产生难以医治的结症，给人们借鉴和启迪。

我国努力坚持环境与经济的协调发展。如大连市通过近10年环境保护工作，实现了经济效益、环境效益和社会效益的初步统一，使环境建设和保护方面的投入产出比达到了1:5，成为国家环境保护模范城市，走出了一条环境与经济发展双赢的道路。深圳是从一个边陲小渔村、一片荒滩上建成的现代化工业城市，在有中国特色的条件下完成城市的工业化，而它的环境没有持续恶化，相反还留下了良好的城市生态环境，城市既有现代化、现代文明，同时又有足够的生态安全保障，成为国家环境保护模范城市、国际花园城市，获得“全球500佳”称号。现代城市要持续发展，必须选择环境与经济协调之路，开展对城市生态环境的研究，避免重蹈那些先污染后治理的覆辙。

二、城市生态环境学的兴起和发展

(一) 城市问题研究中生态学思想的渗入

18世纪工业革命后，人口大量向城市集中，城市急剧膨胀，城市区域的自然环境发生了巨大的变化，促使人们开始关注其生存的环境。1898年，英国学者霍华德(E.Howaed)著述《田园城市》一书，便反映了当时人们对保护城市自然生态环境的渴望和研究，蕴含着一定的生态学哲理。但真正地运用生态学的原理和方法对城市环境进行研究，还只是20世纪以来的事情。20世纪初，由于世界性城市化、工业化进程的加快，城市环境进一步恶化，人们开始考虑要改善其生存环境问题。比较明显的是英国生物学家P.Geddes的《城市开发》(1904)、《进化中的城市》(1915)，他把生态学的原理和方法应用于城市研究，将卫生、环境、住宅、市政工程、城镇规划等结合起来考虑。美国学者帕克(R.E.Park)发表《城市：环境中人类行为研究的几点建议》(1916)、《城市》(1925)，把城市看作一个有机整体，支配自然界生物群落的某些规律，如竞争、共生、演替、优势度等，应用于城市研究，开创了城市环境研究的生态学新领域。1933年《雅典宪章》规定，城市规划的目的是要解决人类居住、工作、游憩、交流四大活动功能的正常进行，进一步明确城市生态环境有机综合体的思想。1936年帕克运用生命网络、自然平衡等生态学理论研究人与环境的关系，并把其提到“居于地理学思想的核心地位”。

（二）城市生态环境研究蓬勃发展时期

第二次世界大战后的经济恢复时期，工业生产迅速发展，城市和工业区的环境污染加剧，作为人类集中聚居形式的城市环境，对它的综合研究开始得到重视，城市生态环境研究随之迅速发展。1952 年帕克(R.E.Park)发表《城市和人类生态学》一书，把城市作为一个类似植物群落的有机体，将生物群落的观点用来研究城市环境，进一步完善城市与人类生态学研究的思想体系。与此同时，英国对伦敦城市生物群落的研究(Fitter,1946)，法国对巴黎的研究(Jovet,1954)等也陆续出版。

随着世界城市化的迅速发展，伴之而来的一系列城市生态问题的出现，将人类对城市生态的研究推上了新台阶。1962 年美国学者卡逊(R.Carson)在其《寂静的春天》一书中，便揭示了城市生态环境遭受破坏的情况，引起广泛的关注。70 年代初，欧洲罗马俱乐部发表《增长的极限》(Meadows,1972)、《生命的蓝图》(Goldsmith,1974)等，对世界城市化前景"有极限增长"的预测，对城市生态的研究起了极大的推动作用。美国、日本等国家首先开始城市生态区域分析，把城市作为一个生态系统，由社会学、生态学、环境科学等，进行多学科的综合研究。1972 年联合国教科文组织制定"人与生物圈(MAB)"的研究计划，这个计划共有 14 个研究项目，其中第 11 项即把对人类聚居地的综合生态研究列为重点项目之一。提出用人类生态学的理论和观点研究城市环境问题，以促进人类与其生存环境之间复杂关系的协调。这项研究内容涉及城市气候、城市生物、城市水文等十多个城市生态环境方面的专题。各学科从不同领域开展对城市生态环境的研究。1973 年日本的中野尊正等编著《城市生态学》一书，系统阐述了城市化对自然环境的影响以及城市绿化、城市环境污染及防治等问题；1975 年国际生态学会主办的《城市生态学》季刊创刊；1977 年贝里(L.Berry)发表《当代城市生态学》一书，系统阐述了城市生态学的起源和原理。

20 世纪 80 年代，城市生态研究更是异军突起。1980 年，第二届欧洲生态学术讨论会，以城市生态系统作为会议的中心议题，从理论、方法、实践、应用等方面进行探索。此后各类城市生态研究工作蓬勃发展，各种有关出版物、论文集和国际学术会议，如雨后春笋。例如法兰克福市、罗马、墨西哥城、多伦多、东京、香港、曼谷、西柏林、莫斯科等几十个城市先后从不同角度开展了研究，取得了可喜的成效，为城市生态研究发展做出了贡献。

此外，国际森林研究组织联盟(IUFRO)1986 年卢布尔雅那(Ljubljana)会议上建立"城市森林"计划工作组，开展城市森林的研究；世界气象组织(WMO)开展城市气候研究；世界卫生组织(WHO)开展健康的城市研究等。1987 年在日本东京召开的世界环境与发展委员会第八次会议上，通过了题为《我们共同的未来》的报告，提出采取可持续发展战略，其核心是在经济发展的同时保护资源和生态环境。1992 年，世界环境与发展大会通过的《21 世纪议程》等 5 个重要文件，是实现可持续发展的必由之路。其中人类住区可持续发展，给城市生态环境研究注入了新的血液。成为90年代城市生态研究的重要动向。如国际城市环境研究所（IIUE）1993年开展“城市可持续性指标研究”，1994年开展“地区环境特征研究”。经济合作与发展组织（OECD）从1994年开始“生态城市研究”等。

进入20世纪90年代，城市生态的研究更成为可持续发展及制定21世纪议程的科学基础。国际生态学会专门成立了城市生态专业委员会，各种类型的城市生态学术会议和活动蓬勃开展。1990年以来，在北美洲、大洋洲、非洲、南美洲和亚洲先后举行了5次国际生态城市大会。1996年12月在土耳其伊斯坦布尔举行了“联合国人居环境大会”，会议提交了大量的城市生态研究论文。1997年6月，在德国莱比锡又召开了国际城市生态学术研讨会。前国际生态学会主席戈利（F.B.Golley）1990在第五届国际生态学大会上指出：未来国际生态学的三大任务之一就是发展城市生态学；美国国家自然科学基金委员会也已将城市生态学列为今后重点支持的领域之一。

城市生态环境研究的兴起和发展，是现代城市发展和科学技术进步的标志，是人类改造、利用自然环境的必然结果。虽然近年来国际城市生态研究涉及城市气候、水文、植被、土壤、能源、环境污染、废物管理、住房、交通、基础设施、土地利用规划、政策与管理等领域，但有一个明显的趋势是，将研究的目标逐步集中在城市可持续发展的城市生态学基础上。目前，城市生态环境研究，围绕着城市的社会经济活动与自然生态环境之间的相互关系，研究其矛盾运动过程中发生的环境生态问题，探讨在人类活动影响下城市生态环境的变化，揭示城市生态环境运动发展的客观规律和调节控制的机理。城市生态环境是一个新兴的研究领域，出现多途径的探索研究，多学科、多部门、多要素、多目标研究的特点。

（三）中国城市生态环境研究发展历程

1. 中国城市生态环境研究发展过程

我国是世界上城市发展历史悠久的国家之一，也是世界上城市最多的国家之一。建国初期，百业待兴。20世纪50年代中国城市在“先生产后生活”的城市建设方针指导下，建起了一批缺乏起码环境保护设施的工程；“大跃进”更是不顾一切地“有条件上，没有条件也上”；20世纪60年代中后期，受“文革”影响，原来的规章制度被“砸碎”，无政府主义思潮泛滥。在城市中心、居民区、水源地、风景游览区又建设了一批污染严重的工厂企业，使城市生态环境受到严重破坏，许多后遗症至今仍历历在目。

20世纪60年代环境科学尚处于萌芽状态，有关城市生态环境的研究，只限于解决城市交通、给排水、绿化为主的城市基础设施的研究和应用。20世纪70年代初，联合国教科文组织拟订“人与生物圈计划”，我国参加了该项研究。1973年第一次全国环境保护会议，提出了环境保护的方针，在城市开展了区域污染调查、评价和防治研究工作等。这是我国城市生态环境研究的初始阶段。

1978年,城市生态环境研究正式列入我国科技长远计划,许多学科开始从不同领域研究不同城市的生态环境。如城市气候、城市水文、城市地貌、城市园林绿化、城市环境质量评价等方面的研究应运而生。"北京城市生态系统研究";"天津市城市生态系统与污染综合防治研究"等,先后被列入国家"六五"、"七五"攻关课题,开始以生态学和系统学的理论和方法为基础,对整个城市或城市群的生态环境结构、功能及运转机制和规律进行研究,对城市生态环境进行预测、规划和调控研究,这些工作对我国城市建设和环境保护起到了指导和促进作用。

1981年11月,中国生态学会在上海举行学术年会,探讨了我国开展城市生态研究的重要性、研究方法和手段。1984年12月,中国生态学会在上海举行了"首届全国城市生态学研讨会",并成立了"中国生态学会城市生态专业委员会"。此后,在我国曾多次召开了关于城市生态研究的学术讨论会。地方和部门的城市生态环境研究也十分活跃。如1986年6月在天津举行了"第二届全国城市生态学术讨论会";1987年8月在安徽省屯溪市召开了"长江流域城镇发展的生态对策研讨会";同年10月,在北京召开了"城市和城郊生态系统国际学术研讨会";1988年春《城市环境与城市生态》季刊创刊。同年11月在苏州举办了"城镇发展生态对策研讨班";1991年10月,在江西宜春召开了"城市生态经济结构与生态企业问题讨论会";同年12月在南京举行了"沪、宁、杭地区城市生态沙龙"学术活动,1992年10月在天津蓟县召开了"城市自然保护区建设研讨会"等。这些学术活动对我国城市生态研究起了极大的促进作用。

为了探讨在我国城市建设中如何有效地使环境质量得到改善,以期更好地为国民经济和社会发展"九五"计划和2010年远景目标提供服务,1997年中国环境科学学会召开了"城市建设与环境保护学术研讨会",主要针对中小城市建设中环境保护问题进行讨论。同年12月在深圳召开了全国第三届城市生态学术研讨会,内容包括:城乡复合生态系统建设方法与案例;城镇人居环境的生态设计原理与生态规划方法;产业可持续发展的清洁生产技术和产业生态学方法;城市及开发区建设的生态影响分析及生态风险评价方法等。1998年8月,中国科学技术协会以"城市可持续发展的生态设计理论与方法"为主题,在北京主办中国青年科学家论坛第32次会议。1999年8月,中国生态学会城市生态专业委员会在昆明开会,会上重点探讨了生态城市和生态产业建设问题。由此可见,我国城市生态环境研究活动,自始至终紧密结合城市的经济建设、环境建设、生态建设开展,为社会经济发展服务。

2. 中国城市生态环境研究的若干进展

我国城市生态环境研究虽然起步较晚,20世纪70年代初期才在部分城市开展环境污染的调查、评价及防治研究工作,如南京城市环境质量评价与环境区划研究(1979)、北京东南郊环境污染调查及其防治途径(1980)、广州荔湾区大气质量评价(1980)等,但进展迅速。20世纪80年代以来,我国科学工作者在理论研究和实践中,提出了不少有开创性的理论和方法。例如我国生态学家马世骏提出社会—经济—自然复合生态系统的思想(马世骏等,1984),对城市生态环境研究起了极大的推动作用。王如松进一步在城市生态学领域发展这种思想,提出城市生态系统的自然、社会、经济结构与生产、生活还原功能的结构体系,用生态系统优化原理、控制论方法和泛目标规划方法研究城市生态(王如松,1988)。从自然生态系统到城市复合生态系统的提出,标志城市生态学理论的新突破,也是生态学发展史上的一次新综合(宗跃光,1993),为城市生态环境研究奠定了理论和方法基础。把以生物—环境为主体的生态关系研究,放到以人类—环境关系为主体的研究上,使生态学更密切联系当代人类活动所引起的环境问题,尤其对解决世界城市化过程中所带来的各种城市生态环境问题有重要意义。1992年杨邦杰等提出城市生态支持系统的理论和方法。1993年宗跃光提出城市景观网络理论及分析方法。这些理论和方法的提出,奠定了我国城市生态环境研究的基础,对我国城市生态环境研究有着重要的意义,对推动我国城市生态研究起了极大的作用。

近年来,北京、天津、上海、南京、广州、苏州、常州、昆明等许多城市,都开展了城市生态环境研究。例如《京津地区生态系统特征与污染防治研究》(邢嘉明等,1988),《天津市城市生态系统和污染综合防治》(天津市环保局等,1989);《北京城市生态系统研究》(吴峙山等,1990);《城市气候与区域气候》(周淑贞等,1989);《长兴岛复合生态系统研究》(宋永昌等,1990);广州市航空遥感综合调查(广州市航空遥感综合调查指挥部,1989)。杨士弘等对广州城市的生态环境研究(《广州城市气候初探》,1985;《广州城市热岛分析》,1987;《城市生态环境研究》,1992等)。南京市在1987年也对城市环境进行了航空遥感调查与分析(陈丙咸等,1991);昆明城市生态研究从综合生产指数、生活指数和生态指数三个方面建立城市生态系统的目标管理——指标体系(李宏文,1989);此外还有城市生态地貌学的研究(丁锡祉等,1992),城市水文(朱元甡,1991),城市水文水资源(吕明强,1993)的研究等。

对城市生态环境问题的研究,离不开对经济发展的研究,当代城市生态环境问题的产生,大都是由经济原因造成的。而要根本解决城市生态环境问题,又需要有相应的社会经济发达程度、社会经济制度和经济投资等条件。所以对城市经济发展和生态环境发展需要进行综合研究。1988年,陈予群主编的《城市生态经济理论与实践》一书出版,该书将生态经济理论研究与上海城市建设紧密结合;继之,1989年马传栋编著的《城市生态经济学》出版,该书比较系统地从经济学领域探讨了城市生态经济系统的特点、结构、功能、效益和实现城市生态经济协调发展的基本原则和理论问题;1990年周纪纶主编出版了《城市生态经济研究和实例》。这些著作的出版,对促进城市生态环境研究向边缘科学渗透起了推动作用。

20世纪90年代初,中国著名科学家钱学森教授提出了"山水城市"的概念。目的是要把城市建设成为环境优美、生态和谐、有中国特色的城市,引起社会各界的关注，也给城市生态环境研究指出了方向。在实践方面，我国学者结合国家经济建设、城市建设、环境保护做了大量的城市生态环境调查研究工作，范围遍及大、中、小城市。有单要素研究，也有综合研究。内容涉及城市气候、城市水文水资源、城市地貌、城市生物、城市绿化、城市土地开发、城市生态经济、城市人口、城市资源开发利用、城市生态系统等。方法手段也多种多样，有观测采样分析、数理统计、模拟实验、航空遥感等。

1992 年以来，在世界环境与发展大会的推动下，我国城市生态环境研究又进入到一个新的阶段，城市生态学研究成果显著，如《城市生态与城市环境》（沈清基，1998）；《城市生态学》（杨小波等，2000）；《城市生态学》（宋永昌等，2000）；《生态城市建设的原理和途径》（吴人坚等，2000），等等。从生态环境与生态经济的各自研究，转向城市环境与经济协调发展的评价、预测及调控研究、城市生态环境持续发展研究等。

综上所述，建国以来，我国城市生态环境研究可归纳为以下四个方面：

（1）以城市人口为研究主体，侧重于研究城市的社会环境子系统，并以社会生活质量为标志，以人口为基本变量，探讨城市人口的生物学特征、行为特征和社会特征在城市化过程中的地位和作用的城市社会生态环境研究。

（2）以城市产业为研究主体，以城市的物流、能流、信息流、人口流为主线，并以经济效益为标志，侧重于研究城市的经济环境子系统。

（3）以城市生物及非生物环境（城市动物、植物、微生物、城市气候、城市地质地貌、城市水文、城市环境污染等）为研究主体，以生态效应为主线，探讨城市自然生态环境的质量变化过程和机理，侧重于研究城市的自然生态环境子系统。

（4）将城市视为社会—经济—自然复合生态系统，以复合生态系统的理论、方法为主线，研究城市生态系统中物质、能量利用转化，社会、经济、自然的协调，以及系统的动态调节等。

城市生态环境研究表现出明显的多元化倾向：有以城市动植物、城市气候、城市水文、城市地貌等为研究主体的城市自然生态环境研究；有以城市产业为研究主体的城市经济生态环境研究；有以人口为研究主体的城市社会生态环境研究；有以城市规划布局为研究主体的城市生态环境规划研究；有以系统科学方法为研究主体的城市生态系统研究；有以水、土、气、噪声污染为研究主体的城市污染生态环境研究。我国城市生态环境研究起步较晚，特别是把城市作为一个社会—经济—自然复合系统进行城市区域的综合性分析研究，仅仅是开始，有待今后从理论、方法和指标体系上进一步提高和完善。

3. 中国城市生态环境研究存在的问题与展望

我国城市生态环境研究虽然已经取得大量成果，但也存在一些问题，主要是：

（1）这些研究以单要素的研究较多，但不够深入。如动物、植物、微生物、水、土、气、地质、地貌等在城市生态环境物质能量循环流动过程中所起的作用，以及城市化对其影响,仍缺乏对其进行深入定量的长期定位研究;综合的城市生态环境系统研究也很少,理论研究仍处于薄弱环节。

(2) 由于城市生态系统的复杂性,参与研究的人员专业背景不同,对城市生态系统的理解也不同,各家的研究仍存在局限性。受市场经济的驱驶,重城市规划、生态经济,轻基础研究,尤其获取第一手基础数据的观测实验研究很不够。

(3) 静态的研究多,动态的研究少。对城市生态系统的组成、结构、功能、性质的描述多,而对物质流动、能量转换、信息传递、人才流向、资金周转等的定量研究少。对于如何协调经济发展与城市环境的关系,如何对城市生态系统进行生态调控,还只局限于理论上探讨,未能深入到实践中解决具体问题。如何加强研究与决策管理部门之间的联系沟通,使研究成果通过决策管理部门的政策、措施、方案、条例发挥作用也做得不够。

(4) 对于城市生态各子系统单独研究较多,对它们之间的相互作用、互相制约的关系研究较少,城市功能的量化体系及定量方法也尚有待进一步完善。城市生态环境作为一个复合生态系统,既有自然属性和经济属性,也有其社会文化属性,对它们之间的相生相克、互惠共生关系应予以充分重视。

(5) 区域研究发展不平衡。北京、天津、上海、广州等大城市研究较多,中小城市研究较少。对如何发挥城市生态系统整体功能也还有待深入研究。

评价一门科学不仅要看其基础理论和技术手段,还要看它对社会发展所作的贡献,只有不断地为社会实践服务,满足社会实践需求,才能促进学科自身的发展;而只有不断提高科学的研究手段,完善理论体系,才能更好地为社会发展服务。随着人类社会的进步,城市的发展,人民生活水平的提高,各国政府都对城市生态环境的状况极为关注。但由于城市生态环境学是一门新兴学科,难免有许多尚不完善的地方。为此,对本学科今后的发展需要加强以下几个方面:

(1) 大力开展综合研究。城市生态环境是多学科交叉的综合系统,大量实践证明,城市生态环境问题的产生,大都是经济或发展不当造成的,而要解决城市生态环境问题,又需要有相应的社会经济发展程度,社会经济制度和相应的投资条件。所以对城市生态环境和城市经济发展需要进行综合研究。城市生态环境本身也是多要素的综合,自然环境包括水、土、气、生、地(地质、地貌)等,人工环境包括了社会、经济、文化、艺术等。各自都有分支学科,相关学科交错也派生出不少边缘学科。学科分化是深入研究的必然,同时也为综合研究奠定了基础。

(2) 充分利用现代化手段。当今世界是一个科学技术日新月异的时代,科学技术发展突飞猛进,如果没有高科技的注入,其学科发展就如一潭死水。近年来我国遥感、遥测、地理信息系统、以及某些模拟实验研究已取得很大进展,但城市生态环境研究中应用仍不多,发展也不平衡。故城市生态环境研究今后的发展,要充分运用像遥感、遥测技术、物质、能量、信息测试和分析技术;模拟与实验技术;信息计算与处理技术;地理信息系统技术等各种现代化手段为其服务。

(3) 进一步加强理论和方法的研究。理论是学科发展的基础,方法和指标体系是学科完善的工具。要加强学科建设推动城市生态学的发展,必须进一步提高基础理论的研究,改善方法和完善指标体系,才能使相关学科真正交叉、渗透、融合,才能使城市生态环境学更好更快地发展。我国城市生态环境研究还未能满足高速的城市化进程与严重的城市生态环境问题的要求,面向国家可持续发展战略,加强城市生态学科建设,为我国城市生态建设提供理论、方法与技术途径,是我国今后城市生态环境学发展所面临的主要议题。今后,我国城市生态学的重点领域应该包括城市生态学基础理论研究,生态城市评价指标体系研究,城市生态系统长期定位研究等。

(4) 加强城市生态环境建设的理论和实践研究。生态环境是人类生存和发展的基本条件,是城市社会经济发展的基础。保护和建设好城市生态环境,是实现城市可持续发展的关键。近年来城市出现的"三废"污染加剧,洪水灾害以及生态资源破坏所带来的城市巨大经济损失,对居民生存环境和生命财产的威胁,已引起国家和各级政府的高度重视。要充分认识到生态环境保护工作的重要性。倡导学科交叉与综合,面向国家目标,服务城市生态建设。当前国家已将生态环境保护摆到与环境污染治理工作同等重要的位置,大抓城市生态建设,因此要开展城市生态建设的理论与方法研究,以指导城市生态建设工作的开展。

第三节　城市生态环境系统及其特征

一、城市生态环境系统

(一) 城市生态环境系统的概念

1. 生态系统

生态系统是英国生物学家坦斯列(Tansley)于 1935 年提出来的,是指生物与环境构成的有机整体。生物存在的周围空间称环境。环境是空间实体,它由各种生物因素或称生命系统(包括动物、植物、微生物)、非生物因素或称环境系统(包括光、热、水、大气、风、声、压、土壤、有机质、无机物等)共同组成。这些因素不是孤立地存在,而是通过物质循环,能量流动相互作用,互相制约,构成各种有机联系的整体。坦斯列称其为"自然生态系统",是自然界中普遍存在的客观规律。1971 年,美国学者奥登(E.P.Odume)定义生态系统为:"特定地段中全部生物和物理环境的统一体,并且在系统内部因能量流动而形成一定的营养结构。生态系统中进行物质能量流动的条件(因素),综合在一起影响生命有机体的生存和发展。"

生态平衡是指生态系统的稳定平衡:①系统内外物质能量输入输出接近相等;②系统的生产、消费、分解过程相适应,物质产生和消耗平衡;③系统中生物种类和数量保持相对稳定;④结构与功能相适应、相协调,各部分组合及相互作用平衡,有机体和环境协调;⑤系统能自我调节,具有自我恢复能力;⑥在演替中平衡,在平衡中发展。生态平衡实质是指生态系统对外界干扰的抵抗能力或恢复能力。

2. 城市生态环境系统

城市是人类社会发展到一定历史阶段的产物,是地球表面物质和能量高度集中和快速运转的地域,是人口、产业、最密集的场所,是以人为主体的环境系统。城市居民与其周围环境的相互作用所形成的复杂关系,称城市生态。特定城市区域中,城市居民与城市环境的统一体以及这个统一体中进行物质、能量流动的因素,称城市生态环境。城市中进行物质能量流动的因素,它们通过生命代谢作用、投入产出链、生产消费链进行物质交换、能量流动、信息传递而发生相互作用,互相制约,构成具有一定结构和功能的有机联系的整体,称城市生态系统。它是城市居民与其环境相互作用形成的复杂的网络结构。城市生态系统是以人为中心的城市环境系统(Miller,1979),包括生物因素、非生物因素,拥有可数量化的能流物流,称城市生态环境系统。可见,城市生态环境系统与城市生态系统没有本质上的区别,只是研究的侧重点有所不同,城市生态系统侧重网络结构关系和调控机理的研究,城市生态环境侧重环境特征、要素结构功能的变化,以及污染物的环境行为和效应的研究。城市生态环境是城市生态系统的基础和条件,城市生态系统是城市生态环境高一级的综合。

(二) 城市生态环境系统的组成

城市生态环境是空间实体,城市中进行物质能量流动的因素有城市自然环境因素(又称生命维持系统,包括物理环境和生物环境)和城市社会经济因素(又称人类活动系统,包括城市设施、社会服务和生产对象)。所以城市生态环境系统由自然环境和社会经济环境以及沟通自然、社会、经济的各种人工设施和上层建筑(合称城市人工生态环境)共同组成(图 1-1)。

(三) 城市生态环境系统的结构和功能

1. 城市生态环境系统的结构

结构是指系统的组成成分及其相互联结的方式。组成城市生态环境系统的各部分、各要素在空间上的配置和联系,称城市生态环境系统结构。它是描述城市生态环境有序性和基本格局的宏观概念。自然生态系统的结构有形态上的空间结构,如垂直结构(乔、灌、草、地被、根层等)和水平结构(均匀分布、团块分布、随机分布等)。有功能上的营养结构,如生产者、消费者、还原者组成食物链、食物网、营养级的网络关系。营养级由食物链衔接,能量沿食物链流动,从一级转到另一级,保证生态系统功能的正常运转。自然生态系统的营养级结构是金字塔形,故稳定平衡。城市生态环境系统结构比自然生态系统复杂,形成比自然生态系统复杂得多

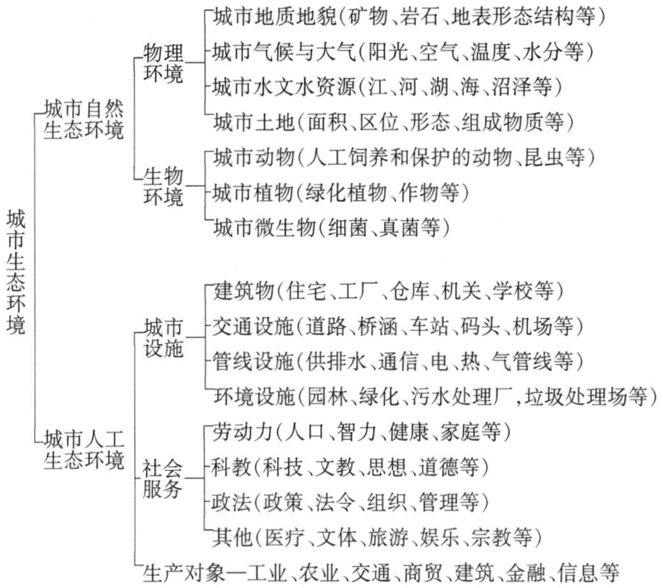

图 1-1　城市生态环境的组成

的网络结构。其空间结构有环境、资源、设施等的分布和组合(即环境结构、资源结构、人工设施结构)。社会结构有人口、劳力、智力等的空间配置和组合。经济结构有生产、消费、流通、积累等的空间配置和组合。营养结构也有生产者、消费者、分解者。各组成要素或组成部分,通过物质流、能量流、人口流、劳力流、智力流、信息流、价值流等,形成复杂的网络结构。城市生态环境系统的生产者——植物,数量很少;消费者主要是人,城市人口数量很大;分解者——微生物,数量也很少。系统不能自给自足,营养级结构是倒金字塔形(图 1-2),不稳定。所以城市生态环境系统结构具有复杂性和脆弱性。

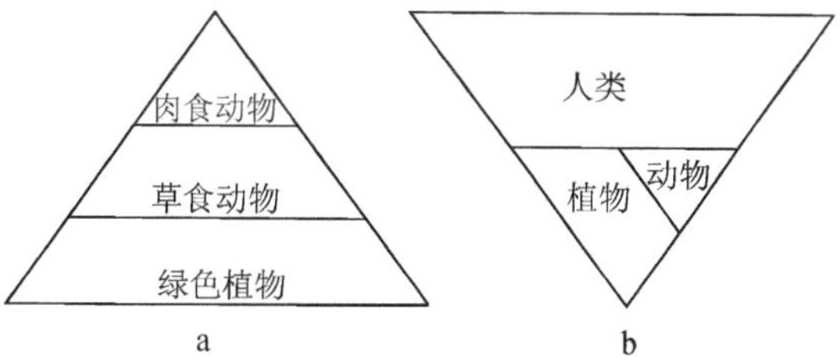

图 1-2　生态系统金字塔示意图

a. 自然生态系统;b. 城市生态系统

2. 城市生态环境系统的基本功能

功能是指贯穿系统网络的各种过程的状态变化。能量流动、物质循环、信息传递是自然生态系统的基本功能。城市生态环境系统功能是指城市环境系统各组成部分及其综合体状态变化过程对城市居民的作用或贡献。

(1) 生产功能　　城市生态环境的生产功能是指城市生态环境利用城市内外系统提供的物质和能量等资源,生产出产品的能力,包括生物生产和非生物生产。生物生产有植物通过光合作用过程的初级生产和人的次级生产。非生物生产又分物质生产和非物质生产，物质生产包括人们物质生活所需要的各类有形产品及服务。非物质生产包括人们精神生活所需要的各种文化艺术产品及相关的服务。生产功能通过投入产出、效益效率进行调节控制。

(2) 生活功能　城市生产和建设的最终目的，是为了最大限度地满足人民日益增长的物质和精神生活的需要。城市生态环境不仅执行生产功能，还要给城市居民提供高质量的生存空间和生存条件，以有利工作和方便生活。生活功能通过供给和消费、满足和满意程度进行调节控制。城市生态环境中的自然环境和人工创造的社会环境、经济环境，分别承担着满足城市居民特定需要的功能。其中自然环境是城市产生和发展的物质基础，是人类生存和发展不可缺少的物质因素；社会经济环境具有生产、生活、服务和享受的功能。社会经济环境是在城市形成过程中，人类为了不断提高自己的物质文化生活而创造的。在这种创造过程中，人类既利用改造了城市自然环境，又损耗和破坏了他所生存的城市环境，并不断向其生存空间以外发展和开拓。所以城市生态环境随着城市的发展而不断地变化。近几十年来，由于工业化的迅速发展，世界城市人口猛增，城市燃料、原材料和农副产品的消耗量激增，城市废物排放量也迅速增加，造成城市环境被污染，城市绿色植物迅速减少，微生物活动受到抑制，城市自然生态环境功能衰退，城市生态环境质量下降，有些地方已到了直接威胁人类的生活空间和生存条件的边缘。

(3) 还原净化和资源再生功能　城市自然生态环境具有资源再生功能和还原净化功能，它不但提供自然物质来源，而且能在一定限度内接纳、吸收、转化人类活动排放到城市环境中的有毒有害物质，达到自然净化的效果，当超过这一限度时，就打破了城市生态系统的平衡，危害城市的生态环境。自然环境中以特定方式循环流动着的物质和能量，如碳、氢、氧、氮、磷、硫、太阳辐射能等的循环流动，维持着自然生态系统的永续运动。这些物质也是人类生存和繁衍不可缺少的化学元素。城市自然生态环境的水、矿物、生物等其他物质，通过生产进入经济系统，参与高一级的物质循环过程。它们都是城市社会经济活动不可缺少的资源和能源。

3. 结构与功能的协调关系

功能是结构的外在表现，结构合理与否直接影响系统功能的发挥。系统的功能总是与其结构相适应，要提高功能必须优化结构。结构与功能相适应，能流物流畅通，则维持系统的稳定平衡，循环再生，永续不止。受外界干扰能自我调节控制，使其恢复平衡稳定；结构与功能不相适应，链的关系断裂、堵塞，系统破坏、崩溃。如人口猛增，食物、水、住房、交通紧张；生产发展过快，原材料供不应求，环境污染等。

城市生态环境内部结构和相互作用直接制约着其功能的发挥。组成城市生态环境各要素之间，各部分之间的有机组合，使城市生态环境通过生物地球化学循环、投入产出的生产代谢，以及物质供需和废物处理，还原净化和资源再生，形成一个内在联系的统一整体(图 1-3)。这个系统结构复杂，功能多变，层次有序，等级分明,而且具有多向反馈的功能。

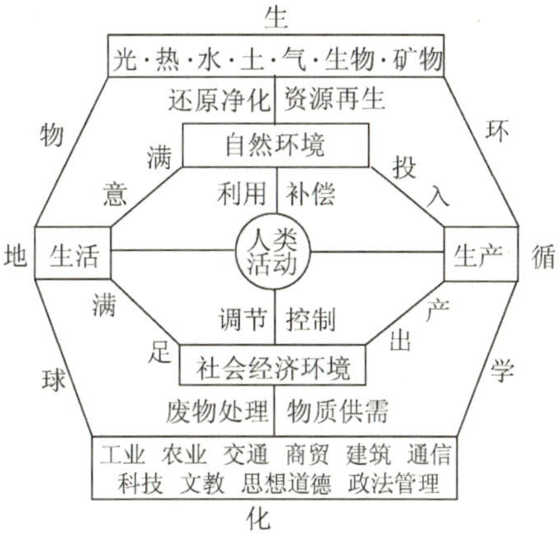

图 1-3 城市生态环境的结构和功能示意图

4. 城市生态平衡

城市是以人类社会为主体,以地域空间和各种设施为环境的生态系统,城市生态环境系统是城市社会与城市空间的对立统一体,城市生态环境系统的结构和功能比生物生态系统复杂,所以城市生态环境系统平衡主要取决于:①城市规模与地区资源的平衡;②城市人口与土地空间的平衡;③生产设施与基础设施、生活服务设施的平衡;④城市“三废”排放与环境容量的平衡;⑤劳动力数量与职业岗位的平衡;⑥各类产业之间的平衡;⑦社会生产与消费之间的平衡;⑧城乡物资供应与居民需求的平衡等,即人与物的平衡。城市生态平衡的标志主要是:结构与功能相协调、相适应,即人口、资源、设施、环境相协调相适应。投入产出高效和谐,生产生活满足满意,环境清洁、安全、优美、舒适,即达到城市生态环境系统结构与功能最优化,这是城市生态学的核心问题。

5. 结构优化的目标和途径

城市生态环境系统结构优化的目标主要是能充分发挥优势,保护生态环境,合理利用资源,整体最优,联系协同,相互融洽。因此,需要自然调节和人工调控。

城市自然生态环境的空间分布,遵循区域自然环境的水平和垂直分布规律;其时间变化,遵循区域自然环境变化的节律性。城市自然生态环境结构具有有限的调节能力,在一定限度内可自行调节,在新的条件下达到平衡。城市社会经济环境结构,具有人工调节功能,靠人的智能和创造力进行调节和控制,通过城市规划和管理实施。因此,城市规划管理要坚持经济建设、城乡建设、环境建设同步规划、同步实施、同步发展,和经济效益、社会效益、环境效益统一的“三同步”、“三统一”原则,体现发展与资源环境协调的战略。在城市人口剧增,社会经济迅速发展,科学技术日新月异的今天,对城市生态环境结构变动的影响,无论在深度、广度、还是速度、强度上都是空前的。每一个城市都有其自身的形成发展过程和演变规律,并通过系统本身的自我调节功能(自然生态系统)或人为调控过程(社会经济系统)来维持整个系统的相对稳定状态。从而达到建设理想的人居环境,满足人类生存、享受和发展的需要。

(四)城市生态环境系统的基本特征

1. 人居主导地位

城市是以人为主体的生态环境系统。①人是城市生态环境的建造者,也是城市生态环境中的一员;②人是城市物质能量的生产者又是主要消费者;③人是城市生态环境系统的污染者,又是被污染者;④人是城市生态环境系统的主宰者又是被主宰者。资源开发利用、工业合理布局、环境定向改造、能源、交通、建筑等无一不与人类的生产生活有关,人类的社会经济活动对城市生态环境起着支配作用,同时又受资源环境的制约,不可能为所欲为。

2. 人工物质系统极度发达

城市是人工化的生态系统,城市生态环境是在自然环境的基础上,按人的意志,经人类加工改造形成的适于人类生存和发展的人工环境,能流、物流、人流、信息流高度集中。它既不单纯是自然环境,也不单纯是社会环境。城市生态环境的演化既遵循自然发展规律,也遵循社会发展规律。为满足人类社会发展的需要,它既执行自然环境的资源、能源等物质来源的功能,维持人类的生存和延续,而且也执行社会环境的生产、生活、舒适、享受的功能,推动社会的发展。系统规模大,结构复杂,功能多样。

3. 城市生态环境系统具有不完全性

城市生态环境系统以人为主体,缺乏各种植物、动物、微生物。初级生产者——植物很少,次级生产者和消费者都是人,人的数量巨大,据研究人与绿色植物之比北京是8∶1,东京是10∶1。人口的发展代替或限制了其他生物的发展,初级生产者和消费者极不平衡。维持城市生态环境系统所需要的大量营养物质和能量需要从系统外部输入;城市生态环境系统所产生的各种废物也要输出或靠人通过各种环保措施来分解。所以城市生态环境系统是一个不完全、不独立的开放系统。

4. 城市生态环境系统具有整体性和综合性

城市生态环境由自然、经济、社会三个部分交织而成,组成城市生态环境各要素、各部分相互联系,互相制约,形成一个不可分割的有机整体。系统内部环境、生产、社会等是一个整体;城-郊的环境、生产、社会也是一个整体。任何一个要素发生变化都会影响整个系统的平衡,推动系统的发展,以达到新的平衡。各种城市自然环境条件都不同程度地受到人工环境因素和人类活动的影响,使得城市生态环境系统的变化具有综合性。

5. 城市生态环境系统具有开放性

城市生态环境系统是一个容量大、流量大、密度高、运转快的开放性的系统，其物质能量的恒定需要与系统以外的环境进行广泛的交换。原材料、燃料要从系统外人为输入，系统中生产的产品、废物要人为输出，城市生态环境系统的稳定性既取决于环境因素的容量，也取决于与外界进行物质交换和能量流动，对外的依赖性很强。

6. 城市生态环境系统具有脆弱性和非稳态平衡性

城市生态环境系统是在偏离自然平衡点处建立起来的非稳态平衡系统。因为城市生态环境系统的开放性，要依赖别的生态系统，不像自然生态系统能自给自足，有完整的食物链。城市只有少量绿色植物，动物很少，枯枝落叶被人为清除，土壤微生物不起作用，因而没有完整的营养元素循环。生物以环境资源系统为生存的基本物质条件。而城市生态环境资源有限，特别是城市用地多被人工物质和居民占据，动植物生存空间有限，导致城市生物数量少、种类少、生物系统极不发达。此外，城市环境资源系统被污染严重，大量有毒有害物质转移到生物系统，使以绿化植物为主的城市生物受到毒害；城市生境也远较自然地域恶劣，如热岛、干岛等，所以城市生物系统脆弱。

7. 城市生态环境系统自我调节能力的有限性

城市生态环境系统具有一定的负荷能力，超负荷则生态平衡被破坏。说明城市生态环境的脆弱性，平衡的不稳定性。城市生态环境系统在长期演变过程中逐步建立起自我调节系统，在一定限度内可以自我调节，维持本身的相对稳定。城市生态环境具有较强的人工调节功能，对来自外界的冲击能够通过人工调节进行补偿和缓冲，从而维持环境系统的稳定性，并取决于人工调节的合理和适时。环境容量愈大，调节能力愈强，环境系统愈稳定。

8. 城市生态环境系统能量流动的单向性和低效性

城市生态环境系统能耗大，大量消耗一次性能源，如原油转化为电力煤气、蒸汽，供生产、生活、交通等之用。这些能量在系统内通过人类生产、消费实现流通转化，逐级消耗，维持系统的稳定。系统能量转化具有人工操纵性，物质生产交换具有高强度。而有一部分能量以废物形式排入环境，使城市环境遭受污染。而自然生态系统是依靠绿色植物的光合作用，把太阳能转化为化学能供系统其他生物利用，能量在系统内循环使用，维持系统的正常结构和功能。能量利用效率高。

9. 城市生态环境系统是人类自我驯化的系统

在城市生态系统中，人类一方面自身创造了舒适的生活条件，另一方面又抑制绿色植物和其他生物的生存活动，并污染了洁净的自然环境，反过来又影响人类的生存和发展，人类驯服了其他生物，同时又把自己圈在人工化的城市里，改变生活方式不断适应环境。

城市生态环境系统中人的二重性及其意义：

(1) 人是自然环境的产物，是自然的人，所以人具有生物属性，受自然环境制约，一切生物都必须适应环境而生存，人和一切生物一样，不能脱离自然环境而存在。人又是社会的人，是城市社会环境中的一员，具有社会属性，受社会规律约束。

(2) 人是城市生态环境的建造者，又是城市生态环境中的一员；是生态环境的污染者，又是被污染者。人类为了维持生命，要从周围环境中获取生活资料和生产资料，随之也就开始了破坏生态环境和改造环境的工作，不断对自然环境施加影响。

(3) 一方面，城市自然生态环境以其固有的成分及其物质流和能量流运动着，并控制着人类的社会经济活动；人的生命活动是环境中能流物流的一部分，参与城市生态环境的物质循环和能量流动，受自然规律的制约，是被主宰者。另一方面，人又是城市生态环境的主宰者，支配城市生态环境的发展方向和速度，对城市生态环境的发展和变化起着支配作用、调节控制作用，但不能超越一定时期中城市生态环境的容量而无节制地发展，否则将受到环境的报复；人还是城市生态环境中生物系统的主体，人类的社会经济活动又不断地改变着能量的流动与物质的循环过程。人既受自然的制约，又支配自然为其服务。

(4) 人是城市环境资源和物质能量的主要消费者，又是生产者，参与生产经营，创造物质财富；参与物质财富的分配、交换与消费。一方面进行物质的再生产，另一方面也进行自身的再生产，保证社会的延续和发展。

人的两重性互相作用互相制约，组成一个复杂的以人类社会经济活动为中心的城市生态环境系统。随着人类经营管理水平的提高，一方面，人类充分认识城市生态环境系统的结构、功能、动态及变化规律，合理开发利用自然资源，保证物质循环和能量流动的正常运转就可以提高生产效率，创造出更高的生物产量；另一方面，人类在利用改造生态环境的过程中，如果违背生态系统的规律，破坏了生态平衡，导致生态环境恶化，最终则危及人类自身的生存。

二、城市化的生态环境效应

（一）生态环境效应的类型

城市人口、设施、经济、活动、物质、文化集中到一定高度，称城市化。城市化由于人类活动的影响，造成城市环境污染和生态破坏，引起城市生态环境结构和功能的变化以及生态环境的变异，称城市生态环境效应。按其发生机理一般可分为下面三种：

1. 物理效应

由声、光、热、电、辐射等物理作用引起的生态环境效应，称物理效应。包括：城市工厂、家庭炉灶、车辆行驶、大量排放废热，以及城市建筑物、街道辐射热量等，产生的城市热岛效应；二氧化碳排放量增加，产生温室效应；扬尘、烟灰使大气混浊，产生混浊岛效应；地面不透水面积增多，使蒸发量减少、产生干岛效应；地面径流量增加、径流系数增大、洪峰增高、历时缩短；大量开采地下水引起地面沉降使城市生态环境变异等。

2. 化学效应

由物质之间化学反应所引起的生态环境效应称化学效应。由于城市大量消耗矿物燃料，排放二氧化硫，在大气中遇水形成酸雾或酸雨，腐蚀城市物质，降落地面污染水体和土壤，产生城市环境酸化效应。城市工厂排放的氮氧化物和汽车尾气，在气温较高，强太阳辐射的条件下产生光化学反应，形成光化学烟雾。引起水体和土壤中二氧化碳含量增加，导致盐类溶解和代换增加。工厂含酸、碱、盐等多种污染物及重金属元素的废污水大量排放，进入城市水体和渗入地下，长期积累产生环境的碱化效应和地下水硬化。

3. 生物效应

由环境因素变化导致生物系统变异的效果，称环境的生物效应。产生生物效应的现象很多：如城市开发建设和人类活动砍树填塘，自然生态环境改变，人为的建(构)筑物、柏油马路代替了树林、草地、农田生态系统，破坏了生物的栖息地，野生动物灭绝，生物系统简化，植物退化，生物量、生长量减少，物种减少，生物多样性减少，植物界后退，森林逆向演替。城市水体污染，河湖鱼虾绝迹，使水生动物种类减少。城市化由于缺乏栖息地，野生动物不再存在，只有一些家养动物和少数喜欢生活在居住区的受保护的动物和人工绿化植物、栽培欣赏植物。致畸致癌物质污染，引起畸形病和癌症患者增多。城市环境的生物效应关系到人和生物的生存和发展。因此人们高度重视这种效应的机理及其反应过程的研究。

（二）生态环境效应的机理

城市化环境效应的机理主要表现为：

1. 改变能量流

由于建设城市，将原有的地表覆盖加以改造，于是反射率就会相应地变化，从而改变区域的能量收入；此外，工业生产又从区域外部输入化石燃料，或者输入其中已经物化能量的各种产品，它们向大气释放各种物质，阻挡长波辐射的散失，改变城市的能量流动。从而产生各种光、热效应和辐射效应。

2. 改变物质流

城市社会经济系统，从城市外调运入的原材料及产品，向自然环境中排放污水和废气，从而改变城市的物质流。大量利用金属矿产，而利用率不高，大量弃置，使这些金属元素在城市环境中的浓度增加，而这些金属元素不少对人体是有害的。如汞、镉、铅等。它们会通过食物链危害人类身体健康。

3. 打破力的平衡

地球上的一切物体无一例外地受到朝向地心的引力作用。但城市建设，人类活动将岩石、砂、土，从一个地方迁移到另一个地方，改变了地表形态和地貌过程，甚至创建新的地貌形态，打破力的平衡，引发土壤侵蚀、塌方、滑坡。城市建设时所引起的地表变化，尤其是土壤侵蚀速率的变化十分惊人。据估算：在无保护情况下，道路建筑，每新建1km长的公路，其土壤侵蚀量为450～500t。

（三）城市环境的自然净化过程

当污染物质进入城市自然生态系统时，系统对污染物质进行转化、迁移、降解和扩散，降低其浓度，或使之完全消除，不致造成危害。城市环境的这种自我净化作用，称为城市环境的自净能力。按其发生机理可分为物理净化、化学净化和生物净化三类。

1. 物理净化

城市环境自净的物理作用有稀释、扩散、淋洗、挥发、沉降等。如气流扩散，降水淋洗，重力沉降等作用，可使大气得到净化；水体的物理吸附、沉淀、流水稀释、扩散等作用，使水体自净。土壤中挥发性污染物，如酚、氰、氯等，因挥发作用，其含量渐降。物理净化能力取决于环境物理条件和污染物本身的物理性质，如温度、风速、雨量及污染物本身的比重、形态、粒度等。此外，地形、水文条件对物理净化作用也有重要影响。

2. 化学净化

城市环境自净的化学反应有氧化和还原、化合和分解、吸附、凝聚、络合、交换等。如某些有机污染物经氧化还原作用最终生成水和二氧化碳等；水中的铜、铅、锌、镉、汞等重金属离子与硫离子化合，生成难溶的硫化物沉淀；铁、锰、铝的水合物，黏土矿物，腐殖酸等，对重金属离子的化学吸附和凝聚作用。土壤和沉积物中的代换作用等均属环境的化学净化。影响化学净化的因素有酸碱度、氧化还原电势、温度等。污染物本身的形态和化学性质对化学净化也有重大影响。

3. 生物净化

城市生物的吸收降解作用，使环境污染物浓度降低或消失。主要是城市绿化植物能吸收土壤中的酚、氰等，在体内转化为酚糖甙和氰糖甙；球衣菌可以把酚、氰分解为二氧化碳和水；绿化植物可以吸收二氧化碳放出氧；凤眼莲可以吸收水中的汞、镉、砷等化学污染物从而净化水体。影响生物净化的因素有生物的种类、环境的水热条件和供氧状况等。有机污染物的净化主要依靠微生物的降解作用。

城市由于人口高度集中，社会经济活动强度大，对城市环境的污染往往超过城市环境的自净能力。而且，城市的自然净化功能是十分脆弱而有限的，需要通过人工措施进行净化，才能维持城市生态环境的平衡和稳定。

（四）城市生态环境容量

1. 环境容量

环境容量是指在人类生存和自然生态不至受害的前提下，某一环境所能容纳的污染物的最大负荷量,即环境所能接受的污染物限量或忍耐力极限。

2. 城市环境容量

城市环境容量当指城市特定区域环境所能容纳的污染物最大负荷量,即城市自然环境对污染物的净化能力,或为保持某种生态环境质量标准所允许的污染物排放总量。

3. 城市生态环境容量

城市生态环境容量除考虑上述自然环境对污染物的净化能力之外,还要考虑环境资源对社会经济活动强度的承受能力。如城市的土地资源、水资源、能源等对人口和经济发展的承受能力。所以城市生态环境容量是指在保证城市土地利用适宜、资源开发利用合理、生物受到保护、环境污染得到有效控制的前提下,城市所能容纳的适度人口和一定的经济发展速度。它是城市生态规划的基础,是城市生态规划的一种依据。城市生态环境容量并非是常数或恒定值。它是随时间、空间等因素的变化而变化的。

4. 影响城市生态环境容量的主要因素

影响城市生态环境容量的因素主要有:①城市空间的大小和各环境要素的特征,如地形、地质、水文、气象、土壤等环境系统的条件及其化学物理的特征;②植被、绿地、野生动物、微生物等生物系统条件及其生物特征;③人工形成的城市环境系统,如建筑物、桥梁、道路、工厂、矿山、城市基础设施等及其所引起的城市物理环境变化特征;④污染物的物理化学性质;⑤人及生物有机体对某种污染物质或能量的耐受力。

三、城市环境生态位

(一) 生态位

生态位(Niche)一词又称生态龛,最早是 J.Grinnel 于 1917 年提出来的,并定义为生物种群所占据的基本生活单位,如指一个种或亚种所占据的基本单位。或生物在群落中所处的位置和所发挥的功能。主要是指物理空间及其与所处生境条件的关系。1927 年 Elton 定义生态位为有机体在与环境的相互关系中的功能和地位。1957 年 G.Hutchinson 定义其为多维生态因子空间。可见对生态位有多种不同的理解。它原来主要用于研究种的多样性、种间关系、种群进化,现今广泛用于资源利用。

(二) 城市环境生态位

1. 城市环境生态位的概念

城市环境给人类活动所提供的多维因子空间称城市环境生态位。它是指所提供给人们的或可被人们利用的各种生态因子(如水、食物、能源、土地、气候、建筑、交通,等等),和生态关系(如生产力水平、环境容量、生活质量、与外部系统的关系,等等)的集合(王如松,1988)。可见城市环境生态位不仅包括生活条件,也包括生产条件,不仅有物质能量因素还有文化信息因素;不仅有空间概念,还有时间概念。它反映了一个城市对人类各种经济活动和生活活动的适宜程度,反映了城市资源、环境的优劣,从而决定了它对不同类型的经济活动以及不同职业年龄人群的吸引力和离心力。

2. 城市环境生态位的表达式

生态位是生物在完成其正常生活周期时所表现对环境的综合适应特性,每一个环境因子为一个维(X)。城市环境生态位可以用城市广义环境空间 E 中的一个多维向量 X 来表示:

$$X = \{ X_i \mid X_i \in E^n, i = 1, 2, \cdots, n \}$$

式中:X 为城市环境空间(E)中的一个多维向量,即城市环境生态位。它等于 X_i 个生态因子(生态因子有 $i = 1, 2, \cdots, n$ 个)。X_i 属于多维因子空间(E^n)中的一个(即 $X_i \in E^n$)。X_i 是随时间 t 变化的随机变量,即 $X_i = X_i(t)$。表示时刻 t 时第 i 个生态因子的状况(这里为简便计,我们考虑其为均值函数,即 $X_i = E(X_i)$;n 为与城市人类活动密切相关的那些生态因子或关系的个数。

3. 城市环境生态位的类型

城市环境生态位大致可分为三类:

(1) 生产位　　是指生产条件生态位,包括城市的生产条件、资源利用、经济水平、流通能力等因素,即经济环境条件。

(2) 生活位　　是指生活水平生态位,包括了公用设施建设、居民的物质生活及精神生活水平、社会服务能力等因素;即社会环境条件。

(3) 环境位　　是指环境质量生态位,包括了资源消耗、城市的污染负荷、主要环境因子的污染状况等因素。

第二章　城市地质地貌

城市地质地貌作为城市下垫面和物质基础，在很大程度上对城市的分布、环境结构、形态与分区、布局、发展规划和景观风格等都具有决定性和制约性的影响。现代地貌过程和地表形态，又深受地质构造和营力的作用。地质是城市生态环境存在和稳定的基础，是城市生态环境不可缺少的组成要素。

第一节　城市地质

一、地质条件与城市建设

地质条件是城市生态环境存在与稳定的基本因素，是城市建设的基础。城市建设中的地质问题主要包括：城市地质稳定性、地质安全性、地质找水等。例如，城市环境地球化学地球物理场对人类的影响，城市多层地下空间开发利用的工程地质及地球物理作用，城市含水层对建设和基础设施的影响，城市建筑材料(石料)的查探开采，城市地下水可供能力与污染，城市有害废物的安全处置选址，城市土地利用与规划的综合研究等，都需要研究城市地质条件。

1. 城市地质稳定性

城市地质稳定性主要是指由于地球内力作用引起的构造活动，特别是断裂、地震等活动对城市的影响程度。区域地质构造稳定性对城市的建设与兴衰至关重要。例如 1976 年我国唐山地震，对该城市产生的巨大破坏。我国 45% 以上大中城市处于 7 度以上的高裂度区内，地震经常威胁这些城市的安全，影响城市的正常活动，因此，城市建设应尽力避开地质稳定性较差的地区。要进行区域地质稳定性评价，以活动性断裂研究为基础，活动的构造体系为控震构造，活动性断裂带为发震构造。区域活动性断裂通常构成发震断裂。活动性断裂不仅可以引起地震，还常以错动、蠕动的方式引起地面破坏。此外，由于断裂带本身特殊的物理力学特性，活动性断裂常常引起其他地质灾害的发生。如滑坡、崩塌、泥石流、地面塌陷等。因此，在大型工程选址时，尽可能避开活动性断裂。当有些工程建筑不能避开活动性断裂时，应对其发震、错动、蠕动等分别进行评价，以便在城市规划建设时采取相应措施。

2. 城市地质安全性

城市地质安全性主要是指现代地质作用对城市的影响。由于城市常占据较大的地域,因而各种现代地质作用,如岩石风化、冲沟、泥石流、崩塌、海岸与湖岸冲刷与堆积,多年冻结等,均可能发生。在城市规划、用地选择时,应对这些现代地质作用进行研究,了解它们分布和发育规律,以便采取相应的防治措施。山区、丘陵地区城市,选择建设用地时,应避开不稳定的坡面,确定滑坡地带和稳定用地边界的距离。选用有潜在滑坡危险的用地时,需要采取工程防治措施,如疏干地下水、地表水,设置保护坡脚等。受水流冲刷,地表形成冲沟,使土地支离破碎,破坏用地,对土地使用造成不利。影响道路的选线,增加道路、桥梁、涵洞、排洪等工程建设的土石方。故在用地选择时,要查明冲沟发育的地质因素,分析冲沟分布、坡度、活动程度,以便采取相应的治理措施。

3. 城市地质基础

岩层的结构、性质特别是浅层岩石、第四纪覆盖层,是建(构)筑物的基础条件,关系到建筑物的稳定、安全与寿命,是城市建设的基础。因此,城市建设要选择地质条件好、岩层的承压力强、抗剪抗压能力强的岩层,否则要进行地基处理,要查明其岩性结构以便采取工程措施。

4. 城市地下水供水条件

地下水是城市用水的主要来源,在干旱地区和缺乏地表水的地区是城市的主要水源。地下水贮存条件、水量、水质、水温等对城市开发建设均有很重要的意义。在城市开发建设时,水源充足,水质良好,是城市规模不断扩大的基本保证,可以安排耗水量大的项目,否则就要限制城市发展规模,尽量安排耗水量少的项目,以免引起一系列环境问题,如水源枯竭、水体污染、地面沉降等。当城市地位重要,必须扩大规模而水源又不足时,就要考虑如何引水。所以,在城市规划布局时,要从地下径流条件,结合其他因素(如地形、河流、风向等),一并考虑建设项目的布局,防止地下水受到工业排放废水的污染,使水质恶化,或因过度开采地下水,形成地下漏斗,造成地面沉降。

二、影响城市建设的主要地质因素

人类建造城市总是选择那些地壳相对稳定,地质基础坚实,水源丰富的地带。城市自然地貌,是地壳运动长河中出现的一种暂时的相对稳定阶段的地表形态。因此,组成地壳的岩石、地层,地质构造,地壳升降运动、地震等,都是城市建设必须考虑的地质因素。

(一) 工程地质

工程地质条件是指城市开发建设中必须考虑的各种岩层或土层的工程地质性

质、软弱土层的埋藏深度和厚度、地下水位埋深和建筑工程适宜程度等。城市所有建筑物均由地基承载，地基由岩层或土层构成，其岩性及结构不同，具有不同的承载力。地质基础关系到城市建筑及其日益增强的承载力问题。松散的沙层与固结的沙层、黏土、粉砂岩、页岩、灰岩以及各类岩浆岩，都具有各自的物理力学特性和抗剪抗压强度(表 2-1)，它们除了影响地基施工条件之外，还关系到建筑物的安全与寿命，这些岩石以单一或不同组合方式构成，即使是完全相同的自然地貌形态，它们对城市地貌稳定性的影响，也往往会有很大的差异，尤其是受到地震及人工大规模开挖露头，改变它们原来的地貌形态的时候，表现尤为明显。

表 2-1　各种地面组成物质的承载能力

组成物质	承载力/(t/m^2)	组成物质	承载力/(t/m^2)
碎石(中密)	40～70	细砂(很湿)(中密)	13～16
角砾(中密)	30～50	大孔土	15～25
黏土(固态)	25～50	沿海地区淤泥	4～10
粗砂、中砂(中密)	24～34	泥炭	1～5
细砂(稍湿)(中密)	16～22		

注：据同济大学等，1981 年。

城市建设要求上覆土壤及下部的堆积物或岩层(地基)能够支承建筑物。现代城市建设，建筑物高度愈来愈大，对地基的要求也不断提高，不同高度的建筑物所要求的地基承压力不同(表 2-2)，地基承压力至少每平方厘米需超过 0.5～2.0kg。

表 2-2　建筑物所要求的地基承压力

建筑层数	1	2	3～4	>4
最小地基承压力/(kg/cm^2)	0.5～0.7	0.7～1.2	1.2～1.5	>2.0

因此，选择最佳的建筑地质基础，是城市开发建设的先决条件。例如，广州市按地质条件对城市建设进行工程适宜程度划分：地形平坦，无不良地质现象的，为完全适合建筑地区；需要平整场地，作基础处理的，为采取一般措施地区；在安全洪水位以下，地质条件差，主要为淤泥、粉沙、部分为软塑黏土、亚黏土，深度大于 8m 的，为需要专门工程措施的地区。

在规划建设中应综合考虑地基条件、施工条件、地段的稳定性因素，使规划合理化，减少基础投资，避免工程隐患。

(二) 水文地质

水文地质条件对城市开发建设的影响，主要表现在以下几方面：①影响施工、建筑物安全和寿命;②影响城市用水;③影响城市卫生条件;④过分开采地下水,影响地面沉降。

地下水的存在形式、含水层厚度、埋深、矿化度、硬度、水温以及动力等条件会影响城市建设的施工、建筑物的安全和城市用水。地下水太浅,地面可能成为沼泽或湿地,将不利于工程的地基。在沼泽地区,由于经常处于水饱和状态,地基承载力较低,当选作城市用地时,要采取降低地下水位,排除积水的措施,以提高地基的承载能力和改善环境卫生状况。因此,沿河的泛滥平原不适宜于城市建设和发展。对于没有地下室的普通建筑,要求地下水埋深至少1m左右,而有地下室的建筑则要求地下水埋深要在3m以下(表2-3)。

表2-3 建筑物所要求的地下水埋深

建筑物类型	低层	三层以上	有地下室	道路
最高地下水埋深/m	0.0 1.0	1.0~1.5	2.5~3.0	1.0

地下水按其成因与埋藏条件,可以分为上层滞水、潜水和承压水三类。具有城市用水意义的地下水,主要是潜水和承压水。潜水基本上是渗入成因,大气降水是其补给来源。所以潜水位及其动态与地面状况是有关的。潜水埋深因各地的地面蒸发、地质构造和地形等不同而相差悬殊。承压水因有隔水顶板,受大气影响较小,也不易受地面污染,因此往往是城市主要水源,特别是远离江河或是地面水量、水质不能满足需要的地区。探明地下水资源对城市选址,确定工业建设项目以及城市规模等都有重要意义。地下水的水质、水温由于地质情况和矿化程度不同,它对城市用水的适宜性也不同。

以地下水作为主要水源的城市,随着工业的发展和人口增长,城市不断扩大,用水量猛增。为了满足这种发展的需要,不得不过量开采地下水资源。与此同时,由于大量地下工程和高层建筑的兴建,切断了地下水正常径流,使地下水补给失调,流向紊乱,水质恶化,水资源枯竭,结果造成地下水位急剧下降,从根本上改变了城市地下水文地质条件,造成城市地面下沉。

当地下水位过高时将不利于工程的地基,在必要时可采取降低地下水的措施。在沼泽地区,由于经常处于水饱和状态,地基承载力较低,当选作城市用地时,可采取降低地下水位,排除积水的措施以提高地基承载能力和改善环境卫生状况。

(三)地质构造

地壳由于地球内动力作用,引起变化或形变的机械运动,称构造运动,或称大地构造运动。其效应主要有:一是影响城市布局;二是影响建筑施工;三是影响建筑物的安全。地壳运动可分为水平运动和垂直运动两种基本形式,在内营力作用下的地壳运动使岩层产生褶皱和断裂、凹陷和隆起,以及与之相伴的岩浆活动和变质作用。它们对城市工程建筑有很大影响。无论是处于稳定状态的断裂带,还是现今还处于活动中的活动断裂带,它们都使在断裂带影响范围内的各种性质的岩层产生大量节理、裂隙,岩石变得十分破碎,其岩石的工程地质条件与物理力学特性等,较之未受影响的原岩大不相同,尤其是山区城市,由于岩石破碎,山坡稳定性大大降低,沿谷坡两侧常有崩塌、滑坡危害,倒石堆(锥)、坡积扇十分发育和集中分布,如果是活动断裂带,还往往伴有频繁的地震活动,使本来稳定性就差的地貌环境变得更为不稳定,给城市建设与发展、地下工程施工,隐伏下各种地质灾害问题。断裂带由于岩石破碎,节理、裂隙发育,因此又是地下水集中分布的地带,无疑给城市地下工程施工增加了困难与危险性。因此,查明断裂构造的各种特性,对制定正确的城市发展规划,防治和减少城市地质地貌灾害显然是十分重要的。

例如成都市,位于华夏系龙门山隆起褶皱带之东,属新华夏系构造中的成都拗陷,东部紧邻龙泉山褶断带。成都拗陷自“喜山运动”以来,一直处于下降状态,堆积了大范围的第四系松散地层。平原下伏为白垩系地层,成都市区深部构造具断块性质,主要有 NNE、NEE 与 NW 向三组。共 10 余条断裂,其中 NNE 向一组在区内具有控制意义。由于这组断裂的存在,导致成都市区东西部基岩埋深、第四系岩性结构、地貌类型及形态特征等,均产生了明显的差异。平原区第四系岩性结构、厚度与分布特征,受前述 NNE 向隐伏断裂控制。断裂以西地层发育齐全,总厚 50～115m,最大厚度 189.5m,断裂以东上更新统与全新统地层发育,厚 10～40m。东部台地为上更新统成都黏土覆盖,根据城市地质环境特点,提出城市规划建设应控制城市向西发展,而东部台地地区,土质差,不利于发展农业,是今后发展卫星城的理想地区(江苏华等,1990)。

(四) 地壳升降活动

地壳升降活动是指地壳物质沿着地球半径方向进行的上升或下降运动,是一种缓慢性的构造运动。现代地壳表面形态的雏形,主要是在第四纪以来的 300 万年中塑造而成的。而近代局部地貌形态的形成,与近万年来地壳的大面积升降活动有关,其效应主要有:①引起海进海退;②引起水陆变迁,苍海桑田;③引起海岸侵蚀、洪涝灾害、风暴潮等。

地壳上升使海水退却,一部分海底成为陆地;地壳下降海水入侵,原来的陆地变为海洋。如我国的长江三角洲平原、黄淮海冲洪积平原、珠江三角洲平原等,都是在距今 6000～10 000 年间,由于地壳上升运动形成的。地壳沉降导致海面上升,使有的城市已沉降到海平面以下,如苏州市附近的阳澄湖,秦朝时是阳澄县城所在地;当湖在汉朝时是薄县县城所在地;巢湖是巢县县城所在地,都因历史上地壳沉降运动而下陷形成今日之湖泊(中国科学院自然科学史研究所,1984)。

近代人类活动的影响,温室效应,全球气候变暖,海平面上升。据美国海洋大气局研究,过去 100 年全球海平面平均上升率为 1.8mm/a(Douglas,1991)。我国沿海近

30～40年来，平均以每年3mm的速率上升(相对于中国沿海的均衡基准)，近10年上升更有加速的趋势(施雅风等，1992)。据中国海平面公报(1989～1991)：全国海平面平均升速为1.4mm/a，广东岸段为2.19mm/a，珠江三角洲近30余年海平面上升为2.31mm/a，近17年为4.8mm/a，近3年为9.7mm/a。珠江三角洲位于沉降区，沉降速率为2～7mm/a。据新近出版的《地图》杂志报道，自1949年以来仅仅半个世纪，在自然和社会的综合作用下，中华大地水陆出现了巨大的变迁：

(1) 海岸延伸　　在黄河三角洲从1953年至1982年间，就造陆地1100km^2；长江三角洲50年来已有数十平方公里的陆地形成。改革开放后的浦东新区，就造陆地11km^2。

(2) 岛屿变化　　如上海的崇明岛1950年的面积约为600km^2，现在已扩展为1200km^2。澳门1957年，总面积15.1km^2，1998年扩大到22.41km^2。

(3) 湖泊消长　　如曾经干涸的吐鲁番洼地艾丁湖，由于多年丰水及有效的环境整治，已恢复湖面75km^2。而20世纪50年代，湖北省有天然湖泊1052个，如今仅存83个。江汉平原原有湖泊面积达30 000多平方公里，现已消失了80%。

这些变化都是集中分布在城市比较稠密的地区，与城市的开发建设密切相关。海平面上升，导致风暴潮、海岸侵蚀、洪涝、盐水入侵等灾害加重。为此，城市防洪涝、防风暴潮设施要相应加强。

(五) 地震

1. 地震的基本概念

地震是一种自然地质现象，是地壳自然快速颤动，应力突然释放引起的剧烈地壳运动。地震的原因主要有构造的、火山的、陷落的以及其他人为因素诱发的地震。其中90%为构造地震，7%为火山地震，人为活动如建造大型水库，核试验等也会引起地震。地震活动是当今地质营力作用中对自然地貌形态和城市地貌改造与破坏最强烈的一种作用。人们能直接感到的地震每年有5～6万次。其中造成破坏性的地震每年约1000次，破坏严重的地震每年约100次。我国近30年来曾发生11次7级以上地震，其中唐山、海城地震都发生在城市。

地下岩石首先破裂的地方称震源。震源在地面上的垂直投影位置称震中。表示地震波强弱程度的标度称震级，是震源释放能量大小的级别，通常用里氏(C.F.Richer)震级标准划分。震级的计算是取距震中100km处由标准地震仪记录的地震波的最大振幅的对数值。一次地震只有一个震级，同一次地震因震中距不同而有不同的裂度，愈近震中裂度愈大。地震时地表震动的强度称裂度，表示地震对地面及建筑物的影响与破坏程度，它和震级既有联系又有区别。震级大，裂度高(表2-4)，震级相同时，震源越浅，震中裂度越高，但影响范围小；震源越深，震中裂度越低，但影响范围较大。地震裂度有基本裂度与设计裂度之分。前者通常是以100年内在该地区可能遭遇的地震最大裂度为准，它是设防的依据。设计裂度则是在地区宏观基本裂度的基础上考虑到地区内的地质构造、地形、水文、土壤条件等的不一致性而有增减(表 2-5)。

表 2-4 震中裂度与震级的关系

震中裂度	1	2	3	4	5	6	7	8	9	10	11	12
震　级	1.9	2.5	3.1	3.7	4.3	4.9	5.5	6.1	6.7	7.2	7.9	8.5

表 2-5 不同岩性地区地震裂度局部增加量

类　别	花岗岩	石灰岩砂岩	半坚硬土	粗粒碎屑土	砂质土	黏质土	疏松堆积土
裂度增加量/度	0	0~1	1	1~2	1~2	1~2	2~3

2. 城市地震灾害

(1) 地震对城市的危害　强烈地震的破坏性强,范围也较大。如地震产生滑坡、崩塌、沉降、断裂、地面破坏、地裂缝、海啸等,使城市大量建筑物倒塌,导致城市人工地貌与自然地貌形态发生明显的变化。甚至在 1 分钟内毁灭整个城市或一个城市区域。地震可以破坏价值数十亿至上百亿美元的城市设施,造成数十万至上百万人口的伤亡,使城市的社会经济功能完全瘫痪。20 世纪以来,全世界因地震灾害死亡的人数高达 260 万,占全部自然灾害死亡人数的 58%,被毁灭的城市也不少(表 2-6)(蒋维等,1992)。

表 2-6 20 世纪以来世界毁于地震的部分城市

毁灭时间	城市名称		震级	灾害情况
1906.4.18	美国	旧金山	8.3	火烧三昼夜,死亡 6 万多人
1908.12.28	意大利	墨西拿	7.8	海啸,死亡 8.5 万人
1911.1.4	原苏联	亚拉木图		历史上两次毁于地震
1920.12.16	中国	海原	8.5	死亡 20 万人
1923.9.1	日本	东京、横滨	8.2	大火、海啸,死亡 14.2 万人
1960.2.29	摩洛哥	阿加迪尔		全城半数居民遇难,死亡 1.6 万人
1960.5.22	智利	蒙特港	8.6	世界纪录中的最大地震
1963.7.26	原南斯拉夫	斯科普里	8.2	死亡千余人
1964.3.28	美国	安科雷奇	8.5	城毁,死亡 117 人
1972.12.22	尼加拉瓜	马拉瓜	6.3	城毁,死亡万余人
1976.7.28	中国	唐山	7.8	京、津、唐共死亡 24.2 万人
1978.9.16	伊朗	塔巴斯	7.7	80%居民遇难,死亡 1.1 万人
1980.10.10	阿尔及利亚	阿斯南	7.5	死亡 2 万多人
1988.12.7	原苏联	列宁纳坎	7.1	80%房屋倒塌,死亡 2.5 万人

注:据蒋维等,1992 年。

(2) 城市地震灾害的特点　由于城市人口集中,经济、设施、科技文化集中,因此,城市地震灾害破坏性强,损失大,伤亡多,灾情重,一次地震灾害可能伤亡千百万人口。城市设施,建筑物顷刻全毁。城市地震灾害有链锁性,地震引起地表断裂,海侵、海啸,房屋倒塌,设施破坏,引发火灾,滑坡、山崩,堵塞河道,引发水灾,井泉干涸,道路、通信、交通破坏,如果抗灾组织失误或不力,还将可能引发天灾与人祸叠加,灾害更加惨重。因此,对城市地震灾害万万不可掉以轻心。

(3) 中国城市地震隐患　世界有四大地震带:一是环太平洋地震带;二是地中海—喜马拉雅地震带;三是大洋中脊洋脊大陆裂谷地震带;四是大陆断裂谷地震带(区域性断裂带、地堑构造带)。中国地处前两大世界最活跃地震带,东濒环太平洋地震带,西部和西南部是欧亚地震带经过的地区——地中海喜马拉雅地震带,是世界地震多发国之一。①中国地震活动分布区域广,震中分散,震源浅,强度大,裂度6度及其以上地区占全部国土面积的60%,因而对地面建筑物和工程设施破坏严重。②我国位于地震带地震区域上的重要城市多。据1992年统计,全国400多个城市中有200个城市位于地震基本裂度7度及其以上地区;20个百万人口以上的特大城市中70%在7度及其以上裂度地区,尤其像北京、天津、西安、兰州、太原、大同、包头、海口等市,甚至位于基本裂度8度的高危险区域中。③城市原有的抗震设防系统水准低。研究还发现一些特大城市如广州,位于我国东南沿海地震带中段,具有发生5级以上中强地震的构造背景。上海市距南黄海7级左右地震震中约300km,而这些城市都未曾引起对地震的重视。④不仅一般建筑物不考虑抗震设防,甚至某些重要公共设施如车站、机场等公共建筑也因种种原因未给以充分注意防震,存在严重隐患。20世纪90年代以来,我国地震活动显著增强,发生过多次7级以上地震,必须引起重视。

3. 城市防震

(1) 我国城市防震存在的主要问题　数千年来,人类为寻求减轻地震灾害的对策,进行着不懈的努力,积累了丰富的经验,但也存在不少问题,在我国主要是:

第一,由于中国地震活动分布区域广,震源浅,强度大,震中分散,难于捕捉防御目标。加上技术水平限制,使地震预报仍不准确,成功经验少,失败教训多。

第二,我国位于地震带、地震区域上的重要城市多,受经济实力制约,城市原有抗震设防水准低,工程技术保障安全性差。城市某些公共设施未能考虑抗震设防。

第三,我国强震重现周期长,人们抗震减灾意识薄弱,思想麻痹。多数城市未有震前预测、震中抵抗、震后重建的综合防震抗灾规划。

(2) 我国城市防震的主要对策和措施　目前,对城市防震来说主要从地基建筑系统震害,生命线系统可靠度,城市社会人文震害等因子考虑,围绕控制地震,地震预报、抗震防灾三大方面开展工作,重点应放在抗震防灾上,加强对预报和控制的研究。从建筑地基、生命线工程和社会人文系统三方面考虑,提高城市综合抗灾能力,如制定防灾规划及对策,灾害监测预报及评价技术,工程设施防灾技术等,将抗震防灾措施贯穿在城市建设工程的全过程,多层次制定减轻地震灾害的对策,在分析城市震灾特点的基础上,抓宏观管理和综合减灾,如震前预测,震中抗震防灾,震后重建等。从城市规划布局考虑提高综合抗震防灾能力。主要措施:

第一,避免在强震区建设城市。在有活动断裂带的地区,断裂带的弯曲突出处和两端,或断裂带的交叉处,岩石多破碎,最易发生震害。一般规定,在地震裂度 7 度以下,工程建设不需特殊设防,在 9 度以上地区则不易选作城市用地,7 度以上,要有防御措施。

第二,按照用地的设计裂度及地质、地形情况,安排相宜的城市设施。尽量避开断裂破碎地带,以减少震时的破坏。如重要工业不宜放在软地基、古河道或易于滑塌的地区。

第三,对易于产生次生灾害的城市设施,要先期措置合适地位。如油库、有害的化工厂及贮存库不宜放在居民密集地区、上风及上游地带,大型水库不易建在强震区的上游以免震时洪水下泄,危及城市。如果必须建造,则应考虑提高坝体的设防标准,或采取可靠的泄洪导流措施,重点设防。

第四,按震时的安全需要,安排各种疏散避难的通道和场所。建筑物不宜连绵成片,要留以适当的防火间隔。从避难方面考虑,要有足够的室外空间。不同地震裂度地区的建筑物应按不同的抗震设防标准和抗震建筑规范设计。

第五,保护好城市重点工程设施,如城市生命线工程(供水、供电、供气、通信、机场、车站、桥梁等),医院、消防等重要设施部门,以免震时受到损坏,使城市机能瘫痪。

第二节 城市地貌

一、地貌环境与城市建设

地貌是自然环境的重要组成要素,是地球表层系统的固体下垫面,是城市建设发展的基盆。它以形态起伏、物质组成、动态演变过程来影响环境,故地貌是环境因子,称环境地貌。把地貌环境作为环境景观生态链的一个重要环节和人类—自然环境系统中的一个因素进行研究。地貌作为环境因子来与其他因子相比,一方面它对环境的影响在数量上相对稳定,另一方面它自身的变化在时间上滞后明显。因此,研究城市生态环境,首先应该了解城市地貌,以便为城市开发、土地利用、建筑设计、工矿企业设置、交通道路、供排水、休闲、娱乐、旅游等城市布局和建设提供下垫面基盆的科学依据。

(一) 城市化引起的地貌过程变化

城市化造成区域地貌环境变化的最大特征是大量不透水地面,鳞次栉比的人工地貌体取代了原来自然生长的草被、树林，导致一系列地貌作用过程的变化。

1. 流水作用过程的变化

由于城市化使大范围的天然植被和土体表面被破坏，并为人工铺设的地面所取代，从而影响降水、地表流水的流动方式和下渗状况，改变城市的水文过程，使城市流水侵蚀与沉积的地貌作用过程发生变异。城市大规模扩展建设时期，河流含沙量急剧上升，随着城市建设工程量的减少，河流含沙量又趋于减少。城市建筑活动，使地貌作用过程的强度和速度增加，地表受扰动强烈，则流水地貌作用过程以侵蚀作用为主，当建筑完结或采取某些措施时，地表相对稳定，流水侵蚀作用过程则减缓。城市河流渠道化，汇流快，提高了河流的搬运效率，沙洲堆积迁移加快，加上人为改造河道，使城市河流的平面和横剖面变形，破坏了河流流量与泥沙运移之间的平衡。由此引起城市地貌结构、功能等的许多变化。位于山地丘陵与平原交汇处、较大河谷出口处的城市，这里容易发生暴流，冲积扇发育，城市建设扇体破坏更易引起暴流作用过程加剧。

2. 重力作用过程的变化

自然界未遭人为破坏的各种形状的坡地，是在植被和坡地物质本身具有的阻力共同作用下，与各种地貌动力过程取得平衡，即处于相对稳定状态。由于城市化，频繁而强烈的建设活动，如人工切坡、坡顶增载、坡地建筑等，使力的平衡受到破坏而处于不稳定状态，减低了抗剪抗压强度。一方面，片状、线状侵蚀过程加速进行，使坡面后退夷平地表，另一方面，地表受切割加强，沟壑发育使地表破碎，加快物质转移。由于城市化过程中人类建设活动的加剧，不但使地表承受压力大为增加，同时地表受到强烈扰动，减弱了抵抗侵蚀的能力，促进了沟壑的发育和加快物质被运移的过程，结果是地表受侵蚀切割破碎，地面的相对稳定性破坏，坡地失稳，滑坡崩塌增多。水土流失严重，土地退化。在山地丘陵区的城市，坡地重力灾害频繁发生。

位于平原区的城市，尤其在沿海平原和大河三角洲冲积平原上的城市，大多建立在第四纪海相沉积或河湖相沉积的基础上，岩层软弱，在城市化进程中，因工农业发展和居民生活用水需要大量抽取地下水，地面载重增加，地层因而被压实收缩，引起地下水位持续下降，地下水资源枯竭，地面沉降，造成城市建筑物的不均匀下沉、破裂、倒塌，地下管道系统也因此受破坏，海水倒灌入侵等。

3. 喀斯特地貌过程的变化

喀斯特是可溶性岩石经溶蚀后形成的一种特殊地貌过程。它们大多是在与现今不同的气候条件下和不同的侵蚀、溶蚀基准面的情况下形成的大小不等的裂隙、溶洞等空隙。城市化加速喀斯特地面变形和地表塌陷，因为城市建设改变了水流系统，溶洞往往会得到扩展，当扩大到承受不了其上的压力时，便出现塌陷。城市化由于地面加载或地下水的变异等原因，也使原来的地基发生变形和塌陷，从而造成建筑物的毁坏。城市化工业生产排放大量酸性废物，形成酸雨等，酸类物质增多和酸浓度增加，地表和地下水循环加强，导致可溶性岩石的溶蚀度增大，溶蚀速度加快。城市化发展由于人口增长和工业发展,用水量激增,水的补给作用不断提高,水的循环和更新周期缩短。地下水被过量开采,水位大幅度地连续下降,增大了水对可溶性岩石的侵蚀溶蚀作用,加快喀斯特过程的进行。

此外,风沙地貌过程、土地沙化、水土流失、滑坡、崩塌、泥石流等地貌过程,也因城市化人类活动的强烈干扰而加速、加剧。

(二) 地貌环境对城市开发建设的影响

城市地貌环境是指以城市居民为中心的各种地貌要素,是城市所在地区的各种地貌实体。它包括城市自然地貌与人工地貌,是城市人类活动对自然地貌改造利用的结果,是叠加在大地貌单元上的一种局地性的特殊地貌环境,是城市生态环境的重要组成部分,对城市开发建设的影响是多方面的。城市是人类活动最强烈的地区,人与地貌各要素的关系尤其密切。人类活动利用地貌环境,同时又改变了城市地面的物质组成、结构、演化过程以及气候、水文状况,形成了城市地貌的许多特点。反之,城市地貌对城市人类活动又产生深刻的影响。地面组成物质由于岩性不同而影响地貌类型,从而对城市建设和交通也有影响,选择最佳的城市位置和利于建设的地貌条件,主要考虑的地表形态要素是地貌部位,地面起伏,地面切割度,地面坡度和坡向、地块大小等。城市位置往往选择在河流交汇处、高河漫滩、阶地、平原、山间盆地、冲积扇顶部等,土地面积必须广大,足以提供现在和未来的城市发展需要。

1. 地貌部位与城市分布

地貌环境影响城市的分布格局、城市的区位和城市的地域结构等。以中国的城市分布来说,绝大部分城市分布于平原、河谷、山间盆地和山麓绿洲等海拔较低、地形平坦的地带(表 2-7)。中国东部以平原丘陵为主体,如松辽平原、黄淮海平原、长江中下游平原、珠江及其支流冲积平原等。平原地区由于地势起伏和缓,土地连片,为城市建设和发展提供了有利的条件,成为中国城市分布的稠密区。平均每 1.26 万 km^2 就有一座城市,且大城市数量多,比重大;而西部 7.14 万 km^2 才有一座城市,且多为中小城市(表 2-8)。

表 2-7　中国不同海拔高度城市分布统计

海拔高度/m	城 市 数	百 分 比/%
0～50	114	35.3
50～200	67	20.6
200～400	51	15.6
400～1000	50	15.5
1000～2000	33	10.3
2000 以上	9	2.7
合计	324	100

注:据武进,1990 年。

表 2-8 中国城市阶梯分布统计

地貌阶梯	特大城市	大城市	中等城市	小城市	城市合计
第一阶梯	—	1	—	4	5
第二阶梯	7	3	24	81	115
第三阶梯	19	24	99	175	317

注:据朱虹等,1994 年。

城市分布的主要地貌部位如下:

(1) 河流汇合处　城市必须有良好的区位条件,几条河流汇合处,支流入注主流或入海处,常常形成比较肥沃的三角洲冲积平原,地面平坦开阔,为建筑物的合理布局提供了有利的条件。同时水上交通运输便利,为城市流通提供方便。不但水运条件好,而且土肥物富。地表组成物质多为厚度较大的第四系冲积、冲－洪积、湖积地层,地下水埋深较浅,一般有一至多层砾石层或沙层作为承力层,可满足普通工业民用建筑的地基强度要求,是城市建设比较理想的部位。例如中国几个重要的大城市,天津位于海河 5 大支流的汇合处,武汉位于汉水与长江交汇处,广州位于珠江 3 大支流汇合的珠江三角洲平原北缘,上海位于苏州河与黄浦江的交汇处,重庆位于长江与其支流嘉陵江的汇合处。但这类地貌常见有些较软弱的地层呈星岛状分布,尤其一些古洼地或河道被填塞的地方,地基承载力一般较差,虽注意防患。

(2) 河谷阶地　河谷阶地地面比较平坦,又濒临江河,一般靠山面水,用水及交通都比较方便,内河航运陆路交通发达,而且地势稍高免遭洪泛,地面组成物质多以冲积相的卵石砾石层和沙层为主,少数基岩裸露,地基承载力一般较高,能满足一般城市建设要求,也是城市较理想的建设场所。例如,甘肃省会兰州市,位于黄河两岸阶地上;福建省会福州市,位于闽江下游河谷阶地上;吉林省的吉林市,位于松花江畔的河流阶地上;山西省会太原市,位于汾河阶地上;湖南省会长沙市,位于湘江阶地上等。城市范围和形状,沿河流呈自然弯曲,江水如带,群山环绕,风景优美,利于开发旅游。

(3) 平原或盆地底部　平原或盆地一般地面平坦或起伏和缓,地表覆盖层较厚,地下水比较丰富,易于组织内外交通,建设投资省,周围农副业发达,城市总体经济效益高,为城市发展奠定了基础。因此国内外许多大中城市都分布在平原地区。例如,沈阳市位于辽河平原中部;哈尔滨市位于松嫩平原的中部松花江畔。西安市位于关中平原中部;贵阳市位于贵阳盆地中部;台北市位于台北盆地中部等。

(4) 海滨、岛屿　海滨岛屿的地貌特点是岸线曲折漫长,港湾多,有很好的天然良港,对外通航方便。给城市对外贸易创造了有利的条件。同时水产资源丰富,风景优美,利于疗养、旅游。

海滨平原地表起伏甚微，场地开阔，利于城市布局，地表组成物质多为第四纪堆积物，厚100m以上，最上层多为全新统堆积物，物质成分多为粉砂、黏土和淤泥质土。还有沙土液化和地震边坡放大效应，在城市建设中需注意因地下水过量开发引起地面沉降及地裂缝，以及海水入侵的危害。

滨海山地，多是剥蚀丘陵与海岸斜坡带。基岩直接出露或埋藏很浅，地基承载力高，多深水良港。是城市发展的有利条件。但地下工程费用高。18世纪工业革命以来，产业的空间分布特征表现出明显的临海型布局，第二次世界大战后形成的4个主要国际城市带，均分布在沿海。例如以纽约为核心的美国东北部城市带；以东京为核心的日本东岸城市带；以伦敦为核心的英国城市带和以巴黎为核心的欧洲西北部城市带。当今被公认的国际大都市如香港和新加坡也均是建在岛屿地貌单元上。

(5) 两大地貌单元的分界处　在社会生产力尚不发达，抗御外来侵略能力不强的古代，往往把城市建在依山傍水、紧邻平原的地貌部位，或水陆交通要道、岔口、隘口，使城市增加安全感，同时濒临江河平原，使城市交通和供给都较方便。例如，中国首都北京，位于西北高原盆地与东部平原丘陵区交界区域的洪积冲积扇平原上，西北部为连绵起伏的山地，东南面为广阔的华北平原；四川省会成都市，位于青藏高原向东部平原丘陵区过渡地带的冲积平原上；新疆首府乌鲁木齐市，位于天山与准噶尔盆地过渡带的山麓；东北钢都鞍山市位于长白山与辽河平原的交界处。

2. 地貌形态结构与城市布局

作为城市下垫面和物质基础的地貌环境，其类型、形态、结构、过程等对城市都具有决定性和制约性的影响：①影响城市区位条件、布局、地域结构；②影响城市形状的形成和发展；③影响城市空间分区、布局、结构；④影响城市发展规划和景观风格；⑤地貌结构形态影响城市土地资源种类、分布、利用方式、利用程度和效益，从而影响城市港口、机场建设，交通、城镇布局、旅游业发展。地貌影响各种建筑场地的选择等。例如，沿大河一侧形成的城市，多发展成带状，城市主干道与河道平行，如湖北沙市、江西九江市、安徽芜湖市等；地处珠江三角洲北缘东江、西江、北江三江汇合入海处的广州市，“背山”、“通海”、“卧田”，沿珠江形成带状组团式结构布局；著名风景旅游城市苏州市，城内河道三横四直，部分地区一条河一条街，前门临街，后门临河。是平原水网地区城市的典型特点，有中国威尼斯之誉。

3. 地形坡度与城市开发建设

从城市的形成与发展来看，平缓地形是最有利于城市建设发展的外部条件之一；从城市内部的空间结构布局来看，平缓地形也是最有利于布局；从城市的整体建设角度来看，平缓地形城建投资省，丘陵地区施工较困难，山地地区的城建则需要更大的经济投资和工程措施，同时城市发展往往也受到限制。但是平缓地形也不能过于平坦低洼，否则也会变成不利因素。例如，当地面坡度小于0.3%时，往往不利于地表排水。

在城市化进程中,不同的建筑物对地形坡度有不同的要求,而不同的地形坡度,可以适应不同的建设活动,从而形成不同的土地利用空间结构。

4. 地面组成物质与城市开发建设

地表形态结构和组成物质是不可分割的。地面组成物质既是地貌作用过程的物质基础,也是城市的立地条件和依托。城市各种建筑物和构筑物的地基基础,都直接坐落在表土和底土之上。城市各种建筑物和工矿建设都必须考虑到表土和底土的性质。不同成因类型的表土和底土,其承载力有很大差异,对城市建设、交通、地貌灾害、建材来源、建设投资概算等均有影响。在城市开发建设和用地选择时需要对各类建筑物和构筑物的坐落基础有所了解,尤其是在一些特殊性土类上建设,如湿陷黄土、软土、膨胀土、红黏土、冲填土等,还必须采取专门的措施,以保证安全。

(三) 地貌对城市生态环境的影响

地貌对生态环境的影响主要表现在以下几个方面:一是地貌以其海拔、形态、坡度、物质起源等影响城市中的空气、水体、地面温度、相对湿度、营养物质以及污染物质的迁移积累;二是地貌影响动植物有机体的繁殖,物质能量在系统中的流动;三是地貌影响非生物因子如光照、辐射、风、雨、云、雾、积雪等,影响生物的生长和分布,改变生物区系的活动和特征;四是地貌影响人工造貌发生的位置、速度、频度和范围,从而影响整个城市生态环境系统。下面仅就几个方面简要说明:

1. 地貌影响城市水文水资源

地貌通过影响城市地表产流及径流强度、影响城市水系分布及水系形态、影响城市河川径流补给方式等,造成不同的地下水补给,地下径流和排泄条件,进而影响地下水的分布特征,影响城市水资源的特色、形成、总量、分布和变化,从而影响城市开发建设的用水和城市生态景观。

2. 地貌影响城市土地类型

地貌的坡度、切割密度、坡地稳定性、地貌灾害、地下水供应状况和城市组成物质等,是城市生物的栖息条件,是城市绿化的基础。地形起伏状况往往反映了城市所利用土地的质量,而地表被切割破碎程度则反映了可供城市利用土地的平面大小和空间范围。一些地貌的自然特性、工程适宜程度和利用价值等有影响的地貌过程,都是土地分类的基础。

3. 地貌影响城市垃圾场的选址

城市化所带来的大量固体废弃物如果处理处置不当,将造成对城市环境污染和生态破坏。尤其是采取堆放和填埋法对固体废弃物进行处理时,必须慎重考虑处置场地的选址问题。既要避免堆置后被风吹蚀再搬运扩散污染环境,又要避免填埋后受地表流水侵蚀和淋滤下渗污染地下水问题。这就要求必须对垃圾填埋场的选址作全面的环境地貌分析研究。它必须符合以下几个条件:①要有较大面积的场地以满足能在较长时期进行填埋的需要，但又不占用过多良好城市宜用地；②尽可能利用天然的地形条件以期最大限度减少土方量，但又必须有足够的覆盖材料（土壤）；③避开易发生灾害的地区，其下不应有矿藏、灰岩坑、岩溶洞穴；④填埋场的底部与地下水位应有一定距离（1.5m以上），土壤渗透率极小；⑤填埋场底层必须避开专用水源含水层和地下水补给区，以免造成地下水源的污染；⑥避开与重要考古文物等有关的地区。同时在垃圾堆建成山之后，还需解决一系列诸如山体巩固稳定性、山坡的封固性、对所产生的气体和浸出液的控制，以及对污水的处理等问题。所有这些都必须根据城市地貌环境的实际情况因地制宜而定。

二、城市地貌类型及特点

城市地貌是自然地貌与人工地貌的复合体。自然地貌是城市地貌的基础或称之为下垫面基盆。各种人工地貌都是修建在自然地貌的基盆之上或其间，是通过人类的作用，人的智慧和劳动对自然地貌开发利用改造、建造、雕塑、构景、造型、竖立起各种建筑群、文化景观等人工地貌体。在这个人工叠加的地貌体内，既有大地貌单元的一般特点，也有人类施加影响后的人工地貌环境特点。

人类活动对自然地貌作用的结果有两种情况：一种是在自然地貌的背景上，创造新的地貌类型，称人工地貌；另一种是改造自然地貌，称人工叠加地貌。一般地说，加工成型后的地貌，与城市自然地貌镶嵌组合在一起，使城市地貌具有独特的特性。因此，城市地貌可根据人类活动作用程度的差异，划分为三种类型。

（一）自然成因地貌

自然成因地貌是指那些几乎未受人类活动影响的地貌体，属于覆盖全球的构造地貌，经自然营力的长期作用，为宏观的大中型地貌体，按形态有低山、丘陵、台地、阶地、盆地、冲积平原、冲积扇、河漫滩、沙洲、礁石、坳沟等，是构成城市小型微型地貌体的背景，是塑造城市地貌的基础。这些地貌形态按起伏高度、地面倾斜度或切割度大小，又可分次一级的类型。例如丘陵可再分低丘、中丘、高丘，台地又可再分一级台地、二级台地、三级台地，阶地可再分一级阶地、二级阶地、三级阶地等。按地面倾斜度划分平坡地、缓坡地、中坡地、陡坡地、峻坡地、峭坡地、陡崖等。按岩性构造又可分水平或近水平构造、褶皱构造、背斜构造、单斜构造等。按组成物质又可分沙岩、页岩、碎屑岩、碳酸盐岩、砾岩、泥岩、花岗岩等。而要了解城市地貌又首先要了解城市的自然地貌，对城市自然地貌的形态结构、组成物质、形成演变过程进行研究。

（二）人工成因地貌

城市人类活动强度大，自然地貌已被夷平、消失，形成了新的相对独立的地貌体。即人工堆积和剥蚀的地貌实体，它是由人类的作用力和人类掌握的物质能量构成。人工成因地貌的特点：

1. 按人的意旨塑造，形态各异，风格不同

由于人工地貌是按人的需要和意志塑造的，所以人工地貌性质形态各异，不同地区有不同的风格和造型。如干旱地区的房子多为平顶屋，多雨地区则为塔形屋顶。北京的四合院，广州的骑楼、西关大屋等。

2. 形成速度快，扩展范围大

人类营力与自然营力相比虽然是微不足道，但它的作用速度却是惊人的，人们可以在很短的时间内建起一座摩天大楼。随着社会的发展，经济、技术水平提高，人类对自然地貌作用的广度、深度、强度都在加大，城市人工地貌也由原来的地球表面不断向空中发展，向地下发展，向高山发展，向海洋发展，甚至现在为不适宜建设城市的南极，不久的将来也会出现城市人工地貌。

3. 分类方法多种多样

(1) 按形态差异划分　一般来说，根据形态的明显差异，可将城市人工地貌划分为房屋、道路、桥梁、人工堆积、人工平整场地、人工负地貌、地下工程等7个类型。

(2) 按建造营力的差异(成因差异)划分　又可将上述人工地貌划分为以人力作用为主，很少或不使用机械(只使用简单的镐、锄、扁担等)建造的地貌体；既使用人力又使用一些中小型机械(半机械作用力为主)建造的地貌体；使用中型、重型机械(以机械作用力为主)建造的地貌体。

(3) 按建造的物质类型(组成物质)划分　又可分为以砖木为主；以砖、混凝土为主；以混凝土为主；以钢铁为主；以碎石、柏油为主；以条石为主；以土、石为主等7种类型。

(4) 若将成因与形态结合，则有如下成因形态类型　①以人力为主建造的房屋，主要为平房和低层(四层以下)楼房，高度小于12m，组成物质主要是砖木或砖混凝土；②以人力为主建造的公路、桥、涵，土填、石砌，组成物质主要是土、石；③人工建造的平整场地，主要为平坦地面，广场、站场，组成物质主要是泥土，沙石、混凝土；④人工挖掘的负地貌，四壁用土石条石垒砌(水库、蓄水池、泳池等)；⑤半机械建造的中层房屋，主要是4～8层楼房，高12～25m，组成物质以砖石钢筋混凝土为主；⑥半机械建造的公路等；⑦半机械建造的桥梁，组成物质以条石为主；⑧大型机械建造的高层房屋，主要是8层以上的楼房，高25m以上，或中层的重型厂房，组成物质以钢筋混凝土为主；⑨大型机械建造的大型桥梁；⑩铁路；⑪火车站；⑫隧道等，组成物质以混凝土、钢筋为主。

(三) 混合成因地貌

在城市尤其是城区，不受人类活动影响的纯自然成因的地貌体几乎不存在，到处见到的是人工地貌体叠加在自然地貌之上，或人类活动作用对自然地貌产生了一定的效应，对城市区域的地表形态结构进行了改造，但作用量值仍小，未能形成独立的地貌体，只是在地貌体中叠加了人类活动，故又称“人为叠加地貌”。如人工夷平地、人工陡坡、陡崖等人工剥离地貌，在山地、丘陵地区的城市最常见。在平原地区城市，常见沿江筑堤建坝、修建排水沟渠，建造水库和引水工程等，自然地貌与人工地貌的综合，形成城市混合成因地貌，其综合分类如下[以重庆市沙坪坝地区为例(况明生，1990)]：

1. 以人工作用力为主建造的城市地貌类型：

   1a 平地低层房屋；1b 缓坡低层房屋；1c 斜坡低层房屋；1d 陡坡低层房屋；1e 水池；1f 水库；1g 堡坎；1h 平整场地

2. 半机械作用力为主建造的城市地貌类型：

   2a 平坡中层房屋；2b 缓坡中层房屋；2c 斜坡中层房屋；2d 陡坡中层房屋；2e 公路；2f 拱型桥梁

3. 以机械作用力为主建造的城市地貌类型：

   3a 平地中层房屋；3b 平地高层房屋；3c 铁路；3d 火车站；3e 大型桥梁、隧道

城市地貌包括了上述三大类型体系，自然成因地貌是混合成因地貌和人工地貌的基础，混合成因地貌是城市地貌的主要特征。城市发展不同阶段，城市地貌的组成结构和地貌过程都有不同，随着城市的发展，城市建筑规模不断扩大，自然成因地貌不断受到改造，人工地貌体迅速增加，城市地貌结构发生了变化，向混合成因地貌和人工成因地貌转化。为了更好地实现这一转化，使人工地貌与自然更好协调，就需要弄清楚城市所在地的自然地貌特征。

三、影响城市活动的主要地貌要素

自然地貌是指地球表面的形态，即地球表面的高低起伏，它们是地壳内外营力长期作用的结果。地球表面地貌形态，由于其组成物质不同，所处的自然环境不同，地貌营力差别很大，因而发育形成千差万别的形态。如流水冲刷、侵蚀、搬运、堆积等，形成沟谷，河漫滩、阶地、冲积平原；风沙搬运堆积形成沙丘、沙坝、沙堤；岩溶作用形成峰林、溶洞等。城市的形成和发展，一方面得益于自然地貌，同时也受到自然地貌条件的限制，例如，海滨湖滨沙滩沙土平原，冲积扇，土地连片开阔，交通方便，是城市开发建设的好场地。故这些地方常常是聚落的发源地，有利于城市的形成；另一方面，自然地貌既影响城市的选址和布局，又影响建设和施工。影响人类活动的城市自然地貌要素主要是地表形态，组成物质和现代地貌过程(造貌营力)。

（一）地表形态

地表形态是城市生态环境的基本特征之一，一般用地面起伏度、地面切割密度、坡度、坡向等要素描述和度量。地表形态对城市建设和发展的影响是多方面的，城市选址、内部结构布局、交通线网、排水系统、建设投资概算等都要考虑地表形态。

1.地面起伏度

地面起伏度是以海拔或相对高差(m)来度量。山区、丘陵地区，地面起伏度是影响城市规划和建设的重要指标之一。地形起伏不同，造成基础设施修建、维护难易不同，影响开发建设成本。城市不同部门对地面起伏度的要求不同，故可将地面起伏度划分若干等级(表2-9)，分析其在城市中的分布及可利用的特点，以便为城市布局提供依据。

表2-9　重庆市地面起伏度的统计数据

等　级	Ⅰ	Ⅱ	Ⅲ	Ⅳ	Ⅴ	Ⅵ	全区共计
起伏度/m	0～20	20～35	35～60	60～80	80～100	>100	—
方格/个	1342	1177	866	205	91	51	3732
面积/km^2	53.68	47.08	34.64	8.20	3.64	2.04	149.28
面积比/%	36.0	31.5	23.2	5.5	2.4	1.4	100

注：据刁永泰，1989年。

2.地面坡度

地面坡度是表征地表形态的另一重要因素。它以倾斜角(°)或斜率(%)来度量(地面坡度＝两地间高度差/两地间距离)。地面坡度不但影响城市布局，道路管网的布设，房屋建筑，而且对城市防灾也十分重要。坡度不同，对土地使用、建筑形态、活动类型、道路设施、车速、水土保持等，均有不同要求。暴雨时坡度陡，容易产生地面侵蚀，甚至崩塌、滑坡等灾害(表2-10)。不同坡度对城市建设的适宜度不同(表2-11)。崎岖的山地不宜城市建筑。现代工程技术发展虽然降低了限制，但地面坡度愈陡，施工开挖量愈大，基本建设投资就愈高。一般先利用平地和缓坡地，随着城市发展逐级开发建设。

例如广州市在城市发展过程中根据地貌条件逐级开发，秦至唐、宋期间，由于生产力较低，工程技术水平不高，城址一般建在一级(5～15m)台地上，或地势稍高，不受水患，又靠近海边，便于交通的地貌单元上。第二级台地(15～25m)由于地势较高，坡度较大，故开发较晚，清代有局部开发，但主要开发建设是在1949年以后。第三级台地(35～50m)地势较高，坡度较陡，多作为风景区和城市绿化地带，80年代后期也逐渐开发建设。坡度如果太缓(如≤0.2%)，则不利于排水。因地就势则可以使人工建筑与自然地貌融洽，既节省工程投资，又获得高的环境生态效益。

再如四川攀枝花市主要街道(炳草岗一号街),就是利用自然地貌坡度,因地就势建设,景观显得非常雄伟壮观。

表 2-10 重庆城区地面坡度对建设的影响

类型	坡度/°	对城市设计和建设的影响
平坡地	≤5	道路和房屋可自由布置;在松散沉积物分布处,建筑不宜过分集中,以免发生塌陷
缓坡地	5~15	建筑与街道可自由布置,住宅群也不受地形约束;但地面松散堆积较厚,暴雨时注意泥流的发生
中坡地	15~30	车道不宜垂直等高线布置,住宅群布置受一定限制;片蚀与沟蚀较强注意泥流与滑坡
陡坡地	30~50	车道需与等高线成较小锐角布置,住宅群布置和个体建筑的设计受到较大限制;片蚀与沟蚀较强,注意滑坡与泥石流
峻坡地	50~70	车道需盘旋曲折而上,个体建筑的设计需作特殊处理,不宜布置住宅;侵蚀强烈,注意滑坡与面状泥流
峭坡地	>70	车道及梯道布置极困难,建造建筑物工程费用大,且需作特殊处理;易发生崩塌,滑坡等灾害。一般不宜作建筑用地

注:资料来源同表 2-9。

表 2-11 城市建设用地适宜坡度参考表

用地性质	坡 度/(°)	用地性质	坡 度/(°)
运动场	0~1	一般工业用地	4
停车场	1~5	铁路线路	0.6~2
娱乐场	5~10	火车站场	0.25
高尔夫球场	10~15	城市重要道路	4~6
果园	15~20	城市次要道路	6
建筑物	10~25	街坊道路	8.88
公园	>25	机场	0.8~1.5

注:据中国建筑工业出版社,1976 年。

3. 地面切割度

由于地壳构造运动,地面上升,江河沟谷下切侵蚀,形成密集的江河沟谷网、称切割密度。它是以每平方公里面积内沟谷长度(km/km^2)为单位度量。地面切割密度,反映了城市建设所利用地块的面积大小与形状,以及地形对城市道路建设和布局的影响。

冲沟是由间断流水在地表冲刷形成的沟槽。适宜的岩层或土层、地形以及气候条件是形成冲沟的主要因素。冲沟切割城市用地,使之支离破碎,不利使用。道路的选线常因此而增加土石方工程或桥涵、排洪工程等。尤其在冲沟发育地带，水土流失给建设带来困难。所以城市建设选择用地时，应分析冲沟的分布、坡度、活动与否，以及弄清冲沟的发育条件，采取相应的治理措施，如绿化固坡，修建护坡工程，疏导地表水等。

完整式的城市，有方形、圆形、长方形、新月形、多边形等，其形式指数为

$$2S = 1.27A/L$$

式中：A 为地块面积以平方公里计；L 为地块最长距离，以公里计；S 为形式指数，取值为 0～1，四方形指数为 0.64，六边形指数为 0.83，圆形指数为 1。圆形度公式为

$$2C = 100A/3.1416(L/2)$$

式中：C 为圆形度指数，其他符号同上。

切割破碎的地形沟谷多，地面崎岖，靠桥梁涵洞等交通设施连接，建设耗资大而限制了开发利用。因此可以依据城市规划，建筑和交通设计对切割度的要求，并结合城市地貌特点，将切割度分若干等级，然后量测不同切割密度的面积比例和分布，分析其对城市建设的影响。方法类似表 2-9。

此外，地表形态还通过影响气候，大气污染和地貌灾害，而间接影响城市居民的生产和生活。例如，地形影响日照时数，阴坡、阳坡的利用价值不同；谷地容易形成逆温和雾，进而加重大气污染。城市建设开发土石方，改造地表形态，又容易引起滑坡、崩塌、山泥倾泻等。

（二）地貌营力过程和效应

自然地貌是在内营力（地壳运动、岩浆活动）和外营力（流水作用、重力作用、风力作用……等）共同作用下形成的，不同性质和强度的地貌过程，是影响城市建设和发展的另一城市自然地貌因素。现代城市地貌营力过程，是自然营力与人类造貌共同作用，即城市人类活动对地貌的影响过程。

1. 自然地貌营力

自然地貌营力是间接的城市地貌过程，有风化过程、重力过程、流水过程、风沙过程、海岸过程、岩溶过程、冰缘过程等，是叠加在人类作用营力之上的自然因素。

2. 人类作用营力和效应

人类作用营力是直接城市地貌过程，如堆积过程和剥离过程，或称建设过程和破坏过程。其方式分别有修造、扩建、改造、填埋、拆迁、挖掘、夷平、切坡、开凿等，作用过程直接快速，改造或创造新的城市地貌体。如城市建设，建造了各种形式的房屋、路、桥等设施，建造了城市这一独特的堆积地貌形态。城市建筑需要大量沙、石、土，这些物质从附近的地区挖取。故在附近留下了砂坑、土坑、采石坑等人工剥离地貌形态。人类在进行建筑时要清基挖方，人工切坡，有时甚至需要削平山头，填平沟谷、洼地，或在地面上堆积形成人工小丘或小山。这些人类造貌过程，又产

生了一系列环境地貌效应。

(1) 地面侵蚀　　地面侵蚀是现代城市常见的一种地貌营力过程，是由于流水作用产生的。城市建设活动破坏了地面尤其坡地的相对稳定性，因而引起：①片状或线状侵蚀过程加速，坡面后退；②表面切割加强，沟谷发育，地表破碎，加速物质转移；③坡地失稳，如人工切坡、坡顶增载、坡地建筑，破坏力的平衡，减低抗剪抗压强度，导致滑坡、崩塌。故山地丘陵城市，常见坡面侵蚀、山崩、滑坡、塌方、泥石流等。在冲积扇上建城要注意瀑流侵蚀危害。

在城市扩展时期，城建活动加速，地表流水侵蚀最强(表 2-12)。城市建设、旧城改造，工程星罗棋布，大量沙堆、土堆以及施工开挖的剖面，雨季由于雨水冲涮和地面径流，发生侵蚀和水土流失，把松散的物质带走，冲入排水管渠和低洼地淤积起来，堵塞行洪道；汇入河流，使河水含沙量增加，改变水文条件，从而使城市河道稳定性发生变化，淤塞变浅。据估算：每新建 1km 公路，其土壤侵蚀量为每年 450～500t。沿海、沿河、沿湖的城市建筑物、道路等，还常受流水的岸蚀破坏。

表 2-12　城市建设对土壤侵蚀和河道稳定性的影响

城市发展阶段 (用土地利用表示)	土壤侵蚀强度 (用产沙量表示)	河道稳定性
天然森林或草地	低	相对稳定，有一些岸蚀
过度放牧	低到中等	稳定性比前阶段降低
作物种植	中等到高(如无保护措施)	有些淤积，岸蚀增加
放弃种植成永久性草地	低到中等	稳定性增加
城市建设	很高	迅速变化，有些岸蚀
城建趋于稳定	中等	河道淤积，岸蚀严重
稳定的城市	低到中等	相对稳定

(2) 河湖淤积　　自然界河流沉积作用，是由于河床坡度变缓，渗流、蒸发、水量减少，或人工筑坝改道等原因减少流量，引起水流动力降低，致使搬运的物质沉积下来。而城市化的结果，高楼大厦、柏油马路、水泥地面，代替了原来的森林、草被，从而导致流域水文状况发生变化，改变了水循环方式，局部地表径流加强。由于地面侵蚀物质增加和水文条件改变，使河湖沉积作用加强。据统计，建筑工地单位面积提供的沉积物比耕地大 10 倍，比草地大 200 倍，比森林大 2000 多倍。城市人类活动，向河湖倾倒垃圾淤泥，如广州市民每天倒入珠江的垃圾高达 200t。致使河湖港湾淤积，河床面抬高，过水断面缩窄，洪水位上升。例如，广州珠江河段海珠桥以东一带，近数十年，有些地方缩窄了 100 多米，淤浅了 1.5～4m。使附近河道最高洪水位逐年上升，由 20 世纪 20 年代的 1.86m 上升到 80 年代的 2.424m。冲积物造成城市湖、塘泥沙淤积，储水量减少，寿命缩短。沉积物覆盖底栖生物，破

坏鱼卵场，减小水体透光度，影响光合作用。从地面冲走的氮和磷带入水体沉积导致高度营养循环，从而出现水体富营养化。据广州市资料，城市涌渠的淤积量基本上是随着建设速度的加快和工程量的增加而增加的(表 2-13)。而且市区的人工湖，也因淤积而大大降低蓄洪防洪能力，造成城市洪涝积水。故要经常疏峻和保持水土。

表 2-13　广州市各种排水涌渠清淤统计(m^3)

年　份	马路渠道	沉沙井	濠　涌	合　计
1980	34 955.0	9 412.0	8 841.5	53 208.5
1982	5 320.0	9 178.0	6 870.0	21 368.0
1984	6 053.8	9 393.4	7 455.2	22 902.4
1986	5 330.2	15 556.7	32 280.0	53 167.9
1988	11 466.0	23 296.1	54 926.0	89 688.1
1989	16 270.0	41 556.0	51 347.0	109 173.0

注：只统计 4 个旧城区市政工程处管辖的范围(据刘瑞华，1992)。

(3) 融冻作用　　由于城市化、工业化，城市热岛效应，增大了城市热融泥流的规模和频率。改变了热融泥流的出现季节，影响周期性的融冻作用，使建筑物寿命缩短和增加维护费用。尤其对北方城市和高层建筑。

城市大量工业废气排入大气，形成酸雨，高温和酸雨不仅加速了城区岩石和建筑材料的风化，而且加速了城市下游地区，下风方向岩石的化学风化速度。如果是石灰岩地区还会加速石灰岩体的溶蚀速度，使地面变形、塌陷、地基失稳、地表水渗漏等，对城市造成的危害隐蔽难处理。

(三) 地面组成物质

城市是一个物质实体，由坐落在地上的各种建筑物组成，地面组成物质构成各种建筑物的地基基础，基础的稳定性直接影响到建筑物的寿命和造价。地面组成物质不同，承载能力有很大差异，在城市开发建设时需要对各类建(构)筑物的坐落基础有所了解，尤其是在一些特殊土类(如黄土、黏土、膨胀土等)上建造建筑物时必须采取专门的措施，以保证地基基础的稳定性。

1. 地面组成物质及其特性

地面组成物质是指组成城市基面的各种岩石及其风化壳。它们以表土、基岩(露头)或埋藏地貌等的形式存在，岩性差异甚大。例如，许多片岩，不宜承受高的单位负荷。有时会沿片理方向渗水；火山岩强度大，但多决定于结构和风化程度；碎屑沉积岩，遇湿或融冻时，会失去黏结力；石灰岩、白云岩受融蚀，有地下溶洞，容易崩塌。

2. 地面组成物质的作用

(1) 对城市建设的影响　　地面组成物质对城市建设和交通都有影响。基岩的露头分布，岩性、埋藏深度、走向、倾角、剪切方向、风化层厚度和岩层组合等，都与城市建设密切相关。不仅高层建筑和工矿建设要考虑地面组成物质的性质，而且城市用水，污水排放，道路位置，坡度，场地选择等，都要考虑地面组成物质。基岩上的薄层覆盖，是良好的地基。但有机土、素填土则不能作地基。泥炭土、大孔土、膨胀土、低洼河谷地的填土以及软弱夹层多的地层等，往往因为物理性状的变化而引起地面变形或地基陷落，使建筑物发生裂缝、变形、崩塌等现象。

例如广州经济技术开发区，地处广州市东部，东江与珠江汇流的北岸，是20世纪80年代建设的新区，面积近$10km^2$，地貌上属三角洲平原，第四系地层为厚度10～27m的淤泥及淤泥质沙，下部为白垩系的红色沙泥岩。在选址过程中对地貌环境和地质基础的研究不够深入，施工时采用的工程措施不尽恰当，建筑物建成后，由于地基的不均匀沉陷致使建筑物损坏，造成了经济上的损失。如开发区的办公大楼和学校，建设投资接近4000万元，因为地基基础问题使建筑物发生崩裂和变形，使用前基础处理和维修工程费就达500多万元。全区的主要道路，由于软土层厚度大，路基不稳定，新铺的道路刚使用不久，大部分路面出现波浪式变形。不但如此，道路两旁的排水管渠，也因路基变形而错断，维修费也非常巨大。以上情况在城市建设中不乏例子。

(2) 对城市地貌灾害的影响　　上述地面组成物质的性质与各种城市地貌灾害，尤其是与滑坡、崩塌直接有关。坡面的稳定性，原土的压缩性、扰动性，土质结构，固结程度，渗透情况等，都与地面组成物质有密切关系，对城市建设和防灾均有重要影响。

(3) 埋藏地貌是指地质历史时期形成的，被后期沉积物掩埋覆盖的地貌体
一般包括埋藏古河道、埋藏古阶地、埋藏岩丘、洞穴、冲沟、坳沟等。它们关系到承压力、坡度、地震烈度、基岩深度、水文地质条件以及砂土液化等，深刻影响建筑物的地基条件。埋藏负地貌又常为富水区，其坡度起伏将影响地下水流向，污染物的移动和分布。此外，埋藏地貌还影响地下建筑的选址和施工。

此外，一些地面组成物质如沙、石、土等，又是城市建材的重要原料。

3. 特殊性土层

特殊性土层如湿陷黄土、软土、膨胀土、红黏土、冲填土等，这些特殊性质的土类在地理分布上有一定的地域性。它们对城市建设有较大的影响，需要特殊处理。

(1) 湿陷黄土　　主要分布在我国西北地区，是第四纪时期由风力搬运堆积形成。水浸后容易湿化崩解，造成地基不稳定。流水作用易形成沟谷，使地表破碎，影响城市布局。在一定压力下会引起道路、建筑物的不均匀沉降。因此需要有处理地基的措施、防水排水措施、建筑结构措施等。

(2) 软土　　即淤泥质黏性土，一般是在第四纪后期的滨海、澙湖、三角洲、溺谷和湖沼等环境条件下沉积形成的。在我国广泛分布于东南沿海地区。软土富含黏粒，天然含水量大，压缩性高，透水性差等，故强度较低，承受荷载后变形大，并可

产生差异性沉降，导致建筑物开裂甚至失稳、损坏。因此在软土地基上建建筑物时，地基必须经过人工处理措施。

（3）膨胀土　一般是指黏粒成分主要由亲水性矿物组成，具有吸水膨胀失水收缩且胀缩性能较大的黏性土。分布范围广，在地貌部位上多出露于二级及其以上的河谷阶地、山前丘陵的盆地边缘。由于膨胀土具有较大的胀缩变形特点，所以建筑在其上的建筑物，随季节的变化会反复不断地产生不均匀的升降和胀缩，使建筑物变形毁坏。因此，对膨胀土地基处理要考虑膨胀土的胀缩性、埋藏深度和厚度以及大气影响深度等因素。基础的埋深应超过大气影响深度为宜，并采取缩小基底面积以增大基底压力，减少地基膨胀变形量。如属浅基础可将地基中的膨胀土置换，或采取穿透膨胀土层的深桩基处理。

（4）红黏土　是指在温湿气候条件下的石灰岩、白云岩等碳酸盐类岩石经强烈的风化作用而形成的砖红色的黏土物质。我国南方有广泛分布。红黏土水浸湿后体积膨胀，干燥失水后体积收缩，具有明显的胀缩性，密度偏小而塑性较高。一般可作为城镇建设的天然地基持力层，但当红黏土层下部存在着局部的软弱下卧层或基岩起伏过大时，则应估计到地基不均匀沉降的影响，采取相应的措施。

（5）冲填土　即人工填土。某些城市如香港、澳门、东京、旧金山等城市。受区域面积范围的限制，宜用地有限，需要向海滨港湾人工填筑土地，以解决城市用地。作为地基来说，冲填土是较差的地基土，但是经过必要的技术处理之后，是可以作为城市建筑物地基的。对冲填土地基技术处理方法随其颗粒组成不同而异。

四、城市地貌灾害

现代地貌形态，是地壳运动长河中出现的一种暂时的相对稳定阶段，但它深受地质条件的影响，一旦某种因素造成地质条件的改变，就会使地貌失去稳定性，产生灾害，称地貌灾害或地质灾害。城市化人类活动的强烈作用，也会破坏自然地貌体的平衡稳定诱发地貌灾害。据广东省地质部门调查，2001 年全省突发性地质灾害高达 78 宗，死伤 85 人，造成经济损失 3.03 亿元。其中人为地质灾害居主导地位，约占全年地质灾害总数的 64.1%。影响城市生态环境的稳定平衡。我国城市地貌灾害主要有如下几种。

（一）地势造成的城市洪涝灾害

洪水是我国城市最主要的灾害之一，它出现频率高，受灾面积大。我国地处季风气候区夏季多暴雨，是发生洪涝灾害的自然原因。人为原因有：①我国城市大部分分布在地势低平的河流交汇处和河流沿岸的河谷平原、河漫滩、低阶地上。②城市高程低。据统计，我国有 100 多座大中城市的高程在江河洪水位之下，这里集中着全国50%的人口及70%的工农业总产值。③我国城市防洪工程标准低，据全国434座县级以上中小城市统计，仅20%防洪标准达到50年一遇，而65%以上不能满足20年一遇的标准。④泥沙淤积量大，江河湖泊行洪调洪能力降低，增加了洪水的威胁。⑤由于人类活动修筑工程及其他阻塞河道的设施，降低了河道的泄洪能力，使城市洪灾更加频繁。⑥地面沉降，城市失去排洪泄洪能力，洪水危害增大。城市通常是重要的政治、经济、文化中心，一旦发生洪水灾害，将给城市带来巨大损失。例如，1999年，嘉兴市由于洪涝灾害造成损失高达数十亿元。

（二）重力作用造成的滑坡、崩塌灾害

1. 滑坡崩塌的产生

丘陵山区的城市，地面坡度较大，在大于20°的山坡建筑，当岩层节理、裂隙比较发育时，由于长期的风化作用、流水作用，雨季雨量大，加上城市强烈的人为活动，如建筑施工、修路、平整场地、开挖山坡、人工切坡、坡顶增载、坡脚卸载、人工弃土、排水不当，工业与生活用水的大量下渗等原因，都会造成地质条件的改变，破坏了原来坡体的稳定性或古滑坡的平衡，从而产生新的滑坡或古滑坡复活，造成滑坡、崩塌、泥石流等地质地貌灾害。

崩塌是岩层或土层的层面对山坡稳定造成影响。当裂隙比较发育，且节理面顺向崩塌的方向，则易于崩落，导致坡体失去稳定而崩塌。

2. 滑坡崩塌的危害

表面看来地质灾害属纯自然地质作用形成，但城市由于人类强烈的建设活动，在建设城市改造自然的过程中，由于疏忽而诱发灾害。研究发现，有1/2以上的地质地貌灾害源于人为因素。首先人类活动会诱发滑坡灾害，例如，1965年南威尔士煤矿废料山崩塌，沿坡下滑的泥石流淹埋了一间学校，死亡116人；1982年美国加州滑坡，33人死亡，造成3亿美元损失；我国据20世纪80年代中期统计，仅成昆铁路就发生183次滑坡，由于工程建设原因的占41%，诱因是频繁地采石和爆破震动所致。此外，城市建设，一些工程项目不经地质灾害预测和论证，不全面考虑地质环境和条件匆匆上马，一些规划设计者有意无意地在易滑坡地域设置居住区及商业区，结果造成灾害损失。例如长江三峡新滩镇建于滑坡体上，近10年来由于人类活动以及自然气候等外来因子干扰，引起古滑坡体全面复活，使整个城镇的自然地貌形态遭受严重破坏和发生重大变化。重庆市大型滑坡59处，危及上万户居民和若干厂矿，仅市区嘉陵江南岸一段长约1km的陡崖，就发生数次崩塌，最严重的一次造成百余人伤亡。如新建的青藏铁路关角防隧道4060m长，最大埋深520m，建成后才发现它建在强烈的构造活动带上，中段隧道出现了长期难以整治的裂缝等隐患。据统计，1975～1984年，我国有72座城市受滑坡崩塌灾害，其中，川、滇等18省伤亡3168人。香港有些建筑物建于花岗岩风化壳上，每年雨季有数百起滑坡发生，1922年7月发生185处滑坡，死亡148人。1979年8月25日因滑

坡死亡 57 人，1994 年夏季，由于异常大暴雨引发山洪，造成多处滑坡和山泥倾泻，伤亡和损失惨重。滑坡在美国每年至少要造成 10～20 亿美元的损失。

滑坡是斜坡上的土、石向下滑动。这类现象常发生在丘陵山区的城市，在选用坡地或紧靠崖岩建设时往往会出现这种情况，造成工程的损坏。有的工厂因地面滑动而崩塌。滑坡的破坏作用还常出现在河道、路堤，使河岸，堤壁滑塌。全国 200 多个城市发生地裂缝 1000 多条，仅西安市就有 10 条。致使 40 多个厂房，70 多座住宅，2000 多间平房，百余处城镇道路等建筑遭受破坏。因此现代城市选址、布局与建设，必须查明地质背景条件，采取防患措施。

3. 滑坡崩塌的防治对策

为避免滑坡崩塌所造成的危害：①建设前做好地质探测，对建设用地的地形特征、地质构造、水文、气候以及土体或岩体的物理力学性质做出综合分析与评定；②选择稳定的地段，在选择建设用地时应避免不稳定的坡面。同时在用地规划时，还应确定滑坡地带与稳定用地边界的距离；③在选用有滑坡可能的用地时，应采取具体工程措施，如减少地下水或地表水的影响，避免切坡和保护坡脚等；④冲沟发育地带，要分析冲沟分布、坡度、活动与否，发育条件等，以便采取措施，如绿化固坡，修建护坡工程、疏导地表水、地下水等。例如，治理深圳河第三期工程，新河道边坡用水泥、石块衬砌防崩塌。

（三）人为作用产生的地面沉降

1. 我国城市地面沉降的严峻现实

现已查明，我国有 30 多个大中型城市发生了不同程度的地面沉降。

（1）长江三角洲，如上海从 1966～1987 年累计沉降 36.7mm，近年来，苏州、无锡、常州地面沉降的速度比上海还快。由于不合理开采地下水，浙江杭嘉湖平原、宁（波）绍（兴）平原、温（州）黄（岩）平原，这 3 块平原在不断沉降，同 20 世纪 60 年代相比，3 块平原地面沉降 100mm 以上的区域已达 2520km^2。1964～2000 年沉降速度最快的嘉兴沉降集中区域，累计下降了 827mm，宁绍平原沉降 468mm，温黄平原沉降 500mm。而浙江省地面沉降的势头呈愈来愈快的趋势，近年来每年的沉降速度都在 20～30mm。如果任其发展，将带来灾难性的后果。

（2）华北平原，天津市从 1959～1982 年间最大累计沉降 2.15m，天津郊区的大港油田从 1965 年开始工业开发，由于是注水开发，大量抽取地下的第四纪淡水，使地下水位从海拔标高的 0m 降到 −80m，使油田地区的地面沉降 0.808m，沉降中心则下沉 1.7m。北京市由于抽取地下水，使地下水位持续下降，已出现总面积大于 200km^2 的地面漏斗区。

（3）西北地区，由于几十年来无节制地超量开采，著名的陕西关中平原的地下水位持续下降，形成一个巨大漏斗，地面沉降面积达 158km^2，地面沉降数量超过 500mm 的面积达 48km^2。千年古城西安在不知不觉中“变矮”。

2. 地面沉降的危害

地面沉降和塌陷已经日益成为影响我国经济发展和社会生活的灾害：①破坏市政设施。使城市管道坡度改变，排水失效，路桥损坏，建筑物开裂、倾斜、倒塌；②引起洪水泛滥，海水淹进；③损坏港口设备，使装卸能力降低或失效；④深井管上升，水泵设备抬高，造成工程损失。严重的是地面沉降能引起次生灾害，如天津市地面标高降低，导致海水上岸，加重沼泽化、盐渍化，海河泄洪能力降低，市区有淹浸危险等。专家估计，我国最大的城市上海，地面每沉降 1mm 就会造成经济损失 1000 万元。在华北地区，地面沉降已成为天津市重要的自然灾害。1992 年 9 月 1 日，塘沽新港海域潮位达 5.93m，由于塘沽地区地面沉降，海拔高度损失了 3m，致使港口、码头、客运站被淹，损失约 3 亿元。由于地面沉降，市区出现污水外溢，海河在汛期排洪不畅，沿河两岸沼泽化，海水倒灌并使居民生活用水水质恶化。河北省地下水位更以每年 1～2m 的速度下降，东部深层地下水位漏斗已连成一片，形成了大面积的“漏斗群”。石家庄以南，邢台市以北的山前平原，地下水位下降最为严重，百泉地区的地下水位已深至 −20 多米。素有“邢台命脉”之称的百泉泉眼已永久干枯，地下水疏干面积已达到 $1700km^2$，有的地方出现了人畜饮水极为困难的“旱庄”。

3. 地面沉降的原因

地面沉降作为地质地貌灾害与人类活动关系最密切。造成地面沉降就自然界的原因来说，由于第四纪以来的新构造运动影响，使我国一些地区处在整体沉降的环境中，这种由于构造运动产生的沉降是长周期的缓变过程，沉降速率不超过 10mm/a。另一类自然界的原因是第四纪沉积物的天然固结，即第四纪以来的沉积物在温度、压力作用下的成岩过程中，深厚未固结的冲积层压实后，由于体积收缩而产生的地面沉降，沿江、沿海平原常见。国外有人推算，在潟湖地区地面沉降速率为 0.4mm/a。在我国长江三角洲约为 1～2mm/a。由于日地系统的变异及人类活动引起的温室效应，导致海平面上升，使地表的海拔标高损失，相对地面沉降，据统计，20 世纪前 60 年，吴淞口海平面年平均上升 0.9mm；20 世纪 60 年代以后，由于全球变暖等原因，吴淞口海平面年平均上升 2mm。可以说，“天灾”造成的地面沉降每年不过 10mm，而我国一些地区地面沉降却达 20～30mm，不能不让人联想到“人祸”猛于虎。开采天然气、采矿、地下取土等也会引起地面沉降，但真正造成地面沉降加速的主要原因是过度开发地下水造成的。

4. 主要对策和措施

在城市化、工业化过程中，由于水文地质条件的重大变化，引起城市地面下沉，建筑物破坏，海浸和暴雨洪涝灾害，地面积水，给防汛、排水、通航等市政工程造成困难。这些已成为世界性的城市问题。但由于地面沉降属于缓变型的地质灾害，一般不易觉察，但形成之后又是不可恢复的，造成区域性的自然灾害极其严重。在平原地区地下水是承压水，它是在特定地理环境下形成的，用了之后就没有了。超量开采地下水，除了加剧地质灾害之外，对生态环境的破坏也十分严重。为防止地面继续下沉，各国都花了大量资金和采取各种技术措施进行治理，如人工提水回灌措施，但是任何措施都不可能使被破坏的地面形态复原。因此，当务之急是控制地下水开采量，限量开采。对用水紧张的地区进行分质供水，一水多用，循环用水和治理水污染。

五、城市地貌环境管理

城市是人类活动作用最强烈的地区，人与地貌各要素的关系尤为密切。人类活动利用地貌环境，同时又改变了城市地面的物质组成、结构、演化过程以及气候水文状况。造成了城市地貌的许多特点。这些城市地貌对城市人类活动又产生深刻的影响。因此，需要加强对地貌环境开发利用的管理。

1. 地貌环境与城市扩展

自然地貌是内外营力相互作用的产物，它是城市建设和扩展的背景。大范围的地貌单元影响城市布局和形状。城市地域形状完全是适应地形而发展起来的，是在地貌特征的基础上施加人工影响的结果。重庆市城区地貌以丘陵为主，坡地面积广大，平坦地面较少，主要是沿江断续阶地和缓丘平坝，受地貌环境影响，城市扩展具有不均衡性、跳跃性和立体性，城区跨河成三足鼎立，江河既是城市发展的基础，又成为城市发展的障碍；广州市位于西江、东江、北江三江汇流出海处，珠江从西向东穿城而过，城市沿珠江两岸扩展形成带状组团式结构，并由河口三角洲的低平海积冲积平原向北面台地平原扩展；兰州地处陇中皋兰山北麓，黄河流经市区，于是城市便沿黄河两岸发展成长形。方格形如西安、北京、苏州等，蛛网形如成都、合肥、昆明、无锡等，哑铃形如湛江、连云港等，鼎足形如武汉、宜宾等都是依据局地特殊地貌环境发展形成。因此城市的地域扩展、布局和形态结构，明显受到城市地貌环境特别是地貌类型的控制和影响，反映出对地貌形态的利用与适应。人类活动、城市发展应适合当地的地貌环境，一般先利用平地，缓坡地，因此在制定和完善城市规划与发展战略时，需深入分析地貌环境的特点及其影响，使城市发展有可靠的科学依据，充分合理利用土地。

2. 城市发展不同阶段地貌特点及管理

城市地貌环境是叠加在其大地貌单元之上的一种局地性特殊地貌环境，其轮廓也是比较明确的，因此城市在地表上的范围轮廓也是比较明确的。城市地貌既有大地貌单元的一般特点，也有人为施加影响后的人工地貌特点。比如山地城市，具有一般山地那种高差悬殊的特点，也有人为削平某些小山顶，或加宽山谷而改造出来的地貌特点，地面上的建筑物是经过精心加工之后建起来的。人为加以影响的城市地貌环境，如填海造陆、建造城市、劈山造城、海底隧道等这些人工造成的城市地貌现象，都是在自然地貌单元基础上进行加工形成。加工成形后便与自然地貌相接，在大范围上重新接受自然的雕塑，求得平衡稳定，既不可能移动也不可能复原，具有不可逆转性。如填海的地基，它是破坏原来海底地貌的基础，使海浪和各种沉积过程在新情况下求得平衡。城市发展不同阶段人与地貌要素的相互作用不同，城市地貌形态表现也不同，管理措施有别。

(1) 初期营力平衡，注意合理开发　城市发展的初期，土地主要是郊区性质的农业景观和自然状态。此时，建筑活动一般地说与地貌营力相平衡。随着社会经济活动增加，导致植被减少，代之以少量建筑设施，蒸发减少，暴流和河流沉积物增加，要注意合理开发，保持人与自然的协调。

(2) 建设期侵蚀强，沉积负荷量大，要注意防侵蚀　随着城市的发展，经济活动的进一步加强，建设活动增多。砍树、清除植被、开土、切坡、剥离表土、建筑房屋、铺路架桥、修筑涵洞、房屋街道增加，不透水面积增大，改变了地面的渗透度和洪水滞后时间，从而引起平均渗透速率下降，另一方面在有些地区，植被被清除但没有建设房屋、街道，从而增加了下渗速率，降雨峰值与洪峰之间的滞后时间缩短，同一级暴雨引起的洪峰增加，城区地面侵蚀作用加强，河流沉积物输送率加大，沉积负荷增加。如用公式(Chen，1974)表示：

$$Qs = R\left[\left(Qc\frac{Ac}{A}\right) + q\left(1 - \frac{Ac}{A}\right)\right]A$$

式中：Qs 为沉积负荷数量(kg)；Qc 为建筑场地土壤侵蚀速率(kg/m^2)；q 为非建筑场地土壤侵蚀速率(kg/m^2)；Ac 为建筑区面积(m^2)；A 为城市所在地流域面积(m^2)；R 为沉积物输送率(从侵蚀源地输送到特定位置的沉积物含量)(%)。

(3) 城市建成后不透水面积大，注意防洪涝、崩塌　城市发展的后期阶段，土壤为不透水地面封闭，渗透速率仅为自然状态下的1/6(Lindth，1972)；滞后时间缩短85%(Martens，1969)洪水威胁加剧，每隔20年洪水流量可翻一番(Martens，1968)。地面侵蚀减弱，在已建成的地区，其侵蚀速率通常比具有相同地形、气候特征的农业区还低，前者为 0.020～0.024kg/m^2，后者为 0.021～0.080kg/m^2 (Thompson，1970)。河流携带的负荷减少与增加的径流不相适应，河流系统处于不平衡状态，结果在人工河道与自然河道的交接部位引起强烈的侵蚀作用。人工坡面多呈不稳定状态，块体运动加剧。例如在香港，人类活动作用深刻，道路房屋建设强烈影响地形，导致坡地不稳定，经常发生滑坡。据索(So)1971年统计，包括大规模的深位滑坡、旋扭与滑动、小型表面冲刷在内共588次。在144次小型表面冲刷中，有1/6属自然原因，5/6属人类活动直接引起。对滑坡进行统计发现，1/3属自然原因，2/3属人为原因。而且滑坡可在植被良好，已采取了防治措施的地区发生。由此可见，单靠植被来保护坡度大的人工坡面是不行的，因为风化作用可达很大深度，而植被仅限于表层。

因此，城市开发建设不同时期，应根据当地的地形要素和气候、水文、土壤、植被等，采取不同的管理保护措施，如尽可能少干扰地面的稳定状态，减少裸露面积，尽量缩短地面裸露时间。积极采取有效措施护岸、保坎、修筑台阶来防止和减少侵蚀。修建大口径排水管渠，分散或增大径流，减少洪涝等。

3. 编制城市地貌图

(1) 城市地貌图的作用和意义　城市地貌为城市的形成和发展提供了下垫面基盆，同时又不断制约着城市的布局、发展和景观风格。城市发展建设导致地貌环境发生剧烈的变化，使城市自然环境中的土地和水生生态系统的反馈机制发生变化与重新调整。为了合理开发利用和管理城市地貌，除需要调查研究其地质环境、地表形态特征、类型、形成、分布、变化等，以及各种地貌灾害之外，还要对其作综合评价。城市地貌图是直观地反映城市地貌环境的形态、成因、分布和质量等级特征的方法，是城市地貌研究的手段和成果，也是为城市规划、建设和管理服务的基础地图和依据。城市地貌图在城市建设中一般起到提供较多信息并为采取决策措施提供科学依据的作用。如城市地貌类型图可直接提供各类地貌的组成物质、坡度、切割度等资料，为城市地貌灾害区划和致灾过程研究、为城市总体规划、城市土地利用布局等提供基础和依据，并且可以在图上测算各种地貌类型的面积。此外还可以为城市地基稳定性以及城市寻找供水水源提供信息。

(2) 地貌图的类型和图例　城市地貌图件类型可分基础图和应用图两个系列。基础图是以能表现地貌环境主要特征或与城市利用关系密切的地貌要素为制图对象，如坡度、高度、切割度、组成物质、崩塌滑坡等的分布，从不同侧面表现城市地貌环境，目的是为研究和应用提供基础数据的图件。如重庆市根据山城的地貌特点，编制的基础图主要有地面坡度图(图 2-1a)、地面起伏度图、地面切割度图、地面海拔高度图、地面组成物质图、崩塌与滑坡分布图等(图 2-1c)。应用图是以某种特定的用途为制图专题，通过对相关地貌现象的综合刻画和定位表示，从不同层次反映城市地貌环境的质量特点，如城市地貌环境致灾等级图，反映城市地貌环境与灾害的相关程度；地貌环境质量等级图，反映城市用地的土地质量等级；城市地貌类型图、反映城市地貌环境的复杂程度。

应用图常常是对若干基础图进行加工、补充和合成后研制的类型图、等级图或区划图。在编制应用图时，可运用聚类分析或判别分析方法，以制图单元为样本对研究对象进行分类、分级或分区，然后编制出多种应用图。例如重庆城市地貌环境质量等级图的编制，选取坡度、起伏度、切割度、海拔、地面组成物质、崩塌与滑坡等作为评价参数，根据其级别将各参数数据转换为评价指数后，再加权求和，得综合评价指数。其计算公式为：

$$G_{Ii} = \sum_{j=1}^{n} W_j X_{ij}$$

式中：G_{Ii}是制图单元的综合评价指数，它反映该制图单元地貌环境质量高低；n 为评价参数的个数；W_j 为 j 参数的权重；X_{ij} 为 i 制图单元内 j 参数的评价指数。依据综合评价指数(GI)的大小，将城市地貌环境质量划分为良、中、差、劣 4 个等级

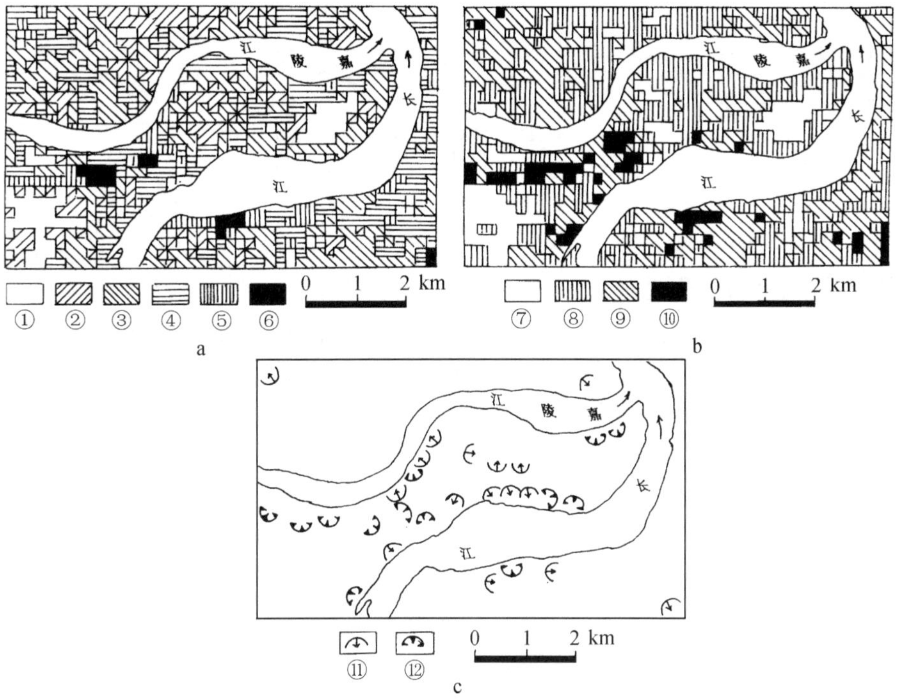

图 2-1　重庆城市地貌图示例(局部)(据刁永泰,1993)

a. 坡度:①≤5%;②5—15%;③15—30%;④30—50%;⑤50—70%;⑥>70%;

b. 地貌环境质量等级图:⑦良;⑧中;⑨差;⑩劣

c. 崩塌与滑坡分布图:⑪滑坡;⑫崩塌

(图 2-1b),即为城市地貌环境质量等级图。该图可供城市规划、建设、管理部门应用。

城市地貌图的比例及图例可以是不一样的,但要求能体现出城市的特点和需要。对城市总体规划一般以 1∶25 000 或 1∶10 000 比例尺较适合。对地表形态较复杂而区域范围又较小的城市,比例尺可大些(大至 1∶500);对地表形态较简单且区域范围较大的城市,比例尺可小些(小至 1∶50 000)。对于城市改建和危险工程建设的城市地貌类型图,其比例尺一般在 1∶5 000 至 1∶10 000 之间。对于一些特别重要的建设地段或研究需要,比例尺可适当大些。

第三章 城市气候

气候是生物(包括人类)生存不可缺少的生态因子之一。城市气候是在区域气候的背景上,经城市化之后,在人类活动的影响下形成的一种局地气候。对城市居民的生存与发展有着各种直接或间接的影响,对城市规划、建设,建筑设计、施工,城市环境保护、卫生保健,能源的开发利用,合理改善小气候条件,防御极端气候灾害等均具有重要意义,是城市生态环境的重要组成部分。

第一节 城市化对气候的影响及其机制

一、城市气候的基本特征

城市气候既有大气候因素的作用,又有城市化人类活动所施加的影响。由于城市建设和发展,改变了原来自然状态的下垫面、空气的成分、增加人为热和人为水汽,使城市内部许多气候要素发生变化,与其周围郊区产生了差别,表现出明显的城市气候特征,最基本的有以下几方面:

1.辐射和气温

(1) 城市直接辐射和总辐射比郊区少　由于城市人口集中,活动强度和频度比周围郊区大,排放进空气中的粉尘等颗粒物、二氧化碳等有害气体比郊区多,使城市空气混浊,出现“混浊岛效应”,削弱了空气的透明度,从而减少了到达城市中的太阳直接辐射和总辐射强度,使城市的紫外线辐射和总辐射比郊区少,散射辐射比郊区稍微多些。

(2) 城市气温比郊区高,形成城市热岛　由于城市下垫面性质特殊,空气中二氧化碳等温室气体较多,又有人为热等原因,使城市气温明显比郊区高,出现城市“热岛效应”或形成城市“热岛”。城郊温差随城市规模、性质、季节、天气等状况不同而异。有些城市还随工厂的工作日与休息日不同而变化。

2.风和湍流

(1) 城市的风速比郊区小,风向不稳定　由于城市建筑物鳞次栉比,街道纵横交错,大大地增加了地面的粗糙度,在大多数情况下,使城市的风速小于郊区,风向复杂多变。

(2) 城市空气多湍流运动,有热岛环流和城市风　由于热力和动力不稳定,使城市空气的湍流增多。在城市热岛的作用下,产生城市热岛环流,周围郊区的空气向市中心辐合,使城市不同方位风向有别,形成“城市风”。

3. 蒸散和湿度

城市蒸散量和空气湿度比郊区小。蒸散包括地面蒸发和植物蒸腾。城市由于地面大部分为不透水的路面和建筑物，人工排水管网发达，能迅速地排泄降水，绿化面积又很少。因此，蒸发、蒸腾量都比郊区少。而城市气温又比郊区高，使城市空气的绝对湿度和相对湿度都较小，形成"城市干岛"。但在一定条件下，城市夜间的绝对湿度又会较高，形成"城市湿岛"。

4. 云和雾

(1) 城市云量比郊区多，尤其是低云　由于城市多湍流运动，热岛效应促进气流上升，城市空气中凝结核又丰富，有利于水汽凝结。因此，城市云量比郊区多，尤其是低云。这是因为城市人类活动的影响主要是在城市覆盖层的缘故。

(2) 城市的雾比郊区多，有的还有光化学烟雾　城市因为空气中粉尘、吸湿性凝结核丰富，有利于水汽凝结，所以城市雾日比郊区多。相对湿度小时出现霾，使城市能见度低。在条件适合时，即使空气中水汽并未达到饱和，在相对湿度为70%～80%时，城市中往往就会有雾出现。有些城市因汽车尾气排放的废气较多，在强烈阳光作用下，还会形成浅蓝色的"光化学烟雾"。

5. 降水

城市降水比郊区多，尤其是对流性降水。因为城市空气中凝结核多，城市下垫面的热力、动力作用，促进对流运动，气流上升，凝结产生降水和伴随对流性天气较多。在城市工业区的下风向观测到较多的降水量。

由此可见，由于受到城市特殊下垫面和人为活动的强烈影响，在城市地区形成不同于周围郊区的局地气候，这种差异表现在各项气候要素的变化上。兰德兹葆(1981)综合多数学者观测和研究结果，列于表 3-1：

表 3-1　城市化产生的城郊气候要素差异

气候要素	与郊区对比	气候要素	与郊区对比
污染物		温度	
凝结核	多 10～100 倍	年平均	高 0.5～3.0
灰尘微粒	多 10～50 倍	冬最低(平均)	高 1.0～2.0
气体混合物	多 5～25 倍	夏最高(平均)	高 1.0～3.0
辐　射		无霜期	多 10%
总辐射	少 10%～20%	相对湿度	
紫外辐射	少 30%	年平均	小 6%
日照时间	少 5%～15%	冬	小 2%
能见度(<10km)	少 5%～15%	夏	小 8%
云　量	多 5%～10%	风速	
雾，冬季	多 100%	年平均	小 20%～30%
雾，夏季	多 20%～30%	极大风	小 10%～20%
降　水		平静无风	多 5%～20%
总　量	多 5%～10%		
日数(<5mm)	多 10%		
降　雪	少 5%～10%		

注：据 H. E. Landsberg，1981 年。

二、城市化对气候影响的机制

城市气候的形成和特征与城市化、人类活动的强度密切相关。20世纪以来，特别是近几十年来，在世界范围内城市化过程持续加速发展，大量农村人口拥入城市。大城市、特大城市、城市带、城市群、城市化国家不断涌现，城市化潮流势不可挡。然而目前全世界工业城市占地面积仅为地球土地面积的0.3%，世界城市人口密度每平方公里数百人至数万人，并且出现都市集聚化的趋势，这样集中的城市人口，势必对环境产生重大的影响，尤其对气候的影响。

1. 城市下垫面性质变化及其影响

下垫面是气候形成的重要因素，人类活动对气候的影响首先通过对下垫面性质的改变来实现。城市由于人口和社会、经济活动高度集中，必然急需新建、改建、扩建大批建筑物(含构筑物)才能满足城市生产、生活需要，使城市建设不断地向郊区扩展，向空中扩展，向地下扩展，原来是林地、草地、农田、牧场、水塘的郊区自然生态环境，代之以水泥、沥青、砖、石、土、陶、玻璃、金属等为材料建造起来的人工地貌体。这些物质性质坚硬、密实、干燥、不透水，且它们的形态、刚性、弹性、辐射，比热等许多物理、化学、几何性状都与原来的疏松有植物覆盖的土壤或空旷的荒地、水域等自然地表不同，人工铺砌的道路纵横交错，建筑物鳞次栉比、参差不齐。它们从根本上改变了城市区域下垫面的热力学、动力学、水循环特征，从而影响各气候因子。

(1) 下垫面的热力学特性影响温度　　下垫面的热力特性是指其比热、热容量、导热率，吸热、反射、透射、蓄热能力等。组成城市下垫面的物质，使城市对太阳辐射的反射率比郊区小，导热率、热容量和热导纳都比郊区大，蓄热能力比郊区强。城市热导纳是导热率和热容量的综合特性参数，有时也称其为热惯性。城市热导纳大则其热贮存量大，夜间存贮的能量在总能量平衡中起作用，使城市保持较高的温度。城市覆盖层街谷，天穹可见度小，不利热量扩散，地面长波辐射热损失减少。所以城市温度比郊区高。

(2) 下垫面的水分循环特性影响湿度　　下垫面的水分循环特性主要是指蒸发、蒸腾、凝结、透水、贮水的性能。城市下垫面贮藏水分能力比郊区差，地面蒸发和植物蒸腾均比郊区小。进入空气中的水分少，城市热岛使其温度较高，所以绝对湿度和相对湿度都比郊区小。

(3) 下垫面的动力学特性影响气流　　下垫面的动力学特性主要是指摩擦、阻滞、抬升等性能。城市人工铺砌的道路纵横交错，建(构)筑物鳞次栉比、参差不齐。它们从根本上改变了城市区域下垫面的动力学特征，从而使城市下垫面粗糙度比郊区大，风速减小，风向不稳定。

因而，城市在能量平衡和水分平衡上都与郊区有明显的差异。通过下垫面与低层大气的对流、乱流、辐射、传导等物理过程进行能量、动量、物质的交换，从而对城市的温度、湿度、气流产生影响,形成城市气候的上述特征。

2. 城市大气成分改变及其影响

城市大气成分的改变主要是指固态颗粒物(烟灰、粉尘、扬尘等)和气态的有毒有害气体(二氧化碳、二氧化硫、氮氧化物、一氧化碳等)的含量变化。由于城市社会经济的高强度运转,需要消耗大量的能源,而且以矿物燃料为主,在燃烧过程中要排放二氧化硫、氮氧化物、一氧化碳、二氧化碳等有毒有害气体和颗粒物,使城市大气的组成成分改变(表 3-2)。排入大气的污染物或由其转化的二次污染物大量增加,当其总量超过大气的自净能力时,就会造成大气污染,降低城市空气的透明度和能见度,改变太阳入射辐射、大气散射辐射和吸收地面长波辐射的能力,使进入城市的太阳辐射,尤其是短波辐射减少。吸收地面长波辐射并产生较多的逆辐射,对地面有保温作用。为云、雾、降水的形成提供凝结核。特别是燃料燃烧和一些物质生产的工艺过程所排放的二氧化碳、臭氧、甲烷等,吸收地面长波辐射能力很强,大气逆辐射也强,地面更不易冷却。这就容易产生温室效应,使城市的气温比郊区高。

表 3-2 城市大气中一些空气污染物的浓度

污 染 物	CO_2	CO	SO_2	NOx	CH_4	O_3	氯化物	氨
浓 度（容积百分率/%）	300～1000	1～200	0.01～8	0.01～1	0.01～1	0～0.8	0～0.8	0～0.21

注:据 H. E. Landsber,1981 年。

3. 城市人为热释放及其影响

人为热是指由于人类生产、生活活动以及生物新陈代谢所产生的热量。城市由于人口集中、生产集中、交通集中,在工业生产、家庭炉灶、内燃机燃烧、机动车行驶等方面消耗能源的同时,都有一定的"废热"排放,加上空调、取暖等排出的热量,以及人体新陈代谢的热量,使城市区域增加许多额外的热量收入。尤其冬季和高纬度城市,有时甚至超过由太阳辐射产生的热量(表 3-3)。从而改变城市区域的能量平衡,形成城市热岛。

表 3-3 不同城市人为热排放量

城市名称	纬度/°N	人口密度/(人/km²)	时 间	人为热 Q_F/(w/m²)	净辐射 Q_n/(w/m²)	Q_F/Q_n
费尔班艾斯	64	810	年平均	19	18	1.05
莫斯科	56	7 300	年平均	127	42	3.02
谢菲尔德	53	10 420	年平均	19	56	0.34
西柏林	52	9 830	年平均	21	57	0.37
温哥华	49	5 360	年平均	19	57	0.33
			夏 季	15	107	0.14
			冬 季	23	6	3.83

续表

城市名称	纬度 /°N	人口密度 /(人/km^2)	时间	人为热 Q_F /(w/m^2)	净辐射 Q_n /(w/m^2)	Q_F/Q_n
布达佩斯	47	11 500	年平均	43	46	0.93
			夏　季	32	100	0.32
			冬　季	51	−8	
蒙特利尔	45	14 102	年平均	99	52	1.90
			夏　季	57	92	0.62
			冬　季	153	13	11.77
曼哈顿	40	28 810	年平均	117	93	1.26
洛杉矶	34	2 000	年平均	21	108	0.19
大阪	35	14 600	年平均	26		
香港	22	3 730	年平均	4	~110	0.04
新加坡	1	3 700	年平均	3	~110	0.03

注:据 H. E. Landsber,1981 年。

通过对广州市人为因素与城市气温的关联度分析研究,发现在影响广州市气温的诸因素中,建筑面积影响最大,其次是人口规模,再次是工业发展,最后是交通运输。在工业发展中,轻工业影响大于重工业(因为广州是以轻工业为主的城市),交通运输中,货运影响强于客运(因为广州是港口城市、国际机场、交通枢纽)。从所影响的温度指标来看,年平均最低气温受人为因素的影响最大,年平均最高气温次之,年平均气温受影响最小(表 3-4)(廖重斌,1994)。

表 3-4　广州人为因素对城市气温的关联度

指　标	人口数量	轻工业产值	重工业产值	建筑面积	公共交通	货运量
年平均最高气温	0.9639	0.8988	0.7576	0.9789	0.7490	0.5738
年平均气温	0.9621	0.8987	0.7575	0.9770	0.7488	0.5734
年平均最低气温	0.9654	0.8998	0.7579	0.9812	0.7494	0.5739

三、城市大气分层

城市化影响的范围,在水平方向上是指城区及城市影响所达的郊区。垂直方向上可划分三层:

(1) 城市覆盖层　地面以上至建筑物屋顶为城市覆盖层,这一层的气候变化,受人类活动的影响最大,它与建筑物密度、高度、几何形状、门窗朝向、外表涂料颜色、街道宽窄和走向、路面铺砌材料、不透水面积、绿地面积、水域面积、建筑材料、空气污染以及人为热、人为水汽的排放量等有密切关系。

(2) 城市边界层　　建筑物屋顶向上到积云中部为城市边界层,这一层的气候变化,受城市大气质量和参差不齐屋顶的热力和动力影响,湍流混合作用显著,与城市覆盖层之间进行物质、能量交换,且受周围环境和区域气候因子的影响。

城市边界层的上限高度因对流条件而异,白昼和夜间不同。在中纬度大城市,晴天白昼常可见高度达到 1～1.5km,而夜晚只有 200～300m 左右。夜晚城市尘盖顶高有时只有 100～200m(Oke,1987)。

(3) 城市羽尾层　　城市的下风方向有一个城市羽尾层(也称市尾烟气层)。这一层的气流、污染物、云、雾、降水和气温均受到城市的影响。在城市尾羽层之下为"乡村边界层"(图 3-1)。有风时城市对下风方向的影响可达 30～100km,静风和有显著热岛环流时,城市出现穹窿尘盖,城市尾羽层便不存在。

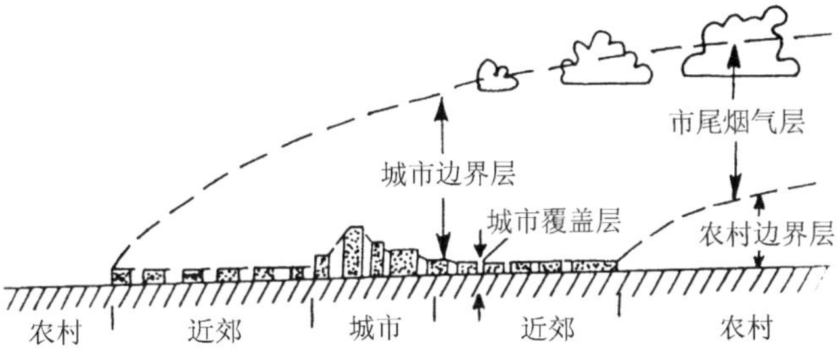

图 3-1　城市大气分层示意图

第二节　城市热岛效应

一、城市热岛及其表示方法

1. 城市热岛

城市热岛是城市化气候效应的主要特征之一,是城市化对气候影响最典型的表现。大量的观测对比和分析研究已确认,城区气温高于四周围郊区,这是城市气候中最普遍存在的气温分布特征。如果绘制等温线图,则形成等温线呈闭合状态的城市高温区,人们把这个高温区比喻为立于四周围较低温度的乡村海洋中的孤岛,称为"城市热岛"。而这种城市气温高于四周郊区的温差现象称"城市热岛效应",有时也统称城市热岛。城市气温与郊区同期(瞬时、日平均、月平均、年平均等)气温差值大小(或等温线间距)称城市热岛强度。

2. 城市热岛表示方法

城市热岛强度,用符号"ΔTu-r"表示。差值大(或等温线间距小即等温线密)表示热岛强;差值小(或等温线间距大即等温线稀疏)表示热岛强度弱。温度对比有两种方法:

(1)用同一观测时段城市与郊区不同测点的气温对比。在进行城郊气温对比时，注意测点的选择要有代表性和典型性；

(2)用城市发展过程中同一测站气温的前后对比。在进行不同阶段气温的前后对比时，要注意滤去区域大气候变化的影响。

二、城市热岛的时空变化及其影响因素

城市热岛强度和变化受多种因素影响。各地区、各城市在不同季节、不同天气条件下，城市热岛强度和变化复杂多样。

(一) 城市热岛的空间分布

1. 水平分布

大量观测资料证明，在水平方向上：①城市高温中心出现在人口密集、建筑密度大、工商业最集中的城区。因为人为热多，建筑密集。例如上海热岛中心位于徐家汇到外滩的旧城区(图 3-2)；北京热岛中心位于沿东西长安街的城区南部；广州热岛中心位于北京路到人民路的旧城区等。②城市高温区内等温线稀疏、气温水平梯度小，而城区边缘气温水平梯度大、等温线密集(图 3-3b)。因为下垫面差别大，人口、活动等梯度大。③闭合等温线分布和走向大致与城区轮廓平行。由图 3-2 可见，从城市边缘开始，气温陡升，出现陡崖(cliffg)，城区(热岛内部高温区)气

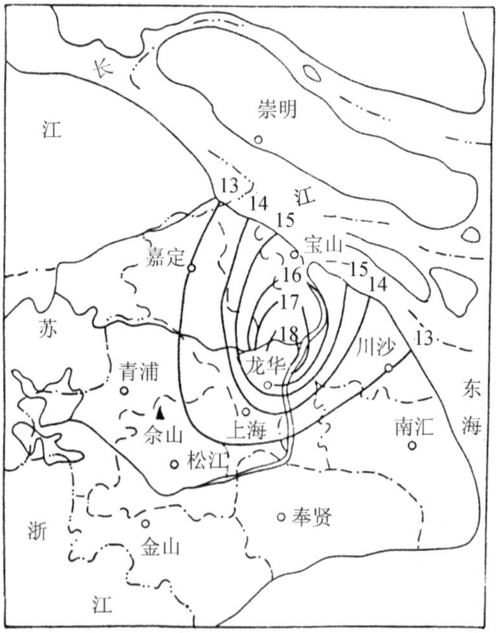

图 3-2　上海城市热岛图(1984 年 10 月 22 日 20 时)(据周淑贞，1994)

温梯度小，在剖面图上似高原(plateau)，城市中心人为热释放最多的地区，气温最高，似山峰(peak)(图 3-3a)(Oke，1982)。这幅图形象地显示出城市气温高于四周郊区的热岛现象。④城区内由于土地利用类型和下垫面性质不同，气温也有高低之别。工商业用地，住宅用地为主的城区，是热岛中心所在地。而农业用地、绿化用地、水域用地为主的城区，为凉区所在。公园、湖泊相对较凉，所以温度剖面线高原上又稍有起伏。下垫面不透水面积所占的比例愈大，热岛强度愈大。表 3-5 是对广州的实测资料，市中心公园气温比附近街区日平均低 0.6～0.7℃，最高低 1.2℃(杨士弘等，1985)。

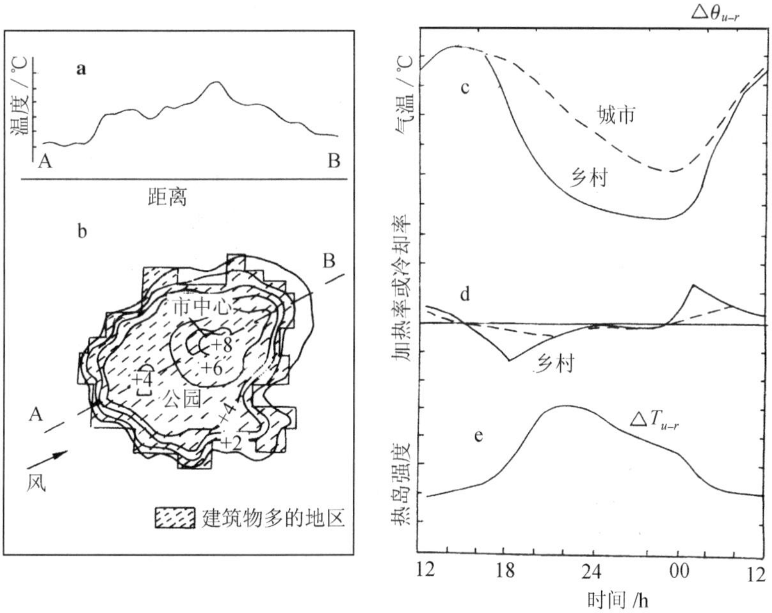

图 3-3　中纬度城市热岛时空分布特征(晴朗、无风)(据 Oke，1982)

a. 为沿剖面 AB 的空间图形；b. 为与城市地面轮廓有关的空间图形；c. 为城乡气温的时间变化图形；d. 为城乡气温加热率(或冷却率)图形；e. 为热岛强度的时间变化图形。图中垂直刻度单位 a，c，e 约为 2℃，d. 为 2℃/h

表 3-5　广州市流花公园与附近街区实测气温对比(℃)

日期	观测时间	07	08	10	12	14	16	18	平均	天气状况
7月	流花公园	26.8	28.1	29.5	30.6	30.9	30.1	29.3	29.3	多云
4日	东风一路	26.7	28.2	30.0	31.5	31.7	30.8	30.1	29.9	偏东风
	差　值	−0.1	0.1	0.5	0.9	0.8	0.7	0.8	0.6	1～4 m/s
7月	流花公园	26.9	27.5	28.7	30.6	31.3	26.2	28.1	28.4	多云
6日	东风一路	27.3	28.1	29.1	31.8	32.4	26.5	28.7	29.1	东北风
	差　值	0.4	0.6	0.4	1.2	1.1	0.3	0.6	0.7	2～5 m/s

2. 垂直变化

在垂直方向上，城市热岛强度随高度的变化因城市不同而异。一般，白天城郊差别不明显；夜间，因城郊气温垂直变化不同，城市地面热岛明显，强度大，向上递减，到一定高度出现“交叉现象”，郊区整层表现为辐射逆温。

Oke(1982)对中纬度大城市研究指出，晴朗、微风的白天午后(14～15时)，热岛强度较弱，市区中心与郊区的上空，气温(用位温表示)铅直分布基本相同，近地面都有一个薄的不稳定层，其上为位温不随高度变化的混合层。城区混合层厚度大于郊区，再上则为稳定层。位温逐渐升高(图3-4a)。若有微风，下风向郊区上空也存在“热羽”。夜间，城市地面热岛效应明显，城市与郊区气温垂直变化大不相同。城市近地层有一薄层不稳定层，其上为一层位温基本不变的混合层，混合层厚度比白天低，其上为位温随高度增高而升高的稳定层。在郊区夜间，辐射散热作用形成明显的接地逆温层，向上逐渐过渡到位温随高度增高而缓慢提高的稳定层。有风时城区上空形成的不稳定层将吹向下风方向，形成“热羽”，飘在下风向郊区上空，使下风向郊区上空气温垂直分布发生变化(图3-4b)。上风向郊区仍保持原状。

由此可见，城市中心区气温垂直梯度的昼夜变化较小，而郊区则昼夜变化很大，尤其是在上风方。将城区中心点与上风向郊区点的位温分布绘在同一幅图上，可得到不同高度的热岛强度变化曲线(图3-4c,d)，并可看出地面附近的热岛强度最大，向上逐渐减弱，甚至出现负值，称“交叉现象”，即城市上空气温比郊区低。因为郊区夜间辐射散热快，形成明显的接地逆温层。上述情况虽然仅指中纬度大城市夏季无云、微风天气而言，实际上许多城市都观测到类似情况，只是所及高度和规模不同而已。

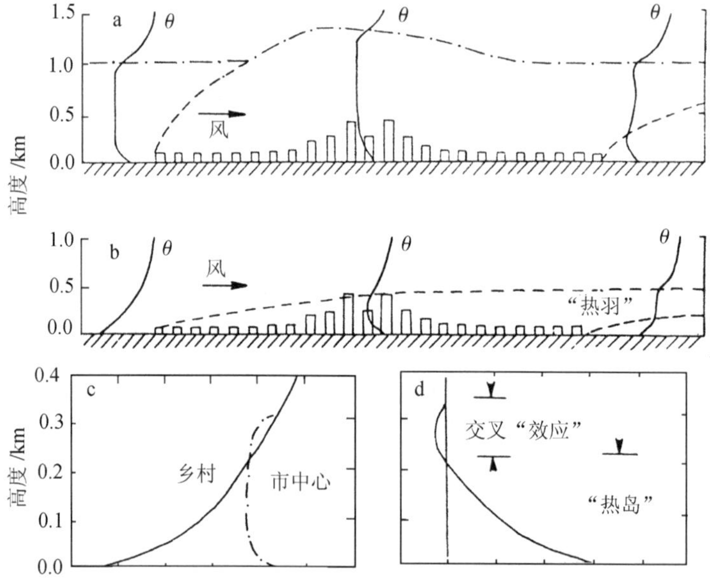

图3-4　中纬度大城市热岛垂直结构示意图(晴夏)(据Oke,1982)

a. 白天；b. 夜间；c. 城乡垂直温度廓线；d. 夜间城市中心热岛强度的垂直廓线

（二）城市热岛的时间变化

1. 城市热岛强度的日变化

城市热岛有明显的周期性变化，Oke(1982)研究指出，中纬度城市在理想状况下，热岛强度在很大程度上是一种夜间现象，可归因于城乡冷却率的差异而不是加热率的差异，特别是日落后3～5小时，乡村一般以每小时2～3℃的速率冷却，城市冷却率较小，此时热岛强度最大(图3-3c,d,e)。日出后乡村加热比城内快，热岛逐渐减弱，这种变化模式不仅在中纬度存在，在低纬度和高纬度地区的城市也大致相似。

据杨士弘等的观测，广州城市热岛强度白天较弱，日落之后热岛强度迅速增大，21时达一天中最强；日出之后热岛强度迅速减弱，午后13时最弱。不过热岛强度的变化不是直线的升降，而是呈波浪式起伏(图3-5)。

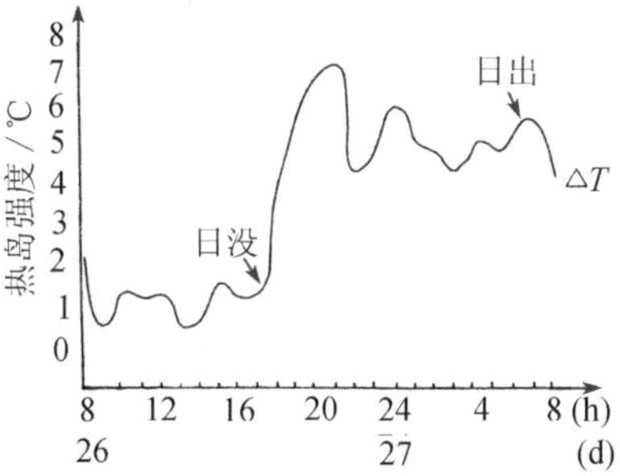

图3-5　广州城市热岛强度日变化(据杨士弘等,1984)

城市热岛强度日变化的原因，是城郊下垫面性质和形状不同引起的辐射收支差异所致：①日落后城郊冷却率的差异。城市白天吸热多，夜间散热少。白天城区地面吸收和贮存大量太阳辐射热，并于夜间辐射放回大气。而夜间城市大气污染物由于对流减弱而积聚，对地面长波辐射有明显的吸收削弱作用，使城市冷却慢，郊区空旷冷却快，所以城区夜间降温比郊区慢，出现城郊温差。②城郊贮热量的差异。城市下垫面热容量大，蓄热能力大于郊区，蓄热多，白天贮藏的热量夜间释放回大气。③城郊反射率的差异。据Kung(1964)等研究，城市下垫面反射率比郊区小10%～15%左右，所以吸收辐射多。日落后，市区由于建筑物垂直墙壁的多次反射吸收，辐射失热少，而郊区空旷散热快，降温率比市区大，使热岛强度急剧增加，21时达最大。以后随着市区与郊区降温率差值的减小又逐渐减弱，日出后在市区由于建筑物的阻挡，太阳不易直射地面，而郊区空旷，当太阳高度角还很低时，地面即能接受太阳直接辐射而迅速加热，造成市区升温比郊区迟，升温率比郊区小，热岛强度又逐渐减弱。至午后13时最弱。

另外，热岛强度日变化的特征、从年平均气温的资料和城郊气温差的长期统计特征也可以反映出来。

2. 城市热岛强度的年变化

城市热岛强度还有明显的季节变化，但城市热岛强度的季节变化情况比较复杂,各地区差异甚大,它主要视区域气候条件和城市人为因素而异。城市热岛一般出现在高气压影响下,少云、小风、湿度小、大气稳定的天气条件下。我国季风气候区,城市热岛强度年变化一般是秋冬季强,春夏季弱。原因是:①春夏季大气多不稳定,城市大气污染物和热量易扩散到周围郊区;②春夏季雨水较多,城区地面有水分蒸发消耗热量,雨水冲洗大气污染物;③春夏季云量多,覆盖市区和郊区,体现不出城郊对辐射影响的差异。所以春夏季城市热岛较弱,而秋冬季冷高压影响,干燥、少云、少雨,大气层结稳定,所以城市热岛较强。

据广州市的统计分析,一年中以 12 月的城市热岛强度最大,平均为 1.36℃,其次是 1 月和 11 月,分别为 0.69℃和 0.59℃(杨士弘,1987)。我国上海、北京、天津等大城市的分析研究,情况也大致类同(表 3-6)。而国外由于城市所在气候区不同,情况大不相同。例如,西欧和北美中纬度城市的热岛强度大都是夏、秋季强,冬季弱。如温泽尔市是 8～10 月最强,加拿大的卡尔加里市是 12 月和 1 月最强,低谷出现在 8～10 月,与温泽尔市正好相反(周淑贞,1994)。国外不少大城市热岛强度还有周变化,即周末休假日城市热岛强度减弱,工作日增强。

表 3-6 北京、上海、广州城市热岛强度年变化(℃)

城市	1	2	3	4	5	6	7	8	9	10	11	12	统计年份
北京	2.4	1.8	1.8	1.2	1.8	2.0	1.6	1.2	2.0	1.4	1.8	2.2	1984～1988
上海	0.7	0.6	0.4	0.4	0.3	0.1	0.3	0.2	0.8	1.0	0.9	0.8	1982～1985
广州	0.7	0.4	0.1	0.0	0.0	0.1	0.0	0.1	0.3	0.5	0.6	1.4	1981～1982

注:据北京市气象局资料室,1992 年。

3. 城市热岛的其他不规则变化

城市热岛与城市化程度(城市建筑面积、人口规模、人口密度、工业发展、交通运输等)以及城市的几何形状、自然地理环境,人类活动方式等均有密切关系。

(1) 随城市人口规模、密度而异　城市化程度愈高,即城市面积、人口规模、人口密度愈大,其城市热岛强度愈强。表 3-7 是国内几个城市的规模与城市热岛强度的统计资料。由表 3-7 可以看出,北方几个城市,北京人口密度最大,年平均热岛强度最大;沈阳与西安城区人口密度相近,年平均热岛强度同为 1.5℃;兰州城区人口密度最小,热岛强度也最小。

表 3-7 国内城市规模与城市热岛强度的关系

项目	城区面积/km^2	城区人口/万人	城区人口密度/(人/km^2)	年平均气温热岛强度/℃
沈阳	164	240.8	14 680	1.5
北京	87.8	239.4	27 254	2.0
西安	81	130	16 000	1.5
兰州	164	89.6	5 463	1.0
上海	140	603.6	43 115	1.2
广州	54.5	300	55 045	0.6～1.0

注:据《北京城市气候》,1992 年。

(2) 随城市建筑密度而异　城市建筑密度愈大，热岛强度愈大。Chandler研究指出，英国城区热岛强度与测点周围500m范围内的建筑物密度相关系数高达0.9；高桥百之研究表明，在日本大垣市，建筑密度每增加10%，晴夜气温升高0.23℃。

(3) 随城市土地利用性质不同而异　工商业用地、住宅用地为主的城区是热岛中心所在地；而农业用地绿化用地、水域为主的城区，为凉区所在。下垫面不透水面积所占的比例愈大，热岛强度愈大。廖重斌研究也表明，广州市气温与城市建筑面积(含道路面积)的关联度高达0.98(1994)。

(4) 随下垫面形状、街谷、城市布局而异　城市热岛还与下垫面形状有关，城市街谷随着天穹可见度减小，下垫面温度有明显的升高。夜间街谷气温比空旷的广场高，即热岛强度增大，白天相反。在城市街谷内部，因受太阳直接照射时间和部位不同，局地气温也有明显的差异。城市无论是团块状、条状，还是星状，对城市热岛强度都有影响。城市呈团块状紧凑布局，则城市中心增温效应强，城市呈条带状或星状分散布局，则城市中心增温效应弱(张景哲，1981)。

(5) 随区域气候条件而异　受区域气候条件影响，高纬度寒冷地区，城市人工取暖消耗能源多，人为排放热量大，热岛强度增大。常年潮湿多云、多雨、多大风的地区，城市热岛强度偏弱。有时甚至使城区气温反而比郊区低。如表3-7上海、广州虽然城市规模大，城区人口密度大，但热岛强度反比北京、沈阳、西安小。

(6) 城市热岛强度还因天气气象条件和人为因素不同而出现非周期性变化。在气象条件方面，因辐射、云、雨、风速、湿度、大气层结等状况不同而异。在人为因素方面，则以空调，采暖能耗和机动车流量影响明显。

例如，上海城市热岛强度与天气气象条件的关系模式(周淑贞，1984)为：

$$\Delta T_{u\text{-}r} = 1.201 + 0.04S - 0.146V - 0.080V_{20} - 0.022N_{20}$$

式中：$\Delta T_{u\text{-}r}$为上海20时的热强度(℃)；S为当天白昼太阳直接辐射日总量(J)；V为当天日平均风速(m/s)；V_{20}、N_{20}为当天20时的风速和20时的低云量(十分之几)。

日本熊谷市的热岛强度模式(何村武，1979)为：

$$\Delta T_{u\text{-}r} = 4.21 - 0.08N - 0.12n - 0.52u + 0.01e - 0.04t$$

式中：$\Delta T_{u\text{-}r}$为夜间热岛强度(℃)；N为21时的总云量(十分之几)；n为白天的总云量(十分之几)u，t，e分别为观测时的风速(m/s)、气温(℃)和水汽压(hPa)。

由上述两式可以看出，城市热岛强度与风速关系最密切，其次是云量，与温度和太阳直接辐射也都有一定的关系。

三、城市热岛产生的能量基础

（一）城乡热量平衡方程式

热量平衡是城市热岛形成的能量基础，城市化改变了下垫面的性质和结构，增加了人为热，从而影响城市热量平衡各分量的变化。其表达式为：

乡村热量平衡方程式：$Q_r = H + LE + G + A + P$

城市热量平衡方程式：$Q_u + QF = QH + QE + QG + QA + Qp$

式中：Q_u，Q_r 分别为城市和乡村的净辐射；QH，H 分别为城市和乡村下垫面与空气间显热交换；QE，LE 分别为城市和乡村下垫面与空气间潜热交换；QG，G 分别为城市和乡村下垫面（包括建筑物和地面）贮热量；QA，A 分别为城市和乡村热平流量的变化；Qp，P 分别为城市和乡村植物光合作用富集能量；QF 为城市人为热释放量。

（二）城乡热量平衡各分量的对比

1. 净辐射（Q_u，Q_r）

净辐射的表达式为：

$$Q_u(Q_r) = (S + D)(1 - a) + Q_L\downarrow - Q_L\uparrow$$

式中：S 为直接辐射；D 为散射辐射；$(S + D)$为总辐射；a 为地面反射率；$Q_L\downarrow$ 为大气逆辐射；$Q_L\uparrow$ 为地面辐射。

（1）城市到达地面的太阳总辐射比乡村小，因为城市大气受污染，透明度小。就全球平均而论，城市总辐射比乡村少 10%～20%（Oke，1978）。

（2）城市反射率（a）也比乡村小，因为城市下垫面组成物质深色材料多，城市垂直墙壁对日射可多次反射吸收。据 Kung 等（1978）作飞行观测指出：城市的反射率比乡村少 10%～30%。周淑贞等（1989）利用气象卫星探测资料对上海的分析表明，城市对太阳辐射中的近红外部分有较大的反射率。

（3）城市大气逆辐射（$Q_L\downarrow$）比乡村多，因为城市空气微粒多，吸收地面长波辐射 $Q_L\uparrow$ 多；垂直墙壁对地面也有逆辐射 $Q_L\downarrow$。

（4）地面辐射（$Q_L\uparrow$）城市比乡村大，因为城市地面温度比乡村的地面温度高。

综上所述，城市太阳总辐射比乡村少，但反射也少，所以在短波辐射收支上，城乡差别不大；城市大气逆辐射比乡村大，但地面长波辐射也大，所以在长波辐射收支上，城乡差别也不大。因此，对于净辐射来说，城市 Q_u 与乡村 Q_r 无多大差别。

2. 人为热（QF）

人为热是指城市生产生活消耗能源排放入大气的热量和生物（包括人类）新陈代谢产生的热量。人为热释放城区集中，量大。故在城市热量平衡方程式中左边

多了一项人为热 QF。

3. 植物的光合作用能量转化量(Qp)

植物利用深植于土壤中的根系和伸展于空中的繁茂枝叶,充分吸收利用太阳能、二氧化碳和水,将光能转化为干物质的化学潜能。

一般,乡村农田每年生产干物质 $2kg/m^2$;转化每克干物质需要消耗太阳能 17.22kJ;则乡村每年转化光能的潜力为 34 440kJ/m^2。所以,乡村每年每公顷土地转化光能潜力为 3.44×10^8kJ。

由于乡村植物光合作用将大量光能富集转换为潜能,使乡村的太阳辐射热效应明显低于城市。而城市植被少,吸收富集太阳辐射能力小。从而产生了城乡温度差异,形成热岛。

4. 下垫面贮热量(QG,G)

白天,城市下垫面吸收太阳辐射,热量向下传输贮存。夜间,地面辐射冷却,由下面向上输送热量,两者之差称下垫面贮热量(QG,G)。下垫面贮热量一方面取决于下垫面物质的传热和蓄热能力,另一方面取决于建筑物的几何形状和密度。城市建筑材料热容量、导热率比乡村干土大,故蓄热多。城市贮热量相当于净辐射的15%~30%,乡村贮热量相当于净辐射的5%~15%(Sellers,1965)。夜间辐射冷却城市缓慢而乡村快,因为白天贮的热外传补充。

5. 显热交换量(QH,H)

地面与空气之间的显热交换量,取决于贴地气层的铅直气温梯度和湍流交换系数。而湍流交换系数又决定于下垫面粗糙度、大气稳定度、风的垂直切变等因素。气温铅直梯度、下垫面粗糙度和大气不稳定度都是城市比郊区大。所以湍流交换系数是城市大于郊区。Ching 等人(1978)对圣路易斯市研究指出:工商业区显热交换量 QH,几乎达 $300W/m^2$,相当于净辐射的 50%;居民区显热交换量 QH 为 $130W/m^2$,而乡村只有 $125W/m^2$。可见显热交换量是城市比乡村大。

6. 潜热交换量(QE,LE)

潜热交换大小取决于下垫面蒸散量(包括地面蒸发、植物蒸腾)。乡村植被多,蒸散耗热占净辐射的 70%,城市用于蒸散的热量只相当于净辐射的 10%~15%。乡村水相变化调节了温度,城市多显热,少潜热,净辐射主要用于显热交换,使气温升高,形成热岛。

综上所述,城市短波入射少,反射也少,城乡差别不大;城市长波放射能力强,吸收能力也强,城乡差别也不大。城市多了一项人为热 QF,少了植被富集转化的能量 Qp;而且显热交换 QH 和下垫面贮热量 QG 都大,多的热能主要消耗于显热交换 QH,因此城市增温明显,形成热岛。城市空气微粒含量多,吸收地面和大气的辐射也多,而城市由于街谷的几何形状,增大了热交换的面积和时间,加上天穹可视度变化也影响指向天空的长波辐射。从而使城市的辐射和热量平衡时空变化都十分复杂。城市热岛强度的变化,也与热量平衡各分量的变化密切相关。

四、城市热岛的生态环境效应

（一）城市热岛对生态环境的影响

城市热岛是一种城市气温高于郊区的现象，它对城市生态环境的影响是多方面的，各地区、不同季节城市热岛对城市生态环境的影响都不相同。

（1）加重城市空气污染　　城市热岛环流，气流向市区辐合，把城郊工厂的污染物带入市区，污染城市空气。当高空有逆温层时，抑制污染物向上扩散，好像城市盖上了一个“锅盖”，污染物在城市上空弥漫，造成严重污染。

（2）影响取暖季节和能耗　　冬季，中高纬度地区城市，热岛效应使城市取暖季节比郊区缩短，节省取暖的能源消耗，可削减城市大气污染。

（3）影响城市积雪　　冬季，高纬度地区热岛效应能减少城市积雪频率、积雪时间和积雪深度。使城市积雪少于郊区，减少建筑物的雪压。

（4）影响无霜期和物候期　　热岛效应能延长无霜期，能使植物发芽、开花期提早，有利于植物生长和城市绿化，故对居民生活和城市经济有其有利的一面。

（5）夏季，热岛效应加强城市高温的酷热程度，易产生高温灾害，影响健康舒适。尤其对于低纬度地区的城市，热岛效应使居民感到不适，严重时会引起中暑和心血管功能失调等疾病。而制冷空调的普及使用，又增加能源消耗和环境污染，并加剧城市热岛，影响城市生态环境质量。

（二）防治城市热岛的对策

削减夏季城市热岛强度，是防御城市夏季高温灾害，保障居民健康舒适，减少经济损失和保护城市生态环境的一项重要措施。

根据城市能量平衡方程：

$$Q_n + QF = QH + QE + QG + Q_P$$

要削减城市热岛效应，一方面是要使方程式左边的收入减少：一是削减人为热的排放，措施是控制城市人口，减少煤、石油等矿物燃料的消耗量，提高利用效率和开发新能源。二是削减城市净辐射量，措施有：①增大城市反射率，例如用浅色涂料粉刷建筑物，达到增大城市反射辐射，削减净辐射。②合理规划城市建筑物的高度和密度，根据城市所在地的纬度、地形、风向、风速、日照、辐射等，确定道路网的方位、建筑密度、朝向、间距及形体，扩大天穹视度，增大地面长波射出辐射，达到削减净辐射。③削减大气污染，以减少大气逆辐射，也可以使城市净辐射减少。另一方面是要使方程式右边的 QE，Q_P 项增大，使 QH 项减少。措施是：①增加城区水域面积和喷水洒水设施。②提高城市绿地覆盖率。植被不仅能遮阳，吸收转化太阳辐射能，而且蒸腾降温和消耗二氧化碳减低温室效应。关键是减少大气污染和通过加强绿化来改变下垫面性质。

第三节　城市大气水分效应

一、城市空气湿度

自然界常温条件下的大气水分有三种状态，即气态、液态、固态。城市空气湿度是指城市空气中的气态水分，表示城市空气的干湿程度或城市空气的水汽含量。

（一）城市的绝对湿度和相对湿度

一般情况下，城市化结果使城市的绝对湿度和相对湿度均小于周围郊区。原因是：

（1）城市地面不保水、干燥、蒸发量小　城市特殊的下垫面，以建筑物和人工铺砌的坚实路面为主，大多数为不透水层。城市人工排水系统发达，降雨后雨水很快沿屋顶、路面边沟汇入人工排水管渠流失，故地面比较干燥，蒸发量小，空气含水汽量少。

（2）城市植被覆盖面积少，蒸腾量小。与地下水之间又有建筑物或地面铺砌所隔离，不可能从地下得到水源。因此，城市的自然蒸发蒸腾量比郊区小，空气含水汽量少。

（3）城市下垫面粗糙度大，其机械湍流、热力湍流都比郊区强，空气层结较不稳定，近地面有限的水汽通过湍流不断上传扩散。

（4）热岛效应，空气温度比郊区高，所以相对温度比郊区小。

（5）城市风速较小，也不利于水分蒸发。

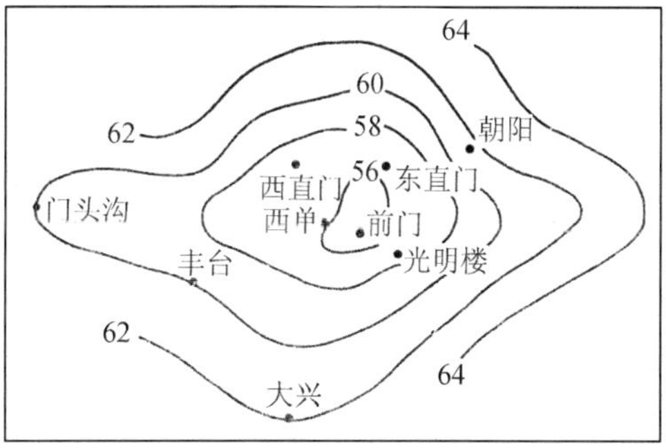

图 3-6　北京城郊年平均相对湿度（%）分布图（据北京市气象局资料室，1992）

上述因素综合作用的结果，使城市产生“干岛效应”，形成等湿度线呈闭合状态的城市低湿度区，称“城市干岛”（图 3-6）。这在植物生长茂盛的季节和白昼比较显著。据杨士弘对广州市的观测，白天市区相对湿度比郊区小 9%，全年平均市区比郊区小 3%～5%。周淑贞等人的研究(1989)表明，上海平均市区相对湿度比郊区小 5.8%，水汽压小 0.68 hPa。

(二) 特殊情况下也会出现城市湿岛

郊区由于下垫面温度及近地气温下降比城区快，凝露量大，空气中水汽含量迅速减少，而市区由于热岛效应，温度较高，凝露量小，湍流强度又比白天弱，水汽上传量减少，故出现城区水汽含量比郊区大的"城市湿岛"现象，称"凝露湿岛"。此况发生在夜间静风或小风天气，城市热岛较强的情况下。英国的莱斯特城，美国的芝加哥、纽约、加拿大的埃德蒙顿城等许多城市，都曾经观测到这种"凝露湿岛"的城市气候特征。

周淑贞等(1991)对上海的研究还指出：城市与郊区除凝露作用的差异产生湿岛之外，结霜、融雪、雾天、下雨的差异也会产生"城市湿岛"，她分别称之为"结霜湿岛"、"融雪湿岛"、"雾天湿岛"和"雨天湿岛"等，这些湿岛也都是出现在静风或小风天气、城市热岛较强的特殊情况下。

二、城市的云和雾

云、雾都是大气中的水汽凝结物，云高悬于空中，雾飘浮于近地面。大气中水汽凝结的条件：一是水汽含量要达到或超过饱和，二是要有充足的凝结核。

(1) 城市云量多于郊区，尤其是低云。城市由于人类活动燃烧煤等矿石燃料和工业生产，排放大量烟尘，二氧化硫、一氧化碳等易于吸湿的物质，所以凝结核较丰富。另一方面城市热岛效应，气流辐合上升，绝热冷却，有利于水汽达到或超过饱和，产生凝结成云。大量观测资料证实，城市化有使云量增多的效应，尤其是低云量。例如上海市 20 世纪 80 年代城市低云量比郊县平均多 1.1 成。德国慕尼黑市 1923～1926 年，城区全年平均总云量比郊区多 0.3 成；广州市区 1960～1986 年，城区全年平均总云量比郊县多 0.1 成，低云量多 0.4 成。若以云量小于 2 成为晴天，云量大于 8 成为阴天，则城市化使晴天日数减少，阴天日数增多。例如 1980～1989 年，上海市区(龙华)年平均晴天日数比郊县少 45.5 天，阴天日数比郊县多 29 天。

(2) 城市雾量大于郊区，尤其是浊雾。城市凝结核丰富，当近地层空气的相对湿度接近或达到饱和时，水汽在凝结核上凝结，形成小水滴。在小风、空气层结稳定时，这些小水滴伴随着城市空气中众多的烟尘，在适度湍流的支持下，悬浮在低空，当其使水平能见度小于 1km 时，称为雾。由于它是在空气湿度较高的条件下生成，故又称其为"湿雾"。城市有时由于大气污染严重，低空吸水性物质丰富，往往在相对湿度 90%以下，甚至 70%以下便有雾出现。这种低相对湿度的雾称"浊雾"(周淑贞，1991)，是由辐射冷却或平流辐射冷却作用形成的。如上海 1965 年

10月17日5时～8时出现辐射雾、龙华气象台8时的相对湿度只有67%。

雾对城市生态环境的影响不仅仅是使空气混浊和产生消光作用，影响视程，降低能见度，阻碍交通，使航班停开，还容易造成城市交通事故。更因为大雾常与风力微弱、大气层结稳定、相对湿度较大相伴，加上与烟尘，二氧化硫等大气污染物混合，促使各种有害物质在雾中积聚，沉浮于大气低层，难于扩散从而加剧污染程度，危害人体呼吸系统，造成伤亡。例如1952年伦敦烟雾事件，死亡人数高达4000人。但自从实行空气净化措施以后，伦敦雾日已显著减少。

三、城市降水

（一）城市化对降水的影响

城市化对降水的影响，是一个有争议的问题，以往的研究有下面几种不同的看法：①认为城市化有使降水增加的效应，尤其是城市的下风方；②认为城市化对降水有减少的效应；③认为城市化对降水无影响；④认为城市化使对流性降水明显增多。

（二）城市化影响降水的机制

（1）热岛效应　由于城市热岛效应，热能促使城市大气层结变得不稳定，有利于产生热力对流运动，容易形成对流云和对流性降水。

（2）混浊岛效应　城市由于空气污染，凝结核丰富，也有利于水汽凝结，生成降水。

（3）摩擦阻挡效应　城市参差不齐的建筑物对气流有机械阻障、触发湍流和抬升作用，使云滴绝热升降，凝结碰并增长形成降水。城市特殊的下垫面对天气系统的移动还有阻滞作用，使其移速减慢，停留降水，增长城市降水持续时间。

在上述三个因子共同作用下，往往使城市降水多于郊区。所以许多学者研究认为，城市化有使城区及其下风方向降水增多的效应。国内以北京、上海、广州的研究为代表。例如，北京市1981～1987年平均，城区年降水量比郊区多9%；上海市1960～1989年，市区汛期年平均降水量比周围郊区多3.3%～9.2%（周淑贞等，1994）；广州市70年代平均降水量比郊区多9.3%（沈雪平等，1989）。在国外，据美国圣路易斯市的试验研究（1971～1975）指出，城区夏季降水次数、总降水量和大暴雨的平均雨强都明显增加，同时雷雨发生次数也增多，雷暴降水占夏半年各月降雨量的50%，88%的雷暴伴有降水，该市对夏季降水产生最明显效应的地区位于市区下风向东北部的工业区，降水约增加30%～35%。

另一方面，城市建筑物，人工铺装的路面不透水层，使城市空气湿度减小，是不利于降水形成的条件。因此又有人认为，城市化对降水的影响因素互相抵消，没有使降水增加或有使降水减少的效应。

事实上，城市降水的形成机制十分复杂，还有许多不确定的天气气候因素。单纯由城市热岛触发降水的可能性较小,多数情况是在湿热不稳定大气层结条件时,在有利的天气系统配合下,才容易形成对流云和对流性降水。圣路易斯市夏季降水的气象实验便是一个例证。城市热岛对城市降水的贡献主要是起"诱导增幅"作用。城市对降水的影响在大气环流弱时表现明显,在大气环流强大时,城市的影响则表现不出来。

(三) 城市降水变化的生态环境效应

1. 城市降水的意义

降水不仅是城市生物的重要生态因子,而且也是补给城市地表水、地下水的来源,参与城市天然系统的水分大循环、城市-大气水分小循环和城市生态系统水分平衡的因子,对城市大气污染和水体污染有净化作用,直接或间接影响城市人类活动,所以降水是城市生态环境重要自然因子之一。

2. 城市降水变化的效应

(1) 城市降水强度(单位时间降水量)增加,使城市雨洪径流增大,洪水增多,加剧土壤侵蚀,加速河湖和下水道系统淤积,使城市排水管网漫溢增多,要提高防洪标准,增加费用开支。

(2) 降雨总量增大,冲洗污染物增多,水体污染加剧,水处理负担加重;但另一方面,径流量增大,提高自净能力,又可改善水环境污染。并且增加供水资源,农业用水充裕,产量提高,枯季可缓解旱情,提高土地价值。

(3) 强对流性降水增多,常伴随冰雹、雷暴等灾害性天气,农业受灾减产,生命财产损失。在城市还因影响能见度,使交通事故增多。

(4) 降水量减少,河、湖、库、塘干涸,缺水、干旱,又使供水费用增加。

因此,在城市规划中,要充分考虑城市对降水的影响,妥善安排不同土地利用区位和各种防治措施,尽可能减少损失。

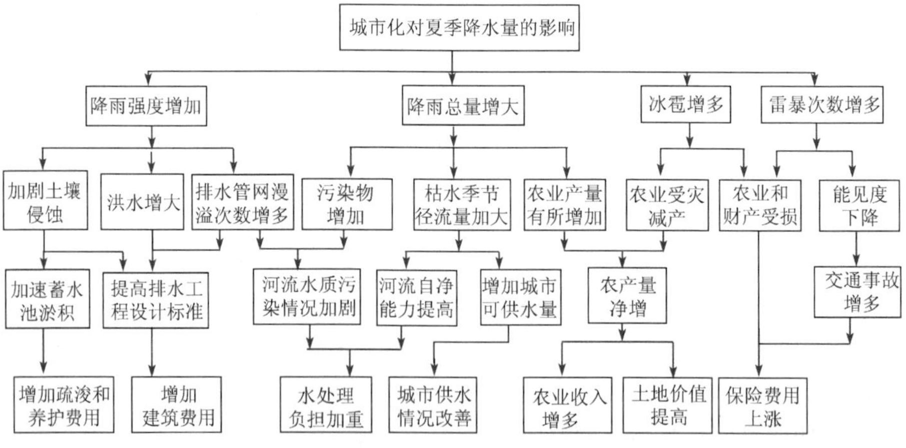

图 3-7 城市化改变降水量可能产生的后果示意图(据朱元甡,1991)

（四）酸雨

富含硫酸、亚硫酸和硝酸的降水，当其 pH 值小于 5.6 时，称为酸雨。也称其为“湿沉降”。

1. 酸雨的生成和分布

城市大气中含有大量的二氧化硫和氮氧化物，这些物质在一定温度和湿度的条件下，通过光化学反应和催化氧化反应，生成硫酸、亚硫酸和硝酸。这些酸不能以气态形式存在，而是存在于小微粒上或溶于云滴或雨滴中，随降水落至地面。假如 1t 煤含硫磺 5～50kg，1t 石油含硫磺 3～50kg，燃烧变成 2 倍于硫磺的 SO_2 排入大气。

SO_2 + 光量子→SO_3　　（硫酸雾，其毒性比 SO_2 大 10 倍）

$SO_3 + H_2O \rightarrow H_2SO_3$ 或 H_2SO_2　（降落地面则为酸雨）

所以，大量燃烧矿物燃料是生成酸雨的主要原因。目前，世界有四大酸雨区：一是西北欧、英国北部酸雨区；二是美国东北部、加拿大酸雨区；三是日本东京都酸雨区；四是中国西南、华南酸雨区，且有向东部、北部扩展的趋势。这些酸雨区的城市，降水酸度普遍 pH 值在 4.0～4.5 之间，最小达 2.0。我国 1982 年全国酸雨普查发现，44.5%的降水属酸雨。我国降水酸度有自北向南递增的趋势，酸雨最严重的是西南、华南地区。如重庆市降水酸度月平均 pH 值小于 5.0，最小为 3.35，贵阳市降水酸度最小 pH3.4。1992 年～1996 年，广州市酸性降水频率超过 70%，1997 年至 2000 年超过 60%，平均酸度均在 pH 值小于 4 以下，最小为 pH 值 3.20。酸性降水仍处于比较严重的状态。

2. 酸雨的生态环境效应

（1）酸雨淋溶土壤，使营养元素流失，抑制微生物固氮和分解有机质活动，使土壤贫瘠。

（2）酸雨影响植物生长，危害城市绿化，减弱作物的光合作用和抗病虫害能力，影响生产；如西北欧酸雨区森林生长率每年下降 5%。

（3）酸雨使地下水酸化，微量元素超标，影响供水条件。

（4）酸雨使河、湖、库、塘水体酸化，危害水生生物，鱼虾死亡，破坏生态平衡。

（5）酸雨腐蚀建筑材料、文物古迹、桥梁、楼宇、船舶、车辆、机电设备等。

酸雨使环境酸化、动植物大量死亡，生态平衡破坏，并对人类健康造成危害。要使其恢复又是相当困难的，需要几代人、几十代人的努力，甚至有些是无法恢复的，故酸雨已成为世界性的生态环境问题而引起普遍关注。削减二氧化硫排放量，是防治酸雨、减轻酸雨污染的关键。

中国能源消费 70%为煤，其中 80%用于工业生产，有效利用率不到 30%。2000 年我国二氧化硫排放量达 2000 万 t。从 20 世纪 80 年代开始，我国酸雨区迅速扩大，已覆盖长江以南，青藏高原以东的广大地区，占国土面积的 30%。国家要求“十五”期间我国二氧化硫排放总量要削减10%，酸雨控制区要削减20%。加快采用洁净煤技术，燃煤电厂要进行脱硫。并划定二氧化硫控制区和酸雨控制区，在“两控区”内投入120亿元建设37个燃煤电厂脱硫工程，每年可削减二氧化硫排放量105万t，重点控制酸雨污染和蔓延。

第四节　城市风场效应

空气的水平运动称为风。风力可发电、可推动机械，风是输送污染物的媒介，大风会给人类带来灾害。所以风是人类生存的自然环境因子之一，又是人类可开发利用的自然条件和自然资源。在城市化过程中，人类通过城市规划、工业布局、建筑设计、环境保护等，有效地适应、利用和影响自然界的风场。使城市与其周围郊区的自然风场相比发生了显著的变化。

一、城市化对风的影响

（一）城市的地面风

1. 摩擦使城市风速减小，但有一临界风速值

城市由于建筑物参差不齐，有效地增大了近地层的粗糙度，对低层气流产生摩擦效应，使流经城区的气流受阻减速。所以城区的平均风速比周围郊区显著地减小。据广州市的观测，1981年7月4日至10日平均，市区风速比郊区小40%～50%。年平均等风速线呈闭合椭圆形分布。风速从市郊向市中心递减(图3-8)。上海随着城市建筑面积的增大，近30～40年，市区的年平均风速有规律地逐渐减少，而同期郊区的平均风速变化规律是时大时小。

城市对风的削减作用与城市规模、建筑物的高低及密度有直接的关系。城市化有使风速减弱的趋势。但是，城市对风速的减弱作用，并非在所有情况下都能表现出来，当盛行风风速小于某一临界值时，城市对风速不仅没有减弱作用。反而具有加强作用。这是因为在大范围风场较弱的情况下，城市的热力、动力扰动作用较摩擦作用更为突出，因而使近地层风速增大，此时，城区风速大于郊区，而且静风频率减小；而当盛行风速大于这一界值时，城市的摩擦作用突出，因而使城区风速明显小于郊区，故称该风速值为“临界风速”。各地区不同季节临界风速值不同。如北京1,4,10月的临界风速为1m/s,7月的临界风速为4m/s。

2. 城区内因受热不均而产生街道风

城市建筑物由于受热不均匀而产生局部热力环流，称“街道风”。例如东西向的街道，白天屋顶受热最强，热空气从屋顶上升，同一高度的街道上空空气流来补充，街道上空又被下沉的气流补充，这样在屋顶上空就形成了一个小规模的空气环

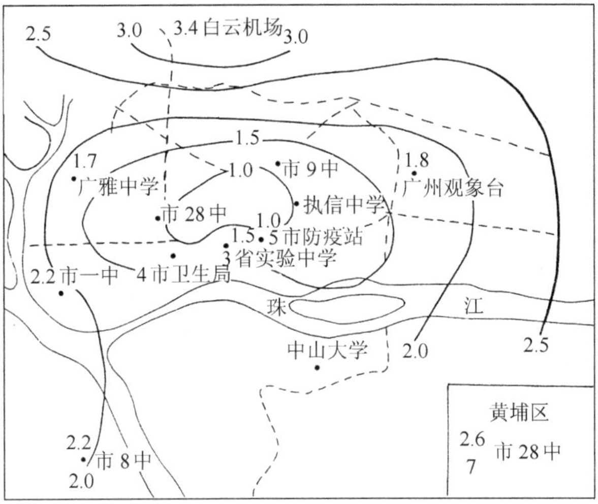

图 3-8　广州城市年平均风速分布(m/s)(据周淑贞等,1994)

流。街道上从背阳一面到向阳一面也产生环流,向阳一面空气上升,背阳一面空气下沉,其间有水平气流来贯通,高层空气从上面给予补偿。夜间屋顶急剧冷却,冷空气下沉到街道排挤街道上的热空气使之上升,这样又形成与白天不同的街道空气环流。因此,不同走向的街道以及同一街道的迎风面背风面,向阳面背阳面,污染物浓度不一样。这种街道风对汽车尾气扩散输送影响很大。

3. 城市峡谷效应产生"急流"

气流在两排高大建筑物之间的街道通过时,犹如在两座高山之间的峡谷之中,气流加速前进,称城市峡谷效应,使风速增大,达到一定程度称"急流"。当盛行风与街道平行时最易产生街谷峡谷效应。

4. 建筑物的阻障效应

当气流与建筑物垂直时,受阻碍减速,翻越高大建筑物在背风面下沉时,往往产生涡流,阻碍污染物质迅速扩散排走,而停滞在某一地段内,加剧污染。由于建筑物的阻挡,扰乱了原来的气流,加剧了湍流运动,导致烟流较低,造成地面污染物浓度增高。如果烟囱位于大建筑群的下风方向而风速又较大,则由于建筑群背风面产生空气动力学的"下沉"现象,而使烟云在近源处很快扩散到地面造成严重污染。如果烟囱高度较低,建筑物的影响更大,在背风面的一定距离内,将产生大的污染。

5. 城市风分布不均匀,时大时小,阵性大,风向不定

市区内风速的大小与街道的宽窄、走向,大范围盛行风向有关。开阔的广场风速大于建筑密集的街区,沿江风速大于市中心区,宽阔马路的风速大于窄街小巷风速。市区内风向很不稳定,阵性很大,特别是在大范围盛行风的风力较小时,市区街道上的风向则往往随车辆行驶与人流方向而改变,而且与街道的走向一致。

(二)城市热岛环流

晴天,大范围风速较小时,由于城市热岛的存在,城区大气层结不稳定,暖而轻的空气上升,地面形成低压,产生指向城区的气压梯度力。四周郊区较冷的空气向城区辐合,上升到高空辐散,向郊外流出并下沉,引起局地环流(图 3-9),称城市热岛环流。对于地面的水平风场来说,许多城市风场观测证实,在出现较强的城市热岛时,城区北郊为偏北气流,东部为偏东气流,南部为偏南气流,显示出气流由郊区向市区的辐合流场,称"城市风"(图 3-10)。很容易促使空气中污染物质向市区内集聚,由于干湿沉降作用,污染物的垂直输送常常小于热岛内空气的上升速度,使近地层空气污染较严重,所以强热岛区及出现强热岛的季节,空气污染最为严重。

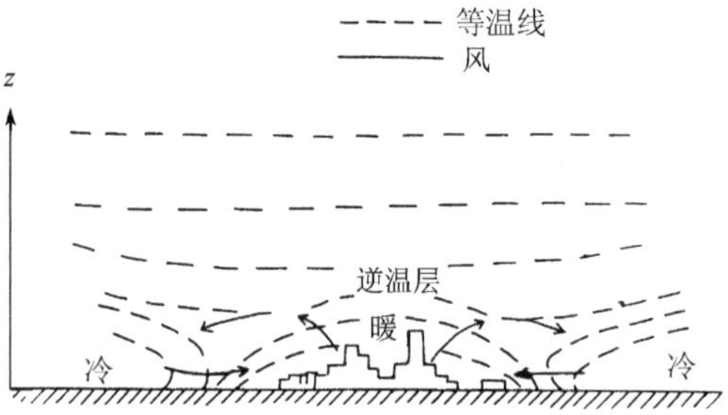

图 3-9　城市热岛环流模式

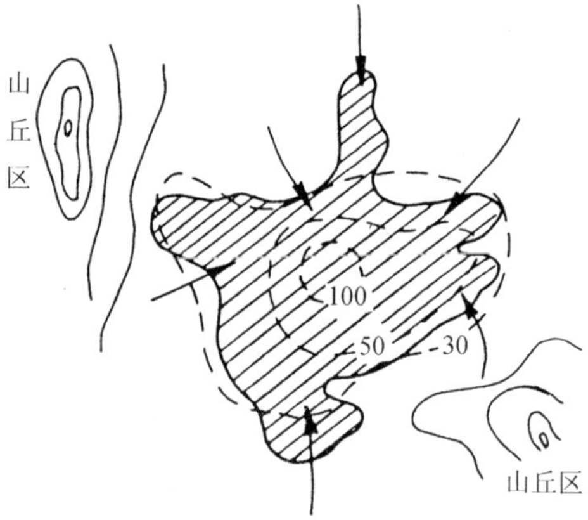

图 3-10　旭日市城市风与污染浓度
→表示风向;30,50,100 为污染浓度
(容积百分率,%)

二、城市低空风的垂直变化

1. 城市湍流运动

城市低层大气的湍流运动,反应城市大气层的稳定状况,对于城市动量、热量、水汽以至污染物质的输送、传递和平衡有重要的作用。城市湍流扰动强度可用水平风向的脉动方差表示。D. 斯莱德曾指出,水平风向脉动方差 $\delta(\theta)$ 与湍流速度脉动方差 $\delta(\gamma)$ 有以下关系:

$$\delta(\theta)=\delta(\gamma)/\bar{u}$$

式中:$\bar{u}$ 为平均风速。故 $\delta(\theta)$ 大体上可用来表征低层大气湍流扰动强度。与郊区相比,城市低层大气有着更为明显的湍流运动,空气层结越不稳定。黄增明等根据

广州 1980～1983 年地面风向连续自记资料，采用极差分析方法，求得广州水平风向的脉动方差。结果表明，广州水平风向脉动方差 $\delta(\theta)$ 日平均值以夏季(7 月)为最大，达 12.1°，冬季(1 月)水平风向脉动方差 $\delta(\theta)$ 日平均值最小，仅 8.1°，尤其在夜间 20 时至次日早晨前后，$\delta(\theta)$ 平均值≤7.5，不利于大气中污染物质的扩散，使污染物在市区近地层堆积叠加，并可导致近地面层长时期维持高浓度的污染。春季(4 月)和秋季(10 月)，$\delta(\theta)$ 平均值日变化范围处于冬、夏季之间。

2. 城郊近地气层风的垂直变化

地面摩擦随高度的增加而减小，所以风随高度增加而增大，风向顺时针偏转。城市风速的垂直变化取决于下垫面摩擦和热力作用以及温度层结的影响。不同高度上的城郊风向差别与城市热岛环流有关。而不同城市的风向切变高度和城郊风向切变的差异，与城市所处的地理位置、地形特征、气候背景以及天气系统都有密切的关系。广州市根据电视塔梯度风观测资料，500m 以下近地层风向冬半年以偏北风为主，夏半年以偏南风为主，风随高度有顺时针方向转变的特征。由于城郊下垫面结构的显著差异所造成的热力、动力作用，使城市边界层风速随高度变化城乡有不同。以广州市为例，广州市区 50m 以下的近地层，风速随高度的日变化是：白天风速大，夜间风速小，冬季(1 月)，市区 30m 高处平均风速白天 12 时最大，为 4.1m/s，夜间 22 时最小，为 3.3m/s；高层(123m)，夜间风速 4 时最大，为 6.1m/s，白天风速小，14 时最小为 4.7m/s。50～100m 为过渡层，过渡层随季节有变化，夏季白天对流发展旺盛，过渡层高度升高，冬季降低。夏季(7 月)变化情况类似冬季，但变幅小得多。以日平均风速来说，冬季，广州低层城郊风速差为 0.4m/s，高层为 1.2m/s，夏季，低层城郊差为 0.3m/s，高层为 0.1m/s。

3. 城市低空风垂直变化的计算

低空风的垂直变化与人类活动关系密切，无论是污染物的稀释、扩散，还是超高烟囱，高层建筑设计都需要了解和应用低空风的垂直变化资料，但目前有铁塔进行风速梯度观测的城市甚少，一般都用公式推算近地面各高度上的平均风速。而风速的垂直变化受下垫面摩擦作用，热力作用和温度层结等多种因素的影响。

(1) 风速的对数率公式　　在中性条件下，近地面层风随高度的变化，表现为对数风速廓线规律，其拟合公式为：

$$\frac{u_2}{u_2}=\frac{\ln z_2-\ln z_0}{\ln z_1-\ln z_0}$$

式中：，z_1，z_2 为两个不同的离地面高度(m)；u_1，u_2 为对应于 z_1，z_2 高度上的风速(m/s)，z_0 为平均粗糙度，其计算公式为：

$$z_0=\exp[(u_2\ln z_1-u_1\ln z_2)/(u_2-u_1)]$$

将不同高度及其对应的风速代入上式，可求解城郊各测点所在地的平均粗糙度。如果城区建筑物分布均匀，Lettau(莱陶)提出如下计算公式：

$$z_0 = \frac{1}{2}\frac{Ha}{A}$$

式中:H 为建筑物高度(m);a 为建筑物垂直于平均风速的侧面积(m^2);A 表示每一建筑物的占地面积(m^2)。根据此式可求得城市不同类型建筑的粗糙度。

(2) 风速的指数率公式　　低层大气平均风速一般随高度增高而增大,在150m 以下的中性大气,可用对数律公式拟合平均风速廓线,但对比较高的大气层,需要考虑温度层结,则一般用指数律公式去拟合效果较好。即:

$$\frac{u}{u_1} = \left(\frac{z}{z_1}\right)^p$$

式中:z 为任意高度(m);u 为对应 z 高度上的风速(m/s);z_1 为离地面 10m 左右的高度,即常规气象观测站的测风器高度;u_1 为对应 z_1 高度上的风速,一般为已知;p 为指数。

指数 p 值的大小与地面粗糙度、大气稳定度及风速的大小有关:① p 随地面粗糙度的增大而减小,地面越粗糙 p 越小;② p 随稳定度增大而增大。大气层结越不稳定,扰动越容易发生发展,上下层动量交换加强,高低层之间风速差变小,则指数 p 越小。当层结稳定时,扰动受到抑制,高低层之间风速差加大,则 p 越大(表 3-8);③ p 随风速增大而减小(表 3-9)。

表 3-8　不同稳定度级别的 p 值

稳定度级别	极不稳定	不稳定	弱不稳定	中性	稳定
p 值	0.1	0.15	0.2	0.25	0.3

表 3-9　不同风速级别的 p 值

风速/(m/s)	0~2	2.1~4.0	4.1~6.0
p 值	0.5	0.22	0.18

对上式两边取对数得:

$$\ln u = \ln u_1 + p\ \ln z - p\ \ln z_1$$

可见,如果指数律公式是风廓线变化的良好近似,则 $\ln u$ 成为 $\ln z$ 的线性函数,p 为直线的斜率。

因此,可以从最低层开始,用回归的方法拟合各层风的廓线。p 的取值与空气层结、风速以及下垫面粗糙度等因素密切有关。用线性回归方法,求出不同时期(月、季、年)、不同稳定度(按帕斯奎尔分类)、不同下垫面(城、郊)的 p 值,然后代回指数律公式,即可求得低空任意高度的平均风速。

三、城市风场对人类活动的影响

1. 风的作用

城市大气污染既与风向有关,又受风速的影响。风向决定污染物输送的方向,即规定了污染方位。风速平流输送、扩散稀释,决定污染物扩散稀释的速率。风向、风速不同,污染物的输送方向和稀释程度也不同。为了建设良好的城市生态环境,避免大量污染物向市区扩散、集聚,减少污染物对居民健康的影响,在城市规划中应十分注意风的作用。布局城市、安排工业区、居住区都要考虑城市的扩散稀释能力,首先是城市的风场特征,包括大范围的盛行风和局地环流的影响。

2. 盛行风与城市规划

盛行风是当地最多风向的风。大范围盛行风是影响城市空气污染的重要因子,因为大气污染物离源后通常以顺风方向向下游输送。所以在城市盛行风向的下风方受污染最严重。朱瑞兆根据我国各地风向频率的年变化,把盛行风划分为5大类型:即季节变化型,主导风向型、双主导风向型、无主导风向型和准静止风型。针对各种风向类型提出城市规划的相应对策。

(1) 季节变化型　　在季风区,风向随季节转换而变化,冬、夏季主导风风向风频相当,但方向相反或接近相反。城市规划布局时要尽量避开冬夏对吹的风向,选择最小风频方向。因为从该方向吹来的风次数最小,无疑污染机会也最小,所以向大气排放污染物质的工厂企业,布局在城市最小风频方位对城市的污染最少;或工业区、居民区并排布局在与盛行风垂直的方向,并用防护林隔离。山区城市建厂选南北走向的谷地。双主导风向型也属此类。

(2) 主导风向型　　主导风向型的地区,全年吹一个风向的风。所以有污染的工厂企业宜布置在主导风向的下风方,居住区置上风方。山区城市选与风向平行的山谷。

(3) 无主导风向型　　无主导风向的地区,全年风向不定,应着重考虑风速。因为污染物浓度与风速成反比,所以有污染的工厂企业宜置于最大平均风速的风向的下风方,或将风向风速同时考虑,这样便提出了污染系数 F_i,某风向风频与该风向平均风速的比,称污染系数。F_i 综合表示某一方向的风向风速对其下风向地区污染影响程度。

污染系数的计算公式为:

$$F_i = \frac{f_i}{u_i}$$

式中:f_i 为 i 方位的风向频率;u_i 为 i 方向的平均风速;F_i 为污染系数,表示来自 i 方位的污染程度;F_i 与风向频率(f_i)成正比,与风速(u_i)成反比。因为此式分子 f_i 是无因次量,而分母 u_i 是有因次的,两者不便于比较,故进而提出各方向的污

染风频 R_i：某方向污染风频，为该方向污染系数与该地总平均风速的乘积。

污染风频的计算公式为：

$$R_i = f_i \times \frac{\bar{u}}{u_i}$$

式中：$\bar{u}$ 为该地的总平均风速，其他符号同上式。此式分子、分母都是无因次量，数值在 0～1 之间。污染风频越大，其下风方受污染越重，求出各风向的污染系数和污染风频，绘制污染风频玫瑰图，据此可直观判断出污染严重的方位。因此，作为污染源的工厂应布设在污染风频最低的方位，则市区受污染的程度就轻；反之，如果把污染源的工厂置于污染风频高的方位，则其下风方的市区将会受到较严重的污染。

(4) 小风、准静止风型　　全年静风频率 50% 以上，年平均风速 1.0m/s 以下，这种类型的地区，为小风或准静止风型区。由于准静止风型的地区，城市无法从污染风频中寻找污染最小的方位，故有污染的工厂企业宜置于卫生防护距离之外，卫生防护距离大小需视企业有害物质的危害程度和扩散稀释条件、地形气象等因素而定，为此需要计算污染源排放污染物的最大落地浓度和这个浓度的着地距离，定出安全区边界，将生活区置于安全区内。亦可按国家规定的《工业卫生防护距离标准》确定。

烟源下风方地面上污染物质最大浓度计算公式为：

$$C_{\max} = \frac{2Q \cdot 10}{\pi \cdot e \cdot \bar{u} \cdot H^2} \cdot \frac{C_Z}{C_y}$$

最大浓度出现位置离源距离计算公式为：

$$X_{\max} = \left(\frac{H}{C_Z}\right) 2/2 - n$$

式中：Q 为源强(g/s)；n 为大气稳定度参数；H 为烟囱有效高度(m)；C_Z，C_y 为扩散系数；$\bar{u}$ 为平均风速(m/s)。

根据长期平均浓度公式，求解最小污染浓度的方向，或根据最大落地浓度公式，求出污染源排放污染物质在地上的最大浓度和这个浓度的着地距离，定出安全边界，生活居住区布置在卫生防护距离之外(安全区)。但这些计算不但需要有风向、风速的观测资料，还需要有扩散系数、大气稳定度参数、烟囱高度、排烟参数和烟气排放量等资料，一般这些资料不容易得到，而且计算繁杂，工作量甚大。目前我国已定出 12 类工业企业卫生防护距离，距离大小要视企业有害物质的危害程度和地形、气象条件等因素而定。

3. 局地环流与城市规划

局地环流有三种类型。一种是城市所在区域的局地环流，例如海陆风、山谷风等；二是城乡热力场的差异所形成的城市热岛环流，又称“城市风”或“乡风”；三是城市内建筑物与街道受热不均匀所产生的小环流，又称“街道风”，或由于建筑物对气流的机械阻障作用而使气流发生改变。这些局地环流对城市大气污染物浓度也会产生影响。有些地方局地环流显著,城市规划时也应给予考虑。

(1) 海陆风、山谷风的影响　沿海(沿湖、沿河)城市,海陆风或湖陆风显著,风向以日为周期有规律地交替,白天吹海风,夜间吹陆风。因此,城市规划布局应将工厂企业和居住区均平行海岸(垂直海陆风方向)布置,污染机会最小。山区城市,山谷风显著,风向也以日为周期有规律地交替,白天吹谷风,夜晚吹山风,城市规划时,不但要考虑山谷的方向,而且还要考虑谷风大于山风的特点。工厂在白天排放污染较多,白天谷风大些,而且白天山谷逆温被破坏,有利于污染物的输送。故工厂可置谷风的上风方向,居住区置下风方向,受污染仍较小。如果城市处于季风区,有污染的工厂企业宜置于与季风风向一致的南北走向谷地,使风速加大,有利于污染扩散;若城市处于主导风型区,则选与当地主导风向平行的山谷布置有污染的工厂企业,以利于通风。

(2) 热岛环流的影响　由于城市热岛环流的存在,气流从四周郊区向市区辐合、上升,一方面携带污染物进入市区,使郊区工厂排出的污染物向市区汇集。另一方面由于干湿沉降作用,污染物的垂直输送常小于热岛内空气的上升速度,即上升气流顶托,干湿沉降作用慢,污染物停留低空,加重城市污染。再者,城市夜间由于有浅薄的不稳定层结存在,微弱的对流容易把污染物质带到地面,使城市夜间污染物浓度较高。所以要规划建设环城防护林带。

(3) 局地气流的影响　气流翻越高大建筑物时,在背风面下沉,风速减小,产生涡流,阻碍污染物扩散,加剧城市局地污染;建筑物背风面发生空气下泄时,易产生近地面严重污染,尤其烟囱较低时。故城市规划要设计高烟囱排放,建筑物与高大烟囱之间距离位置布局要合理。再加上城市街道风造成的热力小环流,这些都会使城市局地污染浓度增大。城市规划时也需给予考虑,采取相应的防护措施。

第五节　城市主要气象灾害及防御

1979年世界气候大会公布,自然灾害所带来的损失75%和气象灾害有关。气象灾害占我国自然灾害总损失的90%。而气象灾害中又以暴雨、大风灾害最常见。

一、城市暴雨灾害

1. 暴雨对城市生态环境的影响

降水是地表水、地下水的补给来源,但暴雨强度大往往造成江河水位陡涨、河堤决口、库塘垮坝、洪水泛滥和地面一时积水排泄不畅而致灾。在人口稠密的工业区和城市受到的暴雨洪涝影响更大,损失更惨重,城市生态环境往往受破坏。如因为洪水冲毁铁路、公路、桥梁、涵洞，高压线杆，使交通受阻，通信中断。城市进水，工厂、仓库、商店、民房遭受水浸，企业因水浸而停工停产，城市基础设施、供电、供水、供气设施、公交设施被水冲毁破坏，郊区菜田被淹，蔬菜失收。暴雨携带沙石杂物冲入排水沟渠，堵塞城市排水管渠和行洪道，引发城市水浸街，给居民生产生活和生命财产造成损失，严重时甚至引发疫病传播。

2. 城市暴雨致灾原因

(1) 自然因素　暴雨是造成城市洪涝的首要原因。我国城市绝大部分分布在东部季区气候区，这里降水量集中在夏季，常常形成暴雨。例如广州多年平均降水量 82% 集中在夏半年(4～9 月)，冬半年(3～10 月)降水只占全年的 18%。城市沿江沿河分布，地势低洼，易内涝积水。

(2) 人为因素　城市的“热岛效应”和“雨岛效应”，有加剧暴雨的作用。由于城市具有大面积不透水的下垫面，使雨水迅速汇聚形成径流。城市排水设施不足，雨水一时排泄不畅，便造成低洼地区内涝积水，水浸街现象。

(3) 上游流域暴雨的影响　上游流域暴雨，使下游城市江河暴涨，如果堤围标准不高，也会酿成灾害。

3. 城市暴雨灾害案例

城市暴雨灾害是一种比较普遍的现象，很多城市都有出现，尤其是降水量集中的季风气候区城市。以广州市为例，广州市暴雨日数平均(1908～1990)每年可出现 5.9 天。80 年间，广州共出现暴雨 468 天，其中日降雨量 50～99.9mm 的普通暴雨 394 天，日降雨量 100～199.9mm 的大暴雨日数 68 天，日降雨量≥200mm 的特大暴雨日数 6 天，特大暴雨机率为 7.5%，重现期 13.3，即 13～14 年出现一次 200mm 以上的特大暴雨。值得提出的是这 6 次特大暴雨除一次出现在解放前的 1936 年之外，其余 5 次均出现在解放后的 40 年间，相当于近 40 年广州出现特大暴雨的机率为 12.5%，重现期为 8，即每隔 8 年出现一次 200mm 以上的特大暴雨，比解放前的 40 年增大了 5 倍；普通暴雨出现的机率也是后 40 年(260 天)比前 40 年(192 天)增多了 35%。广州累年一日最大降水量为 284.9mm(出现在 1955 年 6 月 6 日)，累年次大一日降水量为 275.1mm(出现在 1936 年 6 月 1 日)。以广州市 80 年代以来的几次特大暴雨来说，1983 年 6 月 17 日，日降雨 210.9mm，北面磨刀坑，金钟等 7 个水库溢洪，淹没郊区农田 4 万多亩，广从公路 6 处受淹，广州以北的长途汽车全部停开，市内一些低洼地区的房屋、仓库、厂房街道被水浸；1989 年 5 月 16 日，日降雨量 213.3mm，时值天文大潮、暴潮涌入广州，广州沿江路多次被浸，水深 1.5m，海珠区数百房屋被浸，水深 60～40cm。越秀区十多条街水深 40～80cm，东山区有些地方水深 1.5m，黄浦区 3 条堤缺口，2km 长漫顶，淹没农田 1200 亩。一些街区水浸超过 72 小时，单保险公司赔偿金额便超过 1000 万元。1993 年 9 月 26 日，日降雨 93.2mm，市内多处水浸街，一些地方水深达 1.5m，导致市内大北路、环市东路、广州大道、新市、豪贤路、天河路、一德路等许多路段车辆熄火，严重塞车，交通陷于瘫痪，影响生产和生活。

1994年7月下旬，特大暴雨袭击珠江三角洲，深圳市连续7天下暴雨，21～22日，24小时降雨308.1mm，36小时降雨610mm，市内主干道积水水深平均1m，最深2.5m，电话一度中断，交通瘫痪；珠海市暴雨中心8小时降雨540.5mm，44个主要路口被水淹没，部分路面积水1.3m，交通严重受阻；香港22日凌晨至24日午时整，连续降雨500～600mm，大帽山降雨1100mm。造成山泥倾泻事故400多宗，西环塌坡1600m^2，活埋路人6人，3死3伤。城市主要街道遭水浸。7月23日，银行停止营业，法院停止审讯，医院停止门诊，出入境事务处停止办公，生死结婚注册全部停止。全市社会经济活动一度陷于瘫痪。澳门也出现多次街道被水浸，车辆在水中抛锚，来往港澳的直升飞机停航，半个澳门陷入瘫痪。可见暴雨给城市带来严重的灾害，数不胜数。

城市洪涝，一种是由本地暴雨引起的，另一种是上游流域暴雨引发下游城市水灾引起的。例如1915年6月上旬，珠江流域上游连续降暴雨，适逢大潮顶托。西江、北江、绥江三江水位同时暴涨，堤围溃决，洪水直泄广州城。广州城区水浸七日七夜，水深1.5m，有些地方达3m，死亡数百人，直接经济损失30亿，酿成震惊中外的广州乙卯年大水灾。据研究，我国有100多个大中城市的高程在江河洪水位之下，这里分布着全国50%的人口，70%的工农业总产值。是防暴雨洪涝的重点区。

4. 我国城市暴雨洪涝灾害类型

我国幅员辽阔，地形复杂，城市广布。从低纬到高纬，从沿海到内陆，从山区到平原都有城市分布。在我国现有的数百座城市中，约2/3受到暴雨洪涝灾害威胁，城市所在地的地理条件不同，暴雨洪涝表现形式各异，类型繁多。

海滨城市：全国70%以上的城市，分布在沿海地带。建于海滨的城市，由于地面沉降，引起海水倒灌，往往形成内涝，台风、暴潮、海啸也常伴暴雨威胁城市。

湖滨城市：建于湖滨的城市，汛期湖水位高涨时，受湖水顶托，城市排水困难，暴雨形成的地面径流倒流淹浸城市低洼地区。

沿河城市：建于大江大河沿岸的城市，如果江河水位较高，城市排水困难，常会形成内涝，一旦江河决堤，城市将遭受洪水围困。

山区城市：一般建于山口冲积扇或山麓地带，在降暴雨时，因冲刷、渗透，地面侵蚀等作用，易产生崩塌、滑坡、泥石流灾害。

洼地城市：建于低洼地区的城市，若城市排水设施不足，排水条件差，则极易造成内涝积水灾害。而在有洪涝灾患的城市当中，防洪排涝设施也多不足。只有20%的城市防洪标准能达到50年一遇以上，而65%以上不能满足20年一遇的标准，一般城镇、县城只能防御10年一遇以下洪水。

暴雨洪涝是一种随机的自然现象，在目前的物质和技术条件下不可能避免。而城市工商业发达，市政设施多，易遭水灾，损失巨大，所以要在做好城市防洪规划，详细调查研究城市的具体情况，编制城市洪涝风险图，采取有关工程措施的同时,也要做好城市上游广大地区的防洪工作,以达到标本兼治的目的。

二、城市大风灾害

世界著名的风工程专家 A. G. Davenport 依据联合国的统计分析指出:约 50% 以上的自然灾害与风相关。气象部门将瞬时风速≥17.2m/s(8 级风力)的风称大风。按蒲氏风级,8 级大风在海上能掀起 6m 高的巨浪,渔船要回港避风,在陆上可折断树枝,人迎风前行感觉阻力甚大。大风对工农业生产都有影响,全世界每年因风灾导致数万人丧生,和数十亿美元的经济损失。其破坏程度因风力大小和抗风害的技术水平而异。在城市,大风主要是摧毁建筑物,吹断刮倒电杆、电线、电缆等供电通信设施,毁坏桥梁道路,导致交通、通信中断;吹倒城市行道树,广告牌,破坏城市绿化,阻塞交通,压坏附近的房屋和电线网;吹落阳台的花盆杂物砸伤行人,毁坏城市各种设施,甚至造成巨大的人身伤亡事故。发生在海上的大风还引起风暴潮,侵袭沿海城市,使城市遭受各种形式的破坏,造成经济损失,破坏城市生态环境。

我国的大风灾害主要有冬春季的冷空气大风,夏秋的热带风暴大风(包括台风),雷雨、冰雹大风以及龙卷风等。其中以热带风暴大风(台风)影响最大。

1. 热带风暴大风灾害

产生于热带海洋上的气旋性涡旋,称热带气旋。当其中心附近最大风力达 8~9级时,称热带风暴,10~11 级时称强热带风暴,大于 12 级时称台风。

热带气旋常伴有狂风、暴雨、巨浪、洪水、风暴潮,是一种破坏力很强的天气系统,酿成严重的灾害。1949 年 7 月 25 日,台风侵袭上海,造成 1600 人死亡,财产损失数十亿元。我国海岸线长达 1.8 万公里,70% 以上的大中城市、58% 以上的工农业生产总值集中分布在沿海地带,这里不仅人口集中,而且资源、能源集中,常受台风风暴潮的侵袭,灾害强度大,损失惨重。台风有时甚至影响到内地城市,如 1956 年 12 号台风从浙江登陆,然后经江苏、安徽、河南影响到河北和山西。

2. 雷雨大风和龙卷风灾害

雷雨大风、龙卷风都是突发的对流性中小系统,虽然影响范围小、时间短,但其发生突然、来势凶猛,摧毁力强,来不及预防,故其破坏性大,灾情严重。从全球来说,龙卷风主要发生在纬度 20°~50°的国家和地区。全世界每年记录的龙卷风在 1000 次以上,其中美国每年可达 800 次。龙卷风的风速可达 100~200m/s。大城市遭龙卷风袭击,必定造成巨大灾难。1925 年 3 月 18 日,美国一次著名的"三州旋风",死伤近 3000 人,损失 44 万美元。我国龙卷风发生概率虽不如美国高,但东起台湾、西达陕甘、南讫两广、北至漠河均有龙卷风发生。尤以上海最为严重。与世界上龙卷风多发国相比,上海龙卷风发生频数分别为东京的 1.9 倍、芝加哥的 1.3 倍。1986 年 7 月,上海南汇遭龙卷风袭击,造成在 45 分钟之内死亡 25 人,重伤163人，轻伤386人，毁屋4800多间，经济损失2600多万元，平均每分钟损失60万元。据广州府志记载："1878年3月初8辰时，广州大雨雷电，暴风拔木发屋，申时白鹅潭西关河岸猝起烈风，自杉木栏到顺母桥，倒塌房屋1500余间，覆舟数百艘，伤毙人口数百"。1961年8月24日，广州突遭罕见雷雨大风袭击，历时2h，雷雨中夹带一些大似鹅蛋、小如绿豆的冰雹，吹塌房屋133间，打沉大小船只19艘，死5人，重伤58人。1994年6月16日，龙卷风突袭广东南海市，起风时间只有25min，席卷10km，刮倒房屋263间，一些仓库、厂房被夷为平地，12人死亡，270多人受伤。一辆0.6t的轻型货车被卷上一栋房屋2楼平台，另外一辆货车被从平地吹上山坡。城市电力、通信、交通一度中断。

城市风灾主要是建筑物(含构筑物)受风压振动倒塌而致灾。因此，城市防御大风灾害关键是严格按照国家《建筑结构荷载规范》规定的各地区的基本风压值设计和施工。该基本风压值是以空旷平坦地面上，离地10m高，30年一遇的10min平均风速计算所得。因此，在正常情况下，用正规材料，按正常设计和施工的各类建筑物，具有抵御30年一遇的10min平均最大风速侵袭的能力，不会形成风灾。但实际上，城市有些建筑物，未严格按规定的荷载标准设计施工，或一些古老旧房，超过了使用期限，属危房，不能抵御强风的侵袭而致灾。

3. 冷空气大风

积聚在高纬度地区的强冷空气，在特定的天气形势下迅速南下，造成大范围的大风并伴随出现剧烈降温、雨雪、冻害等灾害性天气。例如，1983年4月25日，受强冷空气袭击，渤海、黄海、东海沿海城市都出现了风灾，山东省有679条船翻沉，16人死亡；而东北西部则出现了暴风雪和冻雨灾害。1986年1月3日发生的北京大风，瞬时最大风力达10级，造成城市输电线路被吹断，掉闸事故380起，损失供电93 500kW·h。

我国强冷空气出现次数一般是东北多，华北、西北次之，华南最少。三北地区春季盛行西北气流常出现大风和沙尘暴天气，飞沙走石，天昏地暗，殃及行人，对城市居民户外活动影响甚大。近年来，由于全球气候变暖、变干，以及人类活动破坏植被，使沙尘暴有加剧的趋势。

现代城市，超高层建筑越来越多，超高烟囱、电视塔、输电塔、水塔等也不少，但一些现代高层建筑只按常规标准设计施工，未考虑风随高度增高而增大的变化规律，故未能抵御高空的强风而致灾。所谓树大招风，城市风灾一般也是高层建筑首当其冲(在其他条件相同的情况下)。因此在台风登陆的沿海地区城市，一切工程建设，包括房屋建筑、桥梁、电线杆、通信设施、水库、闸坝、河道堤防、农田排水系统等，凡是新建或改建的，都要按当地规定的最大风速计算荷载，同时必须正规施工和经常性维护，对已有设施则要进行核查、鉴定、加固或更新，特别是居住房屋。对已建的和新建的，都应按抗强风的要求进行鉴定、加固或更新，凡超过使用期限的古老旧房、危房要加以重建改造。尤其是沿海地区的中小城市建设，要严格规划设计,以最大限度减轻台风灾害。

三、城市高温灾害

城市高温灾害常见的是高温引起中暑以及高温和强辐射引起的城市光化学烟雾对人类健康和生命安全的危害。

人类是恒温动物,为了保持体温的恒定,人体通过传导、辐射、对流、蒸发等过程与周围环境不断地进行热量交换。如果环境温度过高,人的工作效率降低,超过了人体的平衡调节能力,使体温持续升高,便会发生中暑。我国中低纬度城市,夏季气候炎热,加上城市气候效应往往出现超过人体承受能力的持续高温引起中暑。例如武汉市 1961 年,1971 年两年,7 月份气温特高,最高气温高于 37℃ 的日数分别为 8 天和 13 天,中暑人数高达 1724 人。1988 年 7 月 20 日,南京、南昌两市因持续高温,死亡人数达 370 多人(蒋维,1992)。高温还引起供水不足,电力紧张,影响工农业生产和城市居民生活,还给经济造成重大损失。

第四章　城市水文及水资源

水是生命之源，是生物圈赖以生存不可缺少的物质之一，是人类社会发展、生物进化的宝贵资源。水是自然界中最活跃的因子，又是生态系统联系的载体。地球上所发生的一切生态过程（物理的、化学的、生物的）都离不开水的参与。生态系统的平衡，营养物质的循环、土地利用的性质、方向以及各种资源的利用均与水有密切关系。水又是城市存在和发展的基本物质条件，世界上几乎所有的历史名城都傍水而建，因水而发展或衰亡。城市缺水不但直接影响工业产值和财政收入，而且更为严重的直接影响城市居民的生活。在建设现代化的文明城市中，水又是净化、美化城市环境，创造城市景观不可缺少的条件。所以在城市生态环境中，水是任何其他物质所不能替代的环境因子和宝贵资源。

第一节　城市水系的基本特征

一、城市化对水系的影响

1. 地面水系人工化

天然的河、湖、塘、池、淀、洼，是自然变迁、新构造运动、气候变化的产物，随着社会的发展，人类的开发活动，特别是城市的开发建设，对河道裁弯取直，修建水库和其他水利设施，以及开辟人工河道。使天然的河流，大部分被闸、坝、堤设防控制，从而改变了地表水的自然分布状态。如北京、天津两市，解放后修建大、中、小型水库 140 多座，上百座水闸，开挖了一系列人工渠道，改变了水系的结构和功能。这些人工河道具有泄洪、排污、输水等专门功能，形成天然河湖与人工沟渠并存、彼此连通，相互影响，受人工整治和高度控制利用的地表水系统。

2. 地下建成排水系统

城市化结果，天然的地面排水系统被人工形成的引导水流的各种不透水通道和地下下水道排水系统所代替和补充，目的是尽快把城市的雨洪排走，保护城市设施免遭洪涝灾害。例如广州市，在珠江广州河段有几十条支涌，在市区的河涌兼有下泄洪水和排污的功能。历史上的地面河涌大部分已演变成地下排水系统。下水道以河涌为单元铺开，与河道呈正交布置，形成网络化的地下排水系统。

二、城市河流的生态环境功能

城市河流作为城市生态环境系统中的一种自然要素,其生态功能多种多样,在城市生态环境建设中有着许多不可替代的重要作用。

1. 城市发展不同时期河流的作用

城市的发生、发展与河流密切相关,在城市发展不同阶段,河流的作用不同。在古代,城市河流主要是为城市提供稳定的水源和肥沃的土地;近代城市阶段,河流除提供水源外,随着水上交通工具的发展,河流成为城市物质运输的重要通道;现代工业化城市阶段,河流成为水源地、动力源、交通运输通道、污染净化场所;当代建设生态城市阶段,河流对城市的作用更加重要,除上述作用之外,更是城市生态建设的主要物质基础、绿地建设的基地、景观多样性的组成、物种多样性的环境、城市交通系统的组成部分、市民亲近自然的场所。此外,还具有减弱城市热岛效应和洪涝灾害、开展自然教育标本等多种作用。

2. 河流在城市生态环境建设中的功能

城市河流对城市的繁荣与衰落,对城市社会经济协调发展有重要意义。城市河流本身所具备的物质静态和动态,为城市生态环境建设提供了一定的基础。

(1) 就近供水的功能　　水在人类生活中是不可缺少的物质条件,许多城市人均用水量 400～500L/d 以上,如此庞大的用水量。从就近河道中吸取,具有投资少、成本低、稳定性高等诸多优势。地下水可作为城市水源,但其安全性、稳定性、经济高效性等方面,都无法与城市河流相比,且城市地下水在很多情况下靠城市河流补给。大量使用地下水还将引起地面沉降,加剧地质与洪涝灾害。远距离调水,供水成本提高。所以河流是城市居民生活和生产就近取水的最佳水源。

(2) 供绿和降温增湿功能　　城市绿地诸多生态功能的发挥与城市河流有关。如城市河流两岸、河心沙洲,为城市绿地建设提供有利的自然条件和物质基础。将河流两岸建成为城市绿带,是城市绿地建设成功的范例。伦敦的泰晤士河、巴黎的塞纳河便是成功的典范。河水的高热容量、流动性以及河流风的流畅性,对减弱城市热岛、缓和冬夏温差具有明显的调节作用。

(3) 提供便捷的交通条件　　城市交通是城市生态建设的重要内容。开发城市河流的水运功能,可以缓解城市交通紧张。城市河流两岸以及城市河流穿市而过的分布格局,大面积的开敞空间,为城市交通建设提供了路基,也是为防止交通线两侧的大气、噪声污染提供了环境容量。许多城市河流两岸的交通线已经成为城市交通主干线。

(4) 提供生物多样性存在的基地　　生物多样性包括自然生境多样性、群落多样性、物种多样性。城市河流及其自然特征(包括物质特性、形态特性、功能特性)本身,是城市景观多样性的组成部分。河流两岸、河漫滩湿地、河心沙洲,适宜多种植物生长和鸟类栖息。河水本身是多种淡水鱼虾等生物的栖息繁衍处所。因此,城市河流是城市生物多样性存在的重要基地。可提供城市景观的多样性。为城市的舒适性、稳定性、可持续性提供一定的基础。

(5) 提供城市居民亲近自然的场所　城市河流的自然特色,对长期生活在单调乏味的人工环境中的城市居民,是难得的自然景观。河水可为城市居民提供各种水上运动形式,如游泳、划船等。河流两岸、河心沙洲的自然景观提供了各种文体娱乐亲近自然的场所。

(6) 提供自然教育课的天然实验室　处在高楼大厦包围之中的城市学校,自然常识课程不得不在人造标本的辅助下呆板地完成。城市河流所具有的自然地理特性、生物特性,可以为学校自然教育提供生动直观的标本和实验室,使课堂上无法讲解的自然知识可以在亲临河流的实践中完成。

三、城市河流的合理开发利用和保护

河流是城市生态环境的重要组成部分,是城市的经络、命脉。城市河流的自然地理规律,是其生态功能发挥的基础。尊重河流的自然规律,维护其地貌、水文特征,保护水质,协调城市建设与河流保护的关系,是实现城市河流生态功能的途径。

(1) 保持河流原来的自然地貌特征　河流形态、河床地貌是河流发育过程中形成的一种自然特征,其过去、现在和将来,严格受河流自然地理发育过程控制。人类开发利用河流资源包括利用河岸地貌资源,必须遵循其自然规律。城市河道的人为改变,会影响城市地表水、地下水的时空分布。如在季节性河道上建设,会加剧城市洪涝灾害;河道束窄会使河流水文特征、泥沙输送、堆积方式发生变化,加剧河道护理难度。因此,维持城市河流地貌形态的本来面目,对城市生态环境的稳定性至关重要。

(2) 维持河流的水文特征　河流水文是河流时序特征,河流的流速、流量的季节变化,与河流两岸居民、农业生产及河流生物的季节变化节律相匹配。河流水文特征人为改变后的状态,与依靠河流而自然形成的生态系统节律不相匹配,其结果直接导致生态环境系统的变化。如上游兴建水库会使河水温度变幅变小,河流流量均化。河流流量均化,会使春季枯水季节出露的沙洲变小或消失,候鸟失去栖息地,许多原来依靠洪水生存的大片林地枯死,而原来河水季节性水量变化所抑制的许多有害生物物种,却在较少变化的环境中爆发,直接导致城市生态环境系统的改变,影响城市生产、生活与环境质量。

(3) 保持河流水质清洁　城市河流的生态功能,在很大程度上是依靠河流水质的清洁作用来实现的。由于城市化进程加快,城市河流的水污染强度加大,类型复杂。据统计,中国 80% 的城市河流受到污染,许多大江大河的城市段已经达不到Ⅲ类水水质标准,鱼虾等生物基本绝迹。河流水的颜色、气味均有不同程度的恶化，部分河流甚至成为污水通道。城市景观质量下降，生物多样性消失，意味着城市河流生态功能下降，对城市生态环境将产生严重影响。因此要控制城市河流水污染，保护良好水质。

（4）合理开发利用　　流经城市的河流同时具有供水、排污、通航、风景、娱乐等多个功能。城市规划建设既要充分开发城市河流的各项生态功能，使其更好地为城市发展服务，更要尊重城市河流的自然规律，对河流进行适当的功能定位，协调各类功能，保护城市河流水质，使其能可持续利用。城市一般位于河流的中下游或支流入注主流的河口，当河流穿城而过时，一般上游水质较好，开发为水源要注意保护；中游是承纳城市废污水的河段，可适当开发航运、养殖；下游水质较差，尤其是无污水处理厂的城市，不宜作供水水源。选作水源时，必将因水源污染而加大对水厂或取水点的投资。开发水产养殖必须重视城市污水对养殖的影响。如果污染严重，加上市政建设落后，则作为风景便会失去感观意义而达不到应有的效果。因此要作景观生态治理。

第二节　城市化的水文效应

城市化最主要的特征是人口、产业、物业向城市集中，城市人口增加，土地利用性质改变，建筑物增多，道路铺装，不透水面积增大，河道整治，排水管网建设等，直接改变了地面雨洪径流形成条件。随着工业化、都市化的推进，人类对自然的干扰加剧，城市水文现象受人类活动的强烈影响而发生明显的变化。城市社会经济发展对水的需求量增大，排放废污水增多。从而对水的流动、循环、分布，水的物理化学性质以及水与环境的相互关系，产生了各种各样的影响。

一、城市化对水分循环过程的影响

水分的蒸发、凝结、降落（降雨）、输送（径流）循环往复运动过程，称水分循环。天然流域地表具有良好的透水性，雨水降落时，一部分被植物截留蒸发，一部分降落地面填洼，一部分下渗到地下，补给地下水，一部分涵养在地下水位以上的土壤孔隙内，其余部分产生地表径流，汇入受纳水体。据北美洲安大略环境部资料，都市化前，天然流域的蒸发量占降水量的40%，入渗地下水量占50%。都市化后，由于人类活动的影响，天然流域被开发、植被受破坏，土地利用状况改变，自然景观受到深刻的改造，混凝土建筑、柏油马路、工厂区、商业区、住宅区、运动场、停车场、街道等不透水地面大量增加，使城市的水文循环状况发生了变化。降水量增多，但降水渗入地下的部分减少，只占降水量的32%，填洼量减少，蒸发减少为25%。而产生地面径流的部分增大，由地表排入地下水道的地表径流量为43%，如图4-1所示，这种变化随着城市化的发展，不透水面积率的增大而增大。下垫面不透水面积的百分比愈大，其贮存水量愈小，地面径流越大。

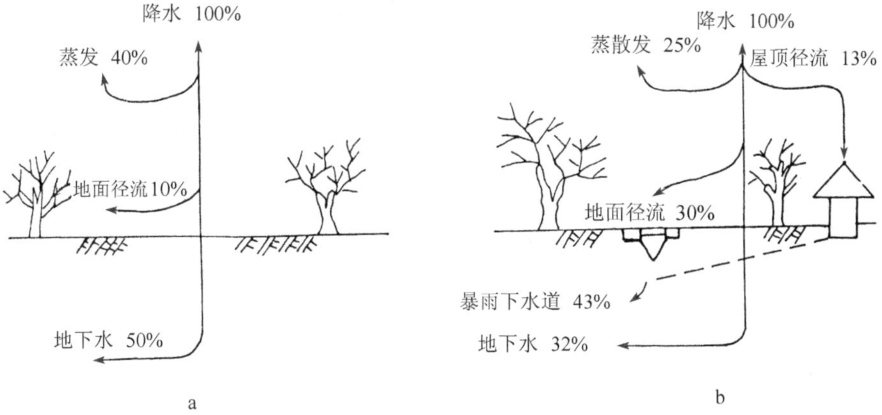

图 4-1　城市化前(a)后(b)水分循环的变化

二、城市化对水量平衡的影响

根据物质不灭定律，任何一个区域（或流域）在任一时段内输入水量与输出水量的差值，恰巧是该时段区域内贮水量的变化，三者之和称水量平衡。

（1）流域水量平衡方程式为：

$$\Delta W = (P + R + G) - (E_1 + E_2 + R_1 + G_1 + S)$$

式中：P 为降水量；R，R_1 分别为地表径流流入与流出量；G，G_1 分别为地下提取与渗入地下水量；E_1，E_2 分别为地表蒸发和植物蒸腾水量；S 为生态系统组分内贮水量；ΔW 为时段内区域贮水量变化。

（2）城市水量平衡方程式为：

$$\Delta W = (P + R + G + T) - (E_1 + E_2 + R_1 + G_1 + S + T_1)$$

式中：T 为上水管道输入水量；T_1 为下水管道输出水量；其他符号同上式。

可见，在城市化地区的水量平衡中，不仅包括天然水循环，而且还包括人工控制的上下水管道中的水循环（T，T_1）。城市化对上述公式中各项都会产生影响，从而改变了城市地区的水文特征。首先在输入项中，城市化对大气降水（P）的影响比较明显。前已述及，城市地区年降水量一般比农村地区多 5%～15%，雷暴雨多 10%～15%，地表水流入量除径流流入量（R）外，还有上水管道进水量（T）。此项有时可高达降水量的数倍以上。城市中地下水的提水量（G）也是比较高的，特别是在一些缺水的城市中。在输出项中，城市地下水位低，地下径流和土壤含水量减少，地表干燥，可供蒸发的水量少，加之植被少、风速小，蒸发和蒸腾（E_1，E_2）都比乡村少，下渗量（G_1）也相应减少。由于城市耗水量一般比较大，径流流出量

(R_1)比郊区小,增加了人工下水管道的出水量(T_1)。表 4-1 为北京城市中心区与郊区水量特征值的对比。可见,城市地区的降水量、径流总量、地表径流量及地表径流系数均大于周围郊区,而蒸发量、地下径流量及地下径流系数均小于周围郊区。

表 4-1　北京城市中心区与郊区水量特征值比较

地区	降水量/mm	径流总量/mm	地表径流/mm	地下径流/mm	蒸发量/mm	地表径流系数	地下径流系数
城中心区	675	405	337	68	270	0.50	0.10
城外平原	644.5	267	96	171	377	0.15	0.26

注:据杨凯等,1993 年。

三、城市化对河流水文性质的影响

河流水文性质包括水位、断面、流速、流量、径流系数、洪峰、历时、水质、水温、泥沙等。城市化对河流水文性质的影响是多方面的。

(1) 流量增加,流速加大　　城市化不但降水量增加,雷暴雨增多,而且由于不透水地面多,植被稀少,降水的下渗量、蒸发量减少,增加了有效雨量(指形成径流的雨量),使地表径流量增加。城市化对天然河道进行改造和治理,天然河道被裁弯取直,疏浚整治,设置道路边沟,雨水管网,排洪沟渠等,增加了河道汇流的水力学效应。雨水迅速变为径流,使河流流速增大。河道被挤占、束窄,也使流速加大。

(2) 径流系数增大　　径流系数是指某段时间内径流深与降水量之比。表示降水量用于形成径流的有效雨量。径流系数增大,表示城市降水量用于形成径流的有效雨量多,蒸发渗漏少。据北京市研究,郊区大雨的径流系数为 0.2 以下,而城区大雨径流系数一般为 0.4～0.5。地表流动部分水量增加,对城区河流或排水沟渠的压力加大。

(3) 洪峰增高,峰现提前,历时缩短　　由于城市化,流量增加,流速加大,集流时间加快,汇流过程历时缩短,城市雨洪径流增加,流量曲线急升急降,峰值增大,出现时间提前(图 4-2)。同时由于地面不透水面积增大,下渗减少,故雨停之后,补给退水过程的水量也减少,使得整个洪水过程线底宽较窄,增加了产生迅猛洪水的可能性。城市排水管道的铺设,自然河道格局变化,排水管道密度大,以及涵洞化排水,排水速度快,使水向排水管网中的输送更为迅速,雨水迅速变为径流,必然引起峰值流量的增大,洪流曲线急升急降,峰值出现时间提前。据研究,城市化地区洪峰流量约为城市化前的 3 倍,涨峰历时缩短 1/3,暴雨径流的洪峰流量预期可达未开发流域的 2～4 倍。这取决于河道整治情况和城市的不透水面积率及排水设施等。随着城市化面积的扩大这种现象也日益显著。如果因城市化而又有城市雨岛效应,则洪水涨落曲线更为陡急。

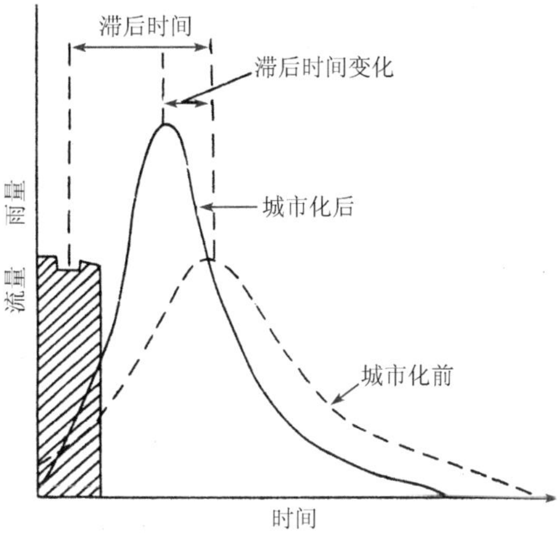

图 4-2 城市化前后流量过程线的变化

如果河道被挤占,洪水时过水河道缩窄,故洪水频率增加。有人估计过,无控制的利用河滩地和扩大城市不透水面积,百年一遇的洪水可增加 6 倍。比如北京市在 20 世纪 50 年代,连续降雨 100mm,排水河道通惠河的出口流量为每秒 $40m^3$,而 80 年代则为每秒 $80m^3$(吕明强等,1993)。据 Stall 等(1970)对美国伊利诺伊州(Illinois)东中部不同城市化程度(不透水面积所占的百分比)地区,对溪流排水量速度所作的观测研究指出,随着城市化的级别升高,其不透水地面所占全区面积的百分比也愈大,雨水向下渗透量愈小,地表径流量愈集中,溪流排水量洪峰愈高(表 4-2)。

(4) 径流污染负荷增加　　城市发展,大量工业废水、生活污水排放进入地表径流。这些废污水富含金属、重金属、有机污染物、放射性污染物、细菌、病毒等,污染水体。城市地面、屋顶、大气中积聚的污染物质,被雨水冲洗带入河流,而城市河流流速的增大,不仅加大了悬浮固体和污染物的输送量,还加剧了地面、河床冲刷,使径流中悬浮固体和污染物含量增加,水质恶化。无雨时(枯水期),径流量减少,污染物浓度增大;暴雨时(汛期),河流流速增大,加大了悬浮固体和污染物的输送量,也加剧了河床冲刷,使下游污染物荷载量明显增加。据美国检测资料,河流水质污染成分 50% 以上来自地表径流,城市下游的水质 82% 受地表径流控制,并受城市污染的影响。据 2001 年环境统计公报,我国废污水排放总量 428.4 亿 t,其中工业废水排放量 200.7 亿 t,城镇生活污水排放量 227.7 亿 t,生活污水处理率只有 18.5%,80% 以上未经处理直接排入水域,使河流污染严重,水质恶化。

表 4-2　伊利诺伊州东中部不同城市化地区对溪流排水速度的影响

城市化程度	不透水面积所占/%	暴雨洪峰再现年限/a	2 小时暴雨最高值	
			降水量/mm	溪流排水速度/(m/s)
郊区农村	3	2	43.2	4.1
		10		6.9
		50		12.5
		100		32.4
1/3 郊区 2/3 城市化	25	2	53.3	8.7
		10		16.3
		50		17.3
		100		45.3
全部城市化	50	2	80.0	14.4
		10		16.6
		50		23.2
		100		60.2
高度城市化	75	2	91.4	18.0
		10		21.0
		50		26.3
		100		68.4

此外,城市建设施工期间,大量泥沙被雨水冲洗,使河流泥沙含量增大。工业冷却水排放也会使局部水温升高。

四、城市化对地下水的影响

(1) 地下水水位下降,局部水质变差　　城市不透水区域下渗水量几乎为零,土壤水分补给减少,补给地下含水层的水量减少,致使基流减少,地下水补给来源也随之减少,促使地下水位急剧下降。2001 年度,全国 186 个地下水水位监测站的城市和地区中,62%的城市和地区地下水水位仍在下降,水质总体较好,但局部受到一定程度的点状或面源污染,部分指标超标,主要污染物指标有矿化度、总硬度、硝酸盐、亚硝酸盐、氨氮、铁、锰、氯化物、硫酸盐、氟化物、pH 值等。

(2) 水量平衡失调　　由于城市化、工业化的发展,人口增加,生活水平提高,对水的需求量大增,地表水又受到不同程度的污染,致使供水不足,水资源短缺,于是大量抽取地下水,超过了自然补给能力,使水量平衡失调。

(3) 生态环境恶化　　如果地下水补给不足持续的时间较长,则容易引起地下水含水层的衰竭,造成城区地下水水位持续下降,从而导致地面下沉,引起地基基础破坏,建筑物倾斜、倒塌、沉陷,桥梁、水闸等建筑设施大幅度位移,海水倒灌,城市排水功能下降,容易发生洪涝、干旱灾害,使生态环境恶化。

城市化水文问题参见图 4-3。

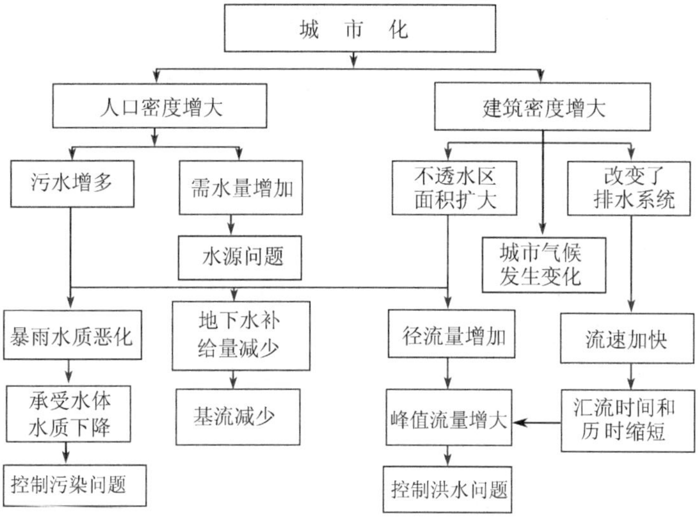

图 4-3 城市化水文问题框图

第三节 城市化地区的雨洪径流

一、城市化地区雨洪径流的计算

径流是水分循环、水量平衡的基本要素,是影响城市生态环境水文及水资源的直接因子。

(一) 城市地面产流过程

截留、蒸发、填洼、下渗是影响产流的主要因素。降水经截留,满足下渗、填洼和蒸发之后,便形成地面漫流,然后汇入水道形成地表径流。满足填洼后产流,称蓄灌产流。满足下渗之后产流,称超渗产流。喀斯特地区有渗漏产流,花岗岩地区常见暴雨产流。下渗入土壤中的雨水在超过土壤持水能力时,在土壤中继续向下运动,为壤中流。

天然流域由于壤中流比地面径流流动慢,所以壤中流汇入河道的时间较长,产流缓慢。随着流域从自然景观向城市景观的转化,城市化流域,不透水面积率增大,雨水因填洼下渗减少。当地面 100% 为不透水面积时,填洼下渗甚至减少为零。城市植被少,蒸发减少,更多的雨水直接变为径流,使地表径流产生较快。

由于城市地面滞水量减少,汇流是从屋顶、路面和一些铺砌面上产生的面流,进入人工砌筑的边沟、渠道,再汇入下水道系统或受纳水体,汇流渠道化。这与天然流域的壤中流有较大的区别,所有的超渗雨很快汇聚,产生径流,所以流量大,洪峰高。

（二）城市化地区年径流总量的理论分析

根据上述天然流域水量平衡方程式和城市水量平衡方程式的对比可知：城市地区年总降雨量比非城市化地区偏高 5%～10%，有时甚至高达 30%。由于热岛效应，城市蒸发力可能较强，然而由于汇流迅速和不透水的干燥地面，城区可供蒸发的水量甚少，蒸发量少，故城市地区的年径流总量比同一地区自然条件下的年径流总量大。一般情况下，在年径流量和水流情势主要取决于降水量的地区，城市的年径流可能是天然流域的 2～2.5 倍（朱元甡，1991），如果包括城市供水系统抽取的深层地下水或从外流域引进水，城市化地区年径流总量会更大。

可见，城市河道年径流量增加的原因是：①城市降水量增加；②城市地表径流系数的增大；③从外流域引水或抽取地下水。而城市河道年径流量减少的原因是：①下水道排水直接入海或输送到城市边界以外；②用水系统等引起的水量损失；③城市化引起的蒸发量增加，但一般此项影响甚微。

城市化引起的流域河道年径流量的增加，对大流域影响较小，例如对顿河流域的计算，结果认为只增加 0.6%，但对小流域的影响可能较大。据美国环境保护局研究，美国都市化后年径流量变化可用下式计算：

$$AR = (0.15 + 0.75I)P - a(DS)^m$$

$$DS = DS_0 - bI$$

式中：AR 为年径流深；P 为年降水量；I 为不透水率；DS 为平均洼蓄量；a，b，m 为参数；DS_0 为降雨初期洼蓄量。

（三）城市雨洪径流计算方法概述

1. 城市雨洪径流计算的特点

城市排水系统设计需要了解城市雨洪的汇流特性，城市由于不透水面积所占比例很大，以及下水管道汇流等，致使城市地区雨洪径流的计算方法有其特殊性。城市降雨的径流过程，依水流方式可分为地表径流和下水道传输两种过程。一方面城市地区的产流计算着重于地表径流部分，对壤中流等成分可以不予考虑；另一方面把地下径流当作损失来处理。因为城市雨洪过程绝大部分为地面流，基流很小，过程线历时短，涨落幅度大。

城市雨洪过程汇流计算包括城市化流域以及城市个别河段、河网式排水管路网络等系统的汇流计算。雨洪过程汇流计算的方法，通常有水动力学方法和水文学方法。雨洪汇流计算的水文学方法是采用系统分析的途径，依据输入和输出过程的实测资料来分析各个具体流域的汇流特性，即分析流域系统的输入（净雨过程）、输出（出流流量过程）和流域系统的汇流特性。由于城市地区往往不具备足够的实测资料，因而常用一些传统的水文学计算方法，如等流时线法、时段单位线法、综合单位线法等。

2. 设计暴雨强度计算

城市径流量峰值速度视降水强度、地表性质及流域集水面积等而异。我国城镇建设给排水规范(上),雨水设计流量按下列公式计算:

$$Q=q\psi F$$

式中:Q 为雨水设计流量(L/s);q 为设计暴雨强度[L/(s·hm^2)];ψ 为径流系数;F 为汇水面积(hm^2)。径流系数按表4-3选用;汇水面积的平均径流系数按地面种类加权平均计算;区域的综合径流系数,市区取0.5~0.8,郊区取0.4~0.6。

表4-3 径流系数

地面种类	各种屋面混凝土沥青路面	级配碎石路面	干砌砖石和碎石路面	非铺砌土路面	公园或绿地	大块石铺砌路面和沥青处理碎石路面
径流系数 ψ	0.90	0.45	0.40	0.30	0.15	0.60

注:据城镇建设常用规范集(1),1993年。

设计暴雨强度按下式计算:$q=\dfrac{167A_1(1+C\lg P)}{(t+b)^n}$

式中:q 为设计暴雨强度[L/(s·hm^2)];t 为降雨历时(min);P 为设计暴雨重现期(a);A_1,C,n,b 为参数,根据统计方法进行计算确定。

3. 径流高峰滞后时间计算

在降水达到最高峰时径流高峰出现的滞后时间,是流域平均坡度 S 和流域长度 L 的函数,这可用流域比值 rb 表示($rb=L/S$)。当 rb 变小时则滞后时间也变小,由于城市化后,排水系统都是尽量距离短而增大坡度,使排水通畅,因而 rb 变小。城市则视河道距离径流排出区的远近 d 和当地坡度 S 而异。根据 Andorsond (1970)在美国北弗吉尼亚的观测研究,总结出的经验公式为:

$$t=f(\lg d/\sqrt{S})$$

式中:t 为径流高峰出现滞后时间。此式适合北弗吉尼亚。对不同地区的城市可以出现不同的情况,需要作长期的观测、分析,才能得出适合所研究地区的有关径流高峰出现滞后时间的计算公式。

4. 城市水文模型

(1) 路面、停车场模型(H. Swinneston,1973)　这个模型是对8个小公路汇水面积(0.1~2hm^2),透水面积(0~50%)的研究得出的不连续降水径流模型。

$$当\ I>0\ 时,Qt=I\left(1-e^{-\frac{\Delta t}{K_1}}\right)+Q_{t-1}\cdot e^{-\frac{\Delta t}{K_1}}$$

$$当\ I=0\ 时,Qt=Q_{t-1}\cdot e^{-\frac{\Delta t}{K_2}}$$

式中:Q_t 为 t 时的流量;I 为 Δt 时的降雨;Q_{t-1}为 $t-1$ 时的流量;K_1 为降雨时段蓄水常数;K_2 为无雨时段蓄水常数。

(2) 屋顶排水模型

$$Q=AI/3600$$

式中：Q 为径流量(L/s)；A 为屋顶面积(m^2)；I 为降雨强度(mm/h)，用5分钟标准历时的降水量强度。

二、城市防洪标准

城市防洪设计标准目前尚无统一的规定。不同城市、不同性质和规模的企业，防洪标准不同。设计时可根据具体条件及实际情况，如城市所处的位置、自然特点、气候、地形条件、雨洪径流的汇水面积大小及已有工程效益等因素综合考虑，并会同有关部门研究制定设计方案。目前我国普遍采用水电部1978年颁布的《水利水电工程水利动能设计规范》(试行)的防洪标准(表4-4)。

用表4-4为洪水设计标准时，通过河道的最大流量不超过河槽的允许容蓄的洪峰流量。在美国，城市洪水防洪设计一般采用重现期为100年一遇标准。

表4-4 城市防洪标准

城市类型	工业区级别	市郊农业/万亩①	设计洪水标准	
			频率/%	重现期/a
重大城市	重大工业区	>500	1～0.33	100～300
重要城市	重要工业区	100～500	2～1	50～100
中等城市	中等工业区	30～100	5～2	20～50
一般城市	一般工业区	<30	10～5	10～20

注：据吕明强等，1992。① 1亩=666.6m^2，下同。

三、城市地面雨洪排水系统

1. 建设雨洪排水系统的原因和目的

城市化由于地面径流量加大，水流流速加快，洪峰流量增加，洪水滞时和历时缩短。易造成城市雨洪灾害，水浸街。为减缓城市雨洪灾害，保证市民安全，需要建设城市雨洪排水系统，其功能是分洪、调蓄和排水，尽快把城市地面的雨洪排走，保护城市免遭洪患。

2. 城市地面雨洪排水系统的组成

现代城市排水系统是人工形成引导水流的各种地面通道，包括路沿、边沟、衬砌的水道、铺砌的停车场、街道等。地下通道包括雨水排水道、污水排水道、合流式排水道等，以及所有附属设备，包括截留水池、蓄水池、下水道的进水口、检查孔、沉淀井、溢流口等，目的是把雨水从降落点输送到受纳水体。这个组合体根据其特性可分为三个子系统：

(1) 地表径流子系统　地表径流子系统一般是指排水系统地面以上部分。在一个小区内，它包括庭院场地、街道、边沟、小下水道。通过雨水井汇集进入地下排水管网。小区的特性可分为：完全没滞蓄能力的不透水面积(如屋顶、沥青或水泥场地路面)，降雨后直接产生径流；存在滞蓄的不透水面积(如庭院场地、街沟、小下水道)和透水面积(如绿地、裸地)。降落到地面的雨水转化为地表径流，然后汇入主要管网。这一过程受地面、边沟、排水沟的调蓄而不断改变。

(2) 传输子系统　各雨水井将地面的雨洪径流及其中的污染物荷载、通过排水沟渠或地下管网，输送到一点或多点排放出去。在传输过程中不断地汇集区间入流或其他支管的入流，使管网中的流量和水质不断发生变化。流量和污染物浓度在输送管网系统中，由于输水系统的蓄水或渠外蓄水流量的入流过程而产生相互作用和水力学特性而不断演进、扩散和衰减。

(3) 受纳水体子系统　河流、湖泊、海洋等都可作为受纳水体。由排污口或合流制排水系统的溢流口所排出的水流及污染物，进入受纳水体后，受到重力和分子力的作用，向四周扩散。受纳水体的水流受地形、流速、风、温度、潮汐等多种因素的综合作用，水文过程比较复杂。

3. 城市地面雨洪排水系统的类型

城市雨洪排水系统可以分为合流制排水系统和分流制排水系统两类。

(1) 合流制排水系统　合流制排水系统是雨洪排水管网与排污管网合并在一起设计，排放口处设有截流设施。无雨的旱季所排入的污水流量小于截流能力，截流送往污水处理厂贮水池，经过处理净化后排放；雨洪时期，通过雨水井汇集大量雨洪径流、排水流量超过截流能力的部分将从溢流口溢出，直接排入受纳水体，同时也将夹带部分污染物进入受纳水体(图 4-4)。

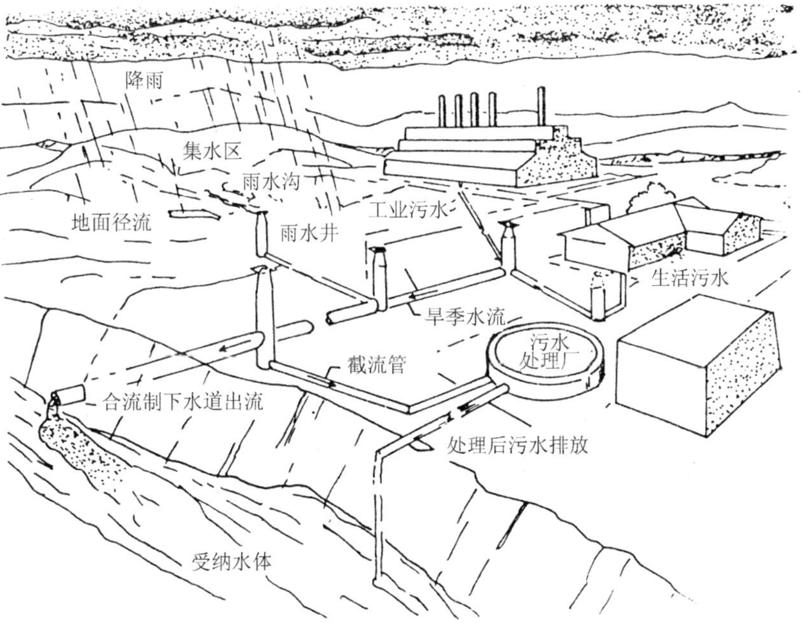

图 4-4　合流制排水系统示意图

(2) 分流制排水系统　分流制排水系统是把污水和雨水分开排放,各自设置一套排水管网。显然,分流制排水系统可以减少受纳水体的污染。但建设费用较高,目前只有在欧美发达国家和一些新建城区采用这种分流制排水系统。

我国绝大多数城市的排水管网都属合流制排水系统,但一些新建城市或新城区也采用分流制排水系统。例如广州市的老城区采用雨污水合流制系统排水,而天河区、芳村区、白云区、黄埔区等新区,则采用雨污分流的排水系统,雨水直排珠江,污水引入污水处理厂处理,污水量按用水量的80%设计,但这类设施尚不普及。随着城市的进一步发展,城市生活污水的排放量将不断增加,雨污分流排水势在必行。

四、城市径流水质污染及防治

(一) 城市径流水质污染

随着城市的发展,人类活动强度加大,城市大量未经处理或处理不充分的废污水排入流经城市的河流,使径流水质恶化。发达国家城市耗费大量资金,采用各种技术措施,减少排放废污水和进行污水处理,取得一定成效。但许多发展中国家城市化地区水污染问题仍十分严重。如印度,全国3119个城镇只有217个有污水处理系统,而其中209个只能处理部分污水。我国城市水质污染也十分严重,据统计,我国有监测的1200多条河流中,已有850多条受到未经处理的生活污水和工业废水的严重污染。2001年度,七大水系监测的752个重点断面中,Ⅰ～Ⅲ类水质占29.5%,Ⅳ类水质占17.7%,Ⅴ类和劣于Ⅴ类水质占52.8%。其中,七大水系干流154个国控断面中,Ⅰ～Ⅲ类水质断面占50.6%,Ⅳ类占26.0%,Ⅴ类和劣于Ⅴ类占23.4%,各水系干流水质好于支流,城市及其附近河段污染严重。城市内湖泊污染严重,杭州西湖Ⅳ类水质。南京玄武湖、武汉东湖和济南大明湖均劣于Ⅴ类水质。

(二) 主要污染源

(1) 点源污染　城市径流污染主要来自工业废水和生活污水的点源排放,我国城市污水总量以每年6.6%的速率递增,其中生活污水排放量增长更快。2001年全国工业和城镇生活废污水排放总量为428.4亿t,其中工业废水排放量200.7亿t,城镇生活污水排放量227.7亿t。废水中化学需氧量(COD)1406.5万t,其中工业废水排放COD量607.5万t,生活污水排放COD量799.0万t。2001年,全国工业废水排放达标率为85.6%,工业用水重复利用率69.6%,城市生活污水处理率为18.5%。

这些废污水是集中在若干地点排入受纳水体,故称其为点源,其污染是在小范围内重复发生,产生的污染物数量随时间变化通常较小,对水质污染最大的时刻发生在小流量的枯水期，由点污染源排放的污染物进入纳污水体的位置比较固定，一般容易监测和控制。

(2) 面源污染　非点污染源是指城市雨洪径流淋洗和冲涮大气和地面各种污染物，这些污染物，来源于广阔的区域，经过很长的地面迁移之后才以分散的形式，间歇性地向纳污水体汇聚，故又称面源污染。非点源污染物又可分为人为的和天然的两大类。前者是指由于人类活动在地表面产生的污染物，如施用化肥、农药，城市街区、建筑工地、露天采矿积聚的灰尘，以及工业废物、生活垃圾等。天然污染物又称背景污染，是指地面上天然存在的污染物，如土壤颗粒、枯枝落叶、动物粪便等，其污染在大范围内连续发生。非点源污染产生的污染物数量随时间变化较大，与各种自然、社会因素有关，对水质影响最大的时刻常发生在暴雨时或暴雨后。由于非点源污染面广、量大、不稳定，故难以找到污染物的确切排放点，不易对污染源进行监测，也不易控制。

（三）防治措施

1. 污水处理

为了使城市径流达到最佳质量，减少对受纳水体的污染，要求工矿企业废水处理达标才能排放。城市生活污水建设城市污水处理厂，集中处理。城市对废污水处理有许多处理系统和方法，概括而言，可分为物理方法、化学方法、生物方法以及土地处理方法。各种处理方法适合的对象和效率各不相同，有一些处理系统同时使用两种或三种类型的处理方法。

因为废污水有多种污染物，没有一种方法能把所有污染物都一下除去，故一般分三级处理：

一级处理(也称预处理，又称简易处理)：是除去飘浮物和部分悬浮物，过滤、沉淀、曝气、化学氧化、调节 pH 值，降低腐蚀程度等。

二级处理(又称生物化学处理)：主要是使用曝气塘、活性污泥法、接触氧化法、高活性污泥法、生物氧化法等。除去大量有机物，使水进一步净化。一般经二级处理后水质大大改善，能除去 90%～95%以上的有机质和固体悬浮物，达到排放标准。

三级处理(又称深度处理或高级处理)：主要采用离子交换、电渗析、粒状活性碳处理等方法。经深度处理后，一般可除去可溶性无机物、氮、磷等以及难以生物降解的有机物、病原微生物、矿物质，达到消除污染。

目前发达国家城市污水处理水平比较高，一般在 90%以上，我国到 1987 年末有城市污水处理厂 73 座，日处理能力 198.8 万 t，城市污水处理率只有 2.78%(邬扬善，1992)，2001 年城市生活污水处理率增加到 18.5%，与国外相比相差尚远。

在城市化程度较高、已建有合流制和分流制下水道系统的城市，从根本上清除雨洪径流的污染物，其可行的办法是建设大规模的城市污水处理厂。例如 1984 年建成投产的天津市纪庄子污水处理厂，日处理能力 26 万 t；1988 年投产的杭州大型污水处理厂,日处理能力 40 万 t,1989 年投产的广州大坦沙污水处理厂,日处理能力 15 万 t,1995 年再扩容到 30 万 t,解决西片的水污染问题,另外再投资 1.3 亿元改造建设猎德污水处理厂,日处理污水 22 万 t,解决城区东片的水污染问题。这两个污水处理厂投产,广州市水环境将有较大的改善。

2. 综合防治

随着人们对生活污水、工业废水等点源污染的控制和处理,使非点源污染问题将更加突出,如美国非点源污染造成的水质问题,占全部水质问题的一半以上(吕明强等,1993)。因此,从根本上改善城市周围受纳水体的水质,必须重视对面源污染的控制。由于面源污染量大、面广、不稳定,给治理带来一定困难,目前最有效的办法是采取综合防治的措施。

(1) 控制污染来源,包括控制大气污染浓度,对集聚地面的污染物在雨水冲洗之前就从地面上清除,即及时清扫街道、储运垃圾。

(2) 植树种草,对裸地进行植物覆盖,保护表土不受侵蚀和截留过滤污染物。

(3) 控制流入下水道系统的污染物,对已被径流冲走的污染物,可在下水道中用沉积法清除。如修建沉淀池、渗漏坑、多孔路面,贮水池和处理污染的建筑物等工程措施。及时清除下水道中沉积的污染物,阻滞和吸附不透水面上所产生的污染物。

第四节　城市水资源系统及管理

一、水资源概述

(一) 城市需水状况

水是生命之源,没有水就没有生命,人类的生命活动和生产活动无一不需要水。人体平均含水分 65%,人体血液含水分 80%,人体减少水分 10% 就会生病,减少 20%～22% 就会死亡。人没有食物可以维持几个星期,但没有水只能维持 2～3 天。健康人每天需要摄入水量 2～5L,卫生需要水 40～50L,城市每人每天需要水量约 400～500L,生活用水低限是 40～50L。一个 100 万人口的城市,每天生活需要水至少(40～50)万 t。农业是最大的淡水用户,主要用于灌溉,每浇灌 $1hm^2$ 土地需要水 $4000～6000m^3$,世界平均农业用水量约占总用水量约 69%。值得注意的是在灌溉过程中水的浪费惊人,浪费水量甚至高达总用水量的 70%～80%。工业用水比农业少,约占总用水量的 23%。工业需要水量大的部门,主要是发电、钢铁、纺织、印染、造纸、石化、化工、机械、食品、橡胶等工业部门。每生产 1t 产品的耗水量分别约是:钢铁,$200m^3$;汽车,$400m^3$;炼铝,$500m^3$;造纸,$700m^3$;合成纤维,$1000m^3$;合成橡胶,$2000m^3$;发电(1000kW·h),$200～500m^3$。每年工业用水量,美国 1000 亿 t,原苏联 800 亿 t 日本 100 亿 t,中国 500 亿 t。各种工业废水还可能造成极为严重的污染。

（二）水资源的特点

水资源一般是指陆地上可不断循环更新的淡水资源，包括地表水、地下水、土壤水。一个国家或地区水资源多少，是以多年平均径流总量为主要指标。其动静特性受多种因素影响。

1. 存在的特点

(1) 循环不息　　自然界中水是以不同的形态（固态、液态、气态）存在，并在一定条件下互相转化，形成了它在自然界中循环往复，生生不息的特性。水是可更新的资源，地表水、地下水被开发利用后，可以得到大气降水的补给。但其水质、水量受多种因素的影响而变化。

(2) 可利用的淡水资源有限　　地球上的水总量约为 $10^{18}m^3$，其中淡水仅占约 3%（$3.5\times10^{16}m^3$），其中绝大部分淡水是以冰川的形态存在，南极占 61.7%，格陵兰占 6.68%，北极占 0.24%，这些水很难被人们利用。存在于湖泊、水库、河流、土壤和浅层地下可为人们开采利用的淡水只占全球总水量的 0.014%，占全部淡水量的 0.5%。因此，可供人类利用的淡水资源量十分有限。

(3) 时空分布不均　　水资源在全球各地分布极不均匀，时间上的分配也不均匀，年际、年内变化很大，给水资源开发利用带来许多困难。以陆地径流而言，全球大陆年径流量 47 000 km^3（表 4-5），其中 55.3% 是以洪水形式回归海洋，11% 流入人口稀少的热带雨林地区。各地区和各国社会经济和科学技术发展水平不同，可资利用的水资源差别很大。目前，印度、中国耗用水量分别达到最大可利用量和安全极限量的 60%。阿拉伯地区 22 个地处沙漠的国家，水资源的利用率已超过 80%，埃及和以色列基本上已使用了可资利用的全部水资源量。严酷的事实告诫人们，水资源并不是取之不尽用之不竭的，水已经成为当今世界一些国家和地区生存和发展的限制因素。

表 4-5　全球陆地年径流量分布

区　域	欧洲	亚洲	非洲	北美洲	南美洲	大洋洲	南极洲	全球大陆
面积/（万 km^2）	1050	4348	3012	2420	1780	895	1398	14 900
径流量/km^3	2970	14 100	4600	8180	12 200	2510	2310	47 000

注：据《世界水资源概论》，1993 年。

2. 利用上的特点

(1) 用途广泛，不可替代　　水资源既是生活资料又是生产资料，在国计民生中用途十分广泛，各行各业都需要水。同时水是一切生物的命脉，它在维持生命和组成环境所需方面是不可替代的。

(2) 既有利又有害　　水是人类的宝贵资源，但在利用上具有两重性。由于降水和径流地区和季节分配不均匀，如洪、涝、干旱等自然灾害。20 世纪 60 年代后期和 70 年代初，非洲撒哈拉地区发生大干旱，造成了大饥荒。1988 年，美国大干旱，影响波及 60% 的县，造成世界性粮食大恐慌。1998 年我国长江中下游和东北大水灾，造成几千亿元人民币的直接经济损失，约伤亡 3000 人。2002 年山东省遭受百年一遇大旱，直接经济损失过千亿。

因此，水既能供开发利用造福人类，又能引发灾害，造成损失。水资源开发利用不当，也会引起人为灾害。如垮坝事故、次生盐碱化、水质污染、环境恶化等。所以对水资源的开发利用既兴利又要除害。

(3) 需求增长快　随着人口增加，人民生活水平的提高，以及工农业生产的发展，需要水量增长速度惊人。1970 年全球需要水总量为 26 000 亿 m^3，2000 年增长到 60 000 亿 m^3，增长了 2.3 倍。我国 1981 年总用水量为 4500 亿 m^3，2000 年增长到 5500 亿 m^3。

(4) 水的浪费严重　由于水资源的时空分布不均，使对水资源的开发利用存在较大的困难。一方面，在多水季节、多水年份或地区，水量大大超出人们最大限度的需要，而不能加以利用，造成水资源浪费；另一方面，就能被人们控制的那部分水资源来说，由于社会经济和科学技术水平等各方面的限制，水资源的利用率不高，综合开发利用较差，造成浪费。尤其农业灌溉用水，浪费水量甚至高达总用水量的 70%～80%。城市工业用水由于管理不善，用水无计划、节水无措施，循环利用率低，浪费也十分严重。

(5) 水污染日益加剧　由于工业废水、生活污水未经处理大量排放，以及农药化肥的大量使用，对河流等水体的污染日益加剧。许多本来可以利用的淡水资源遭到破坏，失去了利用价值，减少了可用水资源，优质水资源日益短缺，水的问题已成为一个严重的社会问题。

据联合国预测，水将成为 21 世纪引起国家和地区争端的环境问题。届时，全世界将有 10 亿多人得不到清洁的饮水，17 亿人缺乏起码的公共用水卫生设施，对城市的影响也将更为严重。

（二）中国水资源状况

中国水资源总量不少，河川年径流量 27 000 亿～28 000 亿 m^3，居世界第 6 位，但人均占有水量仅 2400～2500m^3/a，为世界人均占有量的 1/4，列世界第 110 位。而且我国水资源时空分布极不均匀，南方（长江以南）人均水资源量达 3600 m^3 以上，北方人均水资源量只有 720 m^3，洪涝干旱灾害频繁。可利用水资源量占天然水资源量的比重小，开发利用程度不一（表 4-6）；水污染普遍较严重，全国七大水系近一半河段污染严重，80% 的河流均不同程度地受到污染，10%～20% 丧失使用功能，主要湖泊水质急剧下降；水的浪费现象也十分严重。这些因素的综合结果是，我国可资利用的水资源日益短缺，北方城市普遍缺水，南方城市水质性缺水。

我国已被联合国列为13个水资源贫乏的国家之一。中国水利部预计,到2030年中国的缺水量将达到400～500亿 m^3。

表4-6　中国主要河流水的开发利用程度

河　域	长江	珠江	浙闽诸河	西南诸河	辽河	淮河	黄河	海河	内陆河
开发利用程度/%	16	15	4	<1	68	73	39	67	32

我国31个省、自治区和直辖市中,有一半以上人均占有水量低于全国平均量(图4-5)。国际上认为:人均年水资源量低于1000 m^3,为水资源压力临界值;低于15万 $m^3/(km^2 \cdot a)$,为水资源空间压力临界值。目前我国的辽宁、山西、江苏、河南、山东、河北、北京、上海、天津、宁夏等省市区都已达到此限值。

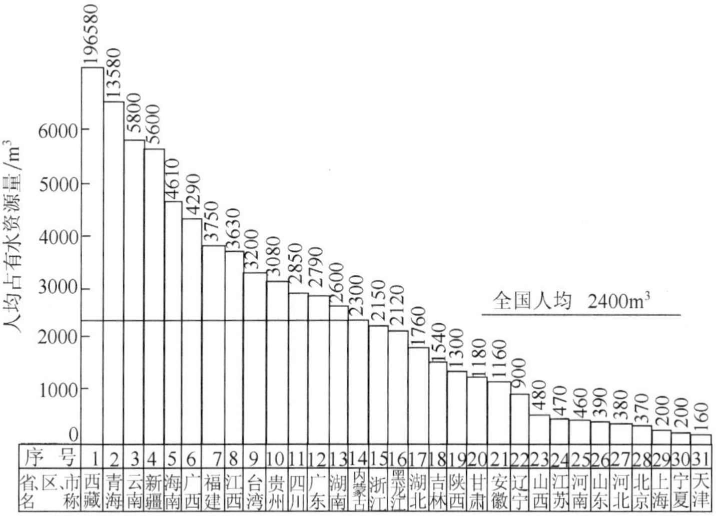

图4-5　全国及各地人均占有水资源量(据张忠祥等,1998)

二、城市水资源

(一)城市水资源问题

水是城市存在和发展的基本物质条件,现代城市每人每天需水量400～500L,一个100万人口的城市,每天生活需水量达40万～50万t。每一个行业、每一种产品都需要一定数量的用水,不少城市工业用水占城市总用水约70%～80%。城市缺水,不但直接影响工业产值和财政收入,而且还影响到市民生活和社会的稳定,从而产生城市水资源问题。

1. 城市水资源问题的主要表现

城市由于人口集中,工业集中,用水集中,水资源问题突出,主要表现是:

(1) 城市用水量激增,水资源短缺　　随着城市化的进程,城市人口增加,经济迅速发展,城市规模越来越大,城市人们居住生活水平提高,耗水量大的新兴工业发展,城市用水量迅速增长(表 4-7,表 4-8)。1900～1985 年,全世界工业用水量增长了 20 倍,城市生活用水增长了 12 倍。缺水现象首先出现在城市,许多地区城市供水日趋紧张、以致发生水荒。

表 4-7　世界城市生活用水量增长状况(亿 t)

年　份	1900	1940	1950	1960	1970	1975	1985	2000
用水量	200	400	600	800	1200	1500	2500	400

表 4-8　我国城镇生活用水量增长状况

年　　份	1949	1957	1965	1980	1985	1987	1990	2000
城市人口/万人	5765	9949	13 045	18 495	21 900	23 400	25 600	30 600
生活用水/(亿 t)	6.3	14.2	18.2	49.0	64.0	69.0	84.0	168
年递增率/%	—	10.6	3.2	6.8	5.5	3.8	7.2	7.2

注:据吕明强,1993 年。

据统计,我国缺水城市约 400 个,严重缺水城市近 50 个。60%城市供水不足,日缺水量 1600 亿 t 以上。北方缺水地区分布着不少大中城市、工矿企业和能源基地,水供需矛盾十分突出。目前我国地表水利用率已达 43%～68%。地下水开发程度也已达 40%～84%。一些城市严重超量开采,引起水位持续下降,漏斗面积不断扩大,直接影响到地下水资源持续利用和生态环境保护(中国 21 世纪议程,1994)。

(2) 城市水质污染严重　　目前我国每日排放的废污水量 1.17 亿 t,主要是城市的工业废水和生活污水,80%未经处理直接排入水域,造成全国 1/3 以上河段受到污染,90%以上城市水域污染严重。近 50%的重点城镇水源地不符合饮用水标准,降低了城市的供水能力。例如广州市 8 个自来水厂有 6 个因水质变坏而搬迁。员村水厂原来日供水量 1600 万 t,占广州供水量的 20%,近年因水质污染而下降到目前日供工业用水 3 万 t,面临关闭危机。南方城市因水污染导致缺水量占这些城市总缺水量的 50%～70%。北方和沿海城市缺水更严重。城市排污量大并且任意排放,不仅污染了供水水源,而且有的水域鱼虾灭绝,水质变黑发臭,危及城市生态环境。

(3) 城市用水不合理　　我国城市水资源利用不合理首先表现在用水浪费严重。在工业用水方面,与国外同行业,同类产品相比较,我国普遍存在产品单位耗水量高,排污量大,水的重复利用率低,用水工艺落后,废污水处理率低等现象。例如我国造1t纸平均排水400～600t,BOD 60～300kg,国外先进水平排水量仅为50～200t,BOD 14～29kg,相差几倍至十几倍,有的甚至相差几十倍。我国工业用水循环利用率平均为20%,生活用水方面,普遍存在设备单位用水量过大,老化坏旧造成的跑、冒、滴、漏损失严重,以及生活用水重复利用率低等不合理现象。

2. 城市水资源问题的实质

城市水资源问题是城市发展到一定阶段的产物。城市发展的初级阶段,水资源充足,水环境容量大,促进城市社会经济的发展;城市继续发展,出现水资源量等于需要水量,水环境容量等于排污量的平衡阶段;城市进一步发展,逐渐水资源量小于需要水量,水环境恶化,进入到水荒阶段,开发水源费用急剧增加,制约经济发展。因此说城市水资源问题的实质是社会经济发展与资源环境的不相协调的结果。

我国水资源总量不少,但由于社会经济发展迅速,人均占有量少,时空分布不均匀。总的来说是南多北少,开发利用难度大,而且开发利用程度是南小北大。建国以来,兴建了大量水资源开发利用工程,年供水量约5000亿t,但是城市缺水依然十分严重。全国有300多个城市缺水,按资源缺水、工程缺水、污染缺水和给水设施不足缺水四种类型划分,前三种占城市总缺水量的70%以上。城市水资源问题是一个综合性问题,需要用系统分析方法研究解决,做好规划,综合利用,统筹兼顾。

(二) 城市水资源系统

1. 城市水资源系统的组成和结构

城市水资源系统是一个庞大复杂的系统,它一般由供水系统、用水系统、处理系统、容纳系统以及水资源管理系统五大部分组成。

(1) 供水系统　为满足城市不同用水目的和要求,必须解决供水问题,建立供水系统。供水系统包括水源、取水工程、输配水工程。城市供水水源一般有两种,一是地表水源,包括江河水、湖泊水、海水等;二是地下水源,包括地下含水层水、裂隙水、岩溶水、泉水等。此外,废污水经处理后的中水也是一种水资源,可广泛用于城市绿化等对水质要求不太高的各个方面。

对于中小城市,或水源条件较好的城市,可以就近取水,输水工程比较简单,而对于大城市或水源条件较差的城市,为了保证城市所需的水量及水质,往往需要远距离取水或跨流域调水,这样城市用水问题的水资源系统就比较复杂。要从一个地区、一个流域的全局出发进行水源规划。

(2) 用水系统　城市用水系统是水资源系统的核心,它包括城市工业用水、城市生活用水、城郊农业用水和城市其他用水等,用水结构极其复杂。供水和排水均是围绕用水而设置。供水率取决于用水方式,排水率不仅与用水方式有关还取决于循环复用率。

(3) 处理系统　包括对天然水进行处理,使其符合城市用水标准的净水工程，以及实行对海水、咸水利用和废污水利用的处理系统。废污水的回收处理再利用也是一种水资源，而且越来越受到人们的重视。

(4) 管理系统　由于城市供水对象的多功能性和多目标性，因而城市水资源系统与人口、经济、环境等因素密切相关。水资源开发程度决定了供水的生产成本和用水的价格，环境的容量又决定水质标准和处理的成本，甚至能否开发利用，为了确保水资源系统的正常合理运行，保证供需平衡，需要通过管理控制系统及时反馈信息，运用政策法令和经济手段进行干预调控，保证城市水资源系统正常，优化运转(图 4-6)。

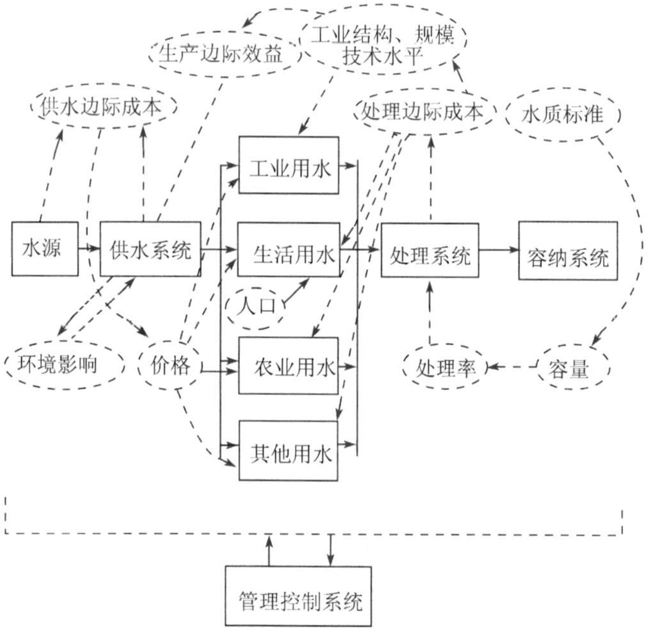

图 4-6　城市水资源系统

2. 城市水资源系统的特征

城市水资源系统与一般水资源系统不同，主要表现在以下几个方面：

(1) 城市用水门类多，用户情况复杂　城市用水包括工业用水、生活用水、郊区农业用水，以及环境美化和绿化等其他用水。

a.工业用水是城市用水的重要组成部分，一般占城市总用水量的 60%～80%，工业用水的特点是用水门类多，环节多，系统庞大，要求又各不相同。城市工业用水的多少与工业发展速度、行业结构、生产水平、工艺过程、节约用水的技术、用水管理措施、供水条件和水资源的多少等因素有关。

b.城市生活用水是指家庭用水、市政设施和商业等城市活动用水。城市生活用水的特点是随着城市人口增加，住房条件改善，公共设施增多，生活水平提高而不断增加。城市生活用水水平与城市规模大小,水源条件,生活水平,生活习惯,气候条件等多种因素有关。世界各地城市生活用水量差别颇大(表 4-9～表 4-11)。据 1995 年资料,我国平均人均生活用水量为 150 L/d,南方各大城市平均为 239 L/d,珠江三角洲城市平均为 344 L/d,广州市区平均为 541 L/d,为全国之最。城市生活用水在城市总用水中所占比重,视各城市具体情况而定。目前我国城市生活用水大约占城市总用水的 15%,而美国生活用水占城市总用水量的 1/3。随着经济的发展,生活水平的提高、城市生活用水所占的比重会越来越大。

表 4-9　世界主要大城市的人均日耗水量

城　市	芝加哥	华盛顿	伯明翰	莫斯科	巴黎	纽约	大阪	东京	伦敦
耗水量/L	800	700	655	600	500	676	600	410	263

表 4-10　我国主要大城市人均日耗水量

北方	城　市	哈尔滨	长春	沈阳	天津	北京	郑州	洛阳	西安	合肥	乌鲁木齐
	耗水量/L	88	88	138	79	196	160	127	132	75	105
南方	城　市	广州	福州	上海	杭州	南京	武汉	长沙	成都	重庆	昆明
	耗水量/L	247	174	185	114	120	145	163	94	101	70

表 4-11　我国一些中小城市人均日耗水量

北方	城　市	牡丹江	锦州	承德	张家口	唐山	抚顺	秦皇岛	保定	邯郸	青岛
	耗水量/L	83	41	32	57	39	65	52	33	94	50
南方	城　市	湛江	三水	岳阳	苏州	无锡	扬州	自贡	南充	泸州	西昌
	耗水量/L	166	100	70	60	62	78	63	50	34	32

c. 城市农业用水包括城市所辖市镇农、林、牧、渔、乡镇企业以及农村居民点的生活用水,其特点是面广、量大、一次性消耗,而且受气候的影响较大,用水季节性强。此外城市农业用水还受作物组成和茬口安排的影响较大,保证率低。

d. 城市其他用水包括河湖环境补水,航运用水,冲淤保港用水,环境冲洗稀释用水等。

(2) 城市供水需求连续性、保证率高　　城市供水时间性、连续性强,不能间断,没有季节性,供水保证率一般要求在 90%以上。如果意外中断供水,不但影响生产,而且会造成城市社会的混乱。

(3) 水质要求高　　城市供水对水质要求较高,尤其是城市生活的炊饮和食品工业用水,科技实验用水等,必须达到国家标准的要求。

(4) 城市用水集中,用水量增长快,节水潜力大　　城市人口集中,工业集中,现代化城市,居住区,商业区,工业区连片开发建设,用水集中,用水量增长速度快。为满足城市用水增长的要求,就要根据本地区的水资源条件,社会经济发展及生态环境保护的需要，制定水资源开发利用规划。修建蓄水工程，调节径流，植树造林，涵养水源，增加径流量，以及改变局地气候，增加降雨量，跨流域调水等增加供水。并进行优化管理，提高用水重复利用率，这样可大大节约用水量。

(5) 城市水资源系统具有开放性　城市水资源系统与外界联系广泛，影响因素众多。城市性质，规模，人口，生产结构，生产水平，土地利用，经济发展，科学技术，环境条件，人的决策管理水平，政治路线，公众参与意识等都与水资源有关。这些因素的影响，使得城市水资源系统复杂化和具有开放性。

(三) 城市水资源供需平衡预测和模型

城市人口增加，经济发展，导致城市需水量越来越大，如果城市供水量不足，势必影响社会经济的发展，影响城市居民的生活和工作，甚至干扰和破坏城市的生态环境，因此，必须解决好城市水量的供需平衡。城市水资源供需平衡是指在城市区域，一定时段内，对某一发展水平年和某一保证率的各部门供水量和需水量平衡关系的计算。

1. 影响城市供需水平衡的主要因素

城市的水资源深受城市所处位置和地理环境的影响，供水条件不同，水资源开发利用的技术条件也不同。城市的性质、规模、人口、政策、管理、科技水平、文化素质等，都是影响城市供需水平衡的重要因素。

(1) 地理环境因素　城市的水资源深受城市所处位置和地理环境的影响。例如广州处于西、北、东三江交汇的下游，且雨量丰沛，径流量大，故水资源十分丰富，而深圳和珠海则邻近海洋，珠江河口河水受潮汐带来盐分影响，大量地表水、地下水受污染成为咸水，供水只靠小河和水库供给。这样供水条件不同，水资源开发利用的技术条件也不同。其次，地理环境对水资源的开发利用也十分重要。例如珠江三角洲一带的城市，处于平坦的冲积平原上，缺少储水的有利地形条件，地下水水质较差，无法利用，深圳则有很多适宜修建小水库的地形，但地下水为贫水地带。如该地区地下水也不足，必须引入邻近地区的水资源，甚至远距离输水。不但增加用水成本，还要考虑输水技术和引起生态环境的变化。一些地区降水量过于集中，旱涝年交替，这些都需要考虑。

(2) 城市社会发展因素　城市的人类社会活动，如城市的性质，规模、人口、政策、管理、科技水平，文化素质等都是影响城市供需水平衡的重要因素。国民经济收入提高，影响到城市建筑形式、绿化程度、生活水平、生活方式和卫生要求，从而直接关系到用水量。人口骤增，旅游、宾馆、酒楼发展，清洁、园林等生活用水量大幅度增加，从而影响到水的供需平衡。

(3) 城市经济和产业结构　城市的产业结构、规模和特点，对用水的需求也不同。每个城市都有它的产业结构、规模和特点，一般工业比农业用水多，据日本统计，大城市工业用水比农业用水多 10 倍以上，工业用水通常视行业类别、产品、制造工艺、技术先进程度等而不同。例如,造纸旧法与现代化的方法用水相差5～8倍以上。行业类别不同用水量也不同。如石油、冶炼、钢铁、纤维、食品、染织等,是多用水型工业,电子、玩具、服装等,是少用水型工业。城郊农业一般蔬菜、塘鱼等需水量也较多。而出口批发百货等则用水量较少。工商业的发展速度也影响城市供需水平衡。

(4) 政策因素　国家和地方的经济政策、产业政策、土地利用政策、农业政策、工业政策、人口政策、环保法规等,特别是水资源保护政策,水资源开发利用政策,节约用水政策等,都影响水资源的供求。为了防止大量浪费水,特别在旱季用水高峰期,如以水的价格作为控制节约用水的标准,根据美国和日本许多城市的调查,认为水价增长1倍,节约水量60%。因而必须考虑这些因素的影响。

因此,在计算城市供需水平衡时,必须统一考虑,综合平衡,包括供水、用水、排水和循环互补。随着城市的发展,水资源的供需关系也在不断变化,所以还要分时期分阶段地进行城市供需水平衡计算。

在城市中,如果由于自然地理环境影响,本区水资源可利用率不高,必须靠邻近区域输水。但城市邻近地区常因城市带动了本地区农业、航运、电力及乡镇企业的发展,也感到水量并不富裕。加上大型蓄水工程仍有许多技术上和调节设计上的种种问题,致使旱季旱年供应城市的水量感到困难,因此,不能仅从某一城市需水考虑,必须在较大范围内进行长远的、综合的、全面的水资源供需平衡规划,才能使城市保证供水。

2. 城市供需水平衡预测和模型

(1) 方法　城市用水部门包括城市生活用水、工业用水、城市郊农业用水、环境、绿化等其他用水,这4个部分合起来便是城市的需水量。城市供水包括蓄水工程、引水工程、提水工程、跨流域调水工程、海水淡化、咸水利用、污水再生等净水工程提供的水合起来的总和。分析对比这两部分水量,达到平衡或供大于求,则满足要求,否则需对供需系统进行调整,达到平衡为止。供水系统的特点是连续性、可靠性、水质需求高、多功能、多目标。需水量预测,必须有预见性,即在预测期内应考虑到人口、工业、农业和国内生产总值的变化,必须有各方面的专业部门进行仔细的估算和预测。

(2) 步骤　城市供需水平衡预测,是制定城市发展规划的重要组成部分,一般是:①分析用水系统,先预测需水量;②在需水的情况下进行供水量预测,分析可供给水资源的数量、质量、污染情况、容纳处理能力等;③如果供水量不足,必须考虑开发水源、扩大水库容量、建设供水工程、优化管理系统、立法保护水源、从外地输水或调整产业结构等,使水量达到供需平衡。

(3) 模型　由于影响供需水平衡的因素很多,要完全考虑所有的因素是不可能的,只能考虑重要因素,一般可用7个方面的模型来估算:①城市经济和产业发展规划模型;②城市总的需水量及供水需水平衡预测模型;③供水总量预测模型;④工业需水量预测模型；⑤郊区农业需水量预测模型；⑥家庭需水量预测模型；⑦城市活动需水量预测模型。

这些模型中，供水量预测模型是作为来水最大可能数量和质量的模型，由于来水量多少影响到整个城市发展规模，所以是主导模型。总的需水量及供水需水平衡预测模型是水资源的总体模型，在这个模型中可以看出整个需水结构和未来水资源的平衡情况，如不平衡时则必须修改模型使之达到平衡，该模型是所有模型的综合。城市经济和产业发展规划模型是城市发展规模的总纲，各个需水模型都要以此作为依据去估算。其他 4 个模型是各项生产和生活中的需水量模型，是总需水量的一部分，供需水平衡模型主要由可供水模型和工业、农业、家庭、城市活动等几个需水子模型组成，计算模式为：

$$W-(W_1+W_2+W_3+W_4+\cdots+W_n)=\Delta W$$

或

$$W-\sum_{i=1}^{n}W_i=\Delta W$$

$$\Delta W \begin{cases} \geqslant 0 & \text{城市供水资源满足} \\ <0 & \text{城市供水资源不满足} \end{cases}$$

式中：W 为可供水总量（万 m^3）；W_1，W_2，W_3，W_4 分别为城市工业、农业、家庭、城市活动等需水量（万 m^3）；W_n 为预计气候变化和其他特殊情况下需水量；ΔW 为应从外区引水量。

通过对各个子模型变化趋势的预测，应用水量平衡方程，进行供需水平衡计算。求得城市水资源供需平衡状况。

三、城市水资源开发利用与管理

水资源开发利用是否合理，对自然环境、城市生态环境影响很大，它不但关系到城市社会经济持续发展，而且还关系到人们的生活和生存。城市水资源利用合理，工农业生产持续发展，社会安定繁荣；水资源利用不合理，城市生态环境恶化，供水日趋紧张。因此，要加强城市水资源的合理开发利用和管理。

（一）主导思想

《中国 21 世纪议程》指出：积极开发利用水资源和实行全面节约用水，以缓解目前存在的城市和农村严重缺水危机，使水资源的开发利用获得最大的经济、社会和环境效益，满足社会、经济发展对水量和水质的日益增长的需求。同时，在维护水资源的水文、生物和化学等方面的自然功能以及维护和改善生态环境的前提下，合理、充分地利用水资源，使得经济建设与水资源保护同步发展。这是城市水资源开发利用与管理的主导思想和基本原则。

（二）目标

满足城市经济、社会持续发展与国土整治对淡水资源的需求以及保护生态环境，具体是：

（1）满足城市生活和工农业可持续用水的需求。

（2）实现水资源、水质和水生态系统的良性循环。

（3）实现地下水开采与补给的平衡。

（4）控制水环境污染，实现水环境功能区水质达标、企业污水水质达标排放。扭转水资源质量退化与枯竭的趋势。

（5）实现污水资源化，循环用水，高效用水。

（三）对策和措施

1. 全面规划，统筹兼顾，综合利用，讲究效益，发挥水资源的多种功能

水资源有多种使用价值，综合利用是水资源利用的特殊方式。城市对水资源的需求又有多个部门和不同的要求。应使同一水资源尽可能满足城市不同部门的不同要求。如满足城市发展的工业用水、家庭生活用水、农业用水、以及防洪、发电、航运、养殖、环境、卫生、泥沙治理等方面的用水要求，取得最大的综合效益。因此，在水利建设中，必须首先有综合的观点，采取综合性措施，兴建多目标的水利工程。如增加湖泊、水库容量，充分利用降水，为均衡利用创造条件。20 世纪 30 年代美国田纳西州河流域的综合开发治理便是一个很好的例子。广东省东江流域综合开发治理也是灌溉、航运、发电和城市用水，包括向香港供水的工程等。水资源的开发利用，涉及许多部门和地区，因此要加强各部门的协作，正确处理需要与可能、远景和近期、经济效益和环境生态效益之间的关系。以经济效益、社会效益、环境效益协调为原则，统筹兼顾，解决城市各方面的用水要求，分清主次，突出重点，合理安排。

2. 依靠科技进步，推广应用新技术，提高城市水资源利用率

（1）加强对输水、配水、节水等水利工程建设和科学管理。

（2）城市工矿企业采取循环用水，一水多用和废污水回用等措施。按行业对用水水质的不同要求，采取循环分质用水，推行一水多用的用水方式，提高水资源的重复利用率。

（3）改革用水工艺、降低单位产品的用水量，促进经济用水，如在冷却用水方面努力提高冷却水的利用率，推行空气冷却和气化冷却，沿海城市发展海水冷却等。

（4）在锅炉用水方面，改造锅炉，改汽暖为水暖。

（5）在洗涤方面，用逆流洗涤、多级对流冲洗、压力喷淋以取代重力漂洗，干洗代替水洗，以及汽雾喷洗等节水工艺。

有条件的工厂，在企业改造时，改用既节水又提高产量和质量的新设备。

工业废水、生活污水成分复杂，含多种有机物和有毒有害物质。对环境水体有很大的污染作用，妨碍人们的身体健康。废污水净化后再用于不同的用途要达到规定的水质要求。根据各部门对废污水再利用的不同水质要求，对废污水按处理程序划分为三级(见前述)。一般经二级处理后水质大大改善，可用于灌溉，有的甚至可用于养鱼，在工业方面可用于冷却水，锅炉补给水，生产工艺水，此外还可用于消防、冲厕、喷洒地面、清扫、娱乐等生活杂用以及人工补给地下水。经三级处理后，达到地面水或工业用水标准。

用生活污水灌溉农业，在世界各国都已有一定的历史。由于城市污水中掺杂大量工业废水、直接用于农业灌溉，会通过食物链积累，给人类造成危害。因此要慎重使用。

3. 开源与节流结合，实行计划用水，节约用水

(1) 节约用水的意义　　我国北方大部分城市，水的供需矛盾十分突出，水资源开发利用程度很高，南方许多城市因水污染也出现了水质性水源危机。进一步开发利用水资源已十分困难，有的城市只能依靠远距离引水和跨流域调水，但这些工程不仅受到时间的限制，更受到人力，物力、财力的限制，远水解不了近渴。况且远距离引水工程技术难度大，所需投资越来越高。因此，对大多数缺水的城市来说，最现实的办法是节水。①从经济效益来说，节水的工程费用比兴建自来水厂和引水、调水工程省得多。以北京市为例，据 1984 年调查，空调冷却节水投资 13.92 元/(m^3·d)，工艺节水投资 101 元/(m^3·d)，田村山水厂投资 335 元/(m^3·d)，水源九厂一期工程投资 730 元/(m^3·d)。从成本考虑，节水最经济。②从环境效益来说，每节约 $1m^3$ 水，就减少将近 $1m^3$ 水的污染源。③从社会效益来说，我国是一个人均水资源拥有量很少的国家，增产节约、增收节支，是我国长期坚持的基本国策，应大力提倡。

(2) 节约用水的措施　　城市节水关键是更新观念习惯，改变生活方式，减少城市生活用水。现代大城市生活用水量占城市用水总量的 5%～25%，有些城市甚至高达 70%。随着城市居民生活水平的提高和居住条件的改善，城市生活用水量的比例还会增大，而且生活用水重复利用率低。因此，节约城市生活用水是城市节水的重要一环。而且城市节水大有潜力可挖，关键是采取措施，如：①加强节水的宣传教育，使人人认识节水的重要性，培养节水意识，养成节水习惯。②加强计划供水的管理，把节约用水与用户的经济利益联系起来。实行定额用水，超定量用水加价收费，以鼓励节约用水，杜绝浪费。③采取现代的节水新技术。如水的循环使用、串联与重复使用、改进用水设备，使用新型节水用具，推广使用节水装置，可节约用水 20%～30%。④家庭分级用水，推广一水多用，提高生活用水的重复使用率。分系统供水，生活饮用水水质要求高，但消耗量少，应单独设置供水系统，保证供给。生活杂用水，水质要求低，但消耗量大，另设供水系统，可用二次水源供给。在大中城市建立中水(水质介于自来水与城市污水之间的水)管道系统,输送通过处理后的生活污水到各用水点,供冲厕、洗车、施工等用。

工业节水是城市节水的主要途径。工业节水措施可分三种类型:技术型、工艺型及管理型。同发达国家相比,我国工业单产用水量和耗水量都比较高,节水大有潜力。通过改革工艺,发展无水或少水工艺技术,分质用水、串联使用、厂际间套用等,提高工业用水重复利用和循环利用水平。调整生产布局与产业结构,发展少耗水的工业;改进取水、贮存、运输方面的技术。减少蒸发、渗漏等损失。

(3) 多渠道开辟水资源　可供开发的水资源渠道主要有:雨水收集及贮存利用;海水利用;城市污水再生利用;跨流域调水;扩大地表水的拦蓄;矿坑水回用;地下水人工回灌调蓄;苦咸水利用等。现就以下几种用水的叙述。

a. 雨水利用:雨水利用是 21 世纪水资源开发的发展趋势,它是经济、实用、不耗能源、无污染的生态保护措施。城市地区雨水集蓄用于城市卫生、消防、备用水源、环境绿化、回灌地下水、水面景观等方面。雨水利用有直接利用,如雨水集流、雨水蓄存、雨养农业、城市雨洪利用、土壤水库利用、地下水库回灌等都是雨水资源的直接利用。人工增雨,是促进雨水转化的水资源开发;流域产流汇集到河流、湖泊、水库、地下水中的水资源为派生资源,即自然集水系统收集到的雨水,是广义雨水资源的一部分。所以雨水利用不但包括雨水的家庭利用,农业利用,也包括水土保持、水源地涵养、城市开源、生态环境改善等利用雨水资源的各个方面。

建设地下水库,汇集、调蓄雨水回灌地下水,是城市水资源合理开发利用的有效途径之一。国外不少城市已实行多年,如以色列降水资源利用率高达 98%。日本、美国都有雨水利用的范例。

实施地表水与地下水联合调蓄,枯水期多用地下水,丰水期多用地表雨水,并采取措施将丰水期的地表雨水人工回灌至地下,既能促使地下水的贮存量,又能解决时空分布不均匀,年际丰枯变化大的问题。

b. 海水的合理利用:不少沿海和海岛城市都严重缺水,但海水资源十分丰富。利用海水替代淡水资源应用于工业和城市某些部门,就显得十分重要。火电与核电、钢铁、化工、石油炼制、建材、纺织、机械等工业部门,都可以用海水替代部分淡水。海水脱盐的副产品还可以作化工原料。香港在火电厂中利用海水代替淡水作冷却水源已有很长的历史。海水淡化既向工业和市场提供了纯净的高质量的用水,又利用了丰富的海水资源,是解决淡水资源短缺的有效途径。而在电厂推广海水淡化更具优越条件:可利用汽轮机的低温低压抽气作为热源,不需要投资建供热设施;可以为发电生产提供所需的大量淡水,降低发电成本。淡化后的海水含盐量低于 5ppm($1ppm = 10^{-6}$),经过高温处理后清洁无菌。以海水蒸馏法制取淡水,只需要在密闭的设备中进行蒸发、冷却两个过程,不会有任何污染,是适合饮用的绿色食品。

c. 城市废污水利用:城市污水是水量稳定、供给可靠的一种潜在水资源。城市污水如不加以净化，随意排放，不但浪费水资源，还污染环境，造成危害。如能除去污染物，改善水质后加以利用，则能除害兴利，取得双重效益。因此，国内外都在积极开展城市污水的净化再生利用，已有大量实际的范例。将单纯净化的城市污水处理厂改建成以污水为原料的再生水制造厂，是其中一个重大工程。污水再生后主要回用于中水道系统、农田灌溉、浇灌花园、绿地、冲洗马路、汽车、冲刷厕所、河流补水、景观用水等。

我国也开展了城市污水资源化以及土地处理与稳定池塘系统的科技攻关，建立示范工程，研制成套技术设施，并逐步推广应用。如天津、太原、大连等城市都建设了污水回用工程。

d. 跨流域调水：跨流域调水已成为我国北方及沿海干旱缺水城市解决水资源短缺的重要措施之一。如山东的引黄工程、天津的引滦工程、大连的碧流河引水工程、广东的东深引水工程等。为解决我国华北及西北地区严重缺水状况，南水北调工程正在进行之中。主要目的就是为了向城市和工业基地供水，兼顾农业与生态环境改善用水。

跨流域调水是一种重要的开源。但是它需要巨大的投资，影响面广，因此要谨慎规划设计。开源与节流同时协调考虑，应根据社会经济与城市建设的近期与中长期需要进行周密的区域水资源供需平衡分析，并考虑节流的潜力，以确定所需调水的合理规模。

4. 建全和完善城市水资源管理机制

要做到合理用水，节约用水，关键是加强用水的科学管理，从技术、措施、政策三管齐下，这方面需要做的工作很多，如：

(1) 对城市水资源的供求条件进行评价和规划，包括对地表水、地下水资源的评价；设置必要的监测网点，对用水进行监测、检查、考核。

(2) 统一保护城市水源地，统一勘查、统一布局、统一开发利用。划分和确定地表水地下水资源保护区；建立一种新的法律和经济机制，逐步实行综合性水资源规划和管理，使水资源在工业、城市发展、水力发电、内陆渔业、航运、娱乐以及维持生态方面的利用和保护等方面发挥最大的综合效益。

(3) 实施地下水人工补给和地表水地下水联合调蓄，保证地下水采补平衡。

(4) 加强立法，调整水价政策，运用经济杠杆来保护、利用、管理水资源。颁布必要的用水管理法规和规章制度，用经济手段推进合理用水，实行用水计划调配：①合理征收水资源费和水费；②实行取水许可制度，谁收益谁补偿，协调上游保护和下游利用之间的关系，开发利用的同时注意保护；③制定各行业的用水标准定额，并实行用水定额供应。

(5) 严格控制污染，保护水源地植被，提高森林覆盖率，防治水土流失，改善生态环境，以保护水源和改善水质。

(6) 集中力量进行城市供水水源和设施建设，研究实施跨流域的调水工程和水源水库工程，等等。

(7) 改革现行的水资源管理体制，对水资源实行统一管理与分级分部门管理结合的制度。建立一个有权威的水管理机构，把一地区的地面水、地下水、自来水、自备水、水量、水质、开发、保护、利用、治理全面统一管理，起组织、协调、平衡的作用，并与全流域协调。有条件的可以实行水资源的企业化综合管理。

此外，还要加强宣传教育和人员培训，提高素质和管理水平，提高全民保护水资源和节约用水的意识。

第五章　城 市 生 物

前面第二至第四章所述的城市地质地貌、城市气候、城市水文水资源，是城市以人为中心的物理环境，是非生物的无机环境。城市生物是城市以人为中心的生物环境，它与上述物理环境一起共同构成以人为中心的城市自然生态环境。它们也是城市生态环境的主要组成部分。

第一节　城 市 植 物

城市植物是城市生态系统的重要组成成分，它对促进城市生产的发展、丰富居民生活和维持生态平衡有着不可替代的作用。城市开发建设深刻地改变了植物赖以生存的环境条件，使城市生存的植物种类和群落发生了巨大变化。城市绿色植物由两部分组成：一部分为原生或次生的残留种群，另一部分是人工栽培和引种的种群。包括城市周边的林木、果树，菜地、农田作物，它们为城市居民提供必要的副食品和绿色食品资源；城内的园林绿地，包括各种公园、游园、专用绿地、沿街绿化带等，为城市居民提供文化娱乐休息场所。同时城市绿色植物还起着消纳、吸收、净化城市废弃物，供给新鲜空气的作用，对城市生态环境系统内的物质循环能量流动具有重要的意义。因此，在城市种植植物，不仅是美化净化城市环境、提高环境质量的重要手段，而且对促进城市生态系统平衡稳定有着积极的作用。

一、城市植物区系

1. 植物区系

植物区系(flora)是指一定地区范围内全部植物种类的总和。它包括：①所有植物的科、属、种的数量，逐个统计；②地理成分，即把所有植物按其地理分布、分布区类型、种的发生地和迁移路线划分成若干群，统称植物区系成分。其中按现代地理分布划分的称地理成分；③历史成分，按迁移时期、路线划分的为迁移成分或历史成分。它们是组成城市植物类型的基础，同时也是研究城市自然历史条件特征和变迁的依据。

2. 城市植物区系

由于人类活动的强烈影响，城市植物区系发生了巨大的变化，其主要特点是：

(1) 乡土植物种类数量减少,人工散布的植物种类数量增加,包括人类有意或无意引入后来逸出野生化了的植物。这类植物也称归化植物。人工散布植物在植物区系总种数中所占的比例称归化率。一般认为,城市化程度越高,植物归化率越大。人工散布植物种类百分数呈现出从郊区向城市逐渐增多的趋势(表 5-1)。

表 5-1　波兰城乡人工散布植物区系组成

环　　境	乡土植物/%	人工散布植物/%
森林中的居民点	70～80	20～30
乡村	70	30
小镇	60～65	35～40
中等城市	50～60	40～50
城市	30～50	50～70

注:据宋永昌等,2000 年。

(2) 城市植物种类较之乡村地区还多些,原因可能是城市人造景观多样性高,生境复杂多样。对从旱生到湿生,从阳生到阴生,从嫌氮到喜氮,从喜酸到喜碱等不同生态习性的植物提供了生长的地点。

(3)城市植物生态习性改变。如植物对光照、温度、氮肥、土壤 pH 要求较高,对水分要求较低,更为耐旱。

(4)植物对城市环境的适应能力不同。因此,Wittig 等人(1985)把植物对城市环境的适应能力分 5 类:①极嫌城市植物。在城市里见不到或只有极少例外可在市区见到的植物。它们多是一些在贫营养水体、未受污染环境中生长的植物;②中度嫌城市植物。主要生长在城市中空旷地区或大公园、大别墅内等特殊生境;③中性城市植物。在城市和郊区都能分布;④适生城市植物。广泛分布在城市建成区内,但在郊区也可以见到;⑤极适生城市植物。几乎只在城市建成区内生长,在郊区只是偶尔见到极少数个体。有的在城市内各类地区都或多或少见到,有的大多分布在工业区,有的部分分布在交通运输线上。城市所处的自然地理环境条件不同,适生植物代表性种群也不一样。

二、城市植被及其生态特征

1. 城市植被

植被(vegetation)是指某一地区地面上生长着的全部植物群落的总称。它包括自然的和人工的森林、灌丛、草地、荒漠、沼泽等。植物之间以及它们与赖以生存的环境之间保持着密切的联系,同住结合,形成相对稳定的有规律的集体群,叫植物群落。城市由于人类活动的影响,改变了植物和生存环境,使植物群落的原来面貌发生了变化,并形成独具特色的城市植被。

2. 城市植被的生态景观类型

城市土地包括陆域和水域。陆域除建筑地面(市镇建成区、村居民点、独立厂矿区和公路、铁路、码头、车站、机场等用地)外,主要是生长植物的植被地面,称城市绿色地域。

城市绿色地域是指城市陆域中所有生长高等植物的地域,由耕地、园地、林地、草地组成,还包括与建筑物地面混合的所有绿地。它们都是可进行光合作用,供给人类呼吸必需的氧气和直接或间接提供食物和原材料的基地。其主要景观类型有:

(1) 耕地　有水田、旱地和菜地,种植各种粮食作物、经济作物和瓜菜。

(2) 园地　有果园、桑园、茶园等,种植各种果树、桑树和茶树。

(3) 林地　生长乔木、灌木、竹类、沿海红树林等,是城市植被的主要类型。

(4) 草地　有牧草地、草坪、荒草地等。

(5) 城市绿地　为与建筑物地面混合的所有绿地,包括工、矿、机关单位绿地。

(6) 交通道路绿地　为公路两旁、车站、码头、机场周围的绿化地。

(7) 其他绿地　有名胜古迹、陵园、公园、风景区、国防用地、特殊用地等的绿化植物。

其中,以森林植被面积最大、分布最广、生态环境功能最强。

3. 城市植被的特点

城市植被包括自然生长的和人工栽培的各种群落类型。其主要特点是:①覆盖率低;②群落类型多呈岛状分布;③自然群落比例减少,人工、半人工群落比例增加;④出现城市中特有的群落类型,如耐践踏的植物群落;一年生宅旁杂草群落;多年生宅旁高秆杂草群落;草坪群落;墙面屋顶群落等;⑤脆弱性。群落系统一经破坏就很难恢复,群落生境极易因自然条件或人为影响改变而造成偶发或多发性自然灾害。

4. 城市植被的生态特征

城市化进程大大改变了原有植被的生存环境,使植物的生长发育深受影响,生态特征发生了明显的变化,主要表现如下:

(1) 树木长势差,容易生病和遭受虫害　据日本对东京都自然教育园的植物研究认为,由于城市化、工业化的发展,城市二氧化硫浓度增加,土壤水分条件等生存环境恶劣,植物长势衰退,体质弱,容易生病或受虫害,树木生存率和生产力下降(图 5-1)(中野尊正等,1978)。

(2) 原生植被破坏退化,次生种的成分增多,单优种群占优势　根据对广州市的调查研究,广州地带性原生植被为季风常绿阔叶林,种类繁多,结构复杂,类型多样,群落稳定性大,改造环境的能力也较强。但由于城市化的结果,今已荡然无存。现今的城市绿地群落类型,是以人工培育的单优种群占优势,如在低丘台地的马尾松林,多种桉树林、台湾相思林,在城区保存的公园林、住宅、单位杂木林,道路

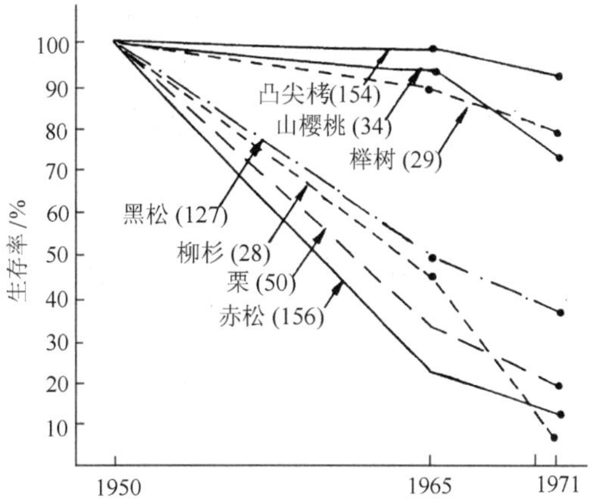

图 5-1　自然教育园内主要树种的生存率(1950～1971)
[以 1950 年作为 100%,( )内为采样数]

的石栗、白千层、多种榕树、白兰林、盆栽花木群落等,以及城郊的荔枝、龙眼、柑、橙等果树群落,茶园、竹林等,而且次生阔叶林也残存无几,仅见于城郊沟谷、风景区、自然保护区以及部分村舍周围,城市早已看不到植被的自然演替。三角洲平原上原有的水翁、蒲桃和水松群落已变成城市绿地的次要成分。

(3) 群落结构简单,以单层乔木为主　人工培育的植被群落,虽然区系成分与原生植被有较大的相似性,但种类比原生植被少,优势种也发生了变化。据 1988 年对广州城市绿地植物种类样地调查(表 5-2)表明,由于人类活动的影响,城市人工林、公园林、机关大院杂木林,其乔、灌、草、藤本植物种类均明显减少,尤其灌木、草本、藤本植物减少更多。又据 1989 年对中央公园(面积29 970m^2)作调查,其植物共有 85 种,隶属 35 科 52 属,而受人为保护的广州华南植物园蒲岗植物自然保护区(面积 14 985m^2)共有植物 375 种,隶属 103 科,289 种,两者相比前者较后者面积约大 1 倍,而植物种类仅为后者的 22.7%。现今广州市植物群落种数,一般公园林仅 85 种,机关、居住区 65 种,道路只有 2～5 种。

表 5-2　广州城市绿地植物种类样地调查

调查地点	样地面积/m^2	植物种数		
		乔木	灌木	草藤本
黄花岗公园	100	9	4	10
省科学院机关大院	100	7	5	9
东郊低丘台地人工林	100	4	5	5
罗岗水西村低丘台地 黄桐猴耳环亮叶肉实群落	100	18	56	25

注:据杨士弘等,1993。

人工栽培的单优种群，结构简单，以单层乔木为主，少数可见乔、灌两层，极少数为乔灌草三层。据 1989 年调查，市内行道树只有 15 条道路绿化有 2～3 层结构，占全市道路绿化的 6.7%。缺乏附生、茎花、藤本等季雨林特征。

(4) 植物生长量小，生产力低，生态环境功能衰退　　根据对广州市的调查研究(1989)，广州城市绿地植物量为 358.3t/hm^2，生长量为 8.96t/(hm^2·a)。与同纬度的亚热带常绿阔叶林[如鼎湖山常绿阔叶林的生物量为 425.5t/hm^2，生长量为 76.0t/(hm^2·a)相比，城市植被的生物量、生长量明显偏低(杨士弘等，1993)，严重影响生物物种的栖息与繁衍，使生态系统功能不健全。

此外，由于受建筑物阻挡、遮光，树木不对称生长，偏冠、歪斜。由于缺乏栖息地，林地生态系统不健全等。

5. 城市森林植被

据联合国粮农组织 1998 年公布的世界森林资源评估报告，中国森林面积 1.3 亿 hm^2，占世界森林总面积的 3.9%，居世界第五位。2001 年《中国国土绿化状况公报》，中国森林面积已达 1.58 亿 hm^2，森林覆盖率提高到 16.55%。人工造林保存面积已达 4666.7 万 hm^2，发展速度和规模均居世界第一位。但人均森林面积仅列世界第 119 位，城市森林面积更少。城市森林是指市域范围内的各种绿化林地，林业用地，农田防护林网等。

(1) 森林的生态功能　　森林是城市植被的主要类型，它具有极强的生态环境功能：①涵养水源，保持水土：1hm^2 阔叶林能蓄水 300t，即每平方米能蓄水 30kg，被誉为绿色水库。树冠能截留降雨量约 30%，减少地表径流 60%，保土效益 30t/hm^2，有效保持水土，被誉为防土壤侵蚀的卫士。②降温增湿，调节气候：林地一般能降温 2℃，炎热夏天甚至能降温 10℃。被誉为天然的空调机。森林吸收的水分 0.2%用于光合作用，99.8%用于蒸发。每公顷阔叶林，其根系吸取土层水量 45t，一天能蒸腾水量 26t，1m^2 蒸腾 2.6kg 水量，这些水量进入空气中，有效增加空气湿度，故被誉为天然的增湿机和水分循环器。③吸碳放氧，净化空气：叶片光合作用，每公顷能吸收二气化碳 1t，放出氧气 0.73t，被誉为天然的肺。森林的叶子、枝、干能吸附尘埃，吸收废气。每公顷森林 1 天能吸附粉尘 1680kg，被誉为天然的吸尘器。还能吸收空气中的二氧化碳、氮氧化物、氟化物等有毒有害气体，被誉为天然的吸毒器。其吸毒种类和能力视林木的种类和生长状况而异。④杀菌消毒，过滤污水：林木释放入大气中的钉菌素，能杀灭空气中的细菌。每公顷森林 1 天能释放 30kg 钉菌素，被誉为天然的杀菌剂。1hm^2 树林其根系吸收水污染物 64kg，含有细菌的水经森林地流出，由于根的吸收过滤，细菌减少 90%，被誉为天然的防疫员，污水的过滤器。⑤削减噪声：每公顷树林能削减噪声 100 分贝，被誉为隔声屏障。⑥栖息动物，保护物种：森林为鸟类、兽类、爬虫类、昆虫类等栖息场所，被誉为动物的乐园。森林构成乔木、灌木、藤本、寄生、草地植物群落，被誉为植物的摇篮。

天然植被的生态效益远远高于人工植被。据中国环境与发展国际合作委员会生物多样性工作组估算，我国天然植被在水土保持、气候调节、控制污染、防止生态灾难、生物多样性利用和再生能源等方面具有巨大价值，每年的生态系统效益高达11万亿元，其中，当前价值超过4.7万亿元，潜在价值超过6.5万亿元。因此，我们要重视城市植被，利用它来取得更好的城市生态效益。

(2) 森林植物主要生态功能评估

a. 森林植物的贮水功能：森林植物贮水功能(V)包括森林植物林冠截留降水量、森林凋落物贮存降水量和森林土壤贮存降水量三部分之和，即：

$$V = V_1 + V_2 + V_3$$

其中：V_1 为森林林冠截留降水量，$V_1 =$ 森林林冠面积×林冠最大截雨率；V_2 为森林凋落物贮存降水量，$V_2 =$ 每公顷森林凋落物最大持水量×森林面积；V_3 为森林土壤贮存降水量，$V_3 =$ 10 000×土壤非毛管孔隙度×土壤厚度。

土壤非毛管孔隙度越大，森林贮水功能越强(表5-3)。

表5-3　森林贮水功能等级划分

非毛管孔隙度	>26	23～26	19～22	15～18	<15
贮水功能等级	最强	强	中等	弱	最弱

b. 森林植物的保土功能：林地无明显水土流失现象，则说明植物保土功能强；林地土壤出现腐殖质片状流失，说明植物保土功能较强；林地土壤表面无腐殖质，说明保土能力中等；林地土壤出现沟状水土流失，说明植物保土功能弱；林地土壤出现崩塌状水土流失，则说明林地植物保土功能最弱。森林固土作用，一般可用土壤侵蚀模数来计算：

$$V_s = \sum_{i=1}^{n} S_i(D_0 - D_i)$$

式中：V_s 为森林保土效益(t)；S_i 为 i 种森林的面积(hm^2)；D_0 为无林地土壤侵蚀模数(t/hm^2)；D_i 为 i 种类型森林侵蚀模数(t/hm^2)。

c. 森林植物空气负离子作用功能：空气负离子被称为空气的维生素，它具有降尘、灭菌、预防疾病等多种功能。空气负离子浓度不仅反映一个地区空气的清洁程度，而且也反映一个地区绿化质量和水平。空气负离子浓度越高，城市绿化质量和水平就越高，空气越清洁。所以空气负离子浓度是反映城市绿化生态环境效益的重要指标。若用负离子空气质量指数表示，则：

$$C_i = n^+ / 1000 \times 1/(n^+ / n^-)$$

式中：C_i 为负离子空气质量指数；n^- 为空气负离子数；n^+ 为空气正离子数。可按不同街道、不同单位、不同绿地情况选择具有代表性地段进行负离子浓度测定。据研究，每立方厘米空气中含有 1000 个负离子时，对人体健康有益；含 10 000 个以上时可建立森林浴、露营区和健康度假区；含量在 50 000 个以上时，可建立负离子呼吸区。

d. 森林植物的生物多样性功能：森林植物的生物多样性是植物群落的多样性、植物景观的多样性和植物物种的多样性。森林保存物种数量多，物种的遗传基因数量也多。物种的多样性用辛普生指数公式表示，即：

$$D = 1 - \sum_{i=1}^{n} (P_i)^2$$

式中：D 为物种多样性指数（辛普生指数）；P_i 为 i 种物种（或群落、景观）个体数与总物种（总群落、总景观）数的比例（%）。辛普生指数越大，表示群落（景观、物种）多样性越多，反之则越少。

(3) 城市森林的类型　①按经营目的划分，城市森林可划分两大类：一为生态公益林。生态公益林又可分为防护林和特种用途林两类。防护林有水源涵养林、水土保持林、农田防护林、牧场防护林、防风固沙林、环境保护林、护岸林、护路林等。特种用途林有国防林、实验林、母树林、风景林、名胜古迹林、革命纪念林、自然保护区林等。二为商品林。商品林又可分为用材林，如专门用材林，一般用材林等；经济林，如果树林、油料林、竹林、饮料林、调料林、原料林、药用林以及薪炭林等。②按种植情况划分，城市森林可分为有林地、灌木林地、未成林造林地、苗圃、无林地等。有林地又分为林分（用材林、防护林、薪炭林、特种用途林）、经济林和竹林。有林地按两种情况进行划分：对于成片成带的森林地段，凡森林郁闭度在 0.2 以上者为有林地；对于零星分散的树木，按树冠垂直投影面积计算有林地面积。灌木林地，是指凡灌木树种树冠覆盖面积在 40% 以上，并以经营灌木为目的的林地。草地按人工种植已成活的草地面积计算。垂直绿地面积按实际覆盖面积计算。未成林造林地指造林成活率大于或等于合理造林株数的 85%，尚未郁闭但有成林希望的新造林地。苗圃地按固定苗圃用地计算。无林地指城市规划营造森林但尚未进行绿化的土地。

三、影响城市植物生长的环境条件

城市建设使植物的生存空间被大量挤占。经过铺装的地面，地下土壤的结构有了改变，形成了不同于自然界和农村的下垫面，工业生产，交通运输，居民生活，不断向城市排放废气、废水、废渣，同时城市又集中消耗大量的能源，改变城市地区的水热平衡条件，形成了城市特有的小气候环境。气候发生变化，以及伴随而来的化学物质侵入等，都对城市生长植物的基质给以物理、化学的影响。在空气污染严重的城市环境中，不仅有高浓度的二氧化碳，而且还含有其他有毒有害的化学物质，这与远离城市的乡村自然森林中的正常空气形成了明显的对比。这些化学物质向空气中扩散，改变着太阳辐射光谱，也给树木的光合作用以很大影响。大气和水体的影响只存在于局部地区，而城市的气候和地下条件的影响是普遍存在的。

（一）城市气候对植物生长的影响

（1）光因子　　光是植物生长不可缺少的因子，是植物进行光合作用的主要能源。城市高楼大厦林立，影响光的照射。街道走向不同，影响也有差异。因此，城市植物接受光量从极大到零不等，原因是：①因建筑物阻挡，日照时数减少，各地分布不均匀；②因空气污染，降低了辐射强度；③因建筑物大小、高矮、宽窄、走向，改变了辐射分布状况；④因建筑物的反射和人工光源而使局部光量增加。由于接受光量不同，植物被迫朝离开建筑物方向不对称生长而导致偏冠。由于植物对光的要求不同和耐阴性强弱不同，城市植物对光的反应不同，其生长分布各异。

（2）热因子　　在人类活动的影响下，城市中年平均气温比周围郊区高，生长期长，霜期短，极端温度趋向缓和，气温日较差小。但夏季太阳辐射强，反射热作用强，加之水分少，无风而导致过热，灼伤、焦叶。尤其街道绿化，因地面温度过高会灼伤新栽植物。气温日较差小，不利于植物体内养分积累，果实不如郊区的好。向阳、背阳热量条件有差异，植物生长情况也不同。

我国地处北半球，城市楼房的南侧向阳，日照充足，土壤封冻期短，无霜期长，为植物生长创造了优于北侧和其他地区的生存条件。尤其在北方城市，楼房北侧，日照时间减少，利于喜阴植物的生长，对喜阳的花木在日照不足的情况下，萌动期和开花期会推迟，落叶期提前，枝长叶稀，开花量少，严重的无花无果，甚至整株枯死。城市中由于建筑密度、地面铺装和绿化程度的不同，往往形成不同类型的小气候。

（3）水分因子　　城市下垫面主要为建筑物和水泥地面覆盖，因而改变了天然的水分循环规律。城市雨水很快流入下水道，只有少量为绿地吸收。晴天，由于缺乏地面蒸发和植物蒸腾，水分不足，使空气湿度小。加上高温，气候干热，降水利用率低。城市地下设施，截断地下水源。由于过量抽取地下水，地下水位下降，加剧缺水。植物根分布浅，又不利于水分吸收。多层建筑物附近的平均相对湿度虽然低于郊区，但往往高于市区其他地区。特别是最低相对湿度比市区和郊区高，这一特点对于植物在干旱期保持体内水分是有利的。城市中的多层建筑物对大风具有显著的阻挡效应，使植物免遭大风折伤，又利于保水。

（二）城市土壤对植物生长的影响

城市由于人类活动强度大，各种建设活动和居民生活与生产活动，改变了城市土壤原有的结构和物理性质、化学性质，使城市土壤贫瘠，含煤灰渣、建筑废物料，少有机质，沥青、混凝土封闭，行人践踏，机械碾压，土壤密实不透气、不透水，硬度高。密实的土壤，排水不良，通气性能差，减少气体交换，供氧不足，影响树木根系的生长发育，引起树木烂根。

城市建筑施工，使砖瓦、石块、灰渣砾等建筑废料大量侵入土壤，在土壤中起支撑作用，使土壤变松，增加土壤的通气性。但渣砾成分过大，土壤保肥保水能力降低，影响植物根系的吸收，使植物生长不良。有的石灰渣，易使土壤固结，增加土壤碱性，使土壤理化性质变差。地下设施施工，埋设各种管线，占据一定空间。数次翻动土地，其扰动深度一般4～5m，甚至更深，地下埋设的管道、路基、地基等设施，一般埋深2m左右，这正是植物根系分布的范围，减少了植物根系生长的空间，阻碍土壤水分和养分的运动，减少土壤水肥供给。多数植物的吸收根分布在地表以下5cm到1m之间。城市由于地面覆盖水泥，在透气不良的土壤中树木根系分布浅，不利抗风和吸收水分。尤其北方城市，早春气温转暖，空气相对湿度很低，再加上大风，楼北地区土壤如尚未解冻，植物根系无法吸收水分而缺水枯死。

若地下管道漏水、漏气，也使树木受害。铺装地面，影响雨水的渗透和大气与土壤气体的交换，从而使铺装地面下土壤的水、气减少，不利植物生长(表5-4，表5-5)。管道铺设，切断根系，车行碰伤，折断枝叶等，都会给植物带来损害。

表5-4　北京市土壤硬度对树木根系的影响

树木编号	地　点	土壤硬度	根量/(支/100cm^2)
油松-6	建华路	2.2	7.4
油松-2	三里河路	4.3	2.1
毛白杨-1	东郊体育馆北门	9.9	1.8
银杏-3	钓鱼台	11.1	1.15
油松-2	广播事业局	14.2	0.06
银杏-2	前三门东大街	16.1	—
法桐-3	百万庄东大街	18.1	—
油松-1	复兴路	21.0	—

注：据北京市哲学社会科学规划组，北京城市生态系统研究，1992年。

表5-5　北京车公庄东段铺装地面对毛白杨生长的影响

地面条件	检查枝数/棵	生长情况						备　注
		平均高/m	平均干径/cm	平均冠幅/m^2	最大高度/m	最大干径/cm	最大冠幅/m^2	
有铺装	4	10	13.7	4.3×4.3	11	15.6	5.5×4.5	外行树，距路边1m方形树池内，边长1.3m。
无铺装(裸土)	4	12.8	22.6	5.8×7.5	14	25.5	7.5×8.5	里行树，无铺装

注：来源同表5-4。

(三) 城市植物病虫害

城市由于受人类活动的影响,改变了生物的栖境,加上人们乱捕乱猎,造成对鸟类生存的威胁,使食虫的鸟类数量和种类大大减少。天敌减少,病虫害增多。城市树木生长条件差,长势弱,抵抗力差,病虫易危害。人为直接破坏,皮部受伤处病虫易侵入。若管理不善也是造成病虫繁衍的重要原因。

(四) 城市植被的破坏与逆向演替

(1) 城市植被的破坏　城市建设,自然环境被开发利用建设为工厂、住宅、道路、广场、果园、菜地等,自然环境中的植被不断被砍伐、清除,代之以稠密的人口,鳞次栉比的建筑物,覆盖水泥、沥青的广场、道路,川流不息的车辆人流,使植物的发展受到限制。

例如,京津地区在自然地理上属暖温带半湿润落叶阔叶林地带。经 3000 多年的农业开发历史、800 多年的建都历史、100 多年的工业发展历史以及 50 多年的建设历史。人类活动逐步加强,开发程度不断加深,地面的纯自然状态已不复存在。北京地区,公元 10 世纪以前,仍有较好的天然森林植被。公元 10 世纪辽代在北京平原建立陪都以来,尤其是元、明、清三代在北京正式建都期间,山区森林植被遭到越来越严重的破坏,到解放前夕,北京地区森林覆盖率仅 1.3%。建国以后,通过大力造林绿化,目前森林覆盖率已恢复到约 10%左右。但历史上的毁林恶果却影响深远。

(2) 城市植被的逆向演替　一般而言,城市现存的植物都是原生森林植被破坏之后形成的天然次生林和人工林。此外,还有大面积的灌丛、灌草丛、草丛。灌丛是森林植被破坏后的次生类型。由于对灌丛的利用强度过大,多数灌丛生长不良,灌丛退化则导致灌草丛、草丛的出现,最后演变成"石屎森林"。其演替模式为:原生天然林→天然次生林→人工林→灌丛→灌草丛→草丛→"石屎森林"。这种变化与自然界植被向顶极群落演替方向相反,称逆向自然演替。城市绿地由于人类活动的强烈干扰和生长环境的恶劣,林层减少、植物种类减少、群落结构简单化、趋向旱生等,都说明绿地系统逆向演替。

(3) 城市植被逆向演替的生态后果　森林植被的逆向演替趋势,导致区域生态环境恶化的严重后果:①土壤贫瘠化,土地自然生产力下降;②生态功能衰退,自然界对水分的调控能力变差,气候变暖变干,地表稳定程度降低;③水土流失、土地荒漠化;④洪涝、干旱、风沙等自然灾害频繁。一般认为森林覆盖率至少要达到 30%才能保持陆地生态系统的稳定。

人类对森林资源的开发利用已经超过了资源的承载能力,并正在导致全球生态环境恶化,前景令人担忧。19 世纪工业革命以来,随着城市化、人类开发利用自然资源能力的增强,经济建设突飞猛进。在经济繁荣的背后,蕴藏了巨大的自然资源和自然环境危机。根据联合国环境署等共同发表的《2000～2001 世界资源指南报告》:全球50%湿地已在20世纪消失;伐木使得全世界森林减少了一半;大约有9%的树种面临灭绝,热带森林正以每年13万km^2的速度消失,世界约30%的原始森林已经变成农业用地;土壤退化在过去50年中已经影响全世界2/3耕地;1980年以来,全球经济增长了两倍,人口已达60亿人。给资源环境带来严重压力;全球现有尚未治理的荒漠化土地3600万km^2,而且还以每年5万~7万km^2的速度在发展;在中国,1997年黄河断流长达226天;1998年长江大洪水;2000年华北连续12次沙尘暴侵袭;2002年春季,北方地区发生了历史上罕见的沙尘暴。我国目前荒漠化土地面积262.2万km^2,占国土面积的27.3%,且每年以2460km^2的速度扩展。而在干旱、半干旱和半湿润半干旱地区,荒漠化土地占国土面积的比例已接近80%;森林覆盖率仅为16.55%。我国北方地区,由于城市化和人类活动强度长期超载,森林植被破坏严重,覆盖率低。因此,北方的沙尘暴,20世纪30年代7~8年一次,70年代4~5年一次,90年代每年都有发生。近10年,北京的沙尘暴灾害,干旱缺水频繁发生,天漠沙丘距北京只有70km,并渐向北京移动,官厅水库正遭沙丘侵蚀,每年泥沙入库量约300万t。

第二节　城市动物

一、城市动物与生境

(1) 城市动物的生境　　动物是生态系统的消费者。城市化由于人类活动的影响和干扰,动物栖息的自然环境发生了深刻的变化:①开阔空间丢失;②作为食物来源与隐蔽条件的植被遭受破坏,植被覆盖率小;③人为捕杀、驱赶;④环境污染和交通噪声。使动物缺乏栖身之所和必要的生存条件,是野生动物消失的主要原因。其中,对环境变化特别敏感的兽类和鸟类,受到的影响最为明显。只有那些能忍受环境变化,并能与人伴生的有害动物,如家鼠、蜚蠊、蟑螂、蚊子等,或人类饲养的家畜、家禽和宠物,能适应城市生态环境而生存。

(2) 城市动物区系　　城市动物区系是指在城市范围内全部动物种类的组成,包括脊椎动物与无脊椎动物。按动物类群分,有兽类、鸟类、两栖类、爬行类、鱼类及昆虫类等;按动物栖息环境则可分为室内动物和室外动物;陆生动物、水生动物和土壤动物等。水生动物又可分为浮游动物、底栖动物、鱼类等。因此,对一个城市进行动物区系调查,是一项十分复杂的综合性工作。

二、城市动物类群

(一) 城市小型兽类动物

能适应城市生活环境的动物,可以在城市中生活和繁衍,形成城市的动物群落。在野生小型兽类动物中，惟一能在城市中生存繁衍的，只有鼠类，主要以家栖鼠为主。

城市家栖鼠包括褐家鼠（*Rattus noruegicus*）、小家鼠（*Mus musculus*）、黄胸鼠（*Rattus flavipectus*）等，主要栖息在各类建筑物及仓库等场所。外界气候因素对城市鼠类群落结构影响较小，但城市生态环境的改变与城市鼠群种类组成变化关系密切。例如我国南方城市，原来以砖木结构为主的城市建筑物逐渐被钢筋水泥结构取代，随之，善于攀登、喜欢栖于砖木结构建筑物中的黄胸鼠，逐渐转变为以善于随货物移动，适宜栖于建筑物各个角落的小家鼠为主的鼠类群落。在城市下水道中的褐家鼠和人类住宅中的小家鼠也比自然环境中的更丰富（Brooks，1973）。

随着城市范围的不断扩大，城市周围的农田和丘陵坡地被道路、工厂、住宅小区所取代，使原来栖息在该地的狐（*Vulpes vulpus*）、狸（*Nyctereutes*）、鼬（*Musteal*）、野兔（*Lepus*）及农田鼠类等许多小型哺乳动物，随着城市的扩大而迅速向外退却。伶鼬（*Mestela nicalis*）、白鼬（*M．erminea*）以及其他一些小型兽类的分布和种群的丰度，亦呈现出随城市发展逐步降低或消失的现象，但各种动物的变化速率不同。

鼠类能严重破坏城市的生产和经济建设。意大利曾对全国动力系统的事故进行过调查，发现约有1/3的事故是由鼠引起的。美国也曾对城市火灾进行过统计，发现有1/4是因鼠啃坏电线、电缆或窜入高压开关造成的。我国鞍山钢铁厂1960～1986年，共发生因鼠引起的停电事故80次，每次损失都很大。鼠能携带200多种病原体，其中至少有57种可使人致病，如引起鼠疫、流行性出血热、钩端螺旋体病、鼠伤寒等。

（二）城市鸟类

鸟类和其他动物一样是自然生态系统的重要成员，在自然界生态平衡中起重要作用，也是人类的亲密朋友，城市生态系统不可缺少的一员。鸟的种类多种多样，对环境变化的反应尤其敏感。城市化人类活动的影响，由于城市建设，树林、灌丛、河漫滩、湖泊、沼泽、湿地、苇丛、农田等绿地面积减少，自然景观多样性减少。城市化造成的环境改变，鸟类栖息地逐渐消失，导致鸟类种类和种群组成发生变化。这种现象在大城市尤为明显。

（1）城市鸟类数量减少，一些鸟类绝迹　据日本东京鸟类调查，在明治神宫、自然教育园和滨离宫3个调查点的观察发现：在过去的20年间，鸟类区系起了较大变化，繁殖鸟的种类从1951年的16种减少到1971年的8种，城市鸟类逐年递减。这种变化与城市环境质量变差，鸟类栖息地变得越来越单纯有关（中野尊正等，1978）。北京市，20世纪30～40年代，城区曾经有4种鹭科（Ardeidae）鸟类在太庙（劳动人民文化宫）内的树上筑巢，在北海和中南海也记录到雁形目（Anserifopmes）中的雁鸭类有19种栖息生存。但到60年代，上述地区的这种鸟类已绝迹

(郑光美,1962)。上海20世纪50年代,市区内的大公园、大学校园,年年都有黑枕黄鹂(*Oriolus chinensis*)营巢,黄浦江及苏州河畔,每天都可以见到成群的鸥类(Larus),现在它们早已消失;武汉地区原有鸟类282种及亚种,到20世纪70年代,常见种类仅存126种(胡鸿兴,1984);兰州市20世纪60年代初期调查,市郊有鸟类185种,80年代减少到114种(陈鉴潮等,1984)。显然与城市原有自然景观遭受破坏有关。

(2) 鸟类种群组成发生变化　例如,到20世纪80年代。北京城内原来分布较普遍的一些大中型鸟类,如斑鸠(*Streptopelia orientalis*)、三宝鸟(*Eurystomus orientalis*)、黑尾卷(*Dicrurus macrocercus*)、黑枕黄鹂(*Oriolus chinensis*)等基本绝迹,原来数量较多的灰喜鹊(*Cyanopica cyana*)已急剧减少。而对人工建筑物有着极密切依赖关系的麻雀(*Passer montanus*)则成为目前北京城市环境中鸟类的绝对优势种(魏湘岳等,1989)。

(3) 城市鸟类的空间分布依城市生态环境而异　城市鸟类的空间分布状况是依赖于城市生态环境的。根据对东京市区650个点的大山雀(*Parus mazor*)调查资料分析,大山雀的出现与植被分布的状态有关(表5-6)。

表5-6　东京市区大山雀栖息繁殖与植被关系(中野尊正等,1978)

环境状况	观察点数/个	听不到鸟声点/%	仅听到鸟声点/%	能看到幼鸟点/%
几乎无森林的地区	95	90	9	1
有少量森林点状分布	400	24	42	34
植被丰富带状点状分布	155	2	49	49

鸟类区系的变化,是由于空气污染、噪声和环境变化所引起的。从鸟类数量的锐减或绝迹,可反映城市环境质量的变化。一些食虫鸟类,如银喉长尾山雀减少,城市树木的虫害会增多。因此,鸟类可作为城市生态环境质量评价的一个依据。

(三) 城市有害昆虫

城市常见的有害昆虫主要有蚊、蝇、蜚蠊等。这些有害昆虫的种类和组成,存在地区性差异,其分布和活动不仅城市之间有差别,而且城市内不同空间分布也有不同。

(1) 蚊类　蚊是城市中常见的有害昆虫之一。蚊的种类很多,各城市都不相同。据河南洛阳市的调查,市中心区主要是淡色库蚊,其次是白纹伊蚊,在近郊室内还有三带喙库蚊、中华按蚊和骚扰阿蚊(葛风翔,1990)。上海地区还有致乏库蚊。

蚊类主要生长在潮湿、阴暗、臭水积存的地方,能指示城市的生态环境。蚊虫能传播疟疾、丝虫病、流行性乙型脑炎、登革热、黄热病等多种疾病。近年在上海郊区还发现能传播马来丝虫病及乙脑病的蚊子。

(2) 蝇类　　蝇的种类很多，城市中蝇类的来源，除城市居民生活垃圾能孳生外，许多生产单位，如豆制品加工厂、食品加工厂、饲养场等，都为蝇类的生长繁殖提供极有利的条件。城市蝇类孳生的空间分布与孳生物质有关，蝇对孳生物质的选择，大致有人畜粪便、腐败动植物和垃圾三类。

城市中蝇的活动，随季节有明显的变化。城市蝇类每年出现的时间与数量高峰期各城市不同，不同时期有不同的优势种。一般南方城市 6 月及 9 月为高峰期，北方城市以 5～6 月数量较多。城市蝇类活动的变化既有自然条件的原因，也有人为因素的影响。例如大洪水过后蝇类孳生场所增多，蝇的活动密度较高；垃圾污物堆积也使城市蝇的密度高。采取综合防治措施，消灭孳生地，则蝇类密度减少。

蝇类能传播霍乱、副霍乱、痢疾、伤寒、副伤寒、脊髓灰质炎、肠炎、结核病等。

(3) 蜚蠊　　我国南北各城市蜚蠊有其各自的分布特点。据江雪峰等(1991)对我国地处不同纬度带的 5 个城市中蜚蠊进行的调查发现，北方的沈阳，以日本大蠊为优势，占该地蜚蠊群落中的 90.6%；长江流域的上海、武汉、成都三城市，则以德国小蠊为主，分别占当地蜚蠊总数的 82%，70.4% 和 60.6%；而福建漳州以美洲大蠊的数量最多。在同一城市内，各物种的空间分布也有差别。沈阳市区的居民户、饮食店及宾馆，以日本大蠊为主；上海地区居民户以黑胸大蠊为主，而饮食店和宾馆，则以德国小蠊为优势种；福建、广西、广东、贵州等地城市均以斑蠊为常见。

蜚蠊能带几十种病原体，传播痢疾、霍乱、乙型肝炎、脊髓灰质炎、口蹄疫等多种疾病。蜚蠊还携带致癌物质——黄曲霉素，可达 29%～50%。

蚊、蝇、蜚蠊等与鼠一样，对人都是有害的。而对有害的动物，人们需要采取有效的杀灭方法加以控制，如整治环境，消除孳生地，加强杀灭技术，以达到有效地控制有害动物的数量。

城市中各种动物种群的空间分布，呈现一定的格局，主要有聚集分布、均匀分布和随机分布等。根据不同动物，采用一定的调查和统计方法，能测出动物在城市中的分布状况。

城市动物在生态位上反映的差异，与动物的习性有关，若将环境资源级细分，就更能够反映出各种动物对城市环境的空间、时间及食物资源等的分摊和利用存在的区别，包括对栖息环境的选择、数量发生高峰时间以及取食内容和方式等方面的差异。

(四) 城市户养动物

城市人们除干扰野生动物，有效控制有害野生动物数量，保护有益野生动物的生存之外，还有意识向城市引入户养动物和将一些外来的野生动物引进城市饲养。

城市户养动物包括人们观赏、作伴，以及科学实验的动物，有各种观赏鸟、猫、狗、水生动物和供实验用的鼠、猴等。在这些户养动物中，城市动物园是提供观赏动物的集中地。

第三节　城市自然保护

一、人类与自然环境

1. 自然创造了人

人生于自然、长于自然、乐于自然，最后回归自然，世世代代生生不息。从历史的发展来看，环境创造了生物，生物又改变了环境，生物与环境的统一才有生命的世界，才有生物从低级到高级的进化。人类是生物进化的高级阶段，是自然的创造物，也是自然的改造者。自然环境不仅供给人类物质上的需要，并供给人类智慧、道德、社会以及精神上成长的机会。自然环境是人类生命活动过程所利用物质与能量的源泉，也是人类社会存在和发展所必需的物质能量源泉，是人类社会的基础。

2. 人类利用和改造了自然环境

人类的产生和发展依赖于自然环境，但自从人类有了文明和自己的生产力之后，人与自然的关系发生了变化，人类开始按自己的需要去利用和改造自然界。城市的出现意味着自然环境进入了一个质变的阶段，人类从依赖自然的游牧生活进步到依靠城市农业、制造业生活。人与自然之间的关系从依赖自然环境，维护自然界平衡的自然选择淘汰过程，到按人类需要的人类选择过程。为维护人类的供需平衡而进行的开发自然资源和抛弃废物对自然环境的干预过程，使人成了环境演变的能动因子。

3. 人类主动调节与自然环境的关系

在人类社会发展过程中，随着人口的增加，生产力的发展，生产方式和生活方式的演变，以及科学技术的进步，人类向自然索取的欲望和能力越强，人与自然的矛盾越来越尖锐。美国生物学家 E.Q. 威尔逊(1980)指出：可能发生或将要发生最坏的事情不是能源耗尽、经济崩溃、有限的核战争，或被一个极权主义政府所征服。对我们来说，这些灾难尽管可怕，但经过几代人就可以得到补救。可是由于自然栖息地的毁灭而失去遗传物质和物种的多样性，这一进程要花数百万年的时间，才能得到改正。这是我们的子孙最不能原谅我们的蠢事。20 世纪中叶之后，人类不合理的资源开发利用行为所导致的资源浪费和自然环境的破坏，逐渐引起重视。自然环境的维护与改善是一项影响人类福利与经济持续发展的重要任务，是世界人民的迫切要求和愿望。国际上成立世界自然保护同盟(INCN)，开展自然保护。我国宪法也规定，“要保护环境和自然资源，防治污染和其他公害”。

自然保护是指对自然生境或生物群落的保存，广义地说还包括对自然资源的保护、合理利用和对自然环境的改造和恢复。即对自然资源和自然环境的保护，简称自然保护。自然保护对保存物种多样性，维护基本生态过程和生命支持系统，维持可再生资源的永续利用，保证经济的持续发展，确保人类社会的进步与繁荣都具有重要的作用。自然资源是自然界天然形成的,可转化成生产资料和生活资料的物质和能量,能产生经济价值的自然物,是自然物质和自然环境的总称。是人类赖以生存和发展的最基本的物质条件。对不可再生资源,需要合理分配不同时期的使用量,达到净效益现值最大;对可再生资源,要合理调控资源使用率,实现永续利用。

二、城市自然保护的特点

(一)城市自然保护的兴起和发展

1. 城市自然保护是城市发展的必然产物

城市是适应生产力发展水平,在自然环境本底基础上,按照人类的意志和愿望,对自然环境进行强烈改造和适应而建立起来的人工环境系统。城市作为经济科技发展,社会生产分工专业化的产物,它一方面具有推动社会进步的意义,另一方面,由于人类对城市自然环境的强烈干预和影响,使城市空间形成了一个建筑物高度密集的人造自然实体,人口高度密集的社会实体,能流、物流强烈运转的经济实体,科技文化信息高速传递的智能实体。城市生态系统正发生着显著的变化:人口膨胀、交通拥挤、空气污染、水质污染、固体废弃物污染、噪声污染,居住面积窄小,户外活动场地有限,自然植被减少,野生生物消失,城市变得愈来愈不适宜人类本性对自然的要求。于是,20 世纪 60 年代以来,人们根据现代城市出现的上述问题,提出设计结合自然(McHarg,1969);欧洲和北美一些城市中,建设小型野生动物公园、社区自然公园;英国伦敦,议会要求地方政府认定并提供具有自然保护价值的场地保护,强调在新的发展计划中考虑生态因素,把重点放在自然环境和生物多样性方面,特别是在缺乏野生生物的城市区域;在城区或城市边缘建设森林网络、绿色走廊(Goode,1996)等,这些都是城市发展建设的必然产物。

2. 城市自然保护是城市居民的迫切要求

完全以人工环境取代自然环境是一种“反自然性”,或者说是非人类本性。它使人的机体和心理遭受沉重的压迫。这从生理、心理和物理学方面来说是人的机体难以接受的。因此,长期居住在大城市的人们要求改善城市环境质量,“还我自然”、“还我晴空”的呼声越来越强烈。愈来愈多的市民关注居室周围环境的好坏,要求住宅附近有较多的园林绿地和较整洁的环境。据广州社情民意研究中心 1990 年 5 月所作的抽样调查,68%的市民对居住生活环境表示不满意或不太满意,对改善环境的欲望越来越大,89.3%的人同意:宁愿牺牲一点经济发展也要确保生存环境。

3. 自然保护是人类主动调整其与自然的不协调关系

自然环境是人类生命活动过程所利用的物质和能量的源泉,也是人类社会存在和发展所必须的物质和能量的源泉,是城市存在和发展的基础。为了求得生存和发展,人类从未停止过改造周围环境的活动。城市是被人类改造最深刻的区域,明显导致人与自然之间关系不和谐。经历了工业化、科学技术进步和城市文明兴衰演替的过程之后,人类开始认识到城市继续作为人类环境的主体,必须重新确立人与自然之间的新型关系。既然人是积极的主动因素，因此，调节人与自然之间的关系关键在于调节人的行为。城市自然保护实质是调节人类行为的重要方面。此项工作在国外始于20世纪70年代，当时英国伦敦首先提出保护城市野生生物，建立生态公园，成立了城市自然保护委员会，出版城市自然保护工作指南。80年代以来，随着城市生态学的发展，城市自然保护迅速发展，并与城市规划、城市土地利用管理相结合，要求生产力、生产中心的配置不再是对大自然超负荷的压力，以便既保持工业生产的持续发展，又保留人所必需的自然环境。

人是自然界中惟一能进行思维活动的生物，在与自然共存中，人起着能动的支配作用。然而人类在今天还未能完全进入自然界物质循环的统一过程之中。例如城市这个人工系统，它大量耗用大自然又无法使之自然复原，若不采取措施有意识地协调人与自然的关系，任由城市无限制地破坏自然系统，必然导致城市的崩溃，从而威胁人类的生存。因此，关心人的身心健康应该使人与大自然更加接近，强调人与自然融合在一起，这就需要依赖人类的智慧，发挥人的主观能动作用，调整、维护人与自然的平衡协调。

20世纪50年代兴起的世界旅游业正是人类主动调整人与自然关系的一种短期行为；70年代提出的开展城市自然保护，则是人类维护人与自然界平衡协调的一种长期行为。城市自然保护是城市发展的必然产物，是人与自然关系发展到高级阶段的结果。这项研究工作在我国尚处酝酿时期。

（二）城市自然保护的含义和特点

1. 城市自然保护的含义

城市自然保护是指通过人的思想、行为、意志，调节城市人与自然之间的关系，减少城市发展、人为活动对自然的超负荷压力和破坏，保留、保护、建设具有地方自然历史特色的、为当地居民所必需的自然生境。

2. 城市自然保护的内容

城市自然保护除了传统的土地资源、水资源、生物资源、地质矿产资源、自然历史遗迹、自然景观、自然环境等的保护之外，更着重于如下方面：

（1）保护与当地居民生活、活动密切相关的自然景色；

（2）保护对当地科学文化有促进意义的生境；

（3）保护有自然历史价值的地点、地质遗产等；

（4）建设新生境也是城市自然保护的重要部分。

在城市中心，自然保护多涉及一些工业废弃地、废弃的铁路站场、墓地等质量不高的地段，只能根据具体情况、各方面的重要性次第考虑。如①对都市具有重要性的地点、生境类型、特殊生物；②对城区具有重要性的地点，半自然植被；③对地方具有重要性的地点，密集城区中的自然生境；④生物走廊、穿城绿带、连接野生生物生境；⑤城郊保护区域：篱笆、水沟、牧场、草地、灌木丛、林地、自然遗产地等。

3. 城市自然保护的特点

(1) 侧重于对居民价值和利益的考虑　　城市自然保护与居民生活质量和城市持续发展密切相关,城市区域的自然保护与传统的自然保护有所不同,传统自然保护强调自然性、多样性、稀缺性和规模。这些指标是内在价值的度量,少考虑或未考虑社会因素以及对局部地区的意义。城市自然保护强调城市野生生物和生境对当地居民的价值和益处,不强调稀有种、濒危种和生境。城市自然保护关系到城市居民生活质量和城市持续发展的问题。因此,它的评价标准既包含生物学方面的因素,也包含社会经济学方面的内容。目的是保护城市的自然资源、自然环境,达到合理利用、持续利用。

(2) 缺乏多样性、稀缺性、群落的完整性,不一定包含稀有生境和稀有种　　传统自然保护一般强调自然性、多样性、稀缺性和规模。城市自然保护不强调稀有种、濒危物种以及它们的生境(Goode,1990)。缺乏多样性和缺乏长期建立起来的群落,甚至很多是杂草和外来种,但当地居民认为它是当地惟一能见到的自然景色,有的还是当地学校自然和生物课程实习的场地,在城市自然保护中有极大意义,应受到重视和保护。

(3) 一般面积不大　　城市自然保护多涉及一些质量不高的废弃地,以及近期在废弃地上自然产生或人工发展起来的群落及生境,面积不大。注重城市地区残存自然要素或有生态价值地点的保护,多是一些自然保留地,如小片树林、草地、灌丛、河流、湿地、农场、废弃的铁路、水库、墓地、深坑、石场等,面积不大,因为城市中自然生境一般很少。

4. 城市自然保护的目的和意义

城市自然保护的目的,一是确保地方政府在制定规划时给予自然历史价值以应有的重视,防止有价值的地点向不利方向发展;二是把城市建设对自然环境的破坏减少到最低限度;三是改善城市居民的居住环境,使居民更接近自然。城市居民长期生活在难于接近原生自然和野生生物的人工环境之中,失去了与自然界接触的机会。因此,必须重视城市中人和自然界的联系,使被隔离于自然之外的人们采取必要行动,保护他们认为有价值的地点,改善他们居住环境的质量,促进城市人与自然关系的平衡协调;四是提高城市的吸引力和经济效益。所以城市自然保护是一项群众性的工作,应鼓励城市居民积极参与,激发他们对自然历史的兴趣,发现进行自然保护的机会,创造建设新生境。

城市自然保护关系到人们的知识、情趣、社会、物质等方面的利益,城市中的自然区域可以具有吸引力和经济效益。自然绿地除具有观赏价值和环境效益之外,还可以通过建立自然群落获得显著的经济价值,如在城市建设“生态公园”、“生态村”,创造生境和物种。而且还可以为游客提供游览、观赏的景点,和满足城内中小学生学习的需要。建立公众能接近的某些野生生物、稀有生境、稀有种的保护点,并确保其为城市居民所分享。

三、城市自然保护规划与建设

城市自然保护与生态重建，各有侧重又互相联系，共同构成西方发达国家生态城市、绿色城市、可持续城市实践的主要内容。自然保护注重城市地区残存自然要素或有生态价值地点的保护，而生态重建侧重城市已开发地区退化生态的人工恢复。自然保护是生态重建的主要目的之一，生态重建又是自然保护的重要途径。

生态重建是以城市开放空间为对象，以生态学或相关学科为基础进行的城市生态系统建设。它不同于一般的城市绿化和景观建设，它注重生态系统结构与功能的恢复，以及健全生态过程的引入，从而使系统具有一定的自稳性和持续性。20世纪80年代以后，城市绿地、公园的生物保护功能被重视，使城市绿地功能从以前的美化与游憩，向生态恢复和自然保护方面推广。用生态学的理论来指导城市绿地建设，使城市绿地纳入更大区域的自然保护网络，成为发达国家可持续城市景观建设实践的主要内容。生态重建包括生态公园建设、废弃土地的生态重建、城市绿地体系建设、城市栖息地网络的构建以及城市雨水径流的管理与区域水循环的恢复等。

（一）城市自然保护调查与规划

城市自然保护不仅要保护有价值的自然保护区、各种生态保护区，而且也要保护新建的开敞地和建设新生境，以增加城市生态多样性、景观多样性。为了促进城市自然保护工作，需要有一套完整的长远的战略规划，在规划中对不同层次，不同类型的自然保护地进行合理的布局和分期分批建设。为此，需要调查发现进行自然保护的机会和对象，建立自然生态数据库，提出城市未开发土地对野生生物的适应性，改造现存生境的措施，在特定需要的地区创造新生境（D.A.Goode，1990），为自然保护规划打基础。

1. 城市自然保护调查内容

（1）自然生境状况调查。如地质、地貌、气象、水文、土壤、动植物状况、典型生境类型或具有特殊意义的生物。调查野生生物生境的范围、质量、分布，评价生物种类及重要性，评价每一地点的保护价值、有利条件、不利因素。对生境类型、优势种、生物物种丰度等进行调查评价。调查结果用图、表、文字说明，如绘制不同生境分布图。

（2）城市、城区或地方等不同层次具有重要性的地点调查。例如，对城市具有重要性的生境类型，对城区具有重要性的半自然植被，对地方具有重要性的自然生境等。如土地类型、用地比例、土地资源的开发与保护状况等。

（3）生物走廊，联结野生生物生境的穿城绿色走廊，城市中保存的空地、自然保留地（森林、灌丛、草地、河流、湿地、废弃的铁路、水库、墓地、深坑等），它们是生物栖息的生境或生态廊道。

（4）城市边缘的乡村保护区域。如篱笆、水沟、牧场、草场、灌木丛、林地等。

(5) 校园、机关、单位中的自然区域。

(6) 社会经济状况调查。如人口及居民点分布,产业结构及布局,居民经济收入及生活状况,保护地距社区距离,城市开发建设活动的潜在影响等。

调查地块大小按城市规模和需要定,城内城外有别。一般城内调查地块小些,在 0.5hm^2 以上,城外大些,在 1hm^2 以上。调查地块按生境的种类、优势种、植物种类的丰度和稀有种的出现来归类。同时考虑其他因素评价每一块生境的重要性和保护价值。确保地方政府在制定规划时给予自然历史以应有的重视。辨别稀有生境和稀有种,促进其保护和适当管理。建立群众能接近的某些野生生物保护点,以确保野生生物为城市所有人分享。保证城市居民有接近野生生物的可能性。改善现存野生生物生存条件,创造促进动植物在城内生存的条件。

2. 城市自然保护规划的主要思路

(1) 以生态学为基础,多学科协作　　20 世纪 70 年代以来,城市生态学者对城市植被、鸟类和哺乳动物生态进行了研究,为城市生物保护提供了条件。同时保护生物学、经典生态学及景观生态学的理论和方法,也开始应用于城市自然保护与生态重建活动中,城市野生生境的调查、自然保护地的确定以及生态公园的建设等活动都是在这些理论指导下进行的。所以城市自然保护是以生态学为基础的多学科协作。除了生态学理论的应用外,多学科的交叉及协作是城市自然保护和生态建设活动成功的关键。地理学、水文学、园艺学、生物学、城市规划学、社会学等,都在其中起重要作用。

(2) 注重生态过程的恢复和重建　　生态过程是指生态系统要素间的相互作用和联系,是城市自然保护的主要对象。健全生态过程可使自然生态系统具有自稳性和低投入维持的特点,并形成生物多样性的基础。生态过程包括生物过程和非生物过程。生物过程如某一地段内的植物生长,有机物的分解和养分的循环利用过程,水的生物自净过程,生物群落的演替,物种的空间迁徙、扩散过程等;非生物过程如风、水和土的空间流动等。

(3) 多目标、多层次规划设计　　城市是人类居住和生活的主要场所。因此,城市自然保护不可能像自然保护区建设那样隔离于人的影响之外。城市自然保护活动一般都兼顾多种目标,如绿地系统同时具有生物廊道、城市景观塑造、城市户外空间营建、历史遗迹保护及教育、游憩、观光等多种功能。这种多功能、多目标的方法,消除了传统规划方法将自然保护与开发对立起来的局面,为自然引入城市提供了条件。由于生态系统的层次结构特点,城市自然保护具有层次性特征。从规划实施到管理,需要不同层次组织部门的相互协调和共同参与,涉及不同自然条件、社会经济条件以及文化、历史、政治等诸多方面的协作。

(二) 城市自然保护区建设

城市及其近郊的自然保护区是城市绿地系统的重要部分,它能保护城市的生物群落,为城市居民输送新鲜空气。所以城市要有计划地建立健全一定面积和数量的自然保护区。城市自然保护区建设,要在政府主管部门的领导下,组织科研和规划设计的专家,编制好城市自然保护区建设规划。内容包括对保护区的类型、性质、保护对象、资源状况、发展方向、建设规模、结构布局、保护方案、科研教育、经营管理、经费概算和效益分析等,做出具体的规定与说明,以及建设方案设计、审定与施工、验收。

例如,根据广州市生态环境保护规划,到 2010 年广州市除继续建设保护好现有的从化温泉自然保护区外,新建 6 个自然保护区,10 个生态保护区(表 5-7)。这是广州城市生态环境建设的重大步骤。这些拟建中的自然保护区,除一部分分布在郊县之外,相当部分分布于近郊和市区。如白云山风景保护区、罗岗果树林与文物古迹保护区、金鸡窿人工林生态保护区、海珠新窖果树林保护区、芳村葵蓬洲人工生态花果林保护区等。这些自然保护区的建成将大大改善广州市的生态环境。尤其是城内的小型自然保护区,如华南植物园的蒲岗保护区,华南农业大学的长岗山保护区,芳村葵蓬洲保护区等。这些保护区既保护了生物种群,改善了生态环境,促进了教学和科研,又发展了生产和旅游,为城市居民就近提供休息娱乐场所,达到经济效益、社会效益、生态效益的统一,因此应大力提倡。

表 5-7　广州市自然保护区及各类生态保护区建设规划

类别	保护区名称	面积/hm^2	主要保护对象
自然保护区	从化温泉自然保护区	2880	流溪河及近岸、地下热泉、周围森林风景资源
	从化吕田蓄能电站自然保护区	534	水源林、南亚热带常绿阔叶林和野生动物
	从化流溪河水库水源林自然保护区	8986	水源林的人工林、自然林和野生动物
	从化黄龙带水库水源林自然保护区	4800	水源林的人工林、自然林和野生动物
	花都梯面王子山自然保护区	1867	原始森林中南亚热带常绿阔叶林和野生动物
	增城大封门自然保护区	3134	水库水源林中南亚热带常绿阔叶林、混交林和野生动物
	番禺龙穴岛自然保护区	160	鸟类海滨河口湿地植被和古迹
各类生态保护区	白云山风景保护区	2180	自然林和人工林鸟类和名胜古迹
	番禺横档岛文物古迹保护区	115	国家级重点文物古炮台等古迹和植被
	番禺莲花山文物古迹保护区	233	古代采石遗址、莲花塔、莲花城鸟类
	花都芙蓉嶂水库水源林保护区	920	水库水源林和野生动物
	增城百花林水库保护区	2807	水库水源林和野生动物
	海珠区新窖果树林保护区	1334	荔枝、杨桃等果树林和七星岗古海岸遗迹
	芳村区葵蓬洲人工生态花果林保护区	140	各类人工生态花果林、鸟类
	白云区罗岗果树林文物古迹保护区	2000	果树林和鸟类以及名胜古迹罗峰寺
	白云区金鸡窿人工林生态保护区	359	人工林和野生动物
	番禺大虎岛自然景观与咸淡水鱼类产卵场保护区	760	山体如伏虎的自然景观及山下大虎咸淡水鱼类产卵场、鱼场

第六章　城市绿地及其生态环境效应

城市绿地是人工绿化的绿色地域系统,包括各种公园绿地、街道绿地、居住区绿地、机关单位绿地等共同组成的绿化地域,称城市绿地系统。它是城市生态环境系统的重要组成部分,对美化城市、改善城市生态环境质量起着极大的作用。

第一节　城市绿地系统

一、城市绿地的功能

城市绿地功能多种多样,我国国务院颁布的《城市绿化条例》规定:城市绿化首要任务是改善生态环境。城市绿地对改善城市生态环境的功能可概括为如下 3 个方面:

(一) 环境功能

(1) 城市绿化植物通过光合作用,吸收转化太阳辐射能,起到降温增湿,改善城市小气候环境,减弱温室效应的作用。

(2) 城市绿化植物的冠层、根系和枯枝落叶层,能涵养水源,保持水土,改良土壤,防风固沙、减轻干旱、洪涝和其他自然灾害。

(3) 城市绿化植物通过光合作用,吸收二氧化碳,释放氧气,制造新鲜空气,平衡城市空气的碳和氧。

(4) 城市绿化植物能吸滤有害有毒气体,滞留尘土,净化空气,消减噪声。

(5) 城市绿地为各种动物(包括鸟类)、微生物提供栖息地,能保护生物多样性。

(二) 生产功能

(1) 城市绿化植物可提供各种竹、木产品,人造纸板、纤维原料等。

(2) 城市绿化植物能提供各种果品、油料、香料、化工原料、中药材、食用菌等。

(3) 城市绿化植物可提供薪、炭材。

(4) 城市绿化植物可提供旅游产品。

(三) 生活功能

(1) 改善、美化生活环境,有益公众身心健康。

(2) 为城市居民提供庇荫、娱乐、游览、文化、休息、科普、疗养等的场所,满足精神生活和文化生活的需求。

(3) 提供科研和教育场所。

(4) 提供社会劳动就业场所。

三种功能既互相联系又各有特点,关键在于优化组合,整体协调,通过合理的经营管理,发挥最大的整体效益。

城市绿化对促进人们的身心健康,陶冶思想情操,提高科学文化水平,起着重要的作用。专家研究,植物的综合生态功能与植物的叶面积指数或生物量直接相关。据此,在相同的绿地面积上栽植灌木,其生态功能是草地的6倍,栽植乔木则在10倍以上。而且草地的养护费用大,需要经常性的灌溉、施肥、杀虫。同时因施肥、喷药,其残余物会给环境带来新的污染。城市是一个人多地少的地方,建设用地有限,为使有限的绿化用地发挥最好的生态效益,真正起到改善生态环境的作用,则在绿地规划中应贯彻以乔木为主,乔、灌、草结合的原则,建设起具有地方特色和风格的园林绿地。

一些工业发达的国家,由于人口增长和工业集中化而带来了对自然的破坏,大气污染等各种公害,使城市及城市近郊逐渐失去绿色,有的国家已产生严重后果,成为尖锐的生态问题。人民群众要求改善生态环境,尤其是整顿城市工业区环境的呼声日益高涨。近些年来许多国家把搞好城市绿化作为净化大气和保护环境的一项重要措施。

二、城市绿地的类型和特点

(一)城市绿地的类型

地市绿地大至风景名胜,公园、城市自然保护区,小至庭院街道绿化,其效用各不相同,分类方法各异。我国现行城市绿地分类,一般划分为公共绿地、居住区绿地、单位附属绿地、防护绿地、风景林绿地、生产绿地等6种不同性质功能的绿地类型。

(1) 公共绿地　　公共绿地是指向公众开放的,有一定游憩设施的绿化地,包括其中的小路和水域等无植被的地面,是城市绿地系统的主要部分,是市民工余假日健体活动、文化活动、科普活动、社会活动的主要场所,是城市的肺,生物多样性的栖息地,是维护城市生态平衡的主要基地,又是城区景观的主要组成部分,与市民日常生活、健康息息相关。它包括市、区级综合性公园、动物园、植物园、体育公园、儿童公园、纪念性公园、主题公园等,以及道路绿地、沿江、沿湖、沿城墙两边的休闲绿地、城市交叉路口的小游园等。一般来说,公共绿地设计较精细,设施较多,反映了一个城市园林绿化的面貌与水平。

(2) 居住区绿地　　居住区绿地是住宅用地的一部分。一般包括居住区小游园、居住小区游园、宅旁绿地、居住区公建庭院和居住区道路绿地,其功能是改善居住区的环境卫生和小气候,为居民日常休息和户外活动、体育锻炼等创造良好条件,是居民使用频率最高的绿地。

(3) 单位附属绿地　　单位附属绿地是指各企事业单位、机关大院内部的绿地。如工厂、矿区、仓库、公用事业单位、学校、医院等单位内部的附属绿地。为某部门(单位)使用,一般不对城市居民开放。为本单位职工提供接近工作地点的休息娱乐场所,对美化和改善本单位、本地区的生态环境有直接的意义。

(4) 防护绿地　　防护绿地可分为卫生防护绿地和防风治沙、水土保持、农田防护绿地等类型。卫生防护绿地主要分布于工业区与生活居住区之间,不同污染程度的工业企业之间,靠近生活居住区的铁路两侧和机场周围等处。主要功能是改善城市的自然条件和卫生条件。我国《工业企业设计卫生标准》规定,产生有害物质的工业企业与居住区之间应设置卫生防护距离,根据产生毒害的程度,卫生防护距离分别为 1000m、500m、300m、100m 和 50m 五级,在卫生防护带内应尽量绿化。根据污染物的内容,排放形式和当地气象特点等综合因素布置防护绿地。

(5) 风景林绿地　　风景林绿地一般为市内或市郊的自然风景或文物古迹的绿地,供旅游、疗养、自然保护、净化、美化城市环境。如武汉的东湖风景名胜区,杭州的西湖风景名胜区,广州的白云山风景区等。是城市理想的旅游、疗养基地,自然景点多。

(6) 生产绿地　　生产绿地是园林部门主管的绿地,如苗圃、花圃、果园等,是城市绿化的生产基地,供城市绿化培育苗木,提供城市所需的各种花卉、水果。类型不同,功能各异。按不同功能设计和选择树种。

(二) 城市绿地的特点

城市绿化树木是人类经过长期的努力建设而形成的。由于受城市各种条件的限制,其生长与乡村山地森林有很大的差别。

(1) 城市绿地多元性明显　　城市绿地是在城市政府、机关、企事业单位以及全体居民共同参与下形成的。因此,城市绿地种类多样化、生态景观多样化、投资多元化、产权主体多元化。

(2) 城市绿地分布零星分散　　城区绿化树木由于受道路、建筑物的影响和分割,不管是水平分布还是垂直分布都是不连续的,表现为零星分散。

(3) 城市绿地基本上按点、线、面三种形状布局　　城市绿地由城市建设和布局所决定。有什么样的城市建设和布局,就有什么样的绿地形状。但是不管城市如何建设,一般来说都是由街道、路桥、机关单位、公共休息场所组成。所以城市绿地形状具有点、线、面三种类型,但不同城市其点、线、面三种类型的面积比重不同。

(4) 城市绿地结构单一性　城市绿地按功能划分虽然有不同类型,但城市绿地植物种类由于受人为干扰较大,其在层次结构、年龄世代、植物种类等方面都显得单一。

(5) 城市绿地在管理上的分散性　城市绿地除某些公共绿地、防护绿地和风景林绿地由政府或政府委托某部门管理之外,其他绿地均由所在单位或部门管理。因此,管理上比较分散。

第二节　城市绿化的生态环境效应

城市绿化改善生态环境效应,最明显和最普遍的是改善城市局地气候效应。绿化植物通过光合作用把太阳能转换成有机化学能,同时吸收二氧化碳和放出氧,维持植物生命,而且改变其环境的能源能汇,影响环境的温度、水分和局地气流,为城市生态系统的物质能量转换提供动力条件,其中辐射能是城市绿化生态环境效应的能量基础。城市绿地类型不同,绿化树种、树龄、树冠、结构等不同,其生态环境效应有很大的差别。乔、灌、草复层绿地效果最好。

一、城市绿化的光能效应

(1) 绿化树木的减光效应　绿化树木由于树冠吸收和反射太阳辐射,使到达树冠下面的光照强度大大减弱。根据 N.J.罗森堡研究,单片叶子对可见光吸收约 75%,反射约 15%,透射约 10%。据对广州越秀公园小片栎树林的观测,其透光率平均仅约 6%,吸收和反射 90%以上。绿化树木的减光作用因树冠形状、枝叶密度、叶片大小、排列方式和柔软程度等不同而异。所以城市中不同绿地类型,不同绿化树种减光效率有很大的差异(表 6-1)。成片的树林减光效率最大。

表 6-1　广州几种绿化树木实测透光率(1987 年 8 月 29 日)

树 种	白兰花树 (移栽 2 年)	羊蹄甲 (移栽 4 年)	细叶榕 (移栽 3 年)	细叶榕 (移栽 20 年)
透光率/%	42	44	29	6

注:据杨士弘等,1989 年。

(2) 绿化树木的削减太阳辐射效应。由于树冠对太阳辐射的吸收、反射和遮挡作用,使到达地面及树冠下面的太阳辐射显著地减少。减少程度因绿地类型、树木种类、生长发育期不同而异,还因季节和天气状况而不同。据对广州市的观测,绿化区总辐射比非绿化区减少,绿化区林内又比林外显著地减少,而且太阳高度角大的时候减少更多。地面有效辐射及其日变幅，白天，无绿化的街区比绿化区大，绿化区，林外有效辐射及其日变幅也比林内大。夜间，林内林外有效辐射相差很小。因此，辐射平衡白天非绿化区大于绿化区，绿化区林外空地的辐射平衡又大于林内。夜间，非绿化区的辐射平衡比绿化区小，绿化区林外又比林内小(图 6-1)。

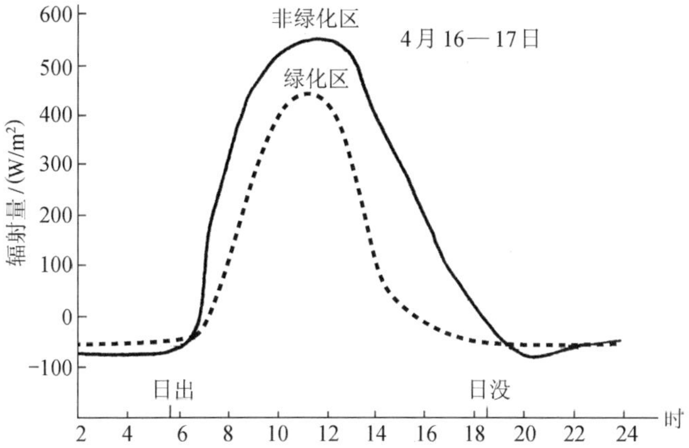

图 6-1 广州城内绿化区非绿化区辐射平衡日变化
(1987 年 4 月 16～17 日)(据杨士弘等，1989)

(3) 绿化树木的热量平衡效应。由上所述，可得热量平衡方程：

$$R + LE + P + B = 0$$

式中：R 为辐射平衡；LE 为蒸发潜热交换；P 为乱流显热交换；B 为土壤中热交换，一般其量很小，可忽略不计。

城市由于绿化树木的遮挡作用和保持地面湿润，使绿化区辐射平衡减少，而且辐射平衡主要用于地面水分蒸发和植物蒸腾作用(图 6-2)。乱流交换量很小，使绿化区白天即使在强烈的太阳辐射下增温并不多，夜间在有效辐射的作用下，降温也不多，气温日变幅小。相反，非绿化区到达地

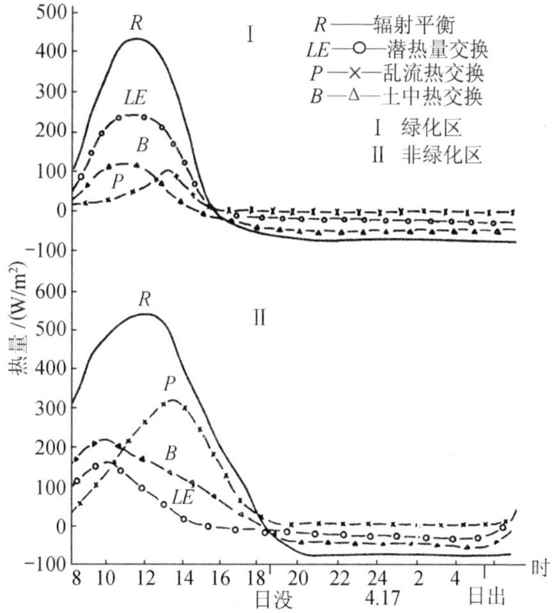

图 6-2 广州绿化区、非绿化区热量平衡各分量日变化
(1987 年 4 月 16～17 日)(据杨士弘等，1989)

面的太阳辐射能多，地面又多是黑色、灰黑色的柏油水泥马路、广场，不利于反射，故辐射平衡大。而地表面干燥，蒸发耗热又甚小，大量的热能必然消耗于乱流热量交换，故乱流显热交换强度大，气温升高快，白天温度高，晚上降温也强烈，气温日变幅大。所以城市公园、绿林、草坪，是居民夏天避暑纳凉的好去处。

二、城市绿化的降温增湿效应

(一) 城市绿化调节小气候效应

城市绿化地带具有良好的调节气温和增加空气湿度的效应。这是因为植物特别是树木有遮阳荫蔽、减低风速和蒸腾作用的缘故。

夏季，枝叶茂盛的树木能遮挡 50%～90%的太阳热辐射。窗口和屋顶有树遮荫的建筑物其表面所受到的太阳辐射热比一般没有绿化之处要低。其传入室内的热量也大大减少。使室内倍感凉爽舒适。冬季，绿化的遮阳荫蔽作用对室温的增暖不利，中高纬城市绿化树种多采用落叶树，这样在冬季树叶凋落时仍可透射一定数量的阳光。这时树木减低风速的作用却可使居室免受寒风的侵袭，有保暖效应。城市绿化改善小气候效应最明显的是表现在降温和增湿两方面。综合国内外研究情况。绿化能使局地气温降低 3～5℃，最大可降低 12℃，增加相对湿度 3%～12%，最大可增加 33%。据对广州市的观测(表 6-2)，无论是日平均气温、日最高气温或高温持续时数，绿化区均低于未绿化街区；城市中的公园绿林区日平均气温比未绿化居民区低 2.1℃，日最高气温低 4.2℃(杨士弘，1989)。

表 6-2　广州市绿化与未绿化街区气温比较(℃)(1987 年 7 月 8 日，晴天)

测　区	公园绿化区	绿化居民区	绿化街道	未绿化街道	未绿化居民区
白天平均气温	27.3	28.9	28.5	29.4	29.3
白天最高气温(13 时)	28.3	32.0	31.1	31.3	32.2
≥30℃持续时间/h	0	3	3	5	5

注：据杨士弘，1989 年。

城市绿化降温增湿效应各地观测结果差异很大，因为自然环境条件不同，天气气候条件不同，绿地类型、绿化树木种类、生长发育状况、以及绿化面积大小、树冠郁闭度等不同，其降温增湿效果都不一样，即使同一城市各次观测结果差异也颇大。所以对于宏观的研究，一般取各种情况下的平均值。例如原苏联的伯洛波多夫在 1967 年研究指出，当森林覆盖率由 30%增加到 70%时，林内气温将比周围地区平均值低 5%～15%，而我国张景哲教授等(1988)研究指出，北京市测点周围绿地覆盖率每增加 10%，夏季白天气温下降 0.93℃，夜间下降 0.6℃。刘梦飞(1988)研究指出，北京市绿化覆盖率每增加 10%，白天气温降低理论最高值为

2.6%。上述研究均说明绿化面积大小对环境气温的调节作用不一样，主要是绿地蒸腾率的差异。我们知道，蒸腾是植物有机体维持生命活动的正常生理现象，是植物从根部吸收水分通过叶面气孔的相变过程。蒸腾量的多少不仅受植物本身生理特征制约，而且受环境温度、湿度、风力、叶面温度和叶面积大小、土壤温度、蒸腾时间等多种因素的制约，地区之间，树种之间差别很大。一般植物的蒸腾强度为16～270g/(m^2·d)。热带森林蒸腾量为亚热带林的 5～6 倍。据北京园林局测算，1hm^{2}的阔叶林能蒸腾 2500t/a 水。比同等面积的裸地蒸发量高 20 倍。相当于同等水库面积蒸发量。植物在蒸腾过程中要耗去大量潜热，而这部分热量取自周围空气，因此，其降温效应比遮阳荫蔽作用更大。

（二）城市绿化树木降温增湿效能测算——以广州市为例

1. 绿化树木的蒸腾强度

在各种城市绿化植物中，乔木不仅具有形体高大、主干明显、分枝点高、寿命长等特点，而且对改善环境的功能最强，所以是城市绿化的主体。为了定量研究城市绿化树木的降温增湿效能，笔者选择了市内有代表性的绿化场地和树木进行测试。

例如，广州市在公园林、街道林、校园林等不同绿地类型中，选择了细叶榕、大叶榕、木棉、石栗、白兰、阴香、红花羊蹄甲、红花夹竹桃等 8 种最常见的有代表性的树木，测试其叶片的蒸腾强度（用 E_o 表示，单位为 g/(m^2·h)）和绿地叶面积指数（用 A 表示，单位为 m^2/m^2）。

绿地的蒸腾强度是指绿化树木树冠覆盖地面单位水平面积上单位时间的蒸腾量，用 E_m 表示。则有

$$E_m = E_o \times A$$

计算结果一并列于表 6-3。由表 6-3 可见，叶片蒸腾强度以白兰花树为最大，每小时蒸腾消耗水分 43.57g，其次是细叶榕，为 42.08g，最差是阴香，只有 12.32g。以绿地的蒸腾强度来说，白兰树不仅叶面积蒸腾强度大，而且绿地的蒸腾能力也最强。其每平方米的绿地面积上每天蒸腾消耗水分达 12kg。其他 7 种树木的绿地蒸腾能力大小依次排列为：细叶榕、石栗、木棉、大叶榕、红花羊蹄甲、阴

表 6-3 几种绿化树木的叶面积指数及蒸腾强度

树种	白 兰	细叶榕	大叶榕	木 棉	石 栗	阴 香	羊蹄甲	夹竹桃
叶面积指数/(m^2/m^2)	22.51	16.21	15.99	20.82	17.05	11.11	8.58	2.84
叶片蒸腾强度/[g/(m^2·h)]	43.57	42.08	19.00	23.89	36.34	12.32	25.35	17.43
绿地蒸腾强度/[g/(m^2·h)]	980.76	682.12	303.81	497.39	619.60	136.88	217.50	49.50

注：据杨士弘，1994 年。

香、夹竹桃。上述 8 种树木平均的绿地蒸腾强度，白天为 $435.95g/(m^2 \cdot h)$，相当于每公顷绿地面积上每天蒸腾掉约 54t 水分。可见城市绿化树木的蒸腾量十分可观。

2. 绿化树木的降温效应

树木的蒸腾作用伴随着能量的消耗和潜热能的转换。这里以 L 表示蒸发潜热，L 定义为在温度 T 时，使 1g 水汽化所需吸收的热量(cal)(1cal = 4.1868J)。其值大小与蒸发面温度呈线性负相关。其表达式为：

$$L = 597 - \frac{5}{9}T$$

式中：T 为蒸发面的温度(℃)，597 为 0℃ 时的蒸发潜热(cal)。

对于树木的蒸腾而言，T 为叶面温度，取平均值为 32℃，按上式计算得蒸腾的潜热系数 L 为 579.22cal/(g·℃)，换算成焦耳为 2425.1J/(g·℃)。

利用表 6-3 给出的单位绿地面积的蒸腾强度 E_m，便可计算出各种绿化树木绿地的蒸腾耗热量 $Q_0[J/(m^2 \cdot h)]$。

计算绿地的蒸腾降温作用时，考虑到空气的湍流、对流和辐射作用，空气与叶面之间及空气微团之间不断地进行热量扩散和交换，故取底面积为 $10m^2$，厚度为 100m 的空气柱作为计算单元。100m 代表现代城市覆盖层(屋顶至地面)的高度，$10m^2$ 为小气候的水平尺度。在此体积为 $1000m^3$ 的空气柱体中，由于植物蒸腾消耗热量 Q_0，是取自于周围 $1000m^3$ 的空气柱体，则单位体积气柱失热为 Q，$Q = Q_0/1000$，从而使气柱温度下降。气温下降值(ΔT)用下式表示：

$$\Delta T = Q/\rho_c$$

式中：Q 为绿地植物蒸腾使其周围单位体积空气损失的热量$[J/(m^3 \cdot h)]$；ρ_c 为空气的容积热容量，其值为 $1256J/(m^3 \cdot h)$。

以白兰和细叶榕两种树木为例，按上述公式计算绿地植物蒸腾的降温效应，结果列于表 6-4。由表 6-4 可见，计算的蒸腾耗热导致气温下降值，与实测绿地未绿化地区的气温差值趋势一致，数值大小相近。蒸腾强度大的树木，消耗热量多，导致周围空气降温明显，实测绿地与未绿化地区的气温差较大；相反，蒸腾强度小的树木，消耗热量少，周围大气降温不明显，实测绿地与未绿化地区气温差值就较小。

表 6-4　绿化树木蒸腾的降温效应

树种	计算值				实测绿地与未绿化地的气温差/℃
	$E_m/[g/(m^2 \cdot h)]$	$Q_0/[J/(m^2 \cdot h)]$	$Q/[J/(m^3 \cdot h)]$	ΔT(℃)	
白兰	980.76	2 378 411.01	2378.44	1.9	1.5
细叶榕	682.12	1 654 209.21	1654.21	1.3	0.9

注：资料来源同表 6-3。

3. 绿化树木的增湿效应

由于空气不断地湍流和对流，不仅使空气微团之间不停地进行着热量的扩散和交换，而且也进行着水汽的扩散和交换。故仍取水平面积为 $10m^2$，垂直厚度为 100m 的空气柱作为计算单元，算出因植物蒸腾而增加的空气湿度。

绝对湿度：单位体积空气所含水汽质量，称绝对湿度。其单位为 g/m^3。则每平方米绿地面积上的植物蒸腾，对周围 $1000m^3$ 空气柱所增加的绝对湿度 Δa 为：

$$\Delta a = \frac{E_m}{1000}$$

式中：E_m 为绿地的蒸腾强度。以白兰树为例，根据表 6-3 所给数据计算，得出由于白兰树的蒸腾作用，使周围 $1000m^3$ 空气增加的绝对湿度为 $0.98g/m^3$。

水汽压：由于气象观测没有测绝对湿度的项目，为了便于将计算结果与观测值作比较，故利用下式进行换算：

$$e = \frac{a \cdot T}{217}$$

式中：T 为绝对温度(K)；a 为绝对湿度(g/m^3)。由此可求得每 $1m^2$ 绿地面积上的植物蒸腾对周围 $1000m^3$ 空气柱所增加的水汽压 Δe(hPa)。

相对湿度：为了将水汽压换算成相对湿度，先用公式：

$$\ln e_s = 21.382 - \frac{5.3475 \times 10^3}{T}$$

求出饱和水汽压 e_s(hPa)。从而计算出每 $1m^2$ 绿地面积上的植物蒸腾，对周围 $1000m^3$ 空气柱体所增加的相对湿度 Δf(%)为：

$$\Delta f = \frac{\Delta e}{e_s} \times 100\%$$

同样以白兰和细叶榕树为例，用上述公式计算，其结果列于表 6-5。由表 6-5 可见，计算所得的绿化树木蒸腾作用增加的空气相对湿度和水汽压与实测的绿地与未绿化地的相对湿度差和水汽压差值，也像气温一样，变化趋势比较一致，数值大小近似，即蒸腾强度大的树木转化的水分较多，其增加的空气相对湿度和水汽压差相应也较大，实测绿地与未绿化地的湿度差也较大。反之亦然。

表 6-5　绿化树木蒸腾的增湿效应

树种	计算值						实测绿地与未绿化地湿度差	
	E_m/[$g/(m^2 \cdot h)$]	Δa(g/m^3)	T(K)	Δe(hPa)	e_s(hPa)	Δf(%)	ΔE(hPa)	ΔF(%)
白兰	980.7	0.9807	303.7	1.37	42.1	3.3	2.0	10
细叶榕	682.1	0.6821	302.0	0.95	40.1	2.4	0.5	6.5

注：资料来源同表 6-3。

上述测算结果表明，利用树冠覆盖单位绿地面积的蒸腾量 E_m 计算出的绿地蒸腾作用,使周围大气降温和增湿的数值,因其所影响范围大小和树木种类而异。例如,在气温约30℃时,郁闭度较好的白兰树林和细叶榕树,每平方米绿化覆盖面积可使周围$10m^2$,厚100m的大气层降温分别为1.9℃和1.3℃,相对湿度分别增加3.3%和2.4%。而水平$10m^2$的面积对于孤植树,相当于半径为1.8m的圆;对于街道树,则相当于两侧各5m宽的降温增湿带。可见,城市绿化对于改善局地小气候环境效果十分显著。即使一颗孤植的树木,也能给市民带来凉爽和舒适的局地小气候环境。对于低纬度地区的城市来说,夏季气候炎热,烈日当头,如果能在市内合理布设一定面积的林木,不仅起到美化城市净化空气的作用,更重要的是还能为户外活动的市民创造良好的生态环境。

从城市生态学的角度来说,城市绿地具有维护城市二氧化碳与氧的平衡,减轻城市大气污染和改善城市小气候三大功能。因此每一个城市都要有一定的绿地面积,才能维护城市生态系统平衡和稳定。如果从改善城市小气候的反馈调节作用考虑,可根据上述城市绿地蒸腾耗热使周围大气降温的数值,估算城市合理绿地面积。对于一个特定的城市来说,规划面积已定,即影响范围大小已确定,则对城市气候的反馈调节能力便视绿地大小和所选的树种而异。例如,对于广州市而言,以建成区面积约$200km^2$(1989)、夏季城市热岛强度取值为2℃来计算,为反馈城市化产生的热岛效应,如果只从绿化树木蒸腾降温的途径考虑,仍取城市覆盖层厚度为100m来计算的话,则所需绿地面积随所采用的绿化树种不同而不同。如果全部种植白兰花树,则需要绿地面积约为$2105hm^2$,相当于城市绿林覆盖率10.5%;若全部种植细叶榕树,则需要绿地面积$3077hm^2$,相当于城市绿林覆盖率15.4%。目前广州市建成区绿化面积$7100hm^2$,绿化覆盖率33.97%,这些数值虽然比不上国内外一些绿化先进的国家和地区,但却远远超过上述的计算值。这说明仅以一二种树木的蒸腾降温效能来确定城市绿地定额的方法是不全面、不确切的。

城市绿化的功能多种多样,树种选择不可能清一色,故进行城市绿化规划时,可用上述方法对城市主要绿地类型和绿化树种,分别计算其反馈调节的效能,然后取其平均值(最好是加权平均),显然更合理一些。例如,广州市8种绿化树木的平均蒸腾强度为$435.95g/(m^2 \cdot h)$。若以此值计算,则需绿地面积$5000hm^2$,相当于广州市建成区绿化覆盖率25%。然而,这仅考虑乔木,事实上广州市的绿地还有相当一部分是草地、花坛、灌木一类的绿地,虽然面积不少,但其群落的层次结构简单。因此,绿地的实际反馈调节能力比乔木差得多,故绿地定额自然应当适当增大。由此看来,广州33.97%的城市绿化覆盖率,从反馈调节城市小气候的功能来看,对维护广州城市生态系统的平衡和稳定并不算过高,但比较接近相对合理的定额指标。只是这些绿地在市内的分布极不均匀,影响正常功能的发挥。

三、城市绿化的碳-氧平衡效应

城市由于燃料的燃烧和人的呼吸作用,导致空气中二氧化碳浓度一般大于郊区,对人体健康不利。当空气中二氧化碳浓度达0.05%时,会影响人的呼吸,当含量达到0.2%~0.6%时,对人体就有害了。二氧化碳又是主要的温室气体。近年来由于工业化,煤、石油、天然气等消耗量激增,使二氧化碳等温室气体在大气中的含量急剧增长,导致温室效应增强,对全球气候和生态平衡带来了严重的不利影响。城市绿化对调节大气中的碳-氧平衡和减低温室效应都有重要作用。

1. 绿化植物吸收二氧化碳的特性

绿色植物进行光合作用时,吸收空气中的二氧化碳和土壤中的水分,合成有机物质并释放氧气,其化学反应式为:

$$CO_2 + H_2O \xrightarrow[\text{叶绿素}]{\text{光能}} CH_2O + O_2\uparrow$$

植物的呼吸作用也要吸收氧气排放二氧化碳。但是植物的光合作用比呼吸作用大得多。因此绿色植物是大气中二氧化碳的天然消费者和氧的制造者。起着使空气中二氧化碳和氧相对平衡稳定的作用。各种植物由于其光合器官(内外表面积)和生长发育状况等不同,吸收二氧化碳释放氧的能力差异甚大。以$1m^2$叶面积1h所消耗的二氧化碳量(g)计算:树菠萝为2.31g、大叶桉为1.68g、泡桐为1.88g、银杏为1.32g、绊根草为4.5~6.0g、向日葵为3.7~4.3g、葡萄为1.6g、苦楝为1.28g、栎树为0.7~1.2g、柯树为1.1g、槭树为0.5~0.7g(孔国辉等,1988)。据(Bernatzky,1978)报道,一颗100年生的山毛榉孤植树,高25m,冠径15m,树冠体积$2700m^3$,覆盖面积$160m^2$,每小时吸收二氧化碳2352g,释放氧1712g。据估计,每公顷阔叶乔木林在生长季节每天约消耗1t二氧化碳,释放0.7t氧。每公顷生长良好的草坪每天可吸收0.36t二氧化碳。所以城市二氧化碳浓度的分布与绿化覆盖率有明显的关系。根据冯采芹等(1992)对北京市的研究指出:绿化覆盖率较大的城区(如空军大院、和平里小区),二氧化碳浓度较小;而绿化覆盖率低的城区(如223中学、南线阁),二氧化碳浓度较大(表6-6)。当绿化覆盖率小于10%时,二氧化碳浓度较高,日平均含量达480ppm以上,而且变化幅度大;当绿化覆盖率达到30%以上时,二氧化碳浓度呈直线下降;当覆盖率达40%时,空气中的二氧化碳浓度保持到正常的含量320ppm(图6-3)。

表6-6 北京市五个测点二氧化碳瞬时浓度分布(ppm)

地 点	7:00	9:00	11:00	15:00	17:00	19:00	21:00	日平均	绿化覆盖率/%
空军大院	328	327	332	329	302	323	326	321	38.4
和平里小区	426	345	352	346	332	330	370	354	37.4
东城少年宫	393	358	379	395	344	421	409	468	19.0
223中学	495	391	412	365	419	438	465	497	6.9
南线阁	378	398	470	338	510	412	378	480	1.9

注:据冯采芹等,1992。

2. 城市绿化的碳氧平衡效应分析

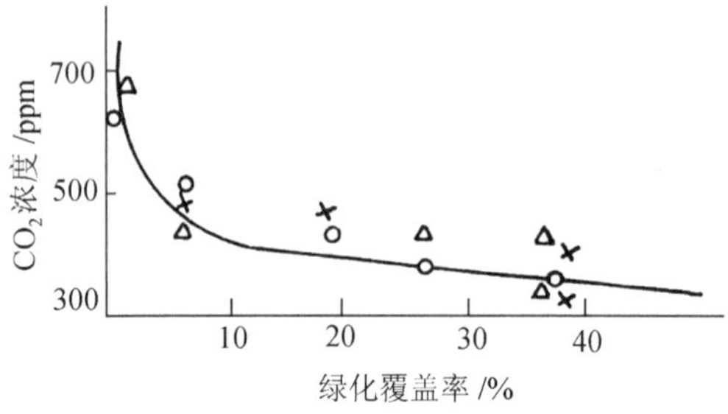

图 6-3 绿化覆盖率与空气中二氧化碳浓度的相关曲线(据冯采芹等,1992)

由于各种树木吸收二氧化碳,释放氧的能力不同,为了研究城市绿化的碳-氧平衡效应,需要对城市中各种绿化植物的吸碳放氧能力进行全面的测试,但这样巨大的工作量任何城市也很难做到。为此,我们在研究广州城市绿化的碳-氧平衡效应时,选择了该市最常见的有代表性的 8 种树木进行测试,并同时测算了其绿地叶面积指数,结果列于表 6-7 和表 6-8。由表 6-8 中数据看,石栗、大叶榕、木棉、白兰等几种高大的阔叶乔木在正常光照条件下,单位时间内从大气中吸收二氧化碳和释放氧较多, 而放出二氧化碳和吸收氧量较少。但树木吸碳放氧能力的大小,不仅取决于单位叶面积的吸碳放氧强度,而且还取决于树木叶面积总量的大小,不同树木叶面积指数不同,其吸碳放氧能力也不同。叶面积指数愈大,吸收二氧化碳和释放氧也愈多。因此,按每 $1m^2$ 植物覆盖面积上的叶片吸碳放氧量计,乔木的吸碳放氧能力大于灌木,树干愈高大, 叶片层次愈多,吸碳放氧量也愈大。

表 6-7 几种常见绿化树木的平均净光合强度和呼吸强度[CO_2mg/(dm^2·h)]

项　目	石　栗	大叶榕	木　棉	白　兰	细叶榕	阴　香	羊蹄甲	夹竹桃
净光合强度	5.315	4.873	4.619	4.192	3.620	3.594	3.271	3.641
呼吸强度	1.391	1.344	1.809	1.334	1.669	1.451	1.172	1.842

注:据杨士弘等,1989 年。

表 6-8 绿地叶面积指数及其二氧化碳消耗量和氧气释放量

项　目		石　栗	大叶榕	木　棉	白　兰	细叶榕	阴　香	羊蹄甲	夹竹桃
叶面积指数 /(m^2/m^2)		17.05	15.99	20.82	22.51	16.21	11.11	8.58	2.84
CO_2消耗量	g/(m^2·h)	9.062	7.792	9.613	9.436	5.866	3.993	2.807	1.034
	g/(m^2·d)	90.62	77.92	96.13	94.36	58.68	39.93	28.07	10.34
	kg/(hm^2·d)	906.2	779.2	961.3	943.6	586.8	399.3	280.7	103.4
O_2释放量	g/(m^2·h)	6.615	5.688	7.017	6.888	4.284	2.915	2.049	0.755
	g/(m^2·d)	66.15	56.88	70.17	68.88	42.84	29.15	20.49	7.55
	kg/(hm^2·d)	661.5	568.8	701.7	688.8	428.4	291.5	204.9	75.5

注:资料来源同表 6-7。

如果从供给人们呼吸的角度去规划城市绿地面积的话，所需绿地面积随所采用的绿化树种不同而异。按表6-7中数据计算，并考虑到植物夜间呼吸作用放出二氧化碳(取相当于白天光合强度的20%计)，则如果种植白兰树，每人需绿地面积11.8m^2，如果种阴香树，则每人需37.6m^2。城市绿化功能多种多样，树木选择不可能清一色。为此，用上述广州常见的8种绿化树木吸碳放氧的平均值估算，规划城市绿地面积更合理一些。例如按1985年统计资料，广州城区人口239.3万人(不含黄埔区和郊区)每天呼出二氧化碳215.38万kg，吸收氧179.48万kg。如果全部靠绿化树木使城市碳-氧循环达到平衡的话，则需林地面积4341.46hm^2。广州现有城市园林绿地面积5830hm^2，从数字上看超过了上述现有面积，但其包含相当一部分绿篱、草坪、花坛面积，而且事实上，城市中各种燃料燃烧产生二氧化碳和消耗氧量比人们呼吸的数量大得多。以1985年为例，广州市燃煤约360万t，燃油约370万t。两项共耗氧约2287万t。为绿地放氧的20多倍。相当于消耗掉建成区(以92.64km^2计)上空380m大气层的氧。由于空气的对流、乱流混合作用以及城市环流的存在，城郊空气不断交换，可以从城外绿地补充城区氧的过度消耗。为保证城市居民呼吸需氧量也应规划一定的城市绿地面积生产氧，这是现代城市建设不可缺少的。为此，按上述8种乔木平均的吸碳放氧量计算，广州城市人均林地面积应占18.1m^2，相当于广州城市绿林覆盖率约22%。而且确保城外郊区一定的绿地面积，是维持城市碳-氧平衡的重要因素。

四、城市绿化的净化环境效应

城市绿化植物对许多有毒有害气体具有吸收净化作用，城市空气中有毒物质最普遍的是二氧化硫和烟尘。在工业区对空气污染较多的还有氟、氯及其他有害气体。利用绿地防止有毒有害气体的危害，是城市环境保护的一项重要措施。

1. 绿化植物对二氧化硫的净化效应

植物对二氧化硫的净化作用大致包括两部分。一是植物表面附着粉尘等固体污染物而吸收一部分二氧化硫。二是二氧化硫通过植物体表面被吸收到体内后进而转化或(和)排出体外，使得植物所在环境大气中二氧化硫浓度有显著降低。植物对空气中二氧化硫的净化效率与树木吸硫能力大小有关，各种植物吸收二氧化硫的能力差异很大。树叶数量大，表面不光滑，树冠较绵密的植物净化能力较大。

此外，叶片年龄、生长季节、大气中二氧化硫浓度、接触污染时间以及其他环境因素，如温度、湿度等都会影响植物对二氧化硫的吸收。据南京市园林处等在南京化学工业公司测定，当二氧化硫随气流通过高15m，宽15m的悬铃木林带后，浓度降低了47.7%。根据杨士弘等(1989)对广州市员村工人文化宫主要绿化树林的测试，绿地的二氧化硫浓度普遍比文化宫外空地小(表6-9)，所测的绿化树木中，大叶榕和石栗树下空气二氧化硫含量最小,其净化效率最大。说明在受二氧化硫污染的工业区,只要搞好环境绿化,建设隔离绿带,会大大减少二氧化硫的危害。

表 6-9 不同植物对环境二氧化硫的净化效应

项目	石栗	羊蹄甲	大叶榕	木棉	溜冰场	宫外空地
日平均浓度/(mg/m^3)	0.0384	0.0426	0.0287	0.030	0.0380	0.0690
净化效率	0.443	0.383	0.584	0.565	0.449	
瞬时最大浓度/(mg/m^3)	0.082	0.12	0.095	0.117	0.090	0.156
净化效率	0.474	0.231	0.391	0.250	0.423	

注:资料来源同表 6-7。

当空气中二氧化硫浓度较大时,净化效率有反而减少的趋势,说明树木对二氧化硫的吸收能力有一定限度。因此,要使绿地发挥较大的净化效果,首先要选择吸收量较大的树种,还要注意选择那些对二氧化硫同化、转移能力强的种类,如国槐、银杏等。

2. 绿化植物对其他有毒气体的净化效应

绿地对净化空气中的氯和氟等有毒气体也有明显的效应。据对广州某化工厂受氯严重污染的农药车间附近的绿地测定(1979 年逐旬测定),丛林前空气氯浓度平均为 0.066mg/m^3,丛林后空气氯浓度只有 0.027mg/m^3,经过丛林后氯降低了 59.1%,特别在植物生长旺盛的夏季,净化效果更为显著。据江苏省植物研究所等(1981)测定含氟化氢的空气通过宽 20m 的阔叶林后,氟化氢浓度比通过空旷地降低 10%以上 。据北京环境保护研究所(1977)对 80～100m 宽的果树林测定,通过林地后空气中的氟化氢浓度比通过同样距离的空旷地下降了 22.21%。

3. 绿化植物的减尘效应

城市绿化植物对灰尘有滞留、吸附、过滤等作用,因此绿地、林带对减少大气降尘量和飘尘量的效果非常显著。由于绿化树种不同,绿地面积大小不同,绿化植物对灰尘的阻滞吸附能力也不同,大的可相差十几倍到几十倍。如据南京市园林处测定,绿化树木可以使降尘减少 23%～52%;北京市测定,夏季成片林地减尘率可达61.1%,冬季亦有 20%左右,街道绿带减尘率为 22.5%～85.4%(何绿萍,1992)。据对广州市大叶榕、石栗、白兰等绿化树木测定,其减尘率可达 50%左右。草地(草高约 40cm)由于密集连片,其减尘率可达 59%(杨士弘,1989)。

绿地对减少空气飘尘量的效果也很显著,据北京市环境保护研究所等对不同类型用地区域的测定,以公园绿地飘尘量最低。成片林地净化飘尘的作用比净化降尘更为显著。如在南京一水泥厂测定,绿化林带比无树空旷地空气中的飘尘减少 37%～60%。

绿地减尘作用的大小与绿地面积、树种、结构、林木年龄及方位、风速等因素有密切关系，愈靠近污染源，空气含尘量愈高，绿地减尘效应也愈显著。

此外，城市绿化植物还具有消音、减噪等环境效应。

第三节　城市绿地规划建设

一、城市绿地系统资源调查

（一）城市绿地系统资源调查的特点和要求

城市绿地系统资源调查为城市绿地规划建设提供系统的现状和历史资料，是城市绿地规划建设的基础和依据。由于城市绿地面积一般不会很大，而且具有多元性特点，因此，对其资源进行调查比一般山地森林资源、植被资源调查要求精度较高。

1. 城市绿地系统资源调查的基本统计单位

城市或城镇内，不同功能绿地资源调查，一般以归属管理部门为基本统计单位。其统计单位面积大小不作限制，因为城区面积一般都不会很大。原则上按一个完整的机关、学校、企业、事业单位、住宅小区、公园、街道和公共绿化工程的自然界线划分基本统计单位，以适应城市或城镇各单位以及公共绿化工程面积大小不一的实际情况。

2. 城市绿地系统资源调查的基本要求

(1) 要与国家森林植被资源调查和管理相衔接　　城市绿地系统资源是国家森林植被资源的组成部分，因此，在调查内容和统计方法上应与国家森林植被资源调查要求相适应。如需要调查林地面积、树木活立木蓄积量、森林蓄积生长量等。有条件的还应调查绿地生态环境，生态效益评价等内容。

(2) 要与城市建设和发展的需求相适应　　城市绿地既是国家森林资源的一个组成部分，又是城市建设的重要内容。因为城区树林属生态公益林、环境保护林，起着调节气候，净化空气，减少污染，降低噪声，改善环境的作用。要把城市建设需要的绿化内容数据调查清楚，例如：绿化树林的种类、生物多样性、景观多样性、生物量、生长量、病虫害、抗污染、减噪声能力，林内负离子浓度等，提供城市生态环境建设所需要的有关数据，以便进行城市规划建设。

(3) 要与城市绿地可持续经营的要求相适应　　按照森林可持续经营的指标体系，调整调查内容和方法，以满足国家和国际林业可持续经营的要求。

3. 城市绿地系统资源调查的对象和范围

城市绿地系统资源调查的对象和范围，是指对划入城市行政区域内全部土地上的绿化植物及其生境作调查，包括水平绿化和垂直绿化的面积和植物资源。

4. 城市绿地系统资源调查的主要内容

城市绿地系统资源调查包括生态环境资源调查、景观资源调查和社会需求调查。

(1) 城市绿地系统生态环境资源调查　　城市绿地系统生态环境资源调查主要包括下列内容:①小气候资源,如温度、湿度、风、降水等;②水分条件,如树林的保水保土能力,土壤湿度、持水能力;③土壤,如土壤有机质、土壤结构、质地、矿物质、酸碱度等;④大气,如二氧化硫、氮氧化物、一氧化碳、飘尘、噪声、空气细菌含量、负离子浓度、酚多精浓度等;⑤植物多度、病虫害、树木受污染程度、动物等;⑥制氧吸碳能力、净化降尘能力、减小噪声能力等。

(2) 城市绿地系统景观资源调查　　城市绿地系统景观资源调查主要包括下列内容:①古树名木调查;②新造林绿化面积;③各种类型林木(乔木、灌木、草本等)面积;④林地总生物量和单位面积年生长量调查;包括乔、灌、草的干、枝、根、茎、花、果、叶的生物量调查;⑤人造景点和文化古迹调查等。

(3) 生物多样性调查　　生物多样性调查包括生境多样性、群落多样性和物种多样性。绿地群落多样性是绿地生态系统多样性的一种反映,是指乔、灌、草的不同组合而形成的绿地植物群落类型。绿地植物群落类型越多,则绿地多样性越丰富。物种多样性包括乔木、灌木和草本植物的多样性。调查时进行树种分类和草本植物分类,对具体物种名称进行登记,然后作统计分析,得出其种类数量和分布情况。

(4) 社会需求调查　　调查城市居民对改善环境、美化环境的需求,对娱乐、休闲的需求,对绿色食品的需求,对科研教育的需求等。

(二) 调查方法

1. 绿地面积调查

(1) 大型绿化工程面积　　大型绿化工程如森林公园、动物园、植物园、树木公园、绿化广场等,这些绿化工程面积可采用已有的设计或统计面积,不需再进行丈量。

(2) 小型绿化工程面积　　小型绿化工程如街道绿化面积、专用绿地和其他绿地面积,需现场实际丈量其绿化长度和宽度,通过计算求得。对于零星树木面积,通过丈量树冠冠幅面积求得。

(3) 建筑物上的垂直绿化面积　　攀缘植物绿化面积以其叶子覆盖面积为准,种植在绿化槽内的绿化面积,以其绿化槽的长度和绿化植物冠幅宽度来计算面积。空中花园和屋顶绿化面积按其实际绿化面积计算。阳台绿化面积按其植物实际所占的绿化空间面积为准。

(4) 未绿化面积　　以城镇规划部门所提出的供绿化用地面积减去已绿化的面积,即为未绿化面积。

(5) 采伐面积　　全部采伐以原来调查面积为准;部分采伐则以被砍伐树木的采伐迹地的长度和宽度计算,宽度以现存树木冠幅宽度为准。

2. 绿地生物量调查

生物量是指某一特定观测时刻,一定面积上或一定空间范围内,现有的生物体数量,又称现存量,单位为 kg/m^2,t/hm^2 或 kJ/m^2。单位时间(a)单位面积(m^2 或 hm^2)生产的产量,称生长量又称生产力,单位为 $kg/(m^2 \cdot a)$,$t/(hm^2 \cdot a)$或 $kJ/(m^2 \cdot a)$,$kJ/(hm^2 \cdot a)$,与时间有关,有时间积累的含义。绿地系统的生物量包括全部乔、灌、草的枝、干、叶、根、茎、花、果的生物量总和。

(1) 乔木的生物量　　成片树林,可用角规测得每公顷断面积,树高用测高器测得。然后查《断面积每公顷蓄积量表》,可得每公顷树林蓄积量。单枝树木,其材积可用树木胸高断面积乘树高乘实验枝数求得。枝材材积查《枝材材积表》,根材查《根材材积表》,可得每公顷枝材蓄积量和根材蓄积量。如果没有枝材材积表和根材材积表,可用各树种枝材和根材占树干材的比例来计算。花、果、叶重量分别通过标准树木的实测值计算。但这些材积都是鲜重材积,还需将其换算成绝对干重,然后求算年生长量。

(2) 灌木的生物量　　灌木的生物量是通过在灌木林设置标准地,标准地面积为 2m×2m,在标准地范围内选取基茎最大、最小、各 1 枝,平均 3 枝共 5 枝样本,整枝挖取,分叶、枝、干、根分别称重,然后烘成绝对干再分别称重。求出每平方米灌木林的叶、枝、干、根的绝对干重量和年生长量。

(3) 草本植物的生物量　　由于人工种植的草本植物生长都比较均匀,故可挖取0.2m×0.2m 面积带根的草本植物,去掉泥分别称其花果、叶、根、干的重量,烘成绝对干后再分别称其绝对干重,并换算成单位面积生物量和单位面积年生长量。

(4) 攀缘植物的生物量　　攀缘植物的生物量调查和灌木生物量调查方法相同。

(5) 住宅阳台绿化植物生物量　　住宅阳台绿化植物生物量调查,应分别绿化植物种类按上述方法选样、称重,求出单枝植物生物量、年生长量和绝对干重。

3. 城市绿地系统景观资源调查

城市绿地系统景观分为自然景观和人文景观两大类。自然景观包括天景、地景、水景、物景;人文景观包括古树名木、人造景观(人工雕塑、人工造型、人工配置、人工修剪形成的各种景观),以具有观赏价值为标准,逐项登记记录。

4. 绿地系统健康状况调查

城市绿地系统健康状况是指绿地植物的长势和演替,与其生态环境功能有密切关系,是城市绿地规划建设考虑的重要指标。绿地群落系统有多林层,有高一级的植物出现,说明绿地系统顺向演替;绿地林层和植物种不变,说明绿地系统稳定;绿地的林木或植物生长不良,说明系统衰退。城市绿地系统健康状况,决定于其生长的环境条件,一是受人为污染的危害,二是受病虫害的危害。

(1) 污染危害情况　　城市绿地树木叶子长势良好,无危害症状,说明环境无污染;植物成片受危害,叶片出现斑状枯黄,说明绿地植物受一般污染危害;植物叶子出现片状枯黄,说明绿地系统受严重污染危害;植物出现片状死亡,说明绿地系统受极严重污染危害。

(2) 病虫害危害情况　城市绿地植物叶子、枝条长势良好，说明无病虫害危害；树叶受害数在 20% 或树枝受害数 10% 以下，说明有轻微病虫害；树叶受害 21%～50%，或树枝受害数在 11%～25%，说明有中等病虫害危害；树叶受害数在 50% 以上，或树枝受害数在 25% 以上，为严重病虫害。绿地系统处于逆向演替，或受严重污染、严重病虫害，都会使其失去生态环境功能，要及时治理和更新。

二、城市绿地规划

城市绿地规划的主要任务是根据城市发展的要求和具体条件，制定城市各类绿地的用地指标，并选定各项主要绿地的用地范围，合理安排整个城市的园林绿地系统，作为指导城市各项绿地建设和管理的依据。其目标：一是建设可支撑城市持续发展的生态大环境；二是调整园林绿地系统的结构布局，提高城市绿地的生态质量和功能；三是协调各种绿化用地的建设规模，提高其生态功能和绿化美化效果，达到结构布局合理、景观优美，与自然环境协调、生长稳定的城市绿地系统，实现整体优化的生态城市目标。

(一) 规划的主导思想

长期以来，由于我国城市人口急剧膨胀，城市居民的基本生态环境受到严重威胁，城市整体的自然生态系统十分脆弱。20 世纪 80 年代以后，出现的城市美化运动，却以惟视觉美而设计。城市绿化在城市自然生态系统中的主体地位未能得到重视，其改善城市生态的功能未能得到有效发挥。城市绿化的首要任务是要使其绿地系统成为生物多样性的载体、人类生活空间与自然生态之间的连续体，维持城市自然生态系统的平衡稳定。所以应以生态学原理和可持续发展作为规划的指导思想。良好的自然生态环境是发展经济的基本条件，在城市发展特别是高速发展的时期，往往会忽视生态环境的保护，甚至造成破坏，使环境质量下降，失去经济持续发展的客观环境条件。因此，加强生态环境建设，大力改善环境质量，是城市可持续发展的保证。城市绿地规划就是运用生态学理论，利用生态系统的循环和再生功能，构建城市绿地系统。结合城市环境状况，进行科学的系统整合，合理布局，建立起与城市发展规划相匹配的，优质高效的城市绿地系统，使城市生态环境建设水平、质量与城市社会经济发展的规模水平相适应，维持城市生态系统的动态平衡，保障城市可持续发展。

(二) 规划的原则和依据

1. 生态功能优先原则

符合生态学原理，尊重自然规律，在生态功能优先的前提下，正确处理协调好绿化、美化、香化、净化等问题。致力于改善城市生态环境，维持城市自然生态系统，使城市绿化成为城市生物多样性的载体，成为生物多样性、物种多样性的定位区，使城市园林绿地系统成为乡土植物和乡土生物多样性保护的堡垒。

2. 因地制宜原则

城市绿地规划虽然都是以生态学原理为指导，但城市有大小，经济发展水平有高低，气候条件有差异，地理环境不同。城市绿地是城市总体规划的一个组成部分，因此，在规划中必须对规划的城市进行分析研究，必须考虑城市的性质、规模、自然条件和城市环境污染状况，要充分考虑到城市工业用地、居住区规划、道路系统等各方面的因素。尽可能利用原有的水文气候条件，名山大川，名胜古迹，突出城市的特点。抓住城市的特点、性质和城市发展的方向、目标，构思城市绿地系统内容、布局、结构，切忌贪大求全、模仿移植。只有这样，才能建设起与城市特点相匹配的，有自然风格特色的城市绿地系统。

3. 整体优化原则

城市绿地系统由反映城市各种需要、功能各异、结构不同的子系统集合而成。在规划时必须根据差异协同的原则，对各子系统进行优化整合，使其在支撑城市可持续发展的共同目标下，形成方向一致的综合效应，发挥最佳的生态功能和作用。

整体优化原则，就是应着眼城市生态整体，对构成城市绿地系统的各子系统进行统一的规划和建设，全面综合考虑，优化系统结构。此外，还需注意与城市所在区域生态环境规划的衔接和协调，构筑起与城市发展目标协调一致具有自身特色的良好生态大环境。

4. 以人为本原则

以人为木是城市规划建设的基本原则。改善生态环境，提高城市环境质量，建设适宜人类居住创业的城市环境，使城市居民生活得舒适和健康，这是城市建设的根本目的。随着人们生活水平的提高，对环境质量需求的标准也不断提高，不单是满足于一定数量的绿地面积，而且需要舒适和美的享受。虽然人的审美观各不相同，没有绝对美的标准，但相对的标准是存在的。在城市绿地规划中，充分运用美学观点，用绿色植物把城市环境装点得更美丽。我国园林艺术有着悠久的历史，其造园手法精巧，美学内涵丰富，在城市绿地规划中，继承、吸取、发展和提高我国园艺传统，使城市园林绿地系统体现生态功能与绿化、美化功能的完美结合，满足市民的需要。

5. 长远目标与近期目标结合的原则

城市绿地系统建设，是一项建设期长而又复杂的系统工程，在规划时必须有超前意识，立足于长远的，高标准、高起点的建设。由于我国经济还不很发达，城市绿地条块分割的建设管理体制，各自的建设目标、经营方针不同。因此，在进行总体规划时要合理安排城市绿化覆盖率、城区绿地率、人均公共绿地等指标。避免因城市建设或一时的经济利益而乱砍滥伐，丧失功能良好的自然森林绿地，这是长远的目标。近期目标是根据规划对象的现实需要与可能，以及财政能力来安排近期可以做到的绿化工程建设。而对一些工程量大建设期长的项目，如森林生态景观的营造与改造，需分期分批进行。由于树木生长需要较长的时间，因此，要及早安排、确定近期目标，使长期目标与近期目标很好地结合起来。

6. 科学性与可操作性结合的原则

城市绿地系统建设，应用科学的理论解决项目建设的方针、方向、目标、框架结构、内容布局等原则问题。但为了提高其可操作性，对于部分重点的、近期的项目，应做到适应当前技术水平和施工条件的要求。

城市绿地系统规划的依据：一是要以国家现行的法规、条例为依据。如《中华人民共和国森林法》、《城市绿化条例》、《城市土地利用规划》、《城市绿化规划建设指标的规定》等；二是要与城市总体发展规划、城市环境规划相协调衔接；三是要与城市发展规模相适应，与区域性生态环境规划相协调；四是要与城市生态环境现状相适应。

（三）城市绿地定额指标

1. 指标类型

城市绿地定额指标是反映城市绿化水平和城市环境质量的一个重要指标。一般以城市绿化覆盖率、建筑绿化用地率（或建成区绿地率）、人均公共绿地面积和人均绿地面积来衡量。

(1) 城市绿化覆盖率 = 城市绿地面积/城市总面积，以%表示。

(2) 建成区绿地率 = 建成区绿地面积/建筑用地面积，以%表示。

(3) 人均公共绿地面积 = 公共绿地面积/城市常住人口，以 m^2/人表示。

(4) 人均绿地面积 = 城市绿地面积/城市常住人口，以 m^2/人表示。

2. 指标的确定

绿化指标规划合理，绿地分布均匀才能符合理想。一个城市要有多少绿地定额，是一个有争议的复杂问题。绿地定额指标的确定，必须考虑到以下问题：

第一，影响城市绿地指标的因素：①国民经济发展水平。国民经济发展水平高的国家和城市，绿地定额指标比较高，反之则低；②城市性质。风景游览城市绿地指标较高，一些重工业城市及交通枢纽城市，由于环境保护需要，指标也相应稍高；③城市规模。大城市绿地面积较大，而中小城市与自然环境联系密切，绿地指标可比大城市低些；④城市气候条件。炎热和干旱地区的城市，绿地指标可以高些，而潮湿凉爽地区的城市，绿地指标可以低些；⑤城市的其他自然条件。如城市的地质、地貌、水文、土壤等条件不同，绿地指标也应有所差别，具体情况具体分析。一般情况下，自然条件有利，指标可以高些，否则低些；⑥城市用地布局情况。带状城市往往绿地指标要高些，而布局紧凑的城市指标可以相应低些；⑦城市历史。城市建筑密度大，用地紧张，绿地指标不可能太高，而新兴城市则应高些；⑧城市原有绿地基础。原有绿地基础好的城市，指标可以高些，否则可低些。

第二，要给人们维持生命呼吸提供充足的氧气，和消耗掉人们排出的二氧化碳，使空气中碳、氧保持平衡。据测算，每人每天排出二氧化碳约 0.9～1.0kg，消耗氧

0.5～0.7kg。通常 $1hm^2$ 阔叶林在生长季节 1 天可消耗 1t 二氧化碳，产生 600～700kg 氧。这样，每人就需要拥有 $10m^2$ 的森林面积。这是一般城市最低的定额指标。但是由于生活中和工业的燃烧，消耗大量的氧和排放大量的二氧化碳，因此对林地面积的需要量应更大。有人提出需要大约 30～$40m^2$ 的绿地。一般认为，为了削减城市热岛效应，改善城市小气候，城市绿化覆盖率不应少于 30%。

第三，要考虑能满足减少空气中粉尘和有害气体的含量，降低噪声强度，保护和提高环境质量的需要。所以还必须从植物吸毒、滞尘、减噪声等功能来考虑，提出一个适合实际的城市绿地需要量，才能反映真正环境质量的要求。日本城市绿地规划，必要的绿地面积是根据绿地的质量，居民对绿地的认识水平，各城市的社会、经济、自然条件，公害和灾害的发生情况，国民对自然保护的传统思想和技术等情况而定。有人从绿化树木产生氧的功能与人消耗氧的关系，提出城市植物的密度应与人口的密度相适应，或每增加一部汽车就种 1～2 株树木。

第四，要能满足游览休息的需要。游人在城市园林绿地中游览、休息，按居民总人口计算，平均每人应占有公共绿地 $6m^2$。假若节假日城市居民中 20% 的人同时去游览休息，则平均每人要有公共绿地 $12m^2$。我国从游览休息方面考虑，提出城市公共绿地面积近期每人平均 3～$5m^2$，远期 7～$11m^2$。若考虑减少空气中粉尘和有害气体的含量，降低噪声强度，保护和提高环境质量的需要，则应该更多些。

根据对广州市的研究认为，事实上，城市中各种燃料燃烧产生二氧化碳和消耗氧量比人们呼吸的数量大得多。所以，单纯从绿地产生氧的作用来制定城市绿地定额是不够的。况且大气中 60% 的氧由陆上的植物产生，其余由海洋里的微生物所产生。所以，只要有风，保持城市空间大气正常流动，氧是不会缺乏的。只有在人口密度大，工业燃烧耗氧量大，空气污染，才会使氧量降低，二氧化碳量增高。但是如果完全根据目前和将来工厂可能排放的废气和粉尘量来制定绿地指标定额，也不一定切合实际，因为废气和粉尘的排放量变化很大，有时在盲目发展工业的情况下，大气污染将极为严重，而绿地面积不可能无止境地扩大。同时，不对大气污染进行必要的控制和治理，单纯依靠绿地的净化作用，也不可能收到理想的效果。所以，合理的绿地定额指标除考虑碳-氧平衡和在大气污染得到基本控制和治理基础上的净化空气的需要之外，还要考虑美化城市和改善气候的需要。

3. 国内外主要城市的绿地指标

世界许多国家在制定大城市绿地定额时，提出每人 36～$40m^2$ 的方案。如美国提出城市绿地指标为每人平均拥有公共绿地 28～$36m^2$；英国为 $42m^2$；法国为 $23m^2$；日本较低，近期为 $6m^2$，远期为 $9m^2$；世界卫生组织推荐的标准是绿化覆盖率为 40%，建筑绿化用地率 40%，人均绿地面积40～$60m^2$，人均公共绿地 $20m^2$。我国也有人考虑到城市燃料所产生的二氧化碳，按每人 $10m^2$ 绿地再增高 1～1.5 倍。比较理想的定额应为每人拥有 $25m^2$ 以上的绿地。

目前我国城市绿化水平较低，据 180 个城市统计，城市绿化覆盖率低于 10%

的占50%以上，按人口平均公共绿地面积计，许多城市只有每人2～3m^2，较高的也只有每人5m^2。根据我国城市绿化规划要求，在有条件的城市，绿化覆盖率近期内应达到30%，远期争取达到50%，每人平均公共绿地面积近期争取达到6～10m^2。新建城市，园林绿地面积应占城市总面积的30%，改建的旧城区一般也不低于25%。我国城市发展不平衡，宜林地面积不等，绿化现状悬殊，应根据实际情况制定各类城市的绿地定额。

实际绿地定额南方和北方应有所不同。南方气候温暖湿润，常绿阔叶林多，终年不凋，具有多层结构，绿地的实际效果好，可以适当少些。北方气候冷凉干燥，落叶树多，绿地效果差，实际定额就要适当增大。减少或增大的程度除通过测定当地主要树木释放氧和吸收二氧化碳的能力来确定之外，还需综合考虑其他的功能。而且确保城外郊区一定的绿地面积，也是维持城市碳-氧平衡的重要因素。

（四）绿地系统的规划布局

1. 均匀分布，联结成完整的绿地系统

城市中各类绿地有不同的使用功能，在进行城市绿地系统的规划布置时，要注意应将公共绿地在城市中均匀分布，做到点（公园、花园、小游园）、线（街道树、林阴道、绿带）、面（大块绿地、风景区）相结合，以面为主，点线穿插，以小为主，大中小结合。生活区周围确保必要的绿地，以改善生活区周围环境，使城市居民有更多的机会接触自然；工厂、高速公路、飞机场等噪声和大气污染源的周边设置防护绿地。此外，保护河川、海岸，文化遗产，风景区等设置绿地。目的不同，绿地的形态、结构、树种等各异。

2. 因地制宜，与河湖山川自然环境相结合

不同城市对绿地系统规划有不同的特点和要求。城市绿地系统规划必须结合城市特点，因地制宜。如北方城市以防风沙、水土保持为主；南方城市以遮阳降温为主；工业城市突出卫生防护绿地；风景旅游城市绿地系统内容广泛。规划布局要充分利用地形地物，并与名胜古迹、河湖山川结合。充分利用破碎地形以及不宜建筑的地段，将它们组织到绿地系统中去。构成丰富多彩的绿色空间。

图6-4　城市绿化系统布局形式

3. 布局形式多种多样

城市绿地的布局形式大体上可归纳为8类，即块状、环状、放射状、放射环状、网状、楔状、带状、指状（图6-4）。我国上海、天津、武汉、大连、青岛等城市的绿地系统布局属块状，居民使用比较方便，但城市总体艺术效果较差，改善城市小气候的生态作用也不明显。哈尔滨、苏州、西安、南京等城市利用原有的城墙、水系，形成带状绿化。而合肥市属楔状绿化，以面为主，点线穿插，以小为主，中小结合，对改善城市生态环境起到了较好的作用。北京市的绿地则是混合式布局。

三、城市绿化植物的选择和配置

绿化植物是城市园林绿地的“基石”，其选择和配置的合理与否，不但关系到城市绿色环境的完美，直接影响到人们的身心健康，而且关系到绿化的成败、绿化成效的快慢、绿化质量的高低、绿化效应的发挥等问题。

（一）城市绿化植物选择的一般原则

1. 适地选树

我国地域辽阔，地形气候复杂，生态条件各异，绿化植物资源种质丰富。不同地理位置，分布的植物种类及植物群落不同，不同种类的植物有不同的生物学特性与生态习性。因此，不同城市以及城市不同地区，用于绿化的植物是不相同的。在选择绿化植物时，要符合植物地理分布的规律性“适地选树”，尽可能选择那些适应性强、抗性强、有地方特色的乡土树种。因为乡土树种，对本地区的气候、土壤适应性强，苗源多，易栽活，应作为城市绿化的骨干树种。由于城市的生境条件较差，故要选择那些对酸、碱、旱、涝及坚硬土壤有较强的适应能力，对病虫害、烟尘及有毒气体抗性较强的树种，确保植物良好的生长，以达到改善环境的目的。

2. 适生境选树

在园林景观设计中，从功能上与艺术上考虑色彩、形体、季相、质感、声觉等多方面的变化与要求。在空间构图上考虑，应适应不同的空间，不同的立地条件，不同的生境。对封闭空间与开放空间的不同处理，弘扬中国园林所特有的透景、漏景、框景、借景、抑景、对景等艺术手法，更要从生态学出发，适应立地条件生境与小生境的具体情况。

3. 适时选树

一般，选择那些树形美观，符合绿化功能要求，栽培管理容易，不妨碍环境卫生，又有经济价值的树种。并且注意速生树与慢长树相结合，常绿树与落叶树的搭配，为了达到景观要求的色彩效果与四季有花的时间动态序列变化的要求，要充分考虑不同植物的花色、花期、叶色、叶的枯荣期与结果期等植物周期变化。花色、花期、果期、枯荣期搭配。按照各种植物不同的生长发育规律及其相互作用与影响。近期以速生树为主，速生树早期绿化效果好，容易成阴，但寿命短，二三十年后就会衰老，需及时更新和补充。慢长树如樟、柏、银杏等要三四十年才见效，但寿命长达百年以上。因此，城市绿化应远近结合，分期分批替换树种。

4. 适生态学规律选树

考虑植物与动物食物链及传粉、授粉关系，为了达到“鸟语花香”的效果，除了注意不同植物花、果实的色泽与味道外，还要注意到动物与植物的食物链及传粉、授粉的关系，充分考虑到这些植物的生物学特性与生态学规律。按照生态学中营养结构愈复杂，生态系统愈稳定的法则，以多种植物混交，模拟再现自然景观，为居民提供接近自然条件为原则。

（二）城市绿化植物的配置

根据绿化的功能和各种绿地的需要以及绿化树木的生态习性、作用，制定植物种类比例和配置方式。

1. 乔木与灌木的搭配

因为乔木是街道树和庭院树的主要树种，所以乔木与灌木的比例配置应以乔木为主，一般乔木应占 70%以上。

2. 落叶树与常绿树的搭配

落叶树一般生长快，每年更换新叶，对有毒气体、尘埃的抵抗力较强。北方城市落叶树占的比例大些，南方城市则常绿树占的比例大，这要根据各地的自然条件来确定。

3. 平面立面配合

各种植物之间的平面距离、立面结构（乔木、灌木、花卉、草坪与地被植物）及其轮廓变化等要合理搭配。其配置形式有：孤植、对植、列植、丛植、群植、树林、绿篱、花坛、花台、花境、草坪等，各自的功能和作用都不相同。

此外，城市由于土地资源十分宝贵，用地紧张，要见缝插针搞绿化。因此提倡垂直绿化、屋顶绿化、盆栽花木等，充分发挥自然物质生产潜力。

四、建立城市立体绿化体系

立体绿化是美化城市、净化空气、改善环境、治理污染、保护人体健康的有效措施之一。尤其是人口稠密、建筑拥挤的城市闹市区更为适用。立体绿化不仅对人体具有良好的视觉心理效应，产生满足的舒适感，调解人的身心健康，绿化植物还可以抵御恶劣的环境污染，吸收灰尘和有毒气体，杀灭病菌和降低噪声，吸收二氧化碳和释放氧气。夏天绿色植物还能遮挡烈日和辐射。有立体绿化的建筑物比无立体绿化的建筑物室温可降低 1～2℃。

早期的城市绿化除园林绿化之外，主要是在道路两旁和房前屋后或一切可绿化的地面植树种草栽花，把裸露的地面覆盖和装点起来，称平面绿化或地面绿化。城市发展高层建筑增多，摩天大楼和立交桥一片片腾起，房前屋后植树种草的地方越来越少，平面绿化满足不了人们的生态需要，于是出现在建筑物的外墙根处种上一些具有吸附、攀援性质的植物，利用它们的茎叶攀附在墙体表面，给建筑物披上一件绿色外衣，或在阳台上种植一些向下垂吊的藤蔓植物，如爬墙虎、金银花等，称垂直绿化或墙体绿化。在建筑物的顶面，铺上一层约20～30cm厚的肥沃、排水性能良好的泥土(如是黏土应添加煤灰或锯末等)，可放置花盆，栽种花草或低矮灌木丛，称房顶绿化。现代城市，许多新建住宅和办公楼，建筑装修材料、油漆、涂料、燃料、家具、办公用品、地毯、化学清洗剂等，很多含污染物质，其中有些是对人体有毒有害的物质，另外，宠物或房间空调系统等也会带有细菌。如果绿化植物的种类选择恰当，数量合理，室内绿化可起到清洁室内空气的作用，因此，室内绿化显得越来越重要，越来越受到重视。地面绿化、墙体绿化、室内绿化、楼顶绿化，形成的绿化网称立体绿化。

从平面绿化、垂直绿化到立体绿化，是城市人们生态环境意识的飞跃，是绿化从室外走向室内，人类亲近自然的一种选择。建筑装饰材料的飞跃，为室内绿化提供了必要的条件，如玻璃透光的建筑结构，实际上等同于玻璃温室。室内凉台、客厅、走廊、卧室盆景、花池，花草树木点缀，都能创造美丽舒适的“绿化”效果。但房顶绿化要注意：①要铺好防水层，以防止渗漏；②要有供水、排水设施；③要在房顶周围修建围墙或栏杆，以保护行人安全；④绿化设施的重量要低于房顶的承受力，以确保建筑物不受损坏。

五、主要绿地类型的规划设计

(一) 公共绿地规划

城市公共绿地建设规划的基本原则是：

(1) 应以植物造景为主，适当配置园林建筑或园林小品。

(2) 公园绿化用地应占公园总面积70%以上。

(3) 绿化树种以乡土乔木、灌木为主，乔、灌、草结合，营造能体现生物多样性和地方特色的城市森林。以体现公共绿地改善城市生态环境，维护生态平衡的主要生态功能，与丰富城市景观，美化市容相结合的原则。

(4) 在布局上力求合理均匀。旧城区由于历史原因，人均公共绿地往往偏低，布局不尽合理，应根据市民的需要和旧城改造的可能条件，对现有公共绿地进行调整和扩建增补，使布局趋于合理。对新建设的城区，规划时应按社会服务半径1000～1500m范围内规划建设一个20～50hm^2的综合性公园。

公共绿地规划的定额指标，应与国家城市发展规划相协调，我国目前应达到人均不低于10m^2水平的目标。新规划的居住区，应按规划人口人均公共绿地不低于1.5m^2、居住小区不低于1m^2、住宅组团不低于0.5m^2的标准建设小公园、小游园。新规划建设的主干街道，要在规划道路建筑红线两边规划宽20m的绿化带，建设为休闲活动林带。园林景观路绿地率不小于40%；红线宽度大于50m的道路，绿地率不小于30%；红线宽度小于40m的道路，绿地率不小于20%。

（二）单位附属绿地规划

单位附属绿地，是城市园林绿地系统的重要组成部分。搞好这部分绿地的绿化建设，不但对绿化美化单位环境，改善工作环境条件十分重要，而且有利于城市生态美学形象和综合生态功能的发挥。

单位附属绿地建设的指标，一般占城市绿化用地的10%～15%。根据我国现行的规定，在新建城区，机关、团体、学校和医（疗养）院，绿化用地率分别不低于40%和45%；在旧城区不低于30%和35%；宾馆、商业、体育场馆等大型公共建筑，建筑面积在20 000m^2以上的不低于30%，20 000以下的不低于20%。而且要根据单位的性质，对附属绿地主要侧重功能进行建设，选择配置不同的树木。

机关团体的附属绿地，应选择以常绿、林冠浓郁、滞尘、吸尘、降噪声作用明显的树木为主，乔灌结合，绿地边缘配置绿篱或花槽，使绿化不仅具有美化功能，更具有净化环境的生态功能，为单位创造一个阴凉、宁静、清新的工作环境。

学校是青少年长知识、长身体的地方，学校的绿化不但要有高效的生态功能，而且要把绿化建设成为生物科学直观教学实习的场所。

工业园区是现代城市的重要组成部分，为防治工业污染的不规则扩散，要加强绿化建设。一是在园区周界，规划建设宽度不小于15m的防护林带，使其成为具有防护、隔离、降污、减噪声、净化降尘等综合功能的防护骨干林带；二是在园区内的主干道、工厂之间建设不小于10m宽的分隔林带，与骨干林带构成生态防护网络体系；三是在生产区与生活区之间，规划建设不小于10m宽的分隔林带。生活区内的绿化按居住区绿化标准要求建设，人均公共绿地不少于1m^2；工厂范围内的绿化，以美化环境为主。

绿化植物尽量选择叶面积指数大，吸碳制氧能力强，抗污染、滞尘的常绿乔木，适当配置灌木花草，以增强美感。

（三）道路绿地规划

街道是城市的“动脉”，交通的网络系统，人流车流密集，是城市中线状污染最严重的部分。城市街道绿化除了可以绿化美化市容，提高城市美学文化形象之外，更主要的是作为现代化城市改善环境质量，维护生态平衡重要的配套工程。它不但直接关系到城市的形象和风格，而且其生态功能是其他设施所无法替代的。因此，规划建设好街道绿地，提高行道树对街道空气污染的净化效率和景观美，对提高城市生态环境质量意义重大。

1. 道路绿化植物选择

绿化植物应选择适应道路环境条件、生长稳定、观赏价值高和环境效益好的植物种类。路树应以抗污、降污染能力强，树冠浓郁，树形美观，耐碰撞，抗风力强，无花粉、花絮污染的乡土常绿阔叶乔木为主，适当筛选经过实践检验的具有上述性能的外来树种为辅，并在乡土树种中筛选出3～5个当地自然生态中最具代表性的树种，为该城市的基调树种，合理配置，以体现城市的绿化特色；行道树应选择深根性、分枝点高、冠大荫浓、生长健壮、适应道路环境条件，且落果不会对行人造成危害的树种。

绿篱植物应选择萌芽力强、抗污染降噪声、吸尘滞尘能力强，枝叶密集，耐修剪的常绿灌木，以增强绿化的净化环境功能；花灌木就选择花繁叶茂、花期长、生长健壮和便于管理的树种。

地被植物应选择茎叶茂盛、长势强、病虫害少和易管理的木本或草本观叶、观花植物。以本地耐阴，耐践踏，粗生的草种为主。用以覆盖乔木下面裸露土壤，使泥土不露天，防止尘土飞扬，增强绿化的立体景观效果。其中草坪地被植物尚应选择萌蘖力强、覆盖率高、耐修剪和绿色期长的种类。

2. 道路绿地布局与景观规划

园林景观路应配置观赏价值高、有地方特色的植物，并与街景结合；主干路应体现城市道路绿化景观风貌；同一道路的绿化宜有统一的景观风格，植物配置上应相互配合并应协调空间层次、树形组合、色彩搭配和季相变化的关系；不同路段的绿化形式可有所变化；毗邻山、河、湖、海的道路，其绿化应结合自然环境，突出自然景观特色。

街道绿化模式，可根据街道类型及绿化用地的宽窄，分别规划建设为森林大道、景观路、林阴道、休闲绿化路等，使街道绿化充分体现生态功能与美化功能的协调统一，丰富绿色文化景观的内涵。对于设计宽度40m以上的城市主干道路，有6～8车道加非机动车道、人行道，可规划建设成森林大道。选择多种高大乔木树，进行株间、行间或段状混交，或常绿与落叶混交，高矮混交。这样可以把街道绿化营造成颇具规模的带状森林景观，增强绿化的生态功能；对于窄些的街道，只能规划种植两行或只能单边种植一行路树，可选择树冠较宽的树种，以增大树冠覆盖度，建成林阴道；对于居住区或居住小区的街道，绿化主要突出其生态功能和供居民休闲散步，可选择一些吸碳放氧功能强，花、香、色兼顾的树种；对于一些具有文化景观、建筑形象景观、自然景观特色的街道，可选择树形美观，能观花赏叶的树种，精心设计，以突出这些景观的特色。

（四）城市郊区绿化建设

在城市化过程中，郊区是暂时未建成或要保护的城区农副产品基地。一类是“乡村城市化”郊区，经济上以工业为主，原来的农民主要从事工业生产或服务性行业，户籍仍为农业户口，行政体制仍保留“镇”、“村”。其绿化应按现行城市绿化标准要求，即建成区绿地率不少于35%，绿化覆盖率不少于40%，人均公共绿地

$10m^2$。镇中心城区规划建设较有规模的公园、游乐园，各村建设小公园、小游园，为居民提供休闲、社交活动场所；另一类是城乡一体化的郊区，其主要特点是还保留有传统的农业经济成分，但规模比重都已很小，村民住宅多就地改造或在村庄周围建设，建筑密度较低，绿化用地易解决，原有绿化基础也较好，要求绿化用地率不少于 30%，绿化覆盖率不少于 35%。常住人口 500 人以上的村庄，要建设小公园或小游园，供村民休闲活动用。

为完善城市周围的生态系统，保护城市内的良性生态循环，广东省提出了《环城绿带规划设计指引》方案，该方案规划在城镇外围的开敞空间，建设起一道道绿色长城围绕城区，形成闭合、环绕、嵌合、网状的绿化系统。将绿环作为环境的"保护神"。凡人口规模 15 万人以上的市、镇，或者间隔小于 5km 的两个城镇都应该设置"绿环"。"绿环"大小则根据城市人口而定，中小城市应保证人均绿环面积不小于 $40m^2$，大城市为 $30m^2$ 以上。

第七章 城市环境污染

城市是人类活动高度集中的场所，人口密集，利用和消耗着大量自然资源和能源，同时产生大量的污染物质和废弃能量，当其超过城市环境的自身净化能力时，则使城市环境受到污染和破坏，对人群健康和城市景观带来负面影响。城市环境污染的种类和形式多种多样，按污染作用的性质形态可分物理性(声、光、热、辐射等)、化学性(有机物和无机物)、生物性(霉素、病菌等)污染等。按受污染的领域范围和污染物质可分为大气污染、水体污染、土壤污染、固体废弃物污染、噪声污染等。污染物来源复杂，种类繁多，现已发现的有1000多种有毒有害物质和病原微生物。目前，全球以城市为中心的污染还在继续，污染范围在扩大，并有向农村蔓延的趋势。

第一节 污染物及其危害

一、城市大气污染物及其危害

空气是人及一切生物时刻不能缺少的物质。一个成年男子，每天平均吸入15kg空气，这远比每天摄取1.5kg食物或约2.5kg水为多。人离开空气5分钟就可死去，植物离开空气就无法进行光合作用。随着城市化和工业化的迅速发展，城市大气污染问题引起了人们的普遍关注和高度重视。

(一)颗粒状污染物及其危害

1.颗粒状污染物的类型和特性

颗粒状污染物指粉尘之类。粉尘分降尘和飘尘两类。降尘颗粒较大，粒径在10μm以上，能很快降落至地面，多属于燃烧不完全的小碳粒，即人们所看到的黑烟。飘尘颗粒较小，粒径在10μm以下，其中相当大一部分比细菌还小，可长时间在空气中飘浮。粒径小于100μm的所有颗粒物称总悬浮微粒。其中粒径在1～10μm间的粒子，能进入呼吸道系统，由于惯性力作用被鼻毛与呼吸道黏液排出；小于0.5μm的粒子由于气体扩散的作用被黏附在上呼吸道表面而随痰排出；而0.5～5μm的飘尘可以直接到达肺细胞而沉积，并可能进入血液送往全身，在身体各部位累积，引起疾病。

2. 颗粒状污染物的来源

粉尘主要来自燃料燃烧和工业生产过程中产生的废弃物。煤燃烧后约有原重量10%以上的烟尘排入空气,油燃烧后约有原重量不到1%的烟尘排入空气。矿石烧结、水泥煅烧、钢铁冶炼、有色金属冶炼等工厂,都会有大量的粉尘排出。其中还含有多种金属微粒及气体,如铅、汞、镉、铬、钡、铁及其氧化物,具有催化作用,能促使其吸附的二氧化硫、二氧化氮等有害气体,变为比二氧化硫等气体刺激性强得多的酸雾。飘尘也能吸附在致癌性很强的苯并芘等碳氢化合物里,在无风或小风、逆温等不利于稀释、扩散的气象条件下,能在大气中富集,使大气污染程度增大,从而大大增强其危害性(表7-1)。

表 7-1　飘尘所含重金属能引起的机体反应

有毒有害物名称	能引起的机体反应
铅、有机铅、汞、有机汞、锰、铊等	能引起精神系统障碍
锌、铜、铁、铅、锰、镁、镉等的蒸气	能引起金属热
汞、镉、铀、铅等	能引起肾脏障碍
铅化物、砷化氢等	能引起血液系统障碍
汞、镉、铅、铊、砷等	除前面已提到的反应外,还常伴有消化系统障碍
砷、镍、铬等	经动物实验,有致癌效应

(二) 气态污染物及其危害

1. 主要气态污染物及危害

(1) 二氧化硫　以气体分子状态存在的污染物称气态污染物。气态污染物种类很多,大部分为无机气体,如表7-2所示。其中二氧化硫是城市大气中分布较广、影响较大的气态污染物。它是一种具有刺激性和窒息性气味的无色气体,易溶于水。二氧化硫很少单独存在于大气中,它往往与飘尘结合在一起进入人体,并大部分在上呼吸道与水生成亚硫酸和硫酸,对黏膜直接产生强烈的刺激作用。长期接触二氧化硫者可引起慢性结膜炎、鼻炎、咽炎及气管炎等,能引起支气管哮喘的

表 7-2　气体状态大气污染物的种类

污染物	一次污染物	二次污染物
含硫化合物	SO_2, H_2S	SO_3, H_2SO_4, M^*SO_4
含氮化合物	NO, NH_3	NO_2, HNO_3, M^*NO_3
碳的氧化物	CO, CO_2	无
碳氢化合物	HC	醛,酮,过氧乙酰硝酸酯(PAN), O_3
卤素化合物	HF, HCl	无

* 表中M代表金属离子。

发作。日本四日市哮喘病就是一个例证。硫的氧化物遇水汽生成具有腐蚀性的酸滴、酸雾，其毒性比二氧化硫大 10 倍，对人体、生物的危害更大，被称作“空中死神”。它还对建筑物及钢材表面产生强烈腐蚀作用，严重影响城市建筑景观，并能使铜的表面变绿，纺织品及纸张发脆，皮革变质，油漆变色。金属涂料与二氧化硫、硫化氢接触后，能化合成硫化铝而使白色金属表面变成黑色，使油画等美术品失去其艺术价值。

(2) 氮氧化物　　氮的氧化物中有亚硝酸、硝酸、一氧化二氮、一氧化氮、二氧化氮等多种氧化物，但对大气造成污染的，主要是一氧化氮和二氧化氮。浓厚的氧化氮气体呈黄褐色。长期接触二氧化氮，可发生慢性支气管炎、神经衰弱症等，有的可导致肺部纤维化。二氧化氮还会使中枢神经受损，引起痉挛和麻痹，高浓度的二氧化氮会损害肺功能。近年发现，二氧化氮还具有助癌和致癌性。并通过光化学作用生成二次污染物。高浓度的二氧化氮会使街道、工厂区绿化植物受害，在低浓度的二氧化氮长期影响下，则能使绿化植物生长明显受到抑制。

(3) 一氧化碳　　随着对煤和石油等化石燃料的大量消耗，一氧化碳对城市大气的污染日益严重。据报道，现在地球大气中的一氧化碳，80%是汽车排放的。由于一氧化碳不溶于水，吸湿性差，在大气中相当稳定，所以大气中的一氧化碳很难被雨水冲刷降落到地面，而是长期停留在大气中(一般长达 2～3 年)，这就相对增强了一氧化碳对大气的污染及对人体的危害。一氧化碳被吸入肺泡后，进入血液很快就与血红蛋白结合，生成离解缓慢的碳氧血红蛋白，降低了血液输送氧气的功能，使人体组织出现缺氧症状，轻者可引起贫血、记忆力减退、知觉异常、失眠、心脏病及呼吸道感染等慢性疾病，重者可立即死亡。

(4) 氟及其化合物　　氟及其化合物的气体、蒸气或粉尘可由呼吸道进入人体，也可因饮食含氟量高的水或被氟污染的食物，经消化道进入人体。还可直接经皮肤吸收。氟化氢对上呼吸道黏膜有强烈的刺激和腐蚀作用，可引起鼻咽炎、干燥性鼻炎、流鼻血和嗅觉失灵等，严重者还可出现鼻黏膜溃疡甚至鼻中隔穿孔。当吸入高浓度的氟化氢时，可引起支气管炎、肺炎，甚至出现肺水肿。另外，高浓度氟化氢还可对全身产生毒性作用，如毒害某些酶系统，影响钙磷代谢，引起骨质增厚，韧带和肌腱附着处明显钙化。骨质疏松，易发生骨折，称之为“氟骨症”。氟化氢也能引起牙齿酸蚀症。过量的氟可影响儿童牙齿发育和钙化，使牙出现斑釉、磨损或碎裂脱落等。氢氟酸污染皮肤可引起化学性灼伤，以致形成难以愈合的溃疡。

(5) 氯　　氯为黄绿色具有异臭强烈刺激性气体，易溶于水生成盐酸和次氯酸。次氯酸又可分解成盐酸及新生态氧，能刺激眼黏膜，使上呼吸道发炎肿胀、充血，严重时引起呼吸道损伤而发生支气管炎、肺炎及肺水肿。吸入高浓度的氯气会产生喉头水肿或声门痉挛而导致急性窒息，或使呼吸中枢麻痹，出现所谓“闪电式”中毒死亡。大气中的氯和氯化氢在湿度较大的条件下，会严重腐蚀金属表面，损坏机件。当浓度较高时，氯气会抑制植物进行光合作用，影响植物生长发育。

(6) 光化学烟雾　由汽车和工厂烟囱排出的氮氧化物和碳化氢,经太阳光紫外线照射而生成一种毒性很大的不同于一般煤尘废气的浅蓝色烟雾,称光化学烟雾。其主要成分为臭氧、醛类、过氧乙酰硝酸酯、烷基硝酸盐、酮等,其中臭氧占90%左右。光化学烟雾有强烈的刺激作用,能使人眼睛红肿、喉咙疼痛。中毒严重者,呼吸困难,视力减退,头晕目眩,手足抽搐。时间长了,还会引起人体动脉硬化,生理机能衰退。

2. 城市气态污染物浓度分布

城市是工业、交通和生活源集中的地区。多种污染物排至城市大气层中,因此污染物平均浓度的分布为城市高于农村(图 7-1)。城市中大气污染源分布十分复杂,不少城市既有高耸孤立的工厂烟囱和烟囱群,又有低矮分散的居民灶;许多城市是工业、商业、居民区混杂,无单一功能区可言,加上建筑物间街道纵横,参差起伏,风向多变,风速偏小,不利于污染物扩散。因此城市内部污染物分布不均,局地性的差异很大。

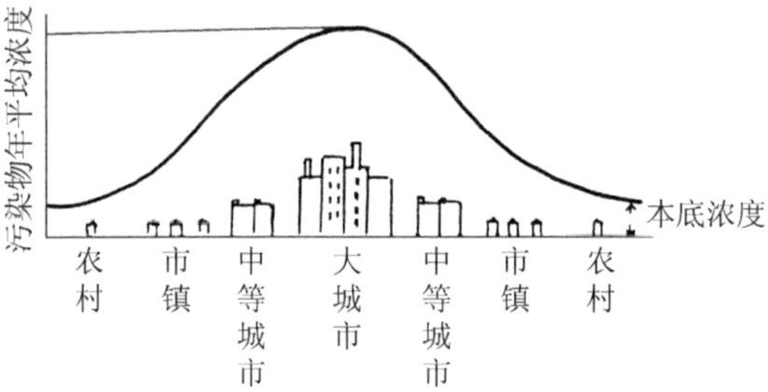

图 7-1　城乡大气污染物浓度分布示图

据 1983～2001 年资料统计分析,我国城市大气污染仍然以粉尘、二氧化硫为主要污染物的煤烟型污染,其分布规律是:北方城市的污染程度重于南方城市,尤以冬季最为明显;大城市发展趋势有所减缓,中小城市增长快于大城市;污染程度与人口、经济、能源密度及交通密度呈正相关。大气污染有冬季重于夏季、早晚重于中午的时间变化规律。

3. 气态污染物的主要来源

气态污染物主要来自燃料燃烧。燃煤方式不合理是造成城市空气污染的症结所在。我国城市的主要能源是煤,各城市燃煤量在整个能源结构中一般占 80%以上,不少超过 90%。煤含硫和灰分较高,直接燃烧热效率很低,家庭用小煤炉燃烧热效率仅为 10%～20%。小型工业锅炉热效率也只有 40%～50%。因此有大量烟尘和二氧化硫等气体排入城市大气中。加之家庭小炉灶直接低空排放,锅炉烟囱也大多不高,造成城市大气污染严重,尤其冬季早晨出现贴地逆温时,易造成煤烟型污染,如 1952 年英国伦敦的硫酸烟雾事件。

近年来随着城市的迅速发展,特别是在沿海城市,汽车数量急剧增多,汽车尾气排放量增加，已成为这些城市的主要污染物质。其中以氮氧化物和一氧化碳为主，这些物质浓度高点均分布在十字路口汽车来往最频繁的地方(图 7-2)。它们在阳光作用下，会发生光化学反应，形成臭氧一类强氧化剂物质，有时甚至还可能出现光化学烟雾，如 20 世纪 50 年代美国洛杉矶的光化学烟雾事件等。广州曾测到光化学烟雾的中间产物——醛类污染，污染浓度为最高限值(0.5mg/m^3)的 2.5 倍，与 20 世纪 50 年代洛杉矶光化学烟雾事件相当。

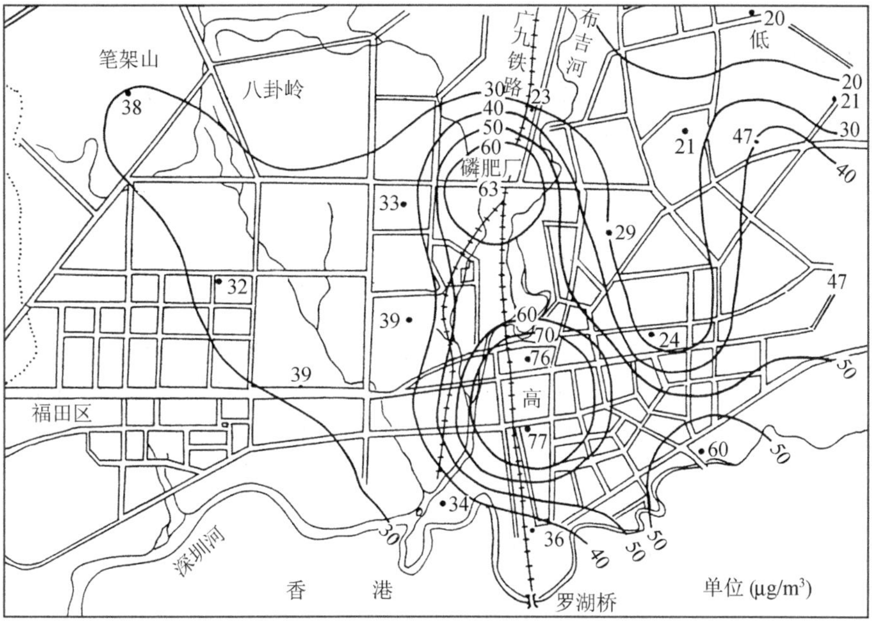

图 7-2　深圳市大气中二氧化氮平均浓度分布(据唐永銮等，1985)

由于大气污染，近百年来世界各大城市呼吸道疾病日益增多。20 世纪 40 年代以来，世界各地出现的严重大气污染事件主要发生在城市。

二、城市水体污染物及其危害

城市生活污水、各种工业废水如果未经处理就排入周围水体，以及降雨冲刷地面夹带的各种垃圾废物污泥进入城市水体，往往超过城市水体的自净能力而造成水体污染。这些物质成分复杂，种类繁多，不少是有毒有害物质，主要有：

(一) 有机污染物

工业废水、生活污水中，含有大量碳氢化合物、蛋白质、脂肪、纤维素等有机物质，排入水体后，即成为微生物的营养源，使有机物被微生物分解消化。在这种分解过程中，要消耗水中溶解氧，使水体供氧不足，引起嫌气发酵甚至黑臭，表示有机污染。一般用溶解氧(DO)、化学耗氧量(COD)、生物化学耗氧量(BOD)、氨氮(NH_3)、亚硝酸盐氮(NO_2)、硝酸盐氮(NO_3)等表示。

1. 溶解氧

溶解氧是指溶解于水中的氧,单位是 mg/L,一般用膜电极法测定。天然水都含有一定的溶解氧,它是水生生物主要生存条件之一。水体有机污染越重,分解有机物消耗氧越多,水中溶解氧越少。溶解氧高,表明水质较好。一般来说,饮用水要求溶解氧应高于 5 mg/L。

2. 化学耗氧量(COD)

化学耗氧量也称化学需氧量。是指在一定条件下,氧化 1L 水中还原性物质所消耗的氧化剂的量,以氧的 mg/L 表示。水中还原性物质包括有机物和亚硝酸盐、硫化物、亚铁盐等无机物。化学耗氧量反映了水中受还原性物质污染的程度。基于水体被有机物污染是很普遍的现象,该指标也作为有机物相对含量的综合指标之一。化学耗氧越多,表明水质越差。

3. 生物化学耗氧量(BOD)

生物化学耗氧量也称生物化学需氧量,简称生化需氧量。是指在有溶解氧的条件下(培养箱内、温度 20℃、培养 5 天、用碘量滴定),好氧微生物在分解水中有机物的生物化学氧化过程中所消耗溶解氧的量。单位是 mg/L。生化需氧量越高,水质越差。由于水体中有机物生化需氧量大,水中溶解氧因被大量消耗而显著降低,一旦水体中氧气补给不足,则将使氧化作用停止,引起有机物的嫌气发酵,分解出甲烷、氢、硫化氢、硫醇及氨等腐臭气体,散发出恶臭,污染环境,并毒害水生生物。由于气体上浮,有机质堆积物也被带到水面,不仅使水的表面恶化,而且阻碍空气进入水体。

4. 水体"富营养化"

造纸、制革、肉类加工、炼油等废水,生活污水以及农田施用肥料的回用水,富含氮、磷、钾、碳等营养物质。近 10 多年来,含磷洗涤剂的广泛应用,使城市生活污水含磷量增加,水体中营养物增多,藻类大量繁殖,耗去水中溶解氧,从而影响鱼类的生存,这就是所谓"富营养化"污染。

另外,有机氮在水中经微生物作用,可以硝化分解成硝酸盐,再经还原成亚硝酸盐,它在人体中可与仲胺作用生成具有强烈致癌作用的亚硝胺。

(二) 无机污染物

无机物包括酸、碱和无机盐类。污染水体的酸主要来源于矿山排水和多种工业废水。如工业中的各种酸洗废水和粘胶纤维、酸性造纸废水等。另外雨水淋洗含二氧化硫的空气后,汇入地表水体也能造成酸污染。水体中的碱主要来自碱法造纸、化学纤维、制碱、制革以及炼油等工业废水。酸性废水与碱性废水相互中和可产生各种盐类。酸性废水、碱性废水与地表物质相互反应也生成一般无机盐类。

所以酸和碱的污染也必然伴随着无机盐类污染。酸、碱污染水体，使 pH 值发生变化，破坏其自然缓冲作用，消灭或抑制细菌及微生物的生长，妨碍水体自净。同时大大增加水中无机盐类和水的硬度，给工业和生活用水带来不利影响，有时因处理费用昂贵，甚至失去工业上的使用价值。又因为其腐蚀性很强，会严重腐蚀排水管道和船舶等。

（三）有毒污染物质

水体中的有毒物质如氰化物、砷、酚类，以及汞、镉和铜等重金属离子，当含量较多时就会具有毒害生物的作用，可将水体中的细菌和动植物杀死。①细菌被毒性杀死，就必然抑制水体的自净作用；②使水中鱼虾大量死亡，甚至绝迹，破坏生态平衡；③引发各种急慢性中毒。当有毒物质浓度较高时，对人和水生生物都有致命的危害。如人吃了受有毒物质污染的水或鱼贝类食物，会发生各种急慢性中毒；④沿食物链进入人体内积蓄富集，会加重病情或遗传给下一代。如日本水俣病、骨痛病等。

（四）其他污染物

其他污染物主要是油的污染、热的污染、色臭味污染、病原微生物污染等。

1. 油的污染

由于城市炼油工业清洗油桶、机器等废水的排放，海上油船泄漏，使水受油的污染。特别在河口和近海水域的城市，近年来这种污染十分突出。油的污染不仅有害于水的利用，而且油在形成油膜后，会影响氧气进入水体。油还容易填塞鱼的鳃部，使鱼呼吸困难，甚至引起鱼的窒息。漂浮在水面的油层，由于水流和风的影响，可以扩散很远。在河口和沿岸城市，油污染的结果，使风景区被破坏，海滩利用价值降低，鸟类生活遭到危害。

2. 热的污染

工厂的冷却水是热污染的主要来源，如不采取措施，直接向地表水体排放，可引起水温上升，对水生生物和人类产生严重的影响。水温上升，造成水中溶解氧减少，甚至使溶解氧降至零。水温上升，还可使水体中某些毒物的毒性升高，如当水温升高 10℃时，氰化钾对鱼可产生双倍的毒性。水温的升高对鱼类的影响最大，严重时甚至可引起鱼的死亡。热污染还可以加速细菌繁殖，促进病原体的繁殖和迁移，引起疫病的蔓延。热污染还可以助长水草丛生，影响河水流动，严重时使河水泛滥成灾。

3. 含色、臭、味的废水污染

色度高的废水，除影响水体外观外，若直接用于工业生产，还会使制成品产生色泽，影响产品质量。有色废水中主要含有铬酸盐（呈黄色）、铬盐（变绿色）、铜盐（变青色）、镍盐（变黄色）、亚铁盐（变褐色）等溶解性着色物。有些废水排出时无色，但进入水体后与其他溶解物进行反应可生成颜色，如含有铁离子的废水，遇到含丹宁废水时，即可出现黑色等。水体中含有硫化氢和酚类化合物时会使水体发臭，水生生物受这种有臭味废水的影响，也带有臭味，这不仅使鱼贝类的质量下降，甚至使之无法食用。

4. 病原微生物污水污染

生活污水、医院污水以及生物制品、制革、屠宰等工业废水，含有各种病菌、病毒、寄生虫等病原微生物(表 7-3)，流入水体后，会传播各种疾病。如未经处理的医院污水用来灌溉农田时，会造成各种危害，使受污染地区环境污浊、蚊蝇大量繁殖，导致疾病流行。

表 7-3　医院污水中含有的病原微生物和寄生虫

细　　菌	病　　毒	原　　虫	寄　生　虫
痢疾、伤寒、副伤寒、沙门氏菌、病原大肠菌、葡萄球菌、链球菌、结核菌等	小儿麻痹、各种肠道病毒传染性肝炎等	阿米巴等	虫卵：蛔虫、钩虫、血吸虫、蛲虫等 成虫：蛲虫

三、城市噪声污染及其危害

(一) 噪声及其单位

令人讨厌、受害和不需要的声音，称噪声。地环境声学中常用声压级表示，单位为分贝(dB)。声压级为等效声级(L_{Aeq})，噪声单位：L_{Aeq}[dB(A)]表示用 A 计数网络修正过的声压级，对人的听觉相关性较好。

(二) 噪声的来源

1. 工厂机器、建筑施工

工厂里高速运转的机器，如发动机、空压机、电动机、钻机、建筑用推土机、挖掘机、打桩机等都发出较强的噪声。

2. 商业、娱乐活动

娱乐场所、运动场、商业活动中心、家庭社会活动等，也产生各种各样的噪声。这些噪声虽然一般在 80dB 以下，没有生理危害，但使人烦躁不安，干扰休息、谈话和其他社会活动。

3. 交通运输

城市中现代化交通工具发展日益广泛，天上、地下、地面、水面都运行着各种交通工具，如飞机、火车、汽车、地铁、轮船等，是活动噪声源，对环境影响范围广泛。

（三）噪声的危害

1. 妨碍工作、休息，影响人体健康

城市因人口集中，工业生产、建筑施工、商业活动、交通运输等，产生各种令人不适的声音，妨碍人们的休息和工作，甚至影响身体健康，成为城市环境污染的重要因素之一。噪声对人体健康最常见的影响是听力减退和引起噪声性耳聋。人初进入噪声环境中，常会感到烦恼、难受、耳鸣，少数人可出现晕眩、恶心或呕吐等症状。这些症状在脱离噪声环境后即可缓解和消失。若再次接触噪声，上述情况又将重复出现，且症状随接触次数增加及时间延长而加重，逐渐出现听觉疲劳，如两耳轰鸣、听觉失灵(重听等)，进而发生听力丧失而成为噪声性耳聋。据调查，在高噪声车间里，噪声性耳聋的发病率有时可达50%～60%，甚至高达 90%。极强噪声能使人的听觉器官发生急性外伤，并使整个机体受到严重损伤，引起耳膜破裂出血，双耳完全变聋，语言紊乱，神志不清，脑震荡和休克，甚至死亡。

2. 给建筑物造成破坏，影响生产活动

噪声还能给生产活动造成严重影响，给建筑物带来灾难。如超音速飞机产生的巨大压力波往往超过 140dB，可使墙震裂、瓦落、门窗破坏，甚至使烟囱及古老的建筑物发生倒塌，钢结构产生“声疲劳”而损坏。

3. 使仪器失灵，影响科研和生产

强烈的噪声可使自动化、高精度的仪器、仪表失灵，使科研、国防建设和现代化生产遭受损失。

因此要加强对城市噪声污染的控制，根据各种噪声的来源，采取防治和减控措施。测定不同街道，不同住宅区和住宅小区的噪声，以便了解居住区白天、夜间噪声情况，有多少达标，多少超标，分析噪声影响面积和人口数量，分析车流量大、中、小三种类型住宅区的噪声情况，绿化情况，不同绿化类型的噪声水平，寻求降低噪声的途径、方法。目前不同国家和不同地区的城市，不同的活动场所所允许的噪声级标准不同。我国采取的城市环境噪声标准如表 7-4 所示。

表 7-4　我国城市区域环境噪声标准(GB3096-93)(等效声级 L_{Aeq}:dB)

类　别	适 用 区 域	昼　间	夜　间
0	疗养区、高级别墅区、高级宾馆区等特别需要安静的区域	50	40
1	居住、文教、机关为主的区域	55	45
2	居住、商业、工业混合区	60	50
3	工业区	65	55
4	交通干线、内河航道两侧区域	70	55

四、城市土壤污染物及其危害

土壤是整个生物圈的基础，一切生物生息其上。城市土壤受了污染，将通过食物链和地下水危害人类。而且破坏土壤中微生物系统的自然生态平衡，会使病菌大量繁殖和传播，将造成人口密集地区的疾病蔓延。

（一）城市土壤污染的主要污染物质

1. 重金属元素

土壤本身含有一定量的重金属元素，其中很多是作物生长很需要的微量营养元素。只有当进入土壤中重金属元素积累的浓度超过卫生标准，才被认为土壤被重金属污染。污染土壤的重金属主要是汞、砷、镉、铜和锌等。土壤污染中重金属比较突出。重金属不仅不能为土壤微生物所分解，而且还为生物所富集。土壤一旦遭受重金属污染是较难彻底消除的，因此构成对人类潜在的较大威胁。

2. 有机物和无机盐

土壤中的有机物和无机盐的污染，主要来自工业废水的渗入，以及固体废弃物常年堆积在土地上而自然扩散和由雨水冲洗渗入。还有一些是合成有机杀虫剂和除草剂的污染。

3. 粪便和污水

土壤中的病原微生物主要来源于人畜的粪便、灌田的污水等。当人与污染的土壤直接接触，健康将受到影响。若食用被土壤污染的蔬菜、瓜果等，则人体将间接地受到污染。在这类污染土壤上聚集的蚊蝇，则成为扩大影响的带菌体。当这种土壤经过雨水冲刷时，又可能污染水体。

（二）城市土壤污染物的来源和危害

污染土壤的重金属主要来自大气、污水和固体废物，其中以金属汞、无机汞和有机汞等形态存在的汞污染，除来源于含汞工业废水渗入土壤外，有机汞农药的施用也是重要污染源。土壤中汞经过农作物根系吸收，通过食物链而进入人体，危害健康。污染土壤的镉，来自矿山、冶炼、机电、化工等工业废水的渗入。土壤被镉污染后，农作物通过根系吸收，并富集在体内。例如受镉污染的稻田，大米里镉的累积量增多(称“镉米”)，人吃了就会中毒发病，即是有名的“骨痛病”。污染土壤的铜，主要来自铜矿山和铜冶炼厂排出的废水。土壤中铜污染主要造成农作物的损失，当农作物根部铜积累过多时，新根的生长受到抑制，吸收养分能力减弱，严重时枯死。土壤一旦受到污染，对它的治理比大气污染和水污染治理困难得多。

五、城市固体废物污染及其危害

城市固体废物包括工业固体废物、矿业固体废物、医疗废物、生活垃圾和废水处理渣等。随着经济的发展和人民生活水平的提高，各种固体废物的排出量大幅度增加，日积月累，堆积占地，不仅影响城市环境的整洁美观，而且许多有毒废物会造成大气、水和土壤的环境污染。

（一）城市工业固体废物的种类和危害

工业固体废物是指在工业生产过程中排出的固体废渣，主要有冶金渣、燃料渣、化工渣等。采矿工业中，采矿废石、选矿尾矿数量都很大，这些废渣废矿往往含有各种重金属有毒有害物质。这些物质堆积存放占用土地，风吹雨淋到处飞扬，污染大气，被雨水冲入江河湖海，污染水体，淤塞河道，影响环境。有不少废渣堆发生过滑坡和火灾事故，造成巨大损失和危害。

（二）城市生活垃圾及回收处理

1. 城市生活垃圾的基本特征

（1）源广、分散　　城市生活垃圾来源于千家万户，遍及各行各业，凡有人类活动的地方，都会产生垃圾，来源十分广泛。

（2）连续性和永恒性　　城市生活垃圾伴随人类而存在，不间断地产生。

（3）成分复杂、多样性　　城市垃圾成分非常复杂，有易腐有机物、废纸、废塑料、砖瓦、煤灰、沙土、玻璃、金属、纺织品等。其中有的有机物会变质腐烂，发生恶臭，招引和孳生苍蝇，繁殖老鼠。

（4）产量、组成、性质均不稳定　　居民生活废弃的各种消费品，其产生数量正在逐年增加，造成危害。如美国城市居民废弃物每人每日平均为2kg，日、英、法、德等国在0.8～1kg左右。我国大城市人均日产垃圾达1.2kg，人均年产垃圾440kg。广州市1985年年产垃圾69万t，人均日产垃圾0.74kg，其中易腐物占36.1%。到1995年年产垃圾117万t，人均日产垃圾1.02kg，其中易腐物占62.1%。近年来，上海市日产垃圾1.2万t，需要2500辆车、500多只船运出市区，才能保持城市清洁卫生。

2. 城市生活垃圾的危害

城市生活垃圾中有的有机物会变质腐烂，发生恶臭，招引和孳生苍蝇，繁殖老鼠；有的疾病患者用过的废弃物，乃至排泄物，如果任意堆放，病原微生物就会随着雨水渗入地下，污染地下水源；有的随飘尘飞扬，污染大气，造成传染病的传播和流行，甚至破坏城市生态环境。

3. 城市垃圾的收集与处理

城市垃圾的收集方式：一是垃圾箱收集，但垃圾箱放置内街路旁既影响交通，污染环境，又损害市容，而且费用较高。如广州3万多个桶，每年更换、油漆费用需要400多万元。二是垃圾袋收集，上门收送往压缩站中转，缩小体积，提高运输效率，免去跑、漏、撒等二次污染，经济效益较好。广州市时下采用此方法。三是垃圾分类收集，用不同颜色的桶(袋)，将垃圾分开有机、无机、有害等不同类型，便于处理回用。

城市垃圾的处理方式：寻求和实施固体废物各种有效的处置方法，力求达到无害化的要求，并能使其尽量减量化和充分资源化，已成为人们广泛关注的问题。目前世界各国所采用的处理方法主要有焚烧、填埋和堆肥等。焚烧、填埋能达到无害化处理，但浪费土地，会产生二次污染。

城市垃圾处理的出路在于"三化"：要拥有清洁优美的城市环境，就必须从根本上解决垃圾污染，必须实现垃圾的减量化、无害化、资源化。通过垃圾处理产业化，按性质分类，废物回收利用，使80%生活垃圾都可以再生资源化利用。我国垃圾处理技术与应用将在2010年基本达到或接近国际先进水平。《国家环境保护"九五"计划和2010年远景目标》要求，固体废物产量要控制在11.1亿t，城市生活垃圾无害化处理率要达到50%的标准。

近年来，随着电子信息产业的飞速发展，电脑、移动通信设备等及其相关的产品越来越普及，其更新换代的速度也越来越快，被人们遗弃的旧电脑，过时的移动通信设备、废磁盘、废光碟等将越来越多，已成为城市固体废物污染中不可忽视的新成员，应引起足够的重视。

(三) 废水处理渣

在城市污水和工业废污水的处理过程中，会产生大量处理渣，一般叫污泥。一个日处理10万m^3的城市污水处理厂，每天产生的污泥达230m^3左右。这些污泥中集聚了大量的污染物，如果处理不妥当，会对环境造成二次污染。目前对污泥采用的处理方法主要有投海、填坑和焚烧几种。这几种处理方法不仅需要很大投资，而且会污染土壤、海洋和大气。近年来，开始采用污泥施肥，但污泥除含有农作物需要的营养元素外，还含有十分有害的物质，如有机毒物、重金属和病原微生物等。大量或长期连续施用污泥，会引起土壤和农作物的污染，因而用作城市园林的施肥较为合适。

六、城市放射性物质污染及其危害

(一) 放射性污染的种类和危害

放射性污染是指铀、钍、镭、锶等放射性物质散发出来的对环境和人体造成危害的污染。环境中的放射辐射源,有天然的和人工的两大类。天然辐射源,来自宇宙射线和水域、矿床中的射线。大多数水体在自然状态下都有极微量的放射性物质,一般在1～1000nCi/L之间,人工辐射源主要来自工农业及医学上放射性同位素的应用、核武器试验和使用产生的放射性沉降物,以及原子能工业排放的各种放射性废水、废气、废渣等。这些放射性废物如果控制不当,可污染大气,并随同自然沉降、雨水冲刷或废弃物堆积而污染水体和土壤。这些放射性物质可被植物吸收,通过植物进入人体。放射性物质还可在人体内产生内照射,损伤人体组织,引起肿瘤、白血病等疾病。辐射对人体的危害,既有直接的近期危害,也有慢性的长期危害。如长期接受低剂量辐射,会引起白血球数量变化、肺癌和生殖病变等。更严重的是潜在的危险,留下几年、几十年的后遗症,甚至把生理病变遗传给子孙后代。

(二) 室内的放射性污染

近年来,随着城市居民生活水平的提高,室内装修越来越普遍,随之而来的室内放射性污染也不能忽视。许多建材如花岗石、大理石、地砖等天然和陶瓷建材以及水泥里有可能都不同程度地含有氡或钴等放射性物质。据测定,大约2%～3%的建筑物内含有放射性元素氡。氡是一种无色、无味的放射性气体,它主要来源于建筑材料中所含的具有放射性的物质镭。建筑房屋时,如果选址不当,地面下的放射性物质较多,或建筑材料中含有较高的放射性元素,室内通风欠佳,都极易使室内氡浓度增高。

据测定,氡浓度以木结构的房屋最低,石料建筑材料最高。人在室内受到氡照射剂量所产生的危害,比接受X射线检查的危害性严重10倍。科学家们还发现,如果室内存在放射性气体氡,但空气清新,那么氡子核撞击墙壁、地毯和门窗、帷帘,放射作用可慢慢减弱。如果空气中混有香烟烟气,氡子核会在烟雾微粒上凝结,而香烟烟雾中的放射性同位素也会对人的健康造成威胁。因此人如果经常生活在氡浓度较高的环境中,肺癌的发病率就会增高。世界卫生组织已经将氡列为19种致癌物质之一。

七、城市电磁污染及其危害

电滋污染是指天然的和人为的各种电磁波干扰,以及对人体有害的电磁辐射。广义地说,一切由电磁辐射所产生的对环境的影响,都可以看成环境电磁污染。本书讨论狭义的环境电磁污染,即由无线电波范围内的辐射所引起的环境污染,以及以似稳态电磁场形式存在的工频电磁污染。在环境保护研究中,电磁污染源主要是指其强度达到一定程度、对人体机能产生不利影响的电磁辐射。

(一) 电磁污染源的种类

影响人类生活环境的电磁污染源可分自然界和人为的两大类:自然界的电磁

污染源中最常见的是雷电,强烈的雷电会对电气设备、飞机、建筑物等造成直接危害,同时会在相当大的范围内辐射从几千赫到几百兆赫的极宽频率的电磁波。由火山喷发、地震和太阳黑子活动引起的磁暴会产生电磁干扰,对短波通信的影响特别严重。城市人为的电磁污染源主要有工频电磁场、射频电磁波和脉冲放电三类(图 7-3)。

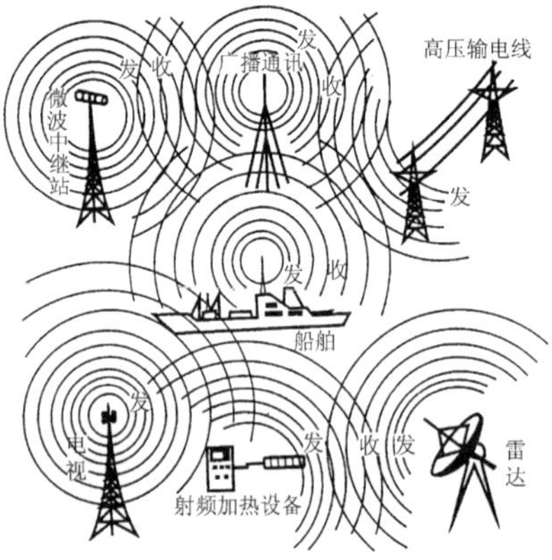

图 7-3　电磁污染源

1. 工频电磁场

工频电磁场是指低频的电力设备和输电线路所激发的电磁场。在我国,工频频率为50Hz,欧美国家也有60Hz的。大功率电机、变电所以及输电线附近均有工频电磁场分布。它是一种似稳场,不以电磁波形式向外辐射,但在近场区会产生严重的电磁干扰。

2. 射频电磁波

射频电磁波是指无线电广播、电视、微波通信等各种射频设备的辐射。随着通信和广播电视事业的发展,射频电磁辐射已经成为电磁污染环境的主要因素。其特点是频率范围广,影响区域大,能危害进场区的工作人员。

3. 脉冲放电

脉冲放电产生于切断大电流电路时的火花放电。这是因为其瞬时电流变化率很大,因而会产生很强的电磁干扰。它在本质上与雷电相同,只是影响区域较小。

(二) 电磁污染的危害

电磁污染的危害可以分为两类,一类是对仪器设备的干扰影响,一类是对人体健康的影响。

1. 电磁污染对仪器设备的干扰

电磁污染对仪器设备的干扰是使它们不能正常工作,严重的导致事故发生,从而造成生命财产损失。例如在飞机上使用移动电话,可能导致飞机上的导航系统失灵,引发飞机失事,因此现在各国都禁止在飞机上使用移动电话。

2. 电磁污染对人体健康的影响

关于电磁污染对人体健康的影响,目前正在进行广泛研究。科学家们虽然进行了大量的动物实验和临床研究,但试验结果有相当大的差异。随着研究工作的逐步深入,在电磁污染可能对人体造成不利影响这一点上,已经得到共识。即由于目前无线电广播、电视以及微波技术等应用的迅速普及,射频设备功率的成倍提高,人们生活范围内所存在的电磁污染已达到可以直接威胁人身健康的程度。

电磁辐射对人体的影响,主要是引起神经衰弱症候群和植物神经功能失调。

主要症状有:头痛头晕、周身不适、疲倦无力、失眠多梦、记忆力减退、胸闷、心悸及女性月经周期紊乱等。当以频率5亿Hz以上、功率100mW/cm^{2}以上的电磁波照射眼睛时,可导致白内障,一般以此作为致白内障的阈值。长时间的微波辐射能破坏脑细胞,使大脑皮质细胞活动能力减弱,抑制已形成的条件反射,并导致神经系统机能紊乱,出现头痛、头晕、乏力、记忆力减退以及失眠、多梦、易怒等症状。长期的微波辐射可引起血液内白细胞和红细胞数的减少,并使血凝时间缩短。微波对睾丸的损害也较大,它是人体对微波辐射热效应的敏感器官。

八、城市光污染及其危害

城市是个五光十色的地方。光污染是指逾量的光辐射对人类生活和生产环境造成的不良影响,包括可见光(又称噪光)、红外线、紫外线等引起的污染。

城市霓虹灯、玻璃幕墙等的照射、反射或折射对环境造成的危害,都属于光污染。人的眼睛由于瞳孔的调节作用,对于一定范围内的光辐射是能够适应的,但一旦超出这个范围就会对其产生不利影响。

(一)城市光污染的种类

在城市区域范围内常见的光污染可以分成白亮污染、人工白昼和彩光污染三类:

1. 白亮污染

城市里建筑物的玻璃幕墙、釉面砖墙、磨光大理石等在强烈阳光的照射下,其炫目的反射光引起的光污染称为“白亮污染”。它是城市中最常见的一类光污染。

2. 人工白昼

夜间城市各种照明灯的使用,使夜晚如同白天,以至于昼夜不分,这种现象叫“人工白昼”。它会引起人体生物钟的紊乱,造成不良影响,从而构成一类光污染。

3. 彩光污染

各种不同色彩(即不同频率)的光源在一段时间内以不同强度忽明忽暗地照射周围环境而造成的污染,叫彩光污染。如舞厅的黑光灯、旋转灯、荧光灯以及闪烁的彩灯即构成彩光污染。

(二)光污染对人体健康的影响

光污染对人体健康的影响主要表现在对眼睛和神经系统的危害。白亮污染由强烈光线引起。据测定:白色的粉刷面反射系数为69%~80%;而镜面玻璃的反射系数则是82%~88%,比绿色草地、森林、深色或毛面砖石外装修建筑物反射系数大10倍左右,这就大大超过人体生理上的适应范围,危及人体健康。据研究,长期在白色光亮污染环境下工作和生活的人,眼角膜和虹膜都会受到不同程度的损害，视力急剧下降，白内障发病率高达40%以上，同时，白亮污染还有可能使人产生头晕目眩、失眠心悸、神经衰弱等症状，严重者可导致精神疾病和心血管疾病。

“人工白昼”污染会使人正常的生物节律受到破坏，生活在“不夜城”里的人们，因人体的生物钟发生紊乱，会产生失眠、神经衰弱等各种不适症，进而导致白天精神萎靡、工作效率低下。

彩光污染包括黑光灯和各种彩色灯光的污染。据测定，黑光灯所产生的紫外线强度大大高于太阳光中的紫外线，长期受这些光源中紫外线的照射，可诱发流鼻血、脱牙、白内障、甚至导致白血病和其他癌变。彩色光源让人眼花缭乱，不仅对眼睛不利，而且干扰大脑中枢神经，使人感到头晕目眩，出现恶心呕吐、失眠等症状。

城市光污染还对行车安全造成很大的影响。高层建筑的玻璃幕墙所用的镜面玻璃和镀膜玻璃对光的反射率一般在65%～90%之间，它像巨大的镜子，反射的光线相当强烈，并且改变了自然光的物理性态。在这种白亮污染的环境下，汽车司机在驾驶中容易为镜像反射光所迷惑，造成视觉失灵，进而引发交通事故。

彩光污染可使驾驶员对交通信号灯产生错觉，如可能将路口的红绿灯当成装饰霓虹灯，而彩光刺激可使驾驶员的眼睛在短时间内失去对路况的判断能力，影响行车安全。

有动物保护者还称，耀眼的光源也危害到鸟类和昆虫的生命安全，是杀死它们的罪魁祸首之一。例如在装饰有华灯的华盛顿纪念碑下，曾有一次经过强烈光照后，在一个半小时内就找到500余只鸟的尸骸。

第二节　城市环境污染的污染源

城市环境污染的污染源是多方面的，为了便于研究问题，常根据污染源的特点进行分类。如根据地域分布特点，可分为固定性污染源和流动性污染源。按产生污染的国民经济部门可分为工业污染源、交通运输污染源、农业污染源以及生活污染源等。

一、工业污染源

我国现阶段大部分城市环境的污染，主要是工业“三废”造成的。首先是工业生产过程中所需的动力、热能、电能等，主要来自燃料的燃烧，产生大量污染物(表7-5)。在工业生产的过程中，由于生产的原料、方式等的不同，还会产生大量不同的有害物质和气体进入城市大气中(表7-6)。

表 7-5 以石油、煤为燃(原)料产生的废气量

污染源	污染物	1t 燃料或原料产生的废气量/kg
锅　炉	粉尘、二氧化碳、一氧化碳、酸类和有机物	5～15(燃料)
汽　车	二氧化氮、一氧化碳、酸类和有机物	40～70(燃料)
炼　油	二氧化硫、硫化氢、氨、一氧化碳、碳化氢	20～150(原料)
化　工	二氧化硫、氨、二氧化碳、酸、溶剂、有机物、硫化物	50～200(原料)
冶　金	二氧化硫、一氧化碳、有机物、氟化物	50～200(原料)
矿石处理加工	二氧化硫、一氧化碳、有机物、氟化物	100～300(原料)

表 7-6 部分工业行业向大气排放的主要污染物

工业部门	企业名称	向大气排放的污染物
电力	火力发电厂	烟尘、二氧化硫、氮氧化物、一氧化碳
冶金	钢铁厂	烟尘、二氧化硫、一氧化碳、氧化铁、粉尘、锰尘
	炼焦厂	烟尘、二氧化硫、一氧化碳、硫化氢、酚、苯、萘、烃类
	有色金属	烟尘(含有各种金属如铅、锌、铜等)、二氧化硫、汞蒸气
化工	石油化工厂	二氧化碳、硫化氢、氰化物、氮氧化物、氯化物、烃类
	氮肥厂	烟尘、氮氧化物、一氧化碳、氨、硫酸气溶胶
	磷酸厂	烟尘、氟化氢、硫酸气溶胶
	硫酸厂	二氧化硫、氮氧化物、一氧化碳、氨、硫酸气溶胶
	氯碱厂	氯气、氯化氢
	化学纤维厂	烟尘、硫化氢、二硫化碳、甲醇、丙酮
	农药厂	甲烷、砷、醇、氯、农药
	冰晶石厂	氟化氢
	合成橡胶厂	丁二烯、苯乙烯、乙烯、异丁烯、戊二烯、丙烯、二氯乙烷、二氯乙醚、乙硫烷、氯化钾
机械	机械加工	烟尘
	仪表厂	汞、氰化物、铬酸
轻工	造纸厂	烟尘、硫酸、硫化氢
	玻璃厂	烟尘
建材	水泥厂	烟尘、水泥尘

根据表 7-5 中每烧 1t 燃料或每用 1t 原料排放到大气中的污染物的重量,再结合一个城市燃料与原料总用量,就可以大致推算出该城市每年排入大气中污染物的总重量。

大量工业用水经过生产过程以后,就会产生夹带着各种有机或无机杂质的工业废水。工业废水的种类繁多,成分复杂,是水体污染的主要来源(表 7-7)。此外，来自机器和设备运转过程中产生的较强的振动和噪声，以及许多工业固体废物，都会影响周围环境。

表 7-7 部分工矿企业废水的主要有害成分

工厂名称	废水中主要有害物质
焦化厂	酚、苯类、氰化物、焦油、砷、吡啶、游离氯
化肥厂	酚、苯、氰化物、铜、汞、氟、砷、碱、氨
电镀厂	氰化物、铬、铜、镉、镍
石油化工厂	油、氰化物、砷、吡啶、碱、酮类、芳烃
化工厂	汞、铅、氰化物、砷、萘、苯、硫化物、硝基化合物、酸碱
合成橡胶厂	氯丁二烯、二氯丁烯、丁二烯、铜、钵、二甲苯、乙醛
造纸厂	碱、木质素、氰化物、硫化物、砷
农药厂	各种药、苯、氯醛、酸、氯仿、氯苯、砷、磷、氟、铅
纺织厂	砷、硫化物、硝基物、纤维素、洗涤剂
皮革厂	硫化物、硫、砷、铬、洗涤剂、甲酸、醛
制药厂	汞、铬、硝基物、砷
钢铁厂	醛、氰化物、锗、吡啶
化纤厂	二硫化碳、磷、胺类酮类、丙烯腈、乙二醇
仪表厂	汞、铜
造船厂	醛、氰化物、铅
发电厂	醛、硫、锗、铜、铍
玻璃厂	油、醛、苯、烷烃、锰、镉、铜、硒
电池厂	汞、锌、醛、焦油、甲苯、氰化物、锰
油漆厂	醛、苯、甲醛、铅、锰、钴、铬
有色冶金厂	氰化物、氟化物、硼、锰、铜、锌、铅、镉、锗、其他稀有金属
树脂厂	甲醛、汞、苯乙烯、氯乙烯、苯脂类
磺药厂	硝基物、酸、炭黑
煤矿	醛、硫化物
铅锌厂	硫化物、镉、铅、锌、锗、放射性物质
磷厂	氟、磷、钍

二、交通运输污染源

现代化交通运输工具如火车、汽车、摩托车、飞机、船舶等，也是造成城市环境污染的一类污染源。造成污染的原因：一是汽油、柴油等燃料的燃烧排放废气（表 7-8）；二是运载时有毒、有害物质的泄漏，或是清洗车体、船体的扬尘及污水；三是运行中发出的噪声和振动。

表 7-8　汽油车和柴油车的废气排放量

污染物名称	以汽油为燃料小汽车/(g/L)	以柴油为燃料载重汽车/(g/L)
铅化合物	2.1	1.56
二氧化硫	0.295	3.24
二氧化碳	169	27.0
氮的氧化物	21.1	44.4
碳氢化合物	33.3	4.44

(一) 铁路运输污染源

蒸汽机车的烟囱低,煤的燃烧过程短,因而煤烟、粉尘、烟雾、一氧化碳排出量较多,污染大气。特别是在调车作业场的下风带污染严重。还有内燃机车产生的黑烟和废气,以及铁路专用热电站,工厂的锅炉、燃烧炉、冶炼炉产生的烟煤粉尘和有害气体对大气的污染;机车、客车、油罐车、牲畜车的清洗污水,工厂排出的含有油污及其他有害物质的污水对水体的污染,如蒸汽机车机务段、车辆段等的酸、碱废水,各段、厂电镀车间的含铬废水,罐车蒸洗站的含油废水,货车洗刷所含有的农药和其他有机污染物的废水,铁路医院含有病原体的废水污染等。

铁路噪声可以分为两类。一类是机车车辆在行车时产生的噪声,包括车厢内部噪声,以及起因于轮轨相互作用,由机车车辆、线路、桥梁、隧道及线路附近的建筑物产生的外部噪声;另一类是动力设备的机器噪声,如养路、施工及其他机械噪声等。钢轨的振动能传给隧道和桥梁,并通过地面传给附近建筑物,可扩大振动和由此引起的二次噪声(表 7-9)。

表 7-9　铁路行车速度与噪声的关系

从线路中点的测定距离/m	行车速度/(km/h)			
	80/(dB)	120/(dB)	150/(dB)	200/(dB)
8.5	89	95	85.5	103
20.0	83	89	92.5	93
50.0	77.5	83.5	87	91.5
100.0	72	78	81	86

当机车通过桥梁、隧道或过站、会车时,由于共振、声反射和瞬时磨擦撞击,噪声级有明显增加,如表 7-10 所示。

蒸汽机车的汽笛声可达 130dB 左右,是城市噪声的主要声源之一。在站噪声主要是机车、汽笛和高音喇叭。编组站的噪声远较一般车站为大,其中最强烈的是机车排气,约 120～130dB。一般认为居住区至少应离编组站 500～750m。混凝土轨枕比木轨枕的噪声小，铺混凝土轨枕的无缝线路噪声小。列车运行在路堑地段时噪声比在平地小，运行在高 6m 的路堤和高架桥上时较大。

表 7-10　机车通过构筑物时的噪声

条　件	正常运行时/dB	通过该段时/dB	增加值/dB
桥　梁	91～103	94～104	1～10
隧　道	93～98	97～104	4～7
道　岔	82～102	92～102	0～7
曲　线	73～96	74～98	1～3
过　站	85～102	87～102	0～2
会　车	92～97	93～100	2

客货车以及站段和工厂在运输和生产过程中产生的废弃物，客车餐饮垃圾和粪便等以及内燃机车加油时溢油等，对环境也造成一定的污染。

（二）市内交通污染源

城市交通污染有：有轨电车的振动噪声和各种车辆的喇叭声，现在城市车辆已禁鸣喇叭，有的还未禁鸣。汽车、摩托车和无轨电车轮胎与沥青路面摩擦而产生的芳香族杂环化合物，有致癌作用。汽车、摩托车排出的铅和一氧化碳污染，以及由此产生的光化学烟雾等。在国外，大气污染一半来自汽车，在我国，随着城市机动车辆的迅速增加，这方面的污染已越来越突出。

一氧化碳是各种以汽油和柴油为燃料的机动车排放的最大有害物质。很多城市在交通频繁的街道上，测出的一氧化碳浓度在 10～20ppm，最高达 100ppm。各国一致认为，交通要道处一氧化碳的浓度一般应使 8 小时平均浓度限制在 20ppm 以内，一天平均浓度限制在 10ppm 以内。

铅污染也是使用汽油为燃料的交通车辆造成的。为了保证安全，要在汽油内加进四乙基铅作为抗爆剂，这就使大部分汽油中的铅随废气排入街道附近大气。铅可引起红血球损害等慢性中毒症状，且在人体内有蓄积作用，使机体衰退，对幼儿神经破坏最大。近年来，我国一些城市已陆续禁止使用含铅汽油。

此外，汽车尾气中的烃类化合物和氮氧化物在太阳紫外线照射下，发生光化学反应而生成光化学氧化物污染，我国一些大城市如兰州、成都和广州、深圳等均出现过此类污染物。

（三）航空运输污染

航空运输对城市的干扰主要是噪声。其原因是飞机压气机、涡轮高速旋转和燃气喷出时产生的巨大音响。飞机快速飞行时，气流通过有复杂增升装置的机翼、机身结构、起落架等部件发生的声音，也是形成噪声的重要原因。超音速飞机在飞行速度超过音速时，还会产生声爆，危害更大。日本横田机场附近，因飞机起落频繁，在航线下面噪声达 80～120dB。美国洛杉矶国际机场，平均两分钟有一架飞机起飞和降落，在航线下面噪声高达 100～120dB。

飞机起飞前、降落后都要做全面机械检查，地面试车产生的噪声很大，也对机场周围造成很大危害。一般将试车时间限制在噪声影响最小的时间内，其他时间禁止试车；或选择适宜的试车地点，安排在噪声对外界影响最小的地点作试车场地；也可修建专供试车用的具有消声、隔声装置的建筑物，如建消声机库、隔声墙等，以及对试车的飞机发动机进气口和喷气口加设消声装置等。

三、农业污染源

城郊农业是整个城市生态系统的重要组成部分。农业生产上不适当的滥施化学农药、化学肥料，以及所产生的废弃物等，会造成农业环境的污染和破坏，并可通过食物链等途径构成对城市的危害和影响。农药类别很多，常见的有有机氯、有机磷、有机汞、有机砷和氨基甲酸酯等。这些有机农药一般都具有不同程度的毒性，有些甚至是致癌和导致畸形的潜在因素。其化学性质稳定，短期内不易分解。农业上大量使用，一部分会残留在大气、水体、土壤中造成环境污染。例如，美国 1965～1969 年间，由于农药污染，造成大量鱼类死亡事故共 293 起。

（一）农药流失污染

有机汞农药是应用较早的农药，人们认识到汞污染的危害以后，含汞农药的生产和使用大大减少，许多国家已不再生产，并禁止使用。

（二）化肥流失污染

过量施用化肥或土壤流失严重，使氮、磷等元素从耕地上流失，会造成对环境的污染。氮、磷的流失若进入水体，可造成水体的富营养化。氮的流失，使水中的硝酸盐蓄积，饮用后使婴儿出现正铁血红蛋白血症。

（三）禽畜粪便污染

牲畜排出的粪便，过去一直是作为土壤肥料的来源，但随着化肥的普遍使用，禽畜粪便已不受农民欢迎，未经处理就排入环境后，易引起传播疾病、污染水体等危害。

农作物秸秆等残留物在采取焚烧的办法处理时，既浪费资源，又往往会造成空气污染问题，严重时还会影响交通和飞机的起降安全。

四、生活污染源

生活污染源主要是城市化造成的。由于城市人口增多，城市规模扩大，人口越来越密集，排放出来的污染物越来越多，病菌的扩散和传播也更容易，从而造成对城市居民安全的严重威胁。

（一）生活用煤污染

近年来，不少大城市气化率不断提高，生活用煤污染问题已基本得到解决，但我国不少中小城市居民日常生活中还在使用燃煤炉灶，由于居住密集，燃煤质量又差，数量多，并且燃烧不完全，烟囱较低，因此产生的烟尘和二氧化硫、一氧化碳等有害气体的数量也是不少的，有的城市甚至比工业所产生的污染还严重。

（二）生活废水污染

生活污水除含有碳水化合物、蛋白质、动植物脂肪、尿素和氨、肥皂和合成洗涤剂等外，还含有细菌、病毒等使人致病的微生物。这种污水会消耗水体中的溶解氧，也会产生泡沫妨碍空气中的氧气溶于水中，使水发臭变质。未经处理的污水排放入江河，致使一些直接饮用河水的地区常常大规模地流行疾病。城市下水道设施不完善，大量未经处理的污水直接排入河流、湖泊、水库，致使这些水体变得极度污浊。

（三）生活垃圾污染

生活垃圾是商品“消费者”——居民排出的废物，包括厨房排出的垃圾、日用品消耗的垃圾等。随着城市居民生活水平的提高，生活垃圾的数量也在不断增多。例如，1993 年广州城区每天产生生活垃圾 4200t，到 2001 年，已增长到 5000t，而且还以每年 10％的速度增长。另据日本统计，其城市垃圾产生量近 10 年内增加了 1 倍多。城市生活垃圾的收集、转运与堆填处理，成了困扰许多城市环境建设的老大难问题。然而，城市生活垃圾的综合利用，化废为宝，却是很多城市重视不够的。城市生活垃圾其实是一种放错地方的资源，应加强对其综合利用的开发与研究。

（四）生活噪声污染

生活噪声指日常生活和社会活动所造成的噪声，包括家庭噪声、公寓噪声、娱乐场所、菜市场和运动场的噪声等。近年来，随着城市居民物质文化生活水平的提高，家庭卡拉 OK、游戏机等音响噪声已越来越突出，严重地干扰了其附近居民的正常生活、学习和休息，是城市中一种不可忽视的噪声污染源。

第三节　我国的城市环境污染与防治

随着工业化、城市化水平的提高，我国的城市环境污染正成为制约社会经济发展的一个重要障碍。近年来，虽然许多城市加大了环境保护工作的力度，也取得了明显成效，但我国不少城市的环境污染形势仍然十分严峻。

一、我国城市环境污染的特点

（一）我国城市环境污染的发展过程

我国城市环境问题从总体上来说是建国以后出现的。大体上可划分为以下三个阶段：

1.1965 年以前

这一时期是我国工业化初步奠基时期。该时期的前半期（1949～1957），经济发展处于起步阶段，国民经济发展比较协调，重视城市设施建设以及兴修水利、植树造林，环境基本得到保护。后半期（1958～1965），由于大跃进错误路线的指导，盲目追求高速度，不顾生产力的合理布局，上了很多高能耗、高污染的工业项目，如北京市大上钢铁工业、化学工业，城市环境受到一定程度的污染，形成了一次污染的高峰。后来进行了国民经济调整，随之使城市环境污染状况得到一定改善。

2.1965 年至改革开放前

这一时期由于十年动乱，不仅国民经济到了崩溃边缘，环境污染和生态破坏也到了严重程度。我国许多城市目前面临的环境问题，不少根源于该时期。在这期间城市建设没有总体规划作为依据，所建设的十几万个工厂大多建在大中型城市中，并且没有任何的防治污染措施，致使城市环境质量急剧恶化，特别是大气污染和水质污染达到了十分严重的程度。虽然后半期采取了一些治理措施，但问题很多，难度也很大，积重难返。

3. 改革开放至今

20 世纪 70 年代末，开始国民经济调整，提出改革开放。在此期间，政府宣布“保护环境是一项基本国策”。从规划、计划到生产环节都加强了环境管理措施。尤其是 1984 年以来，城市环境保护工作有了起色。从 80 年代开始，我国工业迅速增长，城镇数量大增。据统计，1978 年我国共有城市 194 个，到 2000 年城市达到 667 个，还有建制镇 20 000 多个，城市化水平达 30%。一方面，城市基础设施建设虽然也有很大发展，但远远赶不上经济发展和人民生活水平增长的需要，长期落后的局面始终未得到改变，城市环境有些方面甚至趋于恶化。另一方面，城市新鲜水、能源、原材料消耗迅速增加，有效利用率没有明显提高，因此“三废”排放量大，给城市环境造成很大的压力。

（二）我国城市环境污染现状

我国城市环境污染问题很多，大致可归结为四大类环境问题。一是大气污染；二是水质污染；三是噪声及其他物理污染；四是固体废弃物污染。

1. 城市大气污染现状不容乐观

国家环保总局公布的《中国环境状况公报》表明，2001 年，全国城市空气质量基本稳定，城市空气质量满足国家二级标准、三级标准和劣于三级标准的城市比例各占 1/3；南方地区酸雨污染较重，酸雨控制区内 90% 以上的城市出现了酸雨。

监测的 341 个城市中，114 个城市达到或优于国家空气质量二级标准，占统计城市数的 33.4%。其中海口、三亚、北海、肇庆等 10 个城市空气质量达到一级标准。114 个城市空气质量为三级，占统计城市数的 33.4%。113 个城市空气质量劣于三级，占统计城市数的 33.2%。

颗粒物仍是影响我国城市空气质量的主要污染物，64.1% 的城市颗粒物年均浓度超过国家空气质量二级标准，占统计城市数的 29.2%。颗粒物浓度高的城市主要分布在新疆、青海、甘肃、山西、内蒙古、陕西、宁夏、河北等省区。

二氧化硫年平均浓度未达到国家二级标准的城市占统计城市数的 19.4%。其中超过国家空气质量三级标准的城市占统计城市数的 9.7%，比 2000 年度降低 2 个百分点。二氧化硫污染严重的城市主要分布在山西、河北、贵州、重庆及甘肃、陕西、四川、湖南、广西、内蒙古部分地区。2001 年，341 个城市空气二 氧化氮浓度年均值均达到国家环境空气质量二级标准；广州、北京、上海等特大城市，二氧化氮浓度相对较高。

2. 城市水体有机污染加重，饮用水源水质下降

城市缺水和水污染是城市主要环境问题之一。正常年份全国城市缺水 60 多亿立方米，664 个设市城市中，约有 400 个城市缺水，常年供水不足。其中近 150 多个城市严重缺水，总缺水量达 1600 万 m^3。其中 32 个人口在 100 万以上的大城市中，有 30 个长期受缺水的困扰。每年受缺水影响的工业生产总值达 2300 亿元。这些问题，除自然因素外，也与城市水污染密切相关。工业废水、生活污水排放是造成城市地表水、地下水污染的主要原因。据统计，2001 年全国城镇生活污水排放量为 228 亿 t，化学需氧量（COD）排放量 799 万 t，城市生活污水处理率仅为 18.5%。城市水体有机污染严重。

我国各城市及其附近的水域污染与工业分布密切相关。在有钢铁、石油化工、造纸、焦化等工业的城市，水域往往受到酚和氰化物的污染；有制药工业的地方，水中的 COD 量必高；砷、汞、铬、铅、镉等重金属污染物一般来源于城市冶炼、电镀等工业。城市中的湖泊由于生活污水的排入，则普遍有富营养化的趋势。许多城市的饮用水源常常由于附近工业废水的排入而被污染，从而失去了使用价值，导致水质性缺水。据调查，全国有地下水资源的主要城市受到不同程度的污染，北方城市重于南方城市，超标率高，尤以硬度、硝酸盐氮、亚硝酸盐氮等指标超标较为突出。

3. 城市噪声污染严重

2001年，全国273个城市进行了道路交通噪声监测，其中9.5%的城市污染严重，16.5%的城市属中度污染，48.7%的城市属轻度污染，25.3%的城市道路交通声环境质量较好。

2001年，监测区域环境噪声的176个城市，等效声级范围在47.2～65.8dB(A)之间。6.3%的城市污染较重，49.4%的城市属中度污染，33.0%的城市属轻度污染，11.3%的城市区域声环境质量较好。总的说来，城市噪声污染还很严重。

4. 城市固体废弃物产生量逐年增加，处理率低

2001年，全国城市年产垃圾1.5亿t，目前每年还以8%～10%的速度递增。全国垃圾堆放总量已高达70亿t，侵占土地面积达5亿多平方米。在全国664个城市中，有200个城市出现垃圾围城的局面。工业固体废弃物的排放，不仅大大增加了城市的废弃物排放量，而且使城市固体废物更加复杂，利用和处理也更困难，致使固体废弃物对城市环境的冲击越来越大。据统计，工业废渣量约为我国固体废物排放总量的3/4。城市生活垃圾处理量甚小，各种废物露天堆存，日晒雨淋，可溶成分分解有害物质，进入大气、水体、土壤，造成二次环境污染。

值得注意的是，城市面源环境污染在上升，污染转移在加速。大城市环境污染出现生活型污染占主要成分，工业性污染比重下降的趋势，如生活污水、生活垃圾、汽车尾气、农田化肥、农药污染等，是来自千家万户的面源污染。而且城市环境污染有向中小城市，进而向农村乡镇转移扩散的趋势，从东部发达地区城市向西部欠发达地区城市转移的趋势。

二、我国城市环境问题产生的主要原因及对策

（一）造成城市环境污染的主要原因

1. 城市人口迅速膨胀，公共基础设施、特别是环境保护的基础设施薄弱

据统计，到2001年末，全国设市城市664个，是建国初期的5倍，占总人口的约30%，比建国初期增长近20个百分点。城市人口的迅速增长，在促进城市经济繁荣的同时，也带来了一系列城市环境问题。如供热、煤气、排水、城市污水处理、垃圾处理设施和公共绿地等建设，远远跟不上城市发展和环境保护的需要，致使一些常规技术很容易解决的问题，像烟尘、污水、垃圾等污染问题没有得到解决。现在仍有大量城市居民直接燃用原煤，分散供热面还在增加。很多城市还没有污水处理厂。

2. 不少城市缺少周密的、有预见性的总体规划

城市建设不能适应人口和经济快速增长的冲击。由于没有周密的城市总体发

展规划,致使城市功能分区混乱,或没有很好执行城市总体规划中有关的各种功能区和工业合理布局规划,而造成不必要的环境污染问题。如有些城市将工业区建在城市常年主导风向的上风侧,使城市受到工业废气的严重污染。大多数城市由于历史原因,工厂与居民区混杂,彼此穿插,形成"你中有我","我中有你"的局面,使城市居民经常处在工业污染的影响之下。工业废气排放是造成我国城市大气质量普遍较差的主要原因。固体废弃物污染在大城市愈来愈突出,这种污染也主要与煤的开发和使用有关。

3. 决策、措施不力

一些新建、扩建、改建项目,得不到严格控制,有关污染防治措施不得力。不少城市的决策者受急功近利思想的影响,在发展经济和建设城市的决策中,不考虑环境保护的因素,往往在一些所谓的"市长工程"、"形象工程"中"特事特办",不搞环境影响评价和环保"三同时",建成后即带来了污染扰民。此外,城市民用小炉灶所造成的低空面源污染,比工业锅炉高架点源污染危害更大,治理困难。这是我国城市居住区特别在冬季采暖期,大气污染特别严重的原因。

4. 科技水平不高

由于城市 60%左右的企业技术水平相对落后,产生了许多高消耗、高能耗和高污染的污染源。我国能源利用率低,单位产值能耗大,与发达国家能源利用率相比,西欧 40%,美国 51%,日本 58%,我国只有 30%。单位国民生产总值的能耗,按亿美元产值消耗的标准煤(万 t)计算,日本为 4.35,英国为7.31,美国为 10.65,我国为 21.11。消耗量大,既浪费了能源、资源,又污染了环境。能源消耗结构不合理,我国城市能源构成中煤占 70%以上,我国原煤的平均灰分约为 23%,平均含硫量为 1.72%,在燃烧过程中,煤中的硫除小部分进入灰渣外,大部分进入大气环境。

5. 环保资金投入不足,管理不善

环保缺乏健全的公共环境设施建设资金筹集机制,限制了环境设施的建设和正常运转。我国污染控制投资效益差,据有关研究表明,全国工业污水处理设施发挥效益的只有 65%。城市管理体制存在缺陷,管理水平低,表现在企业环境管理水平和对管理制度的执行两个方面。我国煤炭开采、加工、利用方面的落后状况是造成我国大气污染的重要原因。

6. 城市基础设施落后,社会化的污染控制能力较弱

近 10 年来,虽然很多城市在基础设施方面有了较大发展,但总体上仍跟不上城市人口和规模的发展,城市环境表现先天不足。此外,在原有燃煤污染问题尚未解决的情况下,以机动车污染为主的新污染源迅速扩展,这在沿海地区城市表现得尤为突出。由于汽车保有量急剧增加,加上排污量大,车辆保养差,路况不好,一些大城市的汽车污染已很突出。例如北京 1994 年汽车拥有 70 多万辆,大约是东京和洛杉矶的 1/8,但一氧化碳、碳氢化合物和氮氧化物的总排放量已接近或超过这两个城市。2001 年广州机动车数量已达到 150 万辆,机动车排气污染也比较突出。

(二) 我国城市环境保护目标和对策

目前我国城市数量已达到 660 多座,城市化水平达到 30%,城市化水平还将进一步发展。随着城市化的进一步发展,城市环境问题将更加突出,城市环境综合整治仍然是今后环境保护工作的重点。当前及以后城市环境保护的重点,是要加强工业污染源的治理和城市基础设施建设,保护好集中式水源地,居民文教区和风景名胜区的水源和大气质量,使城市环境污染发展趋势进一步缓解,部分城市环境质量有所改善。为此,必须认真贯彻预防为主、防治结合,污染者负担和强化环境管理的国家环境保护三大政策。

1. 预防为主、防治结合

把环境保护纳入城市经济与社会发展计划,推行城市环境综合整治。

(1) 科学规划　科学确定城市性质和规模,合理进行城市规划和布局,是保护和改善城市环境的一项重要对策。禁止在城市生活居住区、水源保护区、名胜古迹与风景旅游区、疗养区和自然保护区兴建污染环境的企业。

(2) 严格执行环境影响评价和“三同时”制度　建设项目环境影响评价和“三同时”制度是防止和控制新污染源产生的一种有效手段。我国城市环境污染之所以特别突出,布局不合理是一条主要原因。因为我国工业基础薄弱,工艺技术落后,管理不善,布局不合理,故造成严重的环境污染。

(3) 在推行城市环境综合整治中,调整产业结构和工业布局　对新建工业要合理布局,对布局不合理的老企业要改造,结合产业调整,关、停、并、转、治、迁一批老企业,逐步使其趋于合理。为此需做好环境影响评价工作。

(4) 改变城市能源结构和燃烧方式　积极提高水电在一次能源中的比重,大力开发可再生清洁能源,如太阳能、风能、地热能等,稳妥发展核电。提高能源使用效率,开发与节约并重,改变煤炭供应中的不合理状况,把低硫、低挥发型煤供应民用,推广型煤,提高燃料的热效率。

(5) 保护和节约水资源　从资源,能源的综合利用入手,通过企业管理、技术改造、“三废”资源化以及征收排污费等,尽可能把污染控制在生产过程或其延伸线上,以达到最大限度压缩排污量的目的。实行计划用水、定额用水,装表计量、按量交费,超量累进、加价收费,节约有奖的措施,压缩耗水量。

(6) 加强城市环境基础设施建设　城市环境污染严重的又一个重要原因就是城市环境基础设施落后,跟不上城市发展的步伐。因此要按照环境建设与城市建设同步发展的原则,积极建设城市环境基础设施,大力推广污染集中控制措施。当前和今后一段时期,尤其要加快完善城市排污管网的规划和建设,建设城市污水处理厂,发展城市煤气化和集中供热。改进道路交通,建设垃圾处理设施,不断提高城市环境保护的能力。同时还要大力植树种草，提高绿化覆盖率，改善城市生态环境，提高自然净化能力。

2. 污染者负担

该政策的具体措施有：第一，结合技术改造防治工业污染。这是解决老污染源的重要途径。我国的一些老城市，老企业多数是在20世纪五六十年代建设的，这些工业企业大都技术水平低，经济效益差，能源资源消耗高，环境污染严重，对这些工业企业进行技术改造，加大科技投入的份量，推广清洁工艺和清洁生产，提高能源资源利用效率，是控制污染的关键所在。第二，对工业污染实行限期治理，对布局不合理的工厂搬迁和对污染严重的工业产品实行淘汰制度。第三，征收排污费制度。目前除实行“超标收费”外，还实行“排污收费”，将来还要实行排污总量收费。随着经济体制的改革和市场经济的发展，这项政策的效果将会越来越显著。为此要大力提高城市工业企业的技术水平，搞好城市产业结构的调整，大力发展第三产业。

3. 加强环境管理

良好的管理是解决城市环境问题的重要措施。强化环境管理的主要措施有：第一，法规和标准。目前，有关法规体系基本成型。第二，建立环境管理机构，加强监督管理。目前，在城市一级大多都建立了独立的环境管理机构，直接负责和协调所辖区域的污染防治工作，执行有关环境法规。第三，推行新的环境制度和措施。即除上述环境影响评价、“三同时”、排污收费等三项行之有效的环境管理制度之外，还有环境保护目标责任制、城市环境综合整治定量考核制、排污许可证制、污染集中控制与污染源限期治理等环境管理制度与措施。各项制度和措施各自适用于不同阶段或侧重于不同方面，目的是通过管理手段，控制污染发展，促进污染源治理，逐步改善环境质量。当前进一步加强环境管理的措施是建立和健全环境资金筹集和环境收费体制，把环境法规同经济政策结合起来，形成一个比较完善的城市环境管理体系，同时要鼓励公众参与，促使他们积极主动地维护自己的环境权益，保护居住社区的环境。

第八章　城市生态环境管理

第一节　城市生态环境管理概述

一、城市生态环境管理的发展过程

（一）城市生态环境管理的含义

管理是人类为了提高系统的功能和效率所从事的各种有目的的活动。由于城市生态环境系统各要素存在着相互联系，互相制约的关系，所以要进行生态管理，即协调关系。也就是说，依据生态学原理，运用政策、法规、经济、技术、行政、教育等手段对城市生态环境各种生态关系（见第一章）进行调节控制，对城市生态环境系统的结构、功能及协调度进行管理和调控，协调城市中人类社会经济活动与环境的关系，限制或禁止损害环境质量的行为，称城市生态环境管理，简称城市环境管理或城市生态管理。目的是通过有效的管理，规范人群的生态行为，改善城市生态结构，达到城市生态环境系统功能最佳，效率最高，建成人与自然高度和谐的现代化城市人类栖境。

（二）城市生态环境管理的兴起和发展

过去对城市的管理主要是经济管理、生产管理，而将自然生态系统排除在管理系统对象之外。20 世纪 70 年代开始，城市生态环境管理得到了世界各国的普遍重视。1973 年，国际城市管理协会为美国环保局（EPA）作地方环境质量调查，并将城市环境问题进行了排队。70 年代中期，美国贝利等人汇编了城市生态环境管理的研究成果《城市环境管理》。美国在高等院校也相继设立了“城市规划或城市环境规划系”。原苏联在 40 年代设立了城市建设研究所和城市环境保护研究室，就城市环境管理的理论和方法进行了大量的研究，并将城市环境保护和改善纳入各类城市的规划设计中。日本在 1974 年制定了国土利用计划法，按城市的不同功能进行分区，把城市生态环境管理纳入到城市建设规划中。

国内城市生态环境管理，从 20 世纪 70 年代初的城市污染源调查和城市环境质量评价开始，到 1979 年成都环境保护会议提出以管促治、管治结合的方针后，标志着城市环境管理开始走上综合防治的轨道。由于城市生态环境中的各要素存在着相互联系，互相制约的关系，自20世纪80年代以来，城市环境管理也逐渐由单纯的环境污染控制，转向城市生态环境管理。许多城市先后编制了城市生态经济建设规划或城市生态建设规划，把经济发展建立在生态平衡的基础上，以实现城市生态系统良性循环，整体功能最优。

二、城市生态环境管理的内容和方法

（一）城市生态环境管理的内容

城市生态环境管理的内容包括城市环境质量管理和自然资源管理两个方面，这些管理都直接或间接与城市人类社会经济活动有关。城市环境质量管理包括：水、土、气、声和固体废物的控制管理。自然资源管理包括：土地资源、水资源、生物资源、矿产资源等的开发保护管理。所以城市生态环境管理内容涉及四大领域：①由生产生活引起的环境污染；②由建设开发活动引起的环境影响和生态破坏；③由经济活动引起的资源损耗和补偿；④有特殊价值的自然和人文环境资源保护。城市生态环境管理要坚持人与自然协调、环境压力与承载力协调、资源利用与更新补偿协调、城乡协调、三效益统一的原则，通过规范城市人群的生态行为，科学组织调节城市人流、物流、能流、信息流，以促进城市生态系统朝着最优的方向发展。

（二）城市生态环境管理的主要任务

城市生态环境管理的任务很多，主要有：①组织制定环境保护规划和计划；②组织制定环境保护的方针、政策、法规、标准；③监督检查各地、各部门环保工作和“三同时”执行情况；④组织推广环保先进经验、治理技术；⑤组织对城市环境监测、调查和评价；⑥组织对城市自然资源的调查、评价和合理开发与保护；⑦组织规划建设自然保护区和海洋环境监测管理；⑧监督管理有毒化学品；⑨组织环保科研、教育、宣传活动；⑩指导协调各地、各部门、各单位的环保业务等。

（三）城市生态环境管理的主要方针政策

制定管理的方针、政策、法规，依法管理，依法治理城市生态环境。保护环境是我国的基本国策。中国环境保护已经制定了一系列行之有效的方针政策，主要有：

（1）中国环境管理的32字方针　全面规划、合理布局、综合利用、化害为利、依靠群众、大家动手、保护环境、造福人民。

（2）中国环境保护的三大政策　①预防为主；②谁污染谁治理；③强化环境管理。随着污染治理社会化、产业化的发展，谁污染谁治理将发展为谁污染谁付费。

（3）中国环境保护的8项制度　①环境影响评价制度；②“三同时”制度（指

防止污染和环境破坏的设施建设必须与主体工程同时设计、同时施工、同时投产)；③排污收费制度；④环境保护目标责任制制度；⑤城市环境综合整治定量考核制度；⑥排污许可证制度；⑦污染集中控制制度；⑧污染限期治理制度。

此外，还有体现发展与环境协调的"三同步"、"三统一"的宏观环境管理对策。"三同步"是指经济建设、城乡建设、环境建设同步规划、同步实施、同步发展；"三统一"是指经济效益、社会效益、环境效益三个效益统一。另一类是微观环境管理对策，是防治污染和保护自然资源的技术、经济对策，即以最少的资源投入获得最佳的经济效果。如城市发展的能源与环境政策、综合利用政策、水资源保护政策、老企业污染治理政策、小型工业污染控制政策、自然资源保护政策等等。

(4) 制定政策的依据和原则　由于：①我国人口多，人均资源少，对环境的压力大；②企业构成以中小型为主，占 90% 以上；③工业生产工艺技术落后，原料、能源有效利用率不高，浪费大；④城市布局不合理，管理水平低，能源构成以煤为主，占 70% 以上，危害更大；⑤经济基础薄弱，科技落后，基础设施差，治理污染投资少，也使资源利用率低，造成严重浪费和污染。所以必须从我国国情出发，从我国当前经济技术情况和环境问题的实际出发，制定切实可行的环保技术政策，以促进经济发展与保护环境同步协调，着眼长远发展需要，立足解决当前紧迫问题。

第二节　城市环境质量管理

一、污染物浓度指标管理

根据国家、地方、行业制定的污染物排放标准，控制污染物的排放。如根据"工业废水最高允许排放浓度"，"国家地面水环境质量标准"，"大气环境质量标准"等，要求按标准控制环境质量，使之符合既定目标。

污染物控制指标一般分综合指标、类型指标和单项指标。

(1) 综合指标　综合指标包括污染物的产生量、生产频率等。在水环境中如丰水期、平水期、枯水期的污水最大日或时排放量，大气环境中如冬季或夏季主导风向的烟尘排放量、最大飘移距离等。

(2) 类型指标　类型指标是按污染物排放造成的环境污染类型，分化学污染指标、生物污染指标和物理污染指标，各类指标都是一个单项指标的集合。

(3) 单项指标　单项指标一般有多种，任何一种在环境中的物质如果其量超过一定限度就会导致环境质量的恶化，就可以把它作为一种环境污染的单项指标。在水环境中，常用的单项指标有：pH 值、水温、色度、臭味、生化需氧量(BOD)、化学需氧量(COD)、溶解氧(DO)、挥发酚类、氰化物、大肠杆菌、石油类、重金属类等；在大气环境中，常用的单项指标有：气体温度、颗粒物、二氧化硫、氮氧化物、烃类、一氧化碳等。

污染物浓度指标管理和排污收费制度相结合，构成了我国城市环境管理的一个重要方面。这种管理方法对于控制环境污染、保护环境资源起到了很大的作用，但随着技术进步和社会的发展，也暴露出许多问题，有待逐步完善。

二、污染物总量指标管理

早在20世纪80年代，我国原环境保护委员会第九次会议通过的《1987年环境保护工作要点》就指出：对污染源试行总量控制办法，进一步深化环境监督管理，要求各地区、各部门、各行业对污染源试行排污申报制度和排污许可证制度。1989年5月召开的第三次全国环境保护会议又重申了上述两项制度，旨在从对污染源进行污染物浓度控制逐渐转向进行排污总量控制的管理上来。

1. 污染物总量控制管理

环境保护部门控制一个地区的某种污染物排放总量，以达到预定的环境质量目标。或根据"排污申报"制度和"排污许可证"制度，控制某地、某种污染物(X)排放总量(Q)，以达到预定目标或环境容量(m)，称污染物总量控制管理。假定某一地区的污染物 X，限制在一定的环境容量 m 的范围，则该地区的该污染物排放总量 Q 应小于或等于 m。假定该地区排放污染物 X 的污染源有 n 个，治理后的各污染源排放量为 Q_{il}，则污染物 X 的总量控制应满足下式：

$$\sum_{i=1}^{n} Q_{il} \leqslant m$$

式中：Q_{il} 为经治理后的各污染源排放 X 总量；Q_{i0} 为治理之前的各污染源排放 X 总量；i 为污染源，有 n 个($i=1,2,3,\cdots,n$)；Q_i 为第 i 个污染源的削减量，即第 i 个污染源治理前后的排放量为 Q_{i0} 和 Q_{il}，则第 i 个污染源的削减量 $Q_i = Q_{i0} - Q_{il}$。

设第 i 个污染源的治理费用为 C_i，则该区总的削减费用最小为：

$$\min F = \sum_{i=1}^{n} C_i$$

称优化费用目标函数。式中：C_i 与 Q_i 之间的关系常称为费用函数，污染治理的费用可以分为基建投资费用和运行费用两部分。费用函数一般是非线性函数，因此以费用作为目标函数的规划是非线性规划。当污染物的种类多，污染物来源复杂时，非线性规划问题的求解比较困难。为简化解法，人们常将非线性规划问题转化为线性规划问题。

总量控制一般有两种途径，一种是控制污染物的流量，另一种是控制污染物的流出浓度。

2. 污染源总量控制管理

污染源总量控制管理建立在污染物总量控制管理的基础之上，我国现行的管

理方法是:

(1) 排污要提出申请　　向城市环境中排放污染物质的单位,都要向当地环境保护部门提出排污申请。申请中应注明每个排污口排放的污染物量、浓度及削减该污染物的具体措施、完成年限。重点排放污染物的单位,要按月填报排污月报。

(2) 发排污许可证　　由市环境保护部门按照污染物排放总量控制的要求,核定排污大户和各地区允许排放的污染物总量;再由区、县环境保护部门核定辖区范围内其他排污单位允许的排污量,最后发放排污许可证。

(3) 监督检查执行情况　　环境保护部门对排污单位进行不定期的抽查,发现违反排放许可证规定的指标,予以罚款直至停产的处理。

3. 城市环境总量控制管理的分类

根据城市环境保护目标的要求,确定出城市各类污染物的允许排放总量,然后采用优化的方法使排污总量在全市范围内得到最佳分配,以使城市环境治理费用最少。

(1) 城市环境区划管理　　按功能分区把城市分成若干个区,根据城市环境污染物排放总量的要求,确定出各区的分配量,然后采用数学优化的方法使排污总量在整个城市得到最佳分配。

(2)城市环境行业管理　　由于行业污染物的排放量、排放途径具有一定的相似性,因此将城市环境的排放总量按行业进行分配,便于统一管理和提高效益,而且有助于促进行业的技术进步。

三、城市生态环境管理措施

1. 建立、健全合理的城市生态结构

运用城市生态系统的理论和方法,科学地组织各项经济、社会活动,逐步建立、健全合理的城市生态结构,使城市生态系统处于良性循环之中。城市在进行改建、扩建时,要注意调整工业、公用设施、道路、生活居住区以及绿化用地的比例,为建立合理的城市生态结构提供有利条件,进行合理的城市功能分区。

2. 建设城市生态环境综合防治工程系统

大力推广“清洁生产”、“无烟一条街”、“烟尘控制区”、“绿色社区”等综合防治工程。把保护环境纳入企业管理之中,并通过经济责任制,把环保工作任务分解落实到车间、班组,同生产指标一道进行考核,把工厂建设成“无泄漏工厂”和“清洁文明工厂”。建设城市“无黑烟区”,发动公众参与创建“绿色社区”等,均对改善城市生态环境有着积极的促进作用。

3. 采用多种治理技术控制大气污染,改善城市大气环境质量

为控制大气污染,需要采取合理的能源结构和煤炭利用技术,同时对工业、交通运输排放的有毒有害废气进行有效的防治。加强城市基础设施建设，提高城市煤气的普及率，发展热电联产的热力网和集中供热。调整城市能源结构，开发和利用各种新型清洁能源等。

4. 保护城市水源地，发展城市污水资源化技术

城市地区的河流、湖泊、水库等天然或人工水域的功能要统筹安排，确保水源地、风景旅游、水上娱乐等用途的清洁水体不受污染。为此，一方面应对位于饮用水水源地保护区范围内造成水质污染的工厂实行关、停、并、转、迁；另一方面，要积极发展城市污水处理技术，同时还应研究和发展污水净化处理后的回用技术。在缺水地区，净化后的污水应开辟为城市的第二水源，大力开展中水回用，用于工业、市政、绿化和灌溉等。

城市污水的处理，应推广污水处理厂与氧化塘、土地处理系统相结合的技术政策。这是因为，虽然常规的二级处理技术以及正在开发的三级处理技术，对于去除城市污水中的各种污染物来说是必要的，但它们的基建投资、运转费用和动力消耗都很大，对于土地价格较低的城市，可考虑更为经济、节能、有效的污水处理技术，如多级氧化塘和土地处理系统。

5. 发展城市物理污染控制技术，积极治理噪声污染

城市中的物理污染，主要是噪声、振动、电磁波、热和光的污染。在一些大、中城市，噪声污染已相当严重，电磁波污染也日益突出，必须有相应的技术政策来进行制约。发展城市物理污染控制技术，积极开展噪声污染的治理工作，建立和完善国家对交通运输声源的限制标准。积极发展综合治理城市噪声的技术，严格控制新的噪声源。如研制低噪声车辆、高效能消声器、高方向性低噪声喇叭、隔声屏障及防噪声振动路桥等。对交通干道两侧的住宅和其他重要建筑物实行统一绿化和布局，以减少交通噪声的干扰。在城市生活居住区内，不准安置产生无线电干扰的射频装备，对已有的或必须在居住区安装的射频装备，要采取屏蔽、吸收、滤波等技术手段，消除电磁辐射污染。

6. 注意保留和扩大城市绿地，建设防护林带

绿色植物对大气污染物具有吸收、净化作用，具有消声防噪、调节温度、湿度，以及防止风沙、防辐射的功能。因此，在城市建设中，无论是新区开发还是旧区改造，都要注意保留和扩大城市绿地，建设防护林带，调整城市生态结构，以改善城市生态环境。

7. 研究和推广城市固体废弃物的处理技术

在我国，随着城市人口的增多，城市固体废弃物已成为城市发展的巨大包袱。城市居民每人每天产生垃圾和粪便约 2kg，还有大量的工业废渣，其堆放和处理不仅占用大量城市用地，而且还产生二次污染。因此，除了对城市固体废弃物进行统筹规划以外，还要积极推广城市固体废弃物的资源化、无害化处理技术。

8. 开展城市生态环境综合整治

所谓城市生态环境综合整治，就是在市政府统一领导下，依据城市生态学理论指导，以发挥城市整体综合功能和最佳综合效益为目标，综合运用法制、行政、经济、科技手段，整治、调控、保护、塑造城市环境的活动，协调经济建设、城乡建设和环境建设之间的关系，促进城市生态环境的良性循环。

城市生态环境综合整治是一项复杂的系统工程，它关系到城市经济和社会发展的各个方面，为保证城市生态环境综合整治的顺利进行，需要采取以下的对策和措施：

(1) 把环境保护纳入城市建设总体规划　　通过城市生态环境综合整治，推进城市的现代化建设。把城市发展建设和环境综合整治，同步规划、同步实施。通过城市基础设施的建设，完善城市污水排放管网，建立城市污水处理厂，提高城市环境保护设施的水平。通过园林绿化、整治城市水系及旧城改造途径，改善城市的生态环境，提高环境的自净能力，促进城市生态系统的良性循环。

(2) 改革城市环境管理体制，强化环境管理　　城市环境问题由多种因素构成，涉及到许多部门，需要这些部门采取措施，进行统一的规划协调，依靠各方面的共同努力，才能从根本上解决问题。作为城市环境管理的职能机构，城市环境保护部门负有制定技术政策、行政法规的职责，通过行政的、法律和经济的手段，协调城市的社会经济发展和环境保护关系，促进城市环境综合整治的开展。

(3) 开辟多种渠道，解决城市生态环境综合整治的资金来源　　搞好城市环境综合整治是关系到国计民生的大事，必须纳入国民经济和社会发展的计划之中。随着城市经济的发展，城市环境综合整治的投入也需要增加，以加快城市基础设施和环境保护设施的建设，使之与城市经济发展相协调。城市建设维护税、排污收费等要做到专款专用。同时要合理进行社会集资，积极推行治污的社会化、市场化，本着“取之于城市，用之于城市”的原则，发动受益单位支持城市生态环境综合整治工作。对城市生态环境综合整治的工程项目，要实行优惠扶持的经济政策，给予补助和奖励等。

(4) 城市政府要加强对生态环境综合整治的领导　　城市各级政府要高度重视城市建设和生态环境综合整治工作。市长要依法对全市的环境质量负责，组织领导好整个城市生态环境综合整治工作的开展。城市环境保护部门，应会同城市的计划、经济、城建、市政等部门，协助市长制定城市生态环境综合整治计划，按各自主管的业务，做好组织协调工作。同时要加强环境保护的宣传教育工作，提高广大干部群众对环境保护工作的认识，动员广大群众积极参加城市环境的管理与监督。

9. 落实城市环境综合整治定量考核制度

我国为促进城市社会经济发展与生态环境的协调，积极探索各种先进的管理经验。国家环保总局自 1989 年开始，推行城市环境综合整治定量考核制度，每年考核评比一次，被考核的城市由原来32个增加到目前37个，省级考核城市由175个增加到330个，对加强城市基础设施建设，推动工业污染防治，改善城市面貌，提高城市生态环境质量发挥了重要的作用。

(1) 城市环境综合整治定量考核的主导思想　根据环境与经济协调发展的原则，提出的经济建设、城乡建设、环境建设同步规划、同步实施、同步发展的基本思路，要求在“三同步”过程中解决环境问题，实现“三效益”的统一，使之在城市经济发展和建设的各个环节都注意防治污染，保护环境。建立以市长为核心的环境管理体系，实现整体性、综合性的城市环境保护对策。

(2) 城市环境综合整治定量考核的内容　城市环境综合整治定量考核的内容分4个部分：①环境质量指标，包括大气总悬浮微粒(TSP)年日平均值、二氧化硫(SO_2)年日平均值、氮氧化物(NO_x)年日平均值、饮用水源水质达标率、城市地面水水质达标率、区域环境噪声平均值、交通干线噪声平均值7个指标；②环境污染控制指标，包括水及大气污染物排放总量削减率、烟尘控制区覆盖率、环境噪声达标区覆盖率、工业废水排放达标率、汽车尾气达标率、工业固体废物综合利用率、危险物处置率8个指标；③环境建设指标，包括城市污水处理率、城市集中供热率、城市气化率、生活垃圾处理率、建成区绿化覆盖率、自然保护区覆盖率等6个指标；④环境管理指标，包括环境保护机构建设、城市环保投资指数、“三同时”执行合格率、排污费征收面、污染设施运行率等5个指标。

(3) 全国重点城市环境综合整治定量考核情况　表8-1摘录了1989～2000年城市环境综合整治定量考核总分位于前10名的城市情况。

表8-1　1989～2000年全国城市环境综合整治定量考核前10名的城市排名表

年份及得分 \ 名次		1	2	3	4	5	6	7	8	9	10
1989	城市	大连	北京	杭州	天津	沈阳	海口	广州	武汉	长沙	南京
	得分	69.9	66.2	64.6	62.4	61.8	61.4	59.4	58.4	58.2	57.7
1990	城市	大连	杭州	北京	天津	长沙	南昌	海口	武汉	苏州	广州
	得分	72.2	71.2	70.1	69.7	68.7	66.4	65.9	65.8	65.6	65.5
1991	城市	苏州	广州	北京	武汉	大连	天津	成都	杭州	石家庄	长沙
	得分	77.05	76.81	75.04	74.48	73.93	73.52	73.08	72.54	72.28	71.43
1992	城市	海口	大连	深圳	天津	苏州	广州	南京	北京	杭州	武汉
	得分	79.56	77.84	77.64	77.15	76.08	75.64	75.44	75.27	75.26	75.26
1993	城市	苏州	天津	大连	海口	杭州	南京	北京	广州	石家庄	长沙
	得分	81.12	80.81	80.11	79.88	79.84	79.25	79.23	79.20	79.18	78.78
1994	城市	天津	北京	苏州	海口	大连	石家庄	广州	深圳	成都	上海
	得分	84.37	83.62	83.25	82.20	82.08	82.05	81.81	81.63	81.37	80.99
1995	城市	天津	苏州	北京	大连	杭州	石家庄	上海	海口	成都	南京
	得分	87.31	87.09	86.63	86.17	85.83	85.27	83.93	83.36	83.01	82.55
1996	城市										
	得分										

续表

年份及得分 \ 名次		1	2	3	4	5	6	7	8	9	10
1997	城市	桂林	汕头	海口	成都	宁波	天津	石家庄	苏州	烟台	北京
	得分	83.62	81.60	81.13	79.25	78.09	77.94	77.76	77.53	76.71	75.11
1998	城市	桂林	海口	汕头	苏州	宁波	成都	温州	青岛	天津	杭州
	得分	87.03	85.77	85.30	83.74	82.52	80.91	79.69	79.65	79.41	79.19
1999	城市	桂林	青岛	宁波	福州	天津	成都	南京	合肥	温州	西安
	得分	88.71	86.17	85.33	84.71	83.10	82.83	82.69	82.34	82.26	81.48
2000	城市	桂林	南京	成都	天津	长春	西安	广州	沈阳	福州	温州
	得分	89.77	86.19	85.51	85.42	85.35	85.28	85.16	84.75	84.41	83.94

注:1996 年国家环保局未公布考核结果。1997 年度 46 个城市“城考”排名,已评为国家环保模范城市的珠海、深圳、厦门、大连市成绩优于其他考核城市,不参加排名;1998 年增加烟台市共 5 个国家环保模范城市,1999 年增加海口、汕头、苏州市共 8 个国家环保模范城市,2000 年增加青岛、杭州、宁波市共 11 个国家环保模范城市,不参加排名。

第三节　城市自然资源管理

城市自然资源种类多种多样,前面第二章至第六章多有述及,在此着重讨论对城市土地资源的管理。

一、城市土地资源

土地是地球表面一定深度和高度范围内的岩石、矿藏、土壤、水分、空气和动植物等组成的、兼具自然特性和社会特性的复杂综合体。城市土地还包括人类建(构)造的建筑物等,它不仅是城市的载体,为城市发展提供地域空间,而且也是城市经济的重要组成部分。

城市土地是城市人口及其聚落环境、分布的空间基地,是城市生产力布局及其发展的环境空间基地,是城市存在的天然基础。马克思曾经指出:土地既提供劳动资料,又提供劳动材料,还提供居住的地方。劳动是财富之父,土地是财富之母。

(一) 城市土地资源的特性

(1) 区位条件的重要性　　城市土地对城市来说最重要的是区位,工业化城市最重要的位置是处于市中心、商业繁华的闹市区,信息灵通、交通方便的地段,对于现代化生态城市,除考虑上述条件之外,还要考虑生态环境优美,有山有水。

(2) 开发利用的集约性　　城市是人口、建筑、产业密集的地域,反映在土地利用上也必然是密集、集中、高效的。城市土地在单位面积上的投入和产出都是乡村土地不可比拟的。

(3) 需求扩大的稀缺性　由于人口不断增加和社会经济的发展,对土地的需求不断扩大,而可供人类利用的土地资源有限,因而产生了土地资源的稀缺性。在城市,地域有限,人口密集,土地的稀缺性更为突出。

城市土地管理主要包括对城市土地资源的调查、研究、分类、评价、规划和合理开发利用。城市土地利用现状调查主要是对城市土地的自然属性与社会属性进行调查登记,拟定土地分类体系,按分类体系进行调查制图,作出土地利用结构的分析和评价。

(二) 城市土地利用分类系统

全国土地利用分类,主要从农业用地的角度考虑,城镇用地只作为一个二级类型。大城市占地面积广,内部结构复杂,既有居住生活用地,又有生产用地,多种用地类型互相交错甚至集于一体,成立体布局。因此,对城市土地利用分类,应有其特殊原则和依据。一般是根据城市规划的要求,正确反映城市各类用地的现状、性质和用地结构,以土地现有的用途和利用方式为标准,进行由大到小逐级划分。各种土地利用类型应有明确具体的含义和严格的分类标准。分类内容能充分反映城市的性质和特点,便于对比城市之间的性质差异和地区内部的结构规律,还要抓住城市用地的主要矛盾,并要便于规划部门使用。据此拟定城市土地利用分类系统。我国为统一全国城市用地分类,科学地编制、审批、实施城市规划,合理经济地使用土地,保证城市正常发展,制定了《城市用地分类与规划建设用地标准》(GBJ 137-90),该标准主要按使用性质对城市用地分类,采用大类、中类、小类三级分类体系,共分10大类,46中类,73小类。各级分类名称见表8-2。

表8-2　城市土地利用分类系统

大　类	中　类	小　类
Ⅰ居住用地	分一类、二类、三类、四类居住用地。	每类下分住宅用地、公共服务设施用地、道路用地、绿地
Ⅱ公共设施用地	分行政办公、商业金融、文化娱乐、游乐、体育、医疗卫生、教育科研、文物古迹、其他公共设施用地	每类再细分若干类,共分25个三级类型。
Ⅲ工业用地	分一类、二类、三类工业用地	无三级分类
Ⅳ仓储用地	分普通仓库、危险品仓库、堆场用地	无三级分类
Ⅴ对外交通用地	分铁路、公路、管道运输、港口、车站、机场用地	公路再分高速公路,1,2,3级公路和长途客运站用地,海港、河港用地等5个三级类
Ⅵ道路广场用地	分道路用地、广场用地、社会停车场库用地	有主干、次干、支路、其他道路和各种广场用地等8个三级类

续表

大　类	中　类	小　类
Ⅶ市政公用设施用地	分供应设施、交通设施、邮电设施、环境卫生设施、施工与维修设施、殡葬设施、其他市政公用设施用地	有供水供气供电供热，公交货运其他运输，污水处理粪便垃圾处理用地等 9 个三级类型
Ⅷ绿地	分公共绿地、生产防护绿地用地	有公园街头园林生产防护绿地
Ⅸ特殊用地	分军事、外事、保安用地	无三级分类
Ⅹ水域和其他	分水域、耕地、园地、林地、牧草地村镇建设用地、弃置地、露天矿用地	有菜地水田其他耕地，村镇居住村镇企业村镇公路村镇其他用地

注：摘引自《城市用地分类与规划建设用地标准》，1991 年。

二、城市土地综合评价

（一）评价因素体系

城市土地综合评价主要是为城市规划或为土地征税、土地改良等不同目的提供指标。城市土地利用主要是利用土地的自然条件、社会经济条件，提供的空间场所和土地承载功能。我国城市土地评价工作先是选取评价因素，这些评价因素一般能反映土地质量的某些特征，或者与土地质量有密切联系。其评价因素体系如图 8-1。

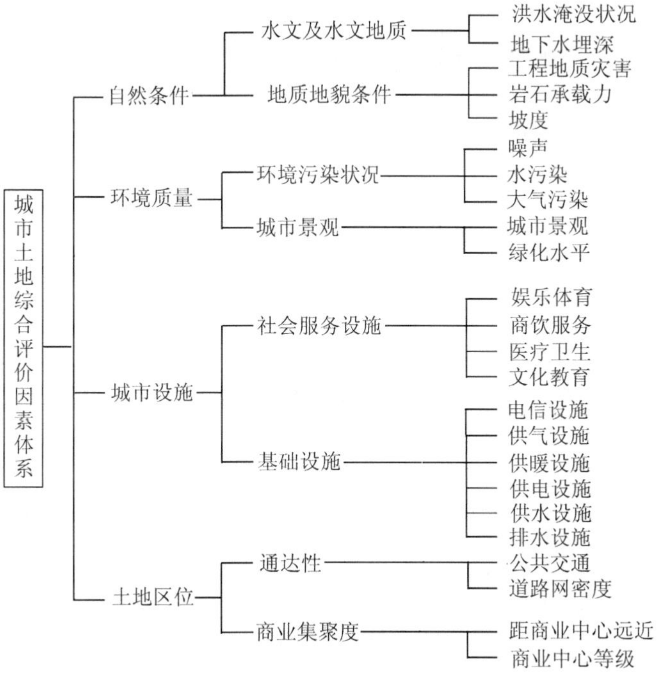

图 8-1　城市土地综合评价因素体系

城市土地利用评价一般以商业用地、住宅用地、工业用地为对象，以影响土地利用的各种因素综合评价为依据，从量上来确定城市土地的等级差异。

(二) 评价程序

城市土地评价的基本程序是：①选定评价定级因素；②制定各因素的指标值和作用分；③确定各因素的权重值；④划定土地评价定级单元；⑤计算单元各因素分值及总分；⑥按总分排列，初步划分土地级；⑦在不同土地级上测算典型行业的经济收益，并参考行业的土地级差收益，确定土地级别。

(三) 评价方法

城市土地评价分级方法，常用的有综合评分法、模糊聚类分析法、层次分析法、特尔裴(Delphi)测定法、级差收益测算法等。

地貌构成了城市土地的基本形态，决定了土地结构的基本格局，它控制着气候、水文、土壤、植被的地域差异。所以城市土地利用类型除区位条件之外，往往按地貌条件划分：城市土地被人类利用能产生经济价值，则称之为城市土地资源。城市土地资源类型比较复杂，从大的方面来说，城市土地一是作为城市建设用地，包括各种生产设施、非生产设施；二是作为城郊园田用地，为城市居民提供各种副食品和工业原料基地。为此对土地资源的评价需按不同的用途标准，对城市建设用地，着重考虑地质、地貌、水文等因素，按建筑地基的难易程度，地面坡度、地下水埋深和地面高出最大洪水位的高度等对建筑施工和使用寿命、安全等有较大影响的因素评价。对城郊园田用地，则要依据城市总体规划方案，既要有生产效益又要有生态效益。如要保留一定的农田绿化地段，结合绿化和旅游需要，农用地主要考虑地貌部位及土壤水分条件。

三、城市土地的合理开发利用

城市土地利用取决于国土面积，人口数量，土地结构，城市化水平和经济发展状况，协调好城市空间布局和各项建设用地的具体安排，做到经济、合理、有效。随着工业化和社会经济的发展，城市对土地的需求量越来越大。人口城市化，城市土地不断向郊外扩展，从而使农地缩减。

(一) 国内外城市土地利用状况

1. 国外城市土地利用情况

近年来一些发达国家建设第二家园或度假村，占用大量耕地，如法国一个居民竟占地 5000m^2(包括草坪)。发达国家 20 世纪 60 年代以来，由于汽车业和高速公路发展，逆城市化出现，大量占用郊区农地，而市中心相对衰落。例如在法国，巴黎地区的新城镇、里昂、马赛和其他许多大城市的扩展，一直损害着周围的良田，一度曾以早熟蔬菜作物和果园闻名的马赛附近的胡沃恩流域和里昂南部的圣热尼拉斯瓦尔周围地区，都因无控制的城市发展和工业发展而变为不毛之地。美国的城市扩展也占用了13.2万km^2可耕地，另有12.9万km^2可耕地被道路网所占。仅停车场就占地300km^2。1949～1969年，美国80%的城市化是在牺牲大量最肥沃的土地的情况下实现的。仅停车场一项，每百万辆汽车就需要2500hm^2土地。公路系统扩展的潜在威胁令人担忧。专家认为每辆汽车安全行驶所需的道路面积至少600m^2。一条带有立交枢纽和服务区的双道或三道公路的宽度约为70～80m。大量汽车道和高速公路的修建，毁掉大面积的可耕地，从而使农地缩减。

2. 我国城市土地利用情况

我国是一个多山国家，山地丘陵占国土面积的2/3，中国又是一个以农业为基础的国家，且人多地少，人均土地面积约0.9hm^2，人均耕地面积约0.11hm^2，只有世界平均水平的1/3。农业用地和城市以及工业用地需求矛盾日益突出。据1993年统计，中国城市人口约3.4亿人，占全国人口的28.5%，城市面积102.98万km^2，只占中国土地面积的约1%。城市用地水平低，人口密度大。1989年，我国城市人均用地面积为87.5m^2/人(常住人口除以建成区土地)，不到国外城市人均用地面积的一半。城市之间用地水平不平衡(表8-3)，一般大城市低于中小城市。城市用地结构欠合理，工业仓库用地比重大，生活居住用地、交通用地、人均公共绿地占建成区用地比例都偏低(表8-4)。而另一方面我国城市用地又存在严重的浪费现象，土地使用的经济效益低，放着大片旧城不去改造利用，而新征地开发建设，城市征地闲置不用，良田不断减少。如广州市1984～1994年10年间，近郊耕地减少了15%，为近40年来减少量的45.3%。

表8-3　我国部分特大城市人平均用地面积

城市名称	北京	天津	上海	沈阳	武汉	广州	哈尔滨	重庆
市区非农业人口/万人	592.0	448.2	773.4	333.5	324.8	288.4	229.0	224.6
建成区面积/km^2	395	322	248	164	188	182	156	86
人平均用地/m^2	66.7	71.8	32.4	49.2	57.9	63.1	68.1	38.3

表8-4　国内外城市用地对比

项目	人平用地/(m^2/人)	人均公共绿地/(m^2/人)	工业仓库用地/%	生活居住用地/%	交通道路用地/%
国外	200	>20	<15	>30	>20
国内	87.5	<10	>25	<20	<10

(二) 城市土地合理利用的对策和措施

城市是区域的中心，城市发展以区域为基础，并促进区域经济的发展。所以城市与周围区域之间要保持基本动态的统一性。经济发展是城市规模扩大的基础，城市用地是经济发展的保障。城市人口增长，生活水平提高，人们对生活环境及相应的用地要求水平提高，生活居住用地增加，促进生产用地增加。城市基础设施建设，城市生态环境的合理开发、利用、治理都需要有土地资源的保障。因此，城市用地规模和结构必须根据本国国情，用城市生态学原理分析，才能确定其合理性。

1. 改造和集约利用市中心

所谓城市土地利用集约化是指将较多的资本投入强化开发有限的土地资源，提高土地利用率，以适应不断增长的人口和生活水平的需要。城市土地集约化利用途径：一是使建筑物向高空发展，如高层建筑、超高层建筑、高架路桥。二是使建筑物向地下空间发展，如地下商场、娱乐城、地铁等。例如德国采取改造市中心区的方针，提高市中心区的人口密度。其实城市集约化，关键是规划得周密合理。在改造旧城中按生态学原理，把城市发展，经济增长，通过良好的土地利用政策直接协调起来，否则后果适得其反。例如广州前十几年的城区改造，忽视生态环境建设，照搬外国模式，造成市中心区人口密度过高，人流过度密集，交通拥塞不畅，水资源不足，水污染加剧，市政设施不足等一系列生态环境问题。一般大城市比小城市要浪费更多的空间，尤其是运输网，既占空间又浪费时间和能源。如果能大大地减少住家与工作地、学校、娱乐场所的距离，便可节约空间、时间和能源。

2. 成片开发，整体利用

20 世纪 60 年代以来，由于大量中小型产业，第三产业的崛起，在城市规划和土地利用方面，适应新的发展而改变和修订了传统的分区理论和方针。即改变了将城市分为工业区、商业区、文教区、居民区的规划思想，而采用成片开发，整体利用的方针。把住宅，小型工厂，文教，休息娱乐设施、商业服务设施，尽可能地集中配置在一个区域，并且增加绿地、绿带作为屏障或隔离，形成功能区既互相隔离，又融为一体的城市新区。成片开发布局合理，空间利用科学，新区外观优美，大大提高城市土地的整体利用效率，利于进行基础设施建设，又明显改善了城市生态环境。

我国称之为“城市建设的综合开发”，它是指在城市建设总体规划和经济发展计划的指导下，在一定区域内，为创造一个良好的工作生活环境，和提高经济社会环境综合效益所进行的一种具有开拓性、配套性、统一性和相当规模的城市建设行为。横向包括土地开发、房屋开发，纵向方面包括城市基础设施建设，公用事业的全面规划、统一建设、分期施工。加快建设速度，完善城市功能，美化城市面貌，使经济、社会、环境三效益得到最佳的结合，提高城市的综合效益。

3. 建立合理的城市规模结构和城市空间布局

按城市功能来展开城市布局是城市建设的一项重要原则。城市规模结构空间布局合理，则可节省用地，有效地发挥基础设施的效益，发挥大城市的中心作用。摊大饼式扩张城市，弊端较多，故现在许多国家吸取经验教训，发展卫星城镇，我国目前许多大城市也采取这种方式。中心区、市区、郊区、郊县、卫星城、小城镇等，统一布局安排。发挥大中城市的组织功能作用。市内中心区、建成区、市区、郊区，土地功能布局有序，各司其责。市中心区，核心部分，为政治、经济、文化中心，布置在交通方便的地方，建成区是已变非农用地的地区，郊区提供农副产品，后备建设用地。

居住小区，是城市用地的主要部分，一般占城市用地的40%～60%，区内文化生活服务设施要配套，环境清净，交通方便。工业区，是城市主要的生产用地，集中或分散布局，以不超过15%的比例为宜。不宜置于市中心，不宜与居住区混杂，货运量大的置于铁路、港口区，占地大的置于市郊，污染大的置于下风方、下水方。商业区宜置于人口稠密、交通便利的市中心或分散于各生活居住小区。科教文卫宜置干净清洁、恬静优美之处，周围不宜设工厂、仓库、大型体育设施。仓库区，宜置地势平坦，交通方便，接近货源和供应对象的地方。有毒有害易燃易爆仓库，宜置远离市区的偏僻地带。交通运输枢纽，根据营运特点、货源地、自然条件，合理配置，原则是有利生产，方便生活。沿着主要交通干线，铁路或高速公路，建设发展小城市、城镇、社区，以线连点，以点带面，沿干线便于铺设各种管线，减少交通线路和路面建设，充分利用干线两旁的土地。

从宏观布局来说，城市是区域的中心，尤其是大城市。例如广州是珠江三角洲乃至广东省、华南地区的政治、经济、科技、文化、信息、商贸、旅游中心，围绕这样的功能来安排城市布局。首先根据中心城市功能确定产业结构，大力发展第三产业，以高科技轻型工业、交通运输业、商品流通业、金融保险业、建筑房地产业、旅游服务业为六大支柱产业。然后在区域上建成以香港、深圳、珠海、东莞、中山、佛山、江门等珠江三角洲城市群为依托的中心城市；在市域布局上，建成以从化、增城两个县级市为后花园的生态城市，市区以人工生态环境为主的生态环境；市区周围城镇是自然生态与人工生态相结合的生态环境；郊县林业区、农业区、风景区以保护自然生态为主的生态环境3个生态圈层；在市区内也按功能的生态环境要求，老城区建成中心区组团，作为政治、经济、文化、外事活动中心，新城中心天河区组团建成金融、商贸、科教、居住中心，工业布局向东南移，重点开发云埔工业区和南沙经济技术开发区。根据地理位置，资源状况和自然条件，合理规划市区和各城镇功能，强化区位效益，确定土地开发规模，人口密度和产业布局，统筹全局，形成城市土地利用的合理格局。

四、城市用地生态适宜性分析

城市土地资源是自然资源中最主要的资源，它通过各种建筑业（土地利用）变成环境系统，成为城市生态环境系统的组成部分。例如城市基本设施用地，城市居民生产生活用地，城市工业、交通用地，城市机关、商店、服务业、金融等用地，城市园林绿化用地等。城市土地利用方式及其地域差异,受自然条件、社会历史、经济技术水平等综合影响,利用结构合理促进城市生态平衡发展,利用结构不合理会造成城市生态失调,阻碍城市发展。因此,要对城市用地进行生态适宜度评价。评价方法如下:

(一)筛选生态因子

城市用地生态适宜性分析是对土地的特定用途的适宜性评价,是城市生态环境评价的重要内容之一,主要是按照其生态特征划分各种类型的适宜用地。例如划分为宜工业用地、宜生活居住用地、宜商业用地、宜港口用地、宜风景旅游用地等。首先根据分析的目的要求,确定分析的对象范围。然后因地制宜选择供分析用的生态因子。根据各地的自然生态环境和社会经济特征,筛选出生态适宜度分析所需的生态因子,要求选出能够准确或比较准确描述某种用途的生态因子。筛选原则是:

(1) 在综合分析的基础上选出对城市土地利用方式起限制(或主导)作用的生态因子。

(2) 选择能持续影响城市土地利用方式的生态因子,即相对稳定的因子。

(3) 有可能获得数据的因子。由于有些因子资料来源较困难,不宜选用;而有些则可用相关关系,采取其他数据代替。

(4) 相对独立性的因子,或从几个密切相关的因子中选择其中的一个。

生态因子选择得是否合适,直接影响到生态适宜度分析结果。筛选方法是通过对城市生态环境特征的调查,对大量的原始资料进行分析,根据评价区域的性质和功能,用专家咨询或相应调查分析等方法筛选生态因子。一般中小城市多选取下列生态因子:土地条件、气象条件、绿地覆盖率、人口密度、经济密度、建筑密度、能耗密度、交通量等(刘天齐,1991)。具体选哪些项目,要视评价的具体对象和目的而定。例如马鞍山市城市生态环境区划筛选出的生态因子共有6个:①人工与自然特征(位置);②气象因子(风向);③环境噪声;④绿地覆盖面积;⑤大气质量指数;⑥土地利用评价值。工业用地适宜度分析选用其中的①,②,⑤,⑥四个因子;居住用地适宜度分析选用③,④,⑤,⑥四个因子。承德市城市生态规划筛选的因子有:坡度、地貌条件、水资源条件、污染气象条件、土地利用现状、风景名胜保护和景观价值。生活居住用地和工业生产用地适宜度分析都选用7个因子,但各因子权重不同。而风景旅游用地适宜度分析选用最后两个因子(薛兆瑞等,1993);秦皇岛市是港口城市,所选生态因子有海拔高度、承压力、地表水、距海岸线距离等6个因子。

(二)生态因子登记和绘图

在评价区的地图上(1:10 000或1:50 000),按经纬度方向(或结合总体规划功能分区的要求)划分网格,每一网格的面积为 $1km^2$。一个中等城市约分为10～100个网格。对所筛选出来的生态因子逐网格编号登记(表 8-5)。并将表 8-5 中所填的基本数据按城市情况分级,一般分为 5 级。如人口密度,对于一般中小城市可作以下分级:<1000(人/km^2);1001～5000(人/km^2);5001～10 000(人/km^2);10001～15 000(人/km^2);>15 000(人/km^2),然后绘制生态因子等级分布图。

表 8-5　城市生态因子调查表

生态因子网格号	人口密度/(人/km^2)	经济密度(亿元/km^2)	能耗密度/(t 标煤/km^2)	建筑密度/%	绿地覆盖率/%	土地条件(分为 5 级)	交通量/(辆/日)	其他
0 1								
0 2								
0 3								
· · ·								

(三)土地开发度评价

土地开发度评价也称土地利用现状评价。20 世纪 70 年代中期日本茨城县土地利用规划中提出了这一概念,其含义是土地利用的可能性(土地条件)与土地利用现状相对比的关系,可用下式表达:

$$S = \frac{L}{U}$$

式中:S 为综合评价值(土地开发度或土地利用等级);L 为土地条件等级;U 为土地利用现状等级。

1. 土地利用可能性(土地条件等级,L)分类

城市土地条件是指可供开发利用建设的条件。土地条件等级是根据土地的地貌特征和土地利用目标来确定的。城建部门一般将土地分为三类:

第一类,适宜开发建设用地。指用地的自然环境条件比较优越,能适应城市各项建设需要,一般不需要或只需要稍加工即可用于建设的用地。

第二类,基本适宜开发建设用地。指需要采取一定的工程措施改善条件后才能用于建设的用地。

第三类,不适宜建设的用地。由于现代工程技术的发展,绝对不适宜于修建的土地很少存在,故这里是指那些必须经过特殊的工程措施处理后才能用于建设的用地。

各地在确定土地条件等级时可根据本地的具体情况、环境条件的复杂程度和评价的具体要求确定类别等级。有的将土地条件分 5 级,即:很宜于开发建设;宜于开发建设；基本宜于开发建设；基本不宜于开发建设；不宜于开发建设。例如马鞍山市将土地条件划分5级：①宜于修建的用地；②水面；③需工程措施修建的用地；④需一般工程措施修建的用地；⑤适宜修建的用地。鄂州市将土地条件分4级：①倾斜大的山坡地；②较平坦的长江倾斜阶地；③湖滨低平地；④具起伏的较宽阔的台地。

2. 土地利用现状等级（U）

土地利用现状一般按人口密度来划分，另外还可以采用经济密度来划分。城市规模性质不同划分标准各异，所以各地要因地制宜，结合我国的实际情况，建议采用人口密度来划分。表8-6是秦皇岛市、马鞍山市的划分方法（刘天齐等，1991）。

表8-6 秦皇岛市、马鞍山市土地利用状况等级

秦皇岛市		马鞍山市	
人口密度/(人/km^2)	土地利用状况等级	人口密度/(人/km^2)	土地利用状况等级
0	0	<500	1
1～100	1	501～1000	2
1001～3000	2	1001～5000	3
3001～7000	3	5001～10 000	4
7001～10 000	4	>10 000	5
10 001～15 000	5		
15 001～20 000	6		
>20 000	7		

3. 土地开发度评价和表示方法

土地开发度评价也称土地利用现状评价，它是评价土地利用的可能性（土地条件）和现有土地利用状况相平衡的关系，原则上讲：

$S=1$ 时，表示土地条件与开发现状相协调，此时土地开发处于平衡状态。

$S>1$ 时，表示该块土地开发不足，还有开发潜力。

$S<1$ 时，表示该块土地处于过度开发状态。

实际上，由于土地资源，尤其是城市的土地资源非常宝贵，因此希望有限的土地资源得到最大程度的开发利用时，一般都取平衡值 S 接近于1。例如马鞍山市取$S<1.0$为过度利用，$S=1.0$ 为基本平衡，$S>1.0$ 为有利用可能。若土地资源丰富，城市人口和面积较协调，平衡值可取大些，即 $S>1.0$；一般平衡值可确定为一个区间。如秦皇岛市生态区划以 $0.8\leqslant S\leqslant 1.2$ 作为衡量土地开发程度的平衡值。$S\leqslant 0.8$ 为开发过度，$S\geqslant 1.2$ 为开发不足。逐个网格计算其综合评价值 S，用三种颜色分别代表开发不足、开发平衡、开发过度，绘制土地开发度分布图，然后分析城市土地开发度结构和分布。

（四）生态适宜度分析

1. 单因子分级评分

选出生态因子之后，首先对每个因子进行分级并逐一评价，单因子分级目前还没有统一的方法，同样的土地利用方式，城市性质不同，单因子分级评分的标准也不同，因此，进行单因子分级评分时，一方面要考虑该生态因子对给定土地利用目的的生态作用，例如，人口密度对工业用地的影响很敏感，因此，在对人口密度进行分级评分时，把工业用地的不适宜人口密度标准定得高一点，即人口密度应尽量小；另一方面要充分考虑城市的生态特色。例如风景旅游城市对风景旅游用地适宜度分析的各单因子，其适宜的标准应尽量严。单因子分级一般可分 5 级，即：很不适宜，不适宜、基本适宜，适宜，很适宜。也可以分为不适宜、基本适宜、适宜三级。

2. 综合适宜度分析

在各单因子分级评分的基础上，进行各种用地形式的综合适宜度分析，由单因子生态适宜度求综合适宜度的方法有两种：

（1）直接叠加法

$$B_{ij} = \sum_{i=1}^{n} B_i s_j$$

式中：i 为网格编号；j 为土地利用方式编号；s 为影响 j 种土地利用方式的生态因子编号；n 为影响 j 种土地利用方式的生态因子总数；$B_i s_j$ 为土地利用方式为 j 的第 i 个网格的第 s 个生态因子适宜度评价；B_{ij} 为第 i 个网格，利用方式为 j 时的综合评价值（j 种利用方式的生态适宜度）。

直接叠加方法一般用于各生态因子对土地的特定利用方式的影响程度基本相近的情况。当各生态因子对土地的特定利用方式的影响程度相差较大时，此法评价结果误差较大。

（2）加权叠加法

$$B_{ij} = \sum_{s=1}^{n} Ws B_i s_j / \sum_{s=1}^{n} Ws$$

式中：Ws 为 s 因子对 j 种土地利用方式的权值，其他符号与上述直接叠加公式相同。

综合适宜度分级根据综合适宜度的计算值可分：很不适宜、不适宜、基本适宜、适宜、很适宜 5 级或只分不适宜、基本适宜、适宜三级。

很不适宜：是指环境破坏或对干扰的调控能力很弱，自动恢复很难，使用土地的环境补偿费用很高。

不适宜：指环境破坏或干扰的调控能力弱，自动恢复难，使用土地的环境补偿费用多。

基本适宜:指环境破坏或干扰的调控能力中等,自动恢复能力中等,使用土地的环境补偿费用中等。

适宜:指环境破坏或干扰的调控能力较强,自动恢复较快,使用土地的环境补偿费用较少。

很适宜:指环境破坏或干扰的调控能力强,自动恢复快,使用土地的环境补偿费用少。

综合适宜度分级值的确定,如果取4个因子作5级分法,则4个单因子适宜度也分5级,第一级为很适宜,评价值为5;第二级为适宜,评价值为4;第三级为基本适宜,评价值为3,第四级为不适宜,评价值为2,第五级为很不适宜,评价值为1。如果采用直接叠加法求综合评价值,那么4个因子均为很适宜时,综合评价当然也应为很适宜,即第一级,其评价值为 $4\times5=20$,这就是综合适宜度为很适宜的上限。同样对适宜的上限,可以理解为4个因子中有2个因子是很适宜,2个因子是适宜,其综合评价值为 $5+5+4+4=18$ 时,为适宜的上限。依此类推:基本适宜的综合评价值上限为 $4+4+3+3=14$;不适宜的综合评价值上限为 $3+3+2+2=10$;很不适宜的综合评价上限为 $2+2+1+1=6$。

综上所述,对4个因子直接叠加求综合适宜度时,5级分法为:

综合评价值	评价描述
$18<B\leqslant20$	很适宜
$14<B\leqslant18$	适宜
$10<B\leqslant14$	基本适宜
$6<B\leqslant10$	不适宜
$B\leqslant6$	很不适宜

对加权叠加求综合适宜度评价值时,应在综合适宜度分级中考虑各单因子权值大小进行分级。

第四节　城市生态环境的综合评价及预测

环境评价有环境质量评价和环境影响评价,前者是对某一区域的环境质量优劣进行评定和预测,为环境规划和环境综合整治服务;后者是对人类开展某项建设活动可能给环境带来的影响进行评定和预测,并提出减少不利影响或改善环境质量的对策、措施,为工程设计、环境管理以及社会经济发展的重大决策服务。我国从1979年开始对建设项目进行环境影响评价至今,全国建设项目环境影响评价执行率已达90%以上,对于推进产业合理布局和企业优化选址,预防开展建设活动可能产生的环境污染和生态破坏发挥了重要作用。近几十年我国经济发展的历史表明,政府及其有关部门制定的政策和规划,相对于具体的建设项目来说,实施后对环境的影响更加巨大和持久，范围更加广泛。因此，在坚持和完善对建设项目的环境影响评价制度的同时，必须开展“战略环境影响评价”，即规划的环境影响评价。

一、城市生态环境评价的种类

（一）城市生态环境现状评价

城市生态环境现状评价，是评定城市生态环境质量的优劣，主要是针对生态环境和自然资源，解决环境优美和持续性问题，为城市长远发展服务。城市生态环境现状评价，应全面对城市自然本底、功能本底和包括大气、水体、土壤、植被、地质、地貌、声环境等本底状况进行调查，掌握城市生态环境的基本特征（包括工业布局、经济结构、城市规模、人口密度、城市建设投资比例及绿化等），以及不同功能区环境质量现状和污染物分布情况，并做出相应的定量、定性的生态评价，搞清城市环境污染问题。与此同时，分析产生污染的原因，寻找影响城市环境质量的主要污染物以及主要污染源，掌握城市污染环境的内在规律及变化特点，反映城市环境现状对人类各种经济活动和生活活动的影响程度，或潜在影响，达到直观地反映一个城市性质、地位、功能和作用及其人口、资源、环境的优、劣态势。

它运用综合评价的方法，选取生物（包括人类）及其生境、生态效应，作为评价因子，着重生态分析，如了解自然资源的生态潜力和对城市发展可能产生的制约，城市空间设计与自然条件的和谐，寻求合理利用资源环境，保护、恢复和补偿的途径。开展城市生态环境系统的综合评价是协调城市发展与环境保护关系的需要，是进行城市生态环境综合整治、促进城市生态系统良性循环的需要，同时也是制定城市国民经济社会发展计划和城市环境规划的基础，以使城市生态系统的调控向着经济高效、社会和谐、环境美化的协调方向发展。

（二）城市生态环境容量评价

城市生态环境容量是城市环境对人类活动的最大承纳能力。城市生态环境容量大小对整个城市发展和建设的推动或制约具有很大的影响。因此，城市生态环境容量是城市生态环境评价中不可缺少的重要环节。在进行城市生态环境容量研究时，必须考虑城市生态环境容量与自然条件、社会经济条件和科学技术水平的密切联系。而且生态环境容量是随一定的环境标准、人口、社会经济发展水平与城市环境自净能力等变化而变化的。因此，应该按照城市区域功能划分的各环境要素来进行全面的生态环境容量研究，并摸清城市自然系统的再生能力，评价生命支持系统的合理开发利用。

（三）城市战略环境影响评价

所谓环境影响评价，是指对拟定的政策和规划以及建设项目实施后可能造成的环境影响进行分析、预测和评估，提出预防或减轻不良环境影响的对策和措施，及进行跟踪监测的方法与制度。其中对政策和规划进行环境影响评价，相对于评价具体的建设项目更具有战略性，故国际上将其称为战略环境影响评价（SEA），简称“战略环评”。

城市战略环境影响评价，主要是针对城市发展对生态环境影响进行综合评价。根据城市经济、社会发展的政策、规划、短期和长期计划，研究城市开发、经济建设对生态环境各要素的影响，包括对重大经济和技术政策制定、基础设施建设、国土整治与资源开发、开发区建设、城市新区建设和旧区改造等重大决策事项，必须进行“战略环评”。通过分析、比较和推论，综合地对城市生态环境质量做出预测评价。其重点应对城市经济开发过程中可能产生的各种环境影响做出科学预测。分析城市发展涉及生态系统的敏感性与稳定性，根据城市生态环境质量要求，分析城市环境质量发展趋势，评价城市发展与保持自然基础、自然环境的最大限度，城市发展对自然环境产生的破坏和影响，提出城市生态的主要问题及其原因，生态补偿措施和建议，以便对症下药，落实控制城市生态环境污染的对策，力求为城市人口及产业等发展规模与环境保护的平衡和协调提供依据。

为了正确认识城市生态环境系统的整体发展水平，及时调整城市建设与管理的决策与措施，有必要对其进行科学的、系统的综合评价，从而把握城市生态环境系统的整体态势，在此基础上探索对其进行科学调控的有效途径。

二、城市生态环境综合评价的方法

（一）确定评价的指标体系

城市生态环境系统良性循环发展的宗旨是：综合协调经济、社会、环境效益，统筹兼顾生产、生活和生态环境质量，最终使城市生态环境系统向着经济高效、社会和谐、环境优美的方向发展。因此，城市生态环境综合评价的指标体系应包括从各个侧面反映城市综合发展水平，并具有统计意义的指标因子集，而且所建立的指标体系，必须具备可查性、可比性、定量性、完整性和相对独立性。

（二）选择评价模型

城市生态环境系统是一个多目标、多功能、多层次的综合的复杂巨系统，在对其评价过程中，虽然可采用多种评价方法，但每一种方法都有其优点和局限性，所以至今尚无一种能包罗万象、兼顾各方、全面满意的方法。

目前,国内普遍采用并比较认可的方法是层次分析法(简称AHP法)。它是模拟人脑对客观事物的分析与综合过程,将定量分析与定性分析有机结合起来的一种系统分析方法。此方法需要建立多个因子集(包括权重因子集),并确定模糊关系,经分组评价后再综合评价。它能够有效而简便地解决问题,适用于一般的现状评价与趋势性评价。此外,模糊综合评价法、功效系数法、可能满意度法等,也是常用的系统综合评价方法,可根据实际需要选择使用。

但是,当系统处于动态发展过程,特别是有人为控制因素干扰时,就必须依据系统动力学的理论,仔细分析各因子的相互关系,建立系统动态仿真预测模型。这种系统动力学仿真是一种系统结构的分析方法,它能够帮助决策者搞清系统各要素间的相互作用及因果关系,提供不同策略下系统各因子的可能性发展趋势,在此基础上,决策者能较清晰地进行对策性评价及技术性评价。

杨邦杰等(1992)在分析了传统生态评价方法的利弊后,提出了一种基于神经元网络原理的具有自学功能的智能辅助生态评价方法。他们认为,传统生态评价方法的优点是简便易行,缺点是受评价者的效用标准和主观偏好所左右,受环境条件和认识能力所局限,因此常常受到人们的异议。其实生态评价包括评价者、评价对象和评价参照系三要素,它往往是不完全的、粗糙的、模糊的和随机变化的,具有一定的不确定性。三是生态评价比较的是一个多属性的目标系统(或子系统),其生态因子空间是偏序而不是全序的。生态评价的这种主观性、不确定性、相对性和偏序性,决定了现行各种确定的、绝对的、全序的物理评价方法的片面性。因此,有必要建立一种可处理不完全、不确定性信息的生态评价方法。

(三)基于神经元网络原理的生态评价方法

杨邦杰等(1992)以综合指标评价方法为例,分析探讨了改进传统生态评价方法的途径。

综合指标法的关键在于权系数 W_i 的确定,一般采用专家评分法,要求专家在一维空间中根据自己的偏好给每个属性一个确定的重要性比例。但常常碰到的困难是:对于某些差别明显的属性,专家只能有一大致的定性判断,而对重要性相近的却较难判断,特别是权系数的精确数值一般都很难确定,只能凭大概、随机来粗估。因此,一维数轴上 W_i 值的大小和多属性的重要程度之间不是一一对应关系。

其实,现实世界是复杂的,不是简单的线性加权关系,也不是简单的全序空间,往往一个专家对其所评价系统的优劣能做出一个较公正的评价,但若问他是怎样加权的,权系数多大,他却无可奉告。问题就在于我们企图用简单的物理分析方法来解决复杂的生态或社会问题。

实际上,思维过程是一种比物理学过程复杂得多的生理、心理过程。它是一只黑箱或灰箱,专家本人也不清楚其中的规则算法,但却可根据系统的一些症状判断出其优劣。因此,有必要建造这么一种评价过程,它不需要确切的权系数值,甚至也不需要确定的数学方法,而只是将推理过程纳入黑箱之中,通过对事先输入的有一定代表性的"症状—结论"的分析和学习,可以对一般多属性事物做出合乎情理的评价。基于神经元网络原理的评价方法,正是在这种思想指导下建立的。

神经元网络模型的优点之一,就在于该模型提供了一个学习的算法,通过该算法,专家的经验知识可通过实例来获取。但是,神经元网络的研究,目前还处于初级阶段,大量理论问题及工程问题并未真正解决,有些问题的解决还是极其困难的。

三、城市生态环境的预测

"凡事预则立,不预则废"。预测是作好决策的重要依据。城市生态环境的预测是关于该系统未来可能出现情形的自觉的超前性的认识,是对其实施决策和调控的依据。

(一) 趋势性预测

19 世纪以来,随着预测学的发展,趋势外推预测、投入产生分析预测、回归预测、类推预测、灰色预测等,一直是系统预测的主要方法,被国内外广泛使用。

在趋势预测中可以单独考虑各个因子的发展趋势,根据各种因子的不同特点建立适合的单一因子预测模型。采用皮尔(Pearl)模型的增长曲线法、最小二乘法等是较为简单易行的方法。但是在一些特殊因子(如社会、经济等方面)的预测中,还应当考虑更为精密的方法,如分析预测、指数平滑预测,必要时还应在评价指标树系统 A,B,C 层次的基础上添加 D 层次进行全面预测后,再来确定层次的预测结果。其余依此类推。

(二) 对策性预测

一般来说,城市生态环境系统总是处于动态发展过程中,而人为控制因素(决策)又是系统的指导因素。显然,控制因素的存在会大大影响系统的变化趋势。正因为如此,我们必须研究状态的变化规律,即进行必要的对策性预测。这种预测属于有强迫作用的系统预测。根据系统动力学的理论和方法,可以建立起系统动态仿真预测模型:

$$X(t) = AX(t) + Bu(t)$$

式中:$X(t)$为状态向量;$u(t)$为控制向量;A 为状态矩阵;B 为控制矩阵。该方程的解为:

$$X(t) = e^{At}[X_0 + \int_0^t e^{-A\tau}Bu(\tau)\mathrm{d}\tau]$$

这便是我们需要的数学模型。在实际工作中,由于城市生态环境系统的各因子构成一个闭环系统，即状态矩阵 A 具有反馈作用，因此可将某一层次的大系统分割成若干小的子系统。子系统还可以进一步分割成若干更小的子系统，从而建立起一套指标体系，系统的特征函数依照一定的规律组合而成。

（三）城市大气污染预测系统的建立

城市大气污染预测系统，是根据城市环境监测资料和相应时间的气象资料，通过多种数理方法研究，找出污染的时空分布规律，确立未来大气污染的天气动态模式和大气扩散模式，从而预报城市各区域内可能出现的污染状况或程度（张一民等，1994）。

系统软件的总体设计由三大模块组成，即数据库系统、分析系统、预测决策系统。各大模块又由若干子模块组成，利用菜单选择方式进入或退出，总框图如图 8-2所示。

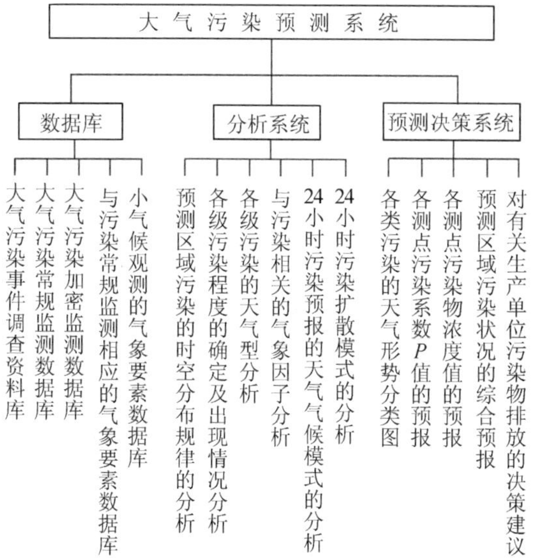

图 8-2　城市大气污染预测系统总框图（据张一民等，1994）

（1）数据库模块　　是本系统的基础部分，是对污染资料的收集、分析和初步处理部分。污染预测所需的监测资料和大量的气象资料在本系统中采用关系数据库的形式贮存，库中数据可以通过关系数据库的管理系统进行查询、排序、增添、修改等。数据的基本处理非常灵活、敏捷和简易。

（2）分析系统模块　　这部分主要是将数据库的种类数据调出，进行分析计算所需的归并、分离等处理后，用多种数学方法作客观定量化分析，为找出预测区域里的污染分布规律和确定适宜的预测手段和模式提供科学依据。

（3）预测决策系统模块　　它是为用户服务的窗口，是预测系统的重要终端。

因此，本模块是各类预报方法的集合，并采用直观的数字、表格、图形等显示大气污染的程度、范围，做出综合判定，提出决策性建议。

上述三大模块，既互相独立又相互联系，各大模块的操作可以独立进行而不会影响其他模块的结构和操作，预测决策系统建立在分析系统的基础之上，分析系统的资料则源于数据库。

四、城市环境空气质量预报(空气污染指数 API)

城市居民对城市环境有知情权。为了使市民及时了解城市空气环境质量状况，采取适当的预防措施，我国自 20 世纪 90 年代中期开始，推行城市空气质量预报，起初是在部分城市试行周报，逐渐推广并发展到现在许多城市已经开展日报。我国城市空气质量预报，是根据国家《环境空气质量标准》中规定的几种常见污染物例行监测的结果，评价城市短期内(一周或一天)的空气质量，并以空气污染指数的表征形式向公众发布。

(一) 空气污染指数

空气污染指数(air pollution index，简称 API)是一种反映和评价空气质量的方法。它是将常规监测的几种空气污染物的浓度简化成为单一的概念性数值形式，并分级表征空气质量状况与空气污染的程度。其结果简明直观，使用方便，适用于表示城市短期的空气质量状况和变化趋势，是目前我国城市发布短期空气质量预报常用的指标。

1. 空气污染指数确定的原则

空气质量的好坏取决于各种污染物中危害最大的污染物的污染程度。空气污染指数是根据环境空气质量标准和各项污染物对人体健康和生态环境的影响，来确定污染指数的分级及相应的污染物浓度限值。

2. 计入指数的污染物项目

根据我国空气污染的特点和污染防治工作的重点，目前计入空气污染指数的污染物项目定为：二氧化硫、氮氧化物和总悬浮颗粒物。随着环境保护工作的深入和监测技术水平的提高，将来会调整增加其他污染项目，以便更客观地反映污染状况。

3. 空气污染指数分级及其浓度限值

空气污染指数的范围从 0～500，其中 50，100，200 分别对应于我国环境空气质量标准中日均值的一、二、三级标准的污染物浓度限值，(API)500 点则对应于对人体健康产生明显危害时的各项污染物的浓度水平。目前我国所用的空气污染指数的分级标准是：①空气污染指数(API)50 点对应的污染物浓度为国家空气质量日均值一级标准；②(API)100 点对应的污染物浓度为国家空气质量日均值二级标准;③(API)200 点对应的污染物浓度为国家空气质量日均值三级标准;④(API)更高值段的分级对应于各种污染物对人体健康产生不同影响时的浓度限值。空气污染指数分级的浓度限值及相应的空气质量级别对人体健康的影响见表 8-7,表 8-8。

表 8-7　空气污染指数分级浓度值

污染指数/API	污染物浓度/(mg/m^3)		
	TSP	SO_2	NO_X
500	1.000	2.620	0.940
400	0.875	2.100	0.750
300	0.625	1.600	0.565
200	0.500	0.250	0.150
100	0.300	0.150	0.100
50	0.120	0.050	0.050①

①当浓度低于此水平时,不计算该项污染物的分指数。

表 8-8　空气污染指数范围及相应的空气质量级别

空气污染指数/API	空气质量级别	空气质量描述	对健康的影响	对应空气质量适用范围
0～50	Ⅰ	优	可正常活动	自然保护区风景名胜区和其他需要特殊保护的地区
51～100	Ⅱ	良	可正常活动	城镇规划中确定的居住区、商业交通居民混合区文化区一般工业区和农村地区
101～200	Ⅲ	普通(轻度污染)	长期接触易感人群症状有轻度加剧,健康人群出现刺激症状	特定工业区
201～300	Ⅳ	不佳(中度污染)	一定时间接触后心脏病和肺病患者症状显著加剧运动耐受力降低,健康人群中普遍出现症状	
>300	Ⅴ	差(重度污染)	健康人明显出现较强烈症状降低运动耐受力,长期接触会提前出现某些疾病	

4. 空气污染指数的计算方法

(1) 分指数的计算　　污染物的分指数 I_i,可由其实测的浓度值 C_i 按照分段线性方程计算。对于第 i 种污染物的第 j 个转折点($C_{i,j}$, $I_{i,j}$)的分指数值和相应的浓度值,可由表 8-8 确定。

当第 i 种污染物浓度 $C_{i,j} \leqslant C_i \leqslant C_{i,j-1}$时:

其分指数 $I_i=\frac{C_i-C_{i,j}}{C_{i,j+1}-C_{i,j}}(I_{ij+1}-I_{i,j})+I_{i,j}$

式中：I_i 为第 i 种污染物的污染分指数；C_i 为第 i 种污染物的浓度监测值；I_{ij}为第 i 种污染物 j 转折点的污染分项指数值；I_{ij+1}为第 i 种污染物 $j+1$ 转折点的污染分项指数值；C_{ij}为第 j 转折点上 i 种污染物的(对应于 I_{ij})浓度限值；C_{ij+1}为 $j+1$ 转折点上 i 种污染物(对应于 I_{ij+1})浓度限值。

污染指数的计算结果只保留整数，小数点后的数值全部进位。

(2) 空气污染指数的确定　　各种污染物的污染分指数都计算出以后，取最大者为该区域或城市的空气污染指数 API，则该项污染物即为该区域或城市空气中的首要污染物，即：

$$\mathrm{API} = \max(I_1, I_2, I_i, \cdots, I_n)$$

式中：I_i 为第 i 种污染物的分指数；n 为污染物的项目数。

(二) 城市空气质量报告

使用空气污染指数报告空气质量时，一般应包括区域范围、时间周期、首要污染物及污染指数和空气质量级别。当污染指数 API 值小于 50 时，则不报告首要污染物。

各城市发布空气污染指数时，是按监测点位置所在地区或地理区域分别报告，而不应使用区域空间无法界定的功能性分区报告；即先计算各点各项污染物的平均浓度值，再计算各点不同污染参数的污染分指数，取最大者为该点的污染指数。

应该指出，各个国家或地区计算空气污染指数方法和选取的指标标准不同，则结果不能直接作比较。例如，我国香港地区计算空气污染指数，选取二氧化硫、二氧化氮、臭氧、一氧化碳、总悬浮颗粒物和可吸入颗粒物(悬浮在空气中，粒径≤10μm 的颗粒物)等 6 种空气污染物计算。将每种污染物的空气质量指标都定为指数 100，按此将实测所得的浓度结果折算成各项指数，取当中污染指数最高的一项作为该地区当日的污染指数。空气污染指数分级以 100 为标准，0～50 表示空气质量良好；51～100 表示空气质量普通；101～200 为不佳；200 以上为恶劣。由于香港地区所选指标和计算方法与内地城市不同，API 指数所反映的大气污染情况也不一样，因此两者不能直接相比。

第五节　城市生态环境规划

城市是人与环境之间关系最密切而又矛盾最为突出的场所。改善和保护城市生态环境是人们日益关心的问题，也是我国当前环境保护的重点。搞好城市生态环境，首先要有一个好的城市生态环境规划，协调城市社会经济发展与环境两者之间的关系。这对城市环境管理向科学化发展，指导城市环境保护工作，具有重要的战略意义和实际作用。因此，城市生态环境规划应是城市总体规划的重要组成部分。

一、城市生态环境规划的指导思想和原则

1. 指导思想

保护和改善城市生态环境，就是要解决人类的生存与可持续发展问题，以求实现城市经济与生态环境、生活与生产的协调同步发展。我国地域广阔，城市众多，各类城市的性质和功能有着明显的差异，因而对于各个城市的生态环境规划必须具有指导性。为此，应通过对城市性质、结构、格局、规模等进行分析和策划，提出以人工化为主体的城市生态系统调控体系和措施，塑造一个舒适、优美、清洁、安全、高效、和谐的城市环境系统。所以我国城市生态环境规划工作，应以实现经济效益、社会效益和环境效益的统一为目标。

2. 城市生态环境规划的基本原理和依据

生态环境规划是指按生态学原理对某地区的社会、经济、技术和资源环境进行全面综合规划，以便充分有效和科学地利用各种资源条件，促进生态系统的良性循环，使社会经济得以持续稳定地发展。城市是区域的中心，是社会经济和环境问题最集中的场所，随着生产的发展和工业的进一步集中，使得城市迅速发展和扩张，许多严峻的环境问题迫使人们进行思考，设法解决城市无计划发展所带来的后果。因此，城市生态环境规划便成为当代生态规划的焦点和重心。

城市生态环境规划，要求规划者根据生态系统的客观规律，如生态系统的整体性原理、循环再生原理、区域分异原理、动态发展原理等。按照全局观点、长远观点和反馈观点，既要从当前的生态情况出发，又要考虑到生态系统改变后所产生的各种效应的长远影响来进行。

城市生态环境规划的编制要从实际出发，符合国情、市情，做到切实可行。关键是目标明确，做好费用-效益分析，并综合考虑经济、环境、社会三方面的最优化的综合效益。城市生态环境规划要保证人类活动的安全、健康、舒适和方便，各种自然灾害得到防治，环境污染得到控制和治理等，各种市政公用设施的建设都要使得人们的生产和生活更为方便和获取更高的效益。

城市生态环境规划编制的依据：一是城市总体规划和经济社会发展规划；二是本地区的环境状况和改善环境的要求；三是经济技术等的现实条件和发展水平。在规划的编制过程中，要注意信息的反馈，进行必要的调整和修正，使经济效益、社会效益、环境生态效益互相协调，以求得三者综合效益的最优方案。

二、城市生态环境规划编制的程序和内容

城市生态环境规划有单项规划和综合规划，其研究内容十分广泛。单项规划研究主要有城市适度人口规划、城市土地利用适宜度规划、城市资源利用保护与受害生态系统恢复与重建规划、城市生物保护规划、城市生态环境污染控制与防治规划、城市生态系统整体优化规划等。它们本身的性质比较单一，但涉及的面却比较广。它们与传统规划的不同之处在于，它们最终落实到城市的生态经济总效益而不是部门的局部利益上。对一个工厂、一个部门、一个社区乃至一个城市的生态环境规划，属于综合性规划。它涉及社会、经济、自然多方面因素，人口、资源、环境诸方面的关系，以及效益、机会、风险诸指标的综合评价。城市生态环境规划的基本作用是运用生态控制论原理，统筹、协调资源、人口、环境与发展之间的关系，解决发展与环境之间的矛盾。调节物质能量流通系统，提高其利用效率。由于城市的性质、特点和规划的目标阶段不同，城市生态环境规划的技术路线也不可能完全相同。概括而言，规划程序和内容主要有：

(1) 确定生态环境规划目标　目标的确定是很重要的工作，是编制规划的中心环节。这就需要预测生态环境干扰和破坏的程度与环境目标之间的差距，并运用费用-效益分析方法，进行正、反方向控制的推断和权衡、优选，从而确定具有经济、社会和环境统一效益的最佳环境生态目标。

(2) 掌握城市(区域)的生态环境现状、特征、主要生态环境问题和制约因素　主要是进行调查研究，搜集整理和监测分析城市环境的基础资料，包括利用政府统计资料，分析航空遥感图片，民意测验与实验统计，开展污染源、城市环境质量本底调查和现状评价，获得对系统的粗略认识。为做好城市自然环境和自然资源保护规划和自然灾害防治规划提供科学依据。

(3) 进行人口、资源、环境预测　为了使规划有更强的实用性，社会、经济和环境预测是很关键的一环。预测可分为三类：警告性预测、目标预测和规划预测。在目前尚无成熟的预测模式时，可借鉴国外的某些模式，或采用类比法，抑或类比与模式相结合的方法。例如通过人机对话建立各子系统的模拟模型，根据与现实系统的比较结果，并结合专家经验反复修改完善。

目前，城市环境质量要素，主要指水域、大气、固体废弃物和噪声，其相应的规划指标形式分别为污染物质的浓度(水体、大气)、处理处置率(固体废弃物)和噪声级(dB)。对于大气、水域、噪声的环境质量指标，由各功能区的分级质量并考虑其他必要因素(如人口等)，经权衡或加权平均后得出。废渣以总量计。对于集中排放的污染源，可以污染物排放总量作为控制指标，但要符合总量与环境区域质量指标间的相应模式关系。社会经济方面主要有人口密度、国内生产总值等生产和生活指标。

(4) 提出控制污染、改善环境的具体要求、实施方案和采取的有效措施　在提出具体要求和措施时，要着眼于区域性综合防治、城市环境等的综合整治。考虑合理利用、综合利用自然资源、能源，力求经济、社会和环境效益的统一，并注意充分发挥环境的自然净化能力以及环境管理的效能。

三、城市生态环境规划方法

现在国内生态规划方法大都是专家根据对城市生态环境系统的理解，以新兴发展起来的现代科学如控制论、信息论、乏系统理论来研究生态系统，形成了全息规划法、乏系统规划法、控制论规划法等。兹介绍如下几种。

1. 多目标规划

多目标规划原理是在线性规划原理基础上发展演化而来的。线性规划是一种典型的运筹学方法，它着眼于解决在一定的约束条件下，如何求得目标函数的最优解。线性规划法目前发展比较成熟，而多目标线性规划着眼解决的是一组约束条件下多个目标均衡达到最优的难题。其数学表达式为：

$$\begin{cases} \max(\min) f_i(x) & i=1,2,\cdots,l; \\ s_t g_i(x) \leqslant (=, \geqslant) b_j & j=1,2,\cdots,n(\text{其中 } l \leqslant n \leqslant m) \end{cases}$$

多目标线性规划作为一种数学模型工具，以获取较快的经济增长和环境开发破坏程度最小为目标，它以区域资源、自然条件为限制因素，能获取“可持续发展”的最佳途径(薛兆瑞等，1993)。

2. 泛目标规划

由于城市生态环境系统是一个结构复杂的网络式回环系统，需要分析其间的相互制约与反馈动态关系，但因其信息来源往往是粗糙模糊的，具有不完全或不确定性，因而发展了一种可以处理不完全数据、简单可行且便于推广的人机对话或动态决策方法——泛目标生态规划。

泛目标规划，是以线性规划为工具，以生态控制论的原理为指导，以调节生态系统功能为目标，以专家系统为工具，以定量和定性方法相结合，决策、科研、管理人员相结合，对人工生态环境进行规划和调控的一种智能辅助决策方法。其基本思路是要依据生态控制论中的生态工艺原则和生态协调原则去调控系统关系，改善系统功能，寻求系统功能的最优调节，并在逐步优化过程中不断地向决策部门提供各种有关的信息。

3. 灵敏度模型

灵敏度模型是一个以系统动力学理论为基础的未定量化模型。该模型反映了系统组分间的相互关系的动态、结构与功能变化趋势的定性描述，即通过系统中各种关系在干扰之后的适应性来判断系统的结构稳定性，适应能力的增强或减弱，不可逆的变化趋势，系统崩溃的风险或出现变态的可能性等，同时可以操纵系统向有利方面变化的指导因素等，而且还给出控制论的解说和评价。

4. 系统动力学方法

系统动力学方法，是美国 MIT 的 Forrest 发明的一种计算机系统模拟方法。它以解决如社会系统等这类大系统的模拟问题为特色。从原理上来说，是一组变微分方程组在计算机上的模拟解，它不要求对一事物的精确解，只要求对已知事物组成要素间相对变动关系的前提下求解事物的发展趋势。一般认为，系统动力学很适合于城乡生态系统的研究，因为它可以解决组成元素复杂、相互关系了解不甚明了的难题。

生态规划方法和体系尚处于探索发展之中，目前发展的趋势是从定性的描述向定量化方向发展，从单项规划向综合规划方向发展。高度综合是生态规划的特征之一，它是由规划对象——城市（区域）生态系统特点所决定的，即系统大、结构复杂、功能综合、多目标、规模宏大、因子众多；同时也决定了生态规划必须向多目标、多层次、多约束的动态规划方法发展。

第九章 城市生态环境系统调控及环境与经济协调发展的定量评判

自然生态系统的协调是靠共生、竞争、自然选择来自我调控各种生态关系，达到系统整体功能最优。城市生态环境系统是结构复杂、功能多样、高度人工化的开放性巨系统，缺乏自然生态系统那种自完善、自组织、自控制机制，因此要运用生态学的原理和系统优化的方法，通过人为作用去调节控制城市生态环境系统内部的各种生态关系，促进人与自然的和谐与协调，实现城市的生态平衡和可持续发展。

第一节 城市生态环境系统的调控

一、城市生态环境系统调控的基本原理

(一) 城市生态环境系统调控的目的和意义

城市生态环境系统规模宏大、结构复杂、功能多样。城市生态环境系统是以人的行为为主导，自然环境为依托，资源流动为命脉、社会体制为经络的规模宏大，结构复杂，功能多样的人工环境系统，它具有自然、社会、经济等多层级、开放性，各层级内部和层级之间关系复杂。自然有生物、非生物(有机界、无机界)；社会有科、教、文、卫、政、法；经济有投入、产出、流通、消费、供需；功能有生产、生活、还原、净化、资源再生等。人与自然之间有适应、抑制、改造、促进关系；人对资源有开发、利用、贮存、扬弃、恢复、补偿、干扰环境等关系；人类生产、生活有竞争、共生、隶属、乘补等关系，通过调控协调各种关系。

城市生态环境系统运行以人为主体，具有主动性、积极性。从生态学的观点来看，城市是一个人、物、空间融为一体，生产生活相辅相成的新陈代谢体，它的基本特点是由相互联系的各部分组成，具有系统性、有机性、决策性。它以人为中心，以人的根本利益为目的，能自我调节，有再生和决策能力，与周围环境协同进化，是运动着的有机体。城市人的作用主动、积极、活跃，增加了生产生活的多样性。各组分之间密切相关，各条块之间横向联系。人口流动、物质循环的整体性功效及环境变化的区域性影响，从而使系统中生产的量与生活的质之间，资源利用与环境负载能力之间，城市内部各职能部门之间，城区与郊区之间，眼前利益与长远利益之间的矛盾，需要通过人的决策行为进行调节控制。旨在探讨提高城市的综合效益，减

少城市的生态风险，创造城市的发展机会。

城市生态环境系统行为的不确定性、滞后性、非线性、反直观性。城市生态环境系统现时发展状况与将来发展方向；城市发展的优势与劣势；城市内部反馈关系与调节机制；城市发展的利导与限制因子；城市的能流物流是否畅通等，都是不确定的、非线性的，都需要根据不同问题，选择适宜的方法，分别进行过程与政策等多种模拟方法结合进行调控。

城市生态环境系统局部利益与整体利益的冲突多于一致。城市生态环境系统的生产着眼于局部而不是整体功能；条块间缺乏必要的共生关系和物质能量的多层分级利用功能；物质循环系统基本上是线状而不是环状；系统的自我调节能力差，多样性低。所以要利用生态学原理和最优化方法调节城市内部各等级、各组分间的关系，提高物质转化和能量利用的生态效率，开发城市未被利用的人力、物力和环境资源，达到平衡协调持续发展。

城市生态环境调控就是要根据自然生态系统高效、和谐原理去调控城市生态环境的物质、能量流动，使之达到平衡、协调的目的。

（二）城市生态环境系统调控的基本原理和依据

自然生态系统的优化原理很多，归纳起来不外乎两条：一是高效，即物质能量的高效利用，使系统生态效益最高；二是和谐，即各组分间关系的协调融洽，使系统演替的机会最大而风险最小。所以城市生态系统调控是依据自然生态系统的高效、和谐原理。即自然生态系统靠共生、竞争、自然选择来自我调控各种生态关系，达到系统整体功能最优。城市生态系统依靠计划决策部门，通过规划、计划、法规、制度、管理来人为调控。

1. 生态工艺原理

依据自然生态系统结构与功能相适应（如食物链结构），物质分解、转化、富集、再生循环不断；生物共生竞争，协同进化的生态学原理，结合系统工程，设计多层次和循环利用的工艺流程，通过技术改造，解决资源低效利用问题，达到高效目标，即高的经济效益和发展速度。

城市生态系统作为一个以人为中心的社会—经济—自然复合生态系统，其内部的物质代谢、能量流动和信息传递关系，不是简单的链，也不是单个的环，而是一个环环相扣的网，其中网结和网线各司其能，各得其所，物质能量得到多层分级利用，废物循环再生，各部门、各行业间共生关系发达，系统的功能、结构充分协调，使得系统能量损失最小，物质利用率最高。其高效之生态工艺原理包括：循环再生、协同共生和生态选择。

(1) 循环再生　依据生物圈生态系统食物链结构原理，生物圈中的物质是有限的，原料、产品和废物的多重利用和循环再生是生物圈生态系统长期生存并不断发展的基本对策。生物圈生态系统中，绿色植物从环境获得营养元素，通过食物链，转移给其他生物重复利用，最后被微生物分解与转化回到环境中，进行再循环。为此，生态系统内部必须形成一套完善的生态工艺流程。

城市环境污染、资源短缺问题的内在原因，就在于系统内部缺乏物质和产品的这种循环再生机制，而把资源和环境当作外生变量处理，致使资源利用效率和环境效益都不高。只有将城市生态环境系统中的各条“食物链”接成环，使物质在系统内循环利用，减少废物的排放——废物处理后再利用。在城市废物和资源之间、内部和外部之间搭起桥梁，才能提高城市的资源利用效率，改善城市生态环境。

(2) 协同共生　　依据共生协同进化原理。共生是指不同种的有机体或子系统合作共存、互惠互利的现象。共生导致有序，生态效益高。共生的结果，使所有共生者都大大节约了原材料、能量和运输，系统获得多重效益。共生者之间差异越大，系统的多样性越高，从共生中受益也就越大。因此，单一功能性的土地利用，单一经营的产业，条条块块式的管理系统，其内部多样性低，共生关系薄弱，生态经济效益不高。所以要提高城市生态系统的经济效益就要发展共生关系，发展多种经营。提出用生态规划方法，通过关系调整，解决系统关系不合理的问题，达到和谐的目标。

(3) 生态选择　　依据因时因地制宜，占领生态位原理。要尽可能抓住一切可以利用的机会，占领一切可利用的生态位，包括生物、非生物(理化)环境、社会环境的选择。要有灵活机动的战略战术，善于用现有的力量和能量去控制和引导系统。要善于因势利导地将系统内外一切可以利用的力量和能量(包括自然的及人工的，合作的和对抗的)转到可利用的方向。通过生态选择整合系统功能，控制和引导系统，以便为系统整体功能最优服务。

生态工艺原理的基本思想是变对抗为利用，变征服为驯服，变控制为调节，以退为进，化害为利，顺应自然，尊重自然，因位制宜。

2. 生态协调原理

依据自然生态系统生物与生物之间，生物与环境之间的协同共生、相生相克、自生趋适、最适功能与最小风险的原理，提出用生态管理的方法，通过行为引导、生态规划、调整关系、解决系统不协调和自我调节能力低下的问题，用生态协调原理增强调节能力，达到系统和谐协调，整体生命力增强的目标。

城市协调发展是城市生态环境调控的核心。城市生态系统的协调关系包括：①生产与生活；②市区与郊区；③城市的人类活动强度与环境负载能力；④城市的眼前利益与长远利益；⑤局部利益和整体利益；⑥城市发展的效益与风险，机会与失误之间关系的协调等。维持城市生态平衡的关键，在于增强城市的自我调节能力，协调各种关系。其基本原理包括：

(1) 正负反馈和限制因子定律　　生态环境系统中任何两个相关组分之间可能存在两种不同类型的生态关系：一类是促进关系；另一类是抑制关系。生态系统中的任何一个组分都处在某一个封闭的关系环上，当其中的抑制关系数为偶数时，

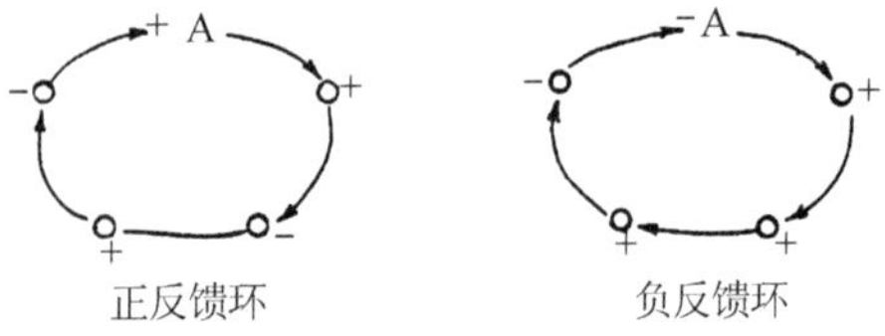

图 9-1　反馈关系示意图

该环是正反馈环，即某一组分 A(图 9-1 左)的增加(或减少)，通过该环的放大(或衰减)作用，最终将促进 A 本身的增加(或减少)；负反馈环则相反，其中 A 的增加(或减少)通过该环的相生相克作用，最终将抑制 A 本身的发展(图 9-1 右)(王如松，1988)。

在城市生态系统网络中，系统组分之间可能有很多个关系环，其中必有一个是起主导作用的主导环。生态系统演替中存在着很多生态因子，其中必有一个是对系统发展起决定作用的主导因子。对于稳定的城市生态系统来说，其主导环一定是负反馈环。否则，通过该环持续的放大或衰减，系统组分将无限增长或萎缩，从而导致系统崩溃，或受一新的抑制关系影响，构成负反馈环而趋于稳定。

城市生态系统的主导因子一定是限制因子。否则，系统将不受限制地发展下去，直到一个新的阻尼因子起作用才抑制住它的发展。这个阻尼因子即取代原来的主导因子，而成为新的主导因子。主导因子好比城市的瓶颈，它决定了城市的环境容量或负载能力 k。由于受瓶颈的限制，城市生产量与生活水平的增长呈组合 S 型(图 9-2)，即在开始时需要开拓环境，发展很缓慢，继而是适应环境，近乎直线或指数上升，最后受瓶颈的限制而接近某一饱和水平。一旦主导因子变化，瓶颈扩展，容量即可加大，城市活动又会呈现 S 型增长，并出现新的主导因子和瓶颈。城市正是在这种缩颈和扩颈或正反馈与负反馈的交替过程中不断发展壮大，实现动态平衡的。

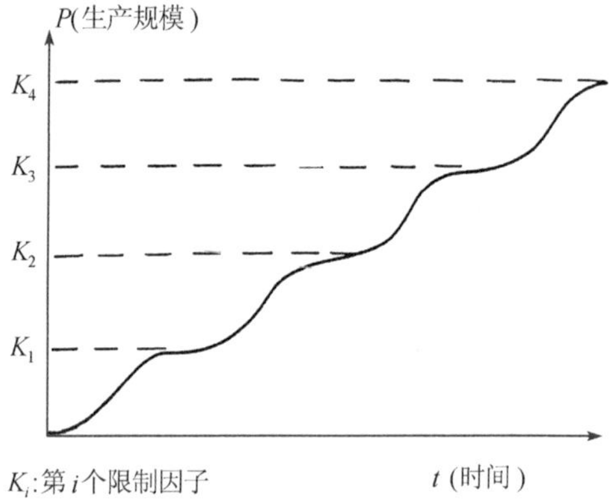

图 9-2　城市增长的组合 S 型曲线(据王如松，1988)

(2) 整体优化和最适功能原理　城市生态环境系统是一个自组织系统，其演替的目标在于整体功能的完善，而不是其组分结构的增长。要求一切组织增长必须服从整体功能的需要，一切生产部门，其产品的生产是第二位的，而其产品的功效或服务目的才是第一位的。随着环境的变化，生产部门应能及时调整产品的数量、品种、质量和价格，以适应系统的发展。

(3) 最小风险定律　能量流经生态系统的结果不是简单的生死循环，而是一种螺旋式的上升演替过程。其中虽然绝大多数能量以热的形式耗散了，但却以质的形式储存下来，记下了生物与环境相适应的信息。在长期生态演替过程中，只有生存在与限制因子上、下限相距最远的生态位中的那些种，生存机会才最大。因此，现存的物种是与环境关系最融洽、世代风险最小的物种。限制因子原理告诉我们，任何一种生态因子在数量和质量上的不足和过多，都会对生态系统的功能造成损害。

城市密集的人类活动给社会创造了高的效益，同时也给生产与生活的进一步发展带来了风险。要使经济持续发展，生活稳步上升，城市也必须采取自然生态系统的最小风险对策，调整人类活动使其处于与上、下限风险值相距最远的位置，使其风险最小，城市长远发展的机会最大。

城市生态环境学的任务，就是利用自然生态的原理和最优化方法去调节城市内部各组分的关系，提高物质转化和能量利用效率，促进城市持续高速发展。

二、城市生态环境系统调控的目标

根据生态控制论原理，城市生态环境调控的目标有三：一是高效，即高的经济效益和发展速度；二是和谐，即和谐的社会关系和稳定性；三是舒适优美，即优美的生态环境和高质量的生活条件。

1. 经济目标高效

城市生态环境系统的经济目标可用广义的经济效益来衡量。它包括高的人类生产活动效率，如产值、利润、成本及劳动生产率、资金利用效率、设备技术利用效率，高的自然资源利用效率、原材料利用效率、能源利用率、物质循环利用率、可再生资源利用比率及空间、时间的利用效率，以及持续稳定的经济发展速率等。

我国是一个发展中国家，我们不能不要求一定的经济发展速度。利用生态控制论原理，我们可以在不牺牲环境，不过度消耗非再生资源的前提下，充分利用本地条件发展经济。要根据我们的国情，走出一条低能耗、高效率、高容量的中国城市化发展道路来。

2. 社会目标和谐

城市生态调控的社会目标主要是协调社会发展的各种冲突关系，如局部和整体，眼前和长远，生产和生活，城区与郊区，资源利用与环境保护，以及行业之间、部门之间、单位之间、人与人之间和谐的共生关系等。最终目的是要达到城市各组分的平衡稳定和协调发展。

社会指标不同于经济指标和环境指标，不容易量化，也很难定义最优值，但可以通过调节社会和自然环境的和谐程度，通过完善城市的生活和还原功能，将其机会及风险调节或控制在一定的范围内。

3. 环境目标优美

城市自然子系统是城市生态系统的基础，是支持城市经济子系统和社会子系统这两大“软件”的“硬件”。随着人们物质文化生活水平的提高，生存问题退居到次要地位，人们的生活从物质型向精神型转变，从户内型向户外型转变。想生活环境舒适或者想活得长久，确实是古今中外心理正常的人的共同愿望。因此，城市生态环境质量的提高、改善与美化环境是城市生态调控的重要目标之一，并成为现代化文明城市的重要标志，直接影响城市的整体形象和综合竞争力。

4. 综合目标协调

城市经济效益、社会效益、环境效益的统一协调发展，即是我们所要追求的城市生态效益，也是城市生态调控的根本目标。这里的生态效益不是一个惟一确定的可全序排列的标量，而是一个多维的偏序向量（王如松，1988）。城市生态调控的目的就在于利用一切可以利用的机会，充分提高物质能量利用效率，使系统风险最小，而综合效益最高，社会、经济、环境三大子系统得到协调发展。

三、城市生态环境系统调控的手段和方法

近年来出现的生态系统工程（简称生态工程），就是模拟生态工艺原理并利用系统分析方法来分析、设计、规划和调控人工生态系统的结构要素、工艺流程、信息反馈关系及控制机构，使其最大限度地符合人类的整体和长远利益的一种“巧夺天工”的系统工程技术。

（一）生态工艺设计与改造

生态工艺设计是根据自然生态系统最优化原理，设计和改造城市生产生活和还原再生的工艺流程，以疏浚物质、能量流通渠道，开拓未被占用的生态位，提高系统的经济效益。其基本的内容包括：能源结构的改造，生物资源的利用；物质循环与再生；共生结构的设计；化学生态工艺；以及景观生态设计等。

（二）生态关系规划与协调

上述生态工艺与设计是根据生态调控原理，用物理、化学和工程手段对城市生态潜力和机会的局部优化，属于硬技术范畴。而生态关系规划则运用系统分析手段、生态控制论原理以及专家经验对城市机会、风险及效益进行模拟与决策，属于软科学范畴。

城市生态规划就是要利用现代系统科学和计算机的先进手段以及生态学的原理和专家经验，去调节和改造城市各种复杂的系统关系，在城市现有的社会、经济和自然的约束条件下，去寻找开拓机会、扩大效益、减少风险的可行性对策。它包括形态分析以及系统管理两大步骤。其最终结果应给城市有关部门提供简便、易行、有效的决策支持系统。

（三）生态环境意识的普及与提高

当今许多城市问题很大程度上是由于决策者、规划者、管理者缺乏生态环境意

识而引起的。因此,必须从普及生态环境意识着手,通过各种教育及宣传渠道向各级各类决策者和群众普及生态学基础知识。

生态学不仅是一门科学,也是一门哲学,是一门有关人怎样认识自然、改造自然的世界观和方法论的学问。当前,非常有必要在决策者及市民中进行一场思想意识领域里的生态文化革命。如教育干部、群众认识生态系统是一个多因多果、无源无汇的复杂关系网络,任何一个组分的行为最终都将反馈作用于城市居民自身。因此,必须全面、系统、综合地考虑问题。

第二节 城市生态调控决策支持系统

一、城市生态调控决策支持系统的概念

城市生态调控决策支持系统是以计算机技术为基础,应用城市生态系统的动力学原理与控制论方法,综合系统科学、管理决策科学而设计的一种人机交互系统,可为城市管理决策部门提供信息、方法与知识支持,以帮助决策者在规划管理城市系统时综合考虑社会、经济、自然等复杂因素,协调人口、资源与环境关系,寻求城市可持续发展的途径。

决策支持系统支持半结构化与非结构化的决策制定过程,决策过程有决策者参与,决策支持系统支持决策而不做出决定。决策支持系统内容包括理论、方法和应用等密切联系的三个方面。

二、系统设计与软件实现

系统设计与软件实现的原则是目标要明确,利用现有资源,尽快设计出覆盖用户最基本要求的交互式系统;在应用中与决策者不断讨论,不断修改,逐步完善。设计过程见图 9-3。软件实现应充分利用开发环境下成功的软件、硬件资源,如成功的数据库,图形生成与显示软件,专家系统,交互界面等。组织者最好是跨学科的专家,因为他们对计算机技术及其应用领域有足够的了解。成员应由软件开发者和决策者组成。

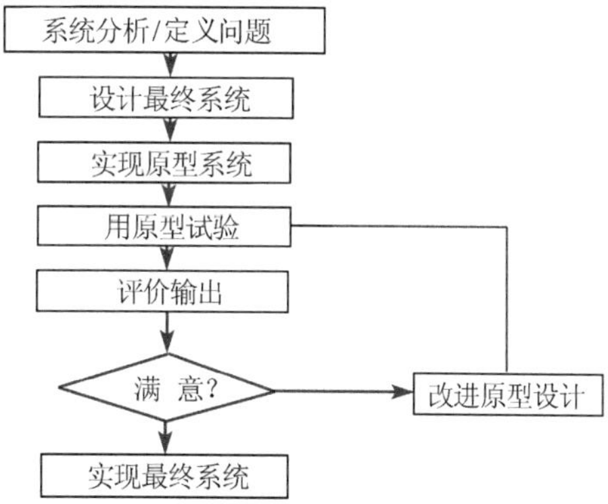

图 9-3 原型开发示意图(据杨邦杰等,1992)

城市生态调控决策支持系统的功能结构如图 9-4 所示。人机交互方式有菜

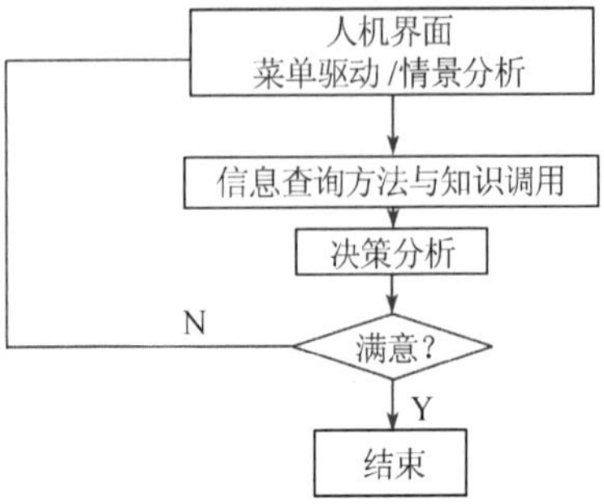

图 9-4 城市生态调控决策支持系统的功能结构(据杨邦杰等,1992)

单驱动或情景分析。通过信息查询方法、知识调用进行决策分析。根据决策者满意与否决定分析是否继续进行。

城市生态调控决策支持系统的软件结构由控制模块与决策支持部件组成(图 9-5)。控制部分由人机界面管理,支持部件有数据库、模型库、图形与图像模块以及知识系统,用以支持以上模块。各模块之间有很大的独立性。一方面是保证易修改与易扩充,另一方面亦即更重要的是由于决策任务极为复杂,较为“宽松”的结构有利于灵活地通过人机交互纳入决策过程,从“决策支持”的角度组成“系统”。

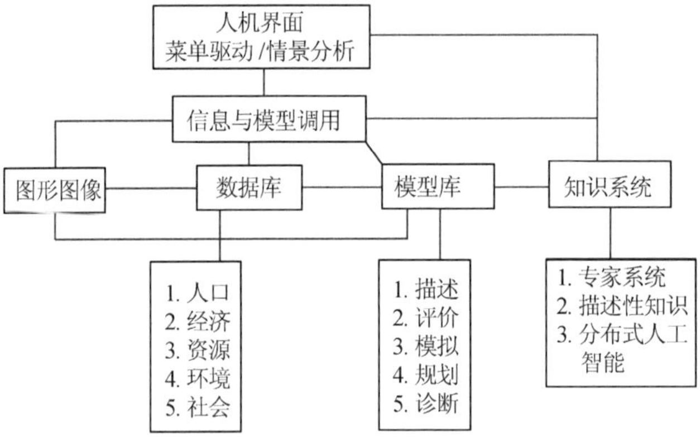

图 9-5 城市生态调控决策支持系统的软件结构(据杨邦杰等,1992)

系统软件实现是在微机上,控制模块用 C 语言写成,以保证其良好的移植性与灵活性。数据库采用 dBASE,图形部分采用地理信息系统(GIS)。模型主要用 Fortran 写成,知识系统用 C 与 LISP 写成。

在工作站上,以地理信息系统(GIS)为图形与数据管理核心,管理模块用 C 语言编写,其他模型用 Fortran 语言编写。

三、城市生态环境系统的人机交互式模拟

城市生态环境系统模拟的基本特征是用定性与定量分析的方法,把城市环境系统的结构与功能加以模仿、简化与抽象。运用模拟模型把复杂的城市生态环境系统转换为简单与可视的定性与定量关系,研究系统的反馈机制,找出影响系统行为的关键反馈回路与关键因子。通过改变模型的输入与参数,观察模型的输出与

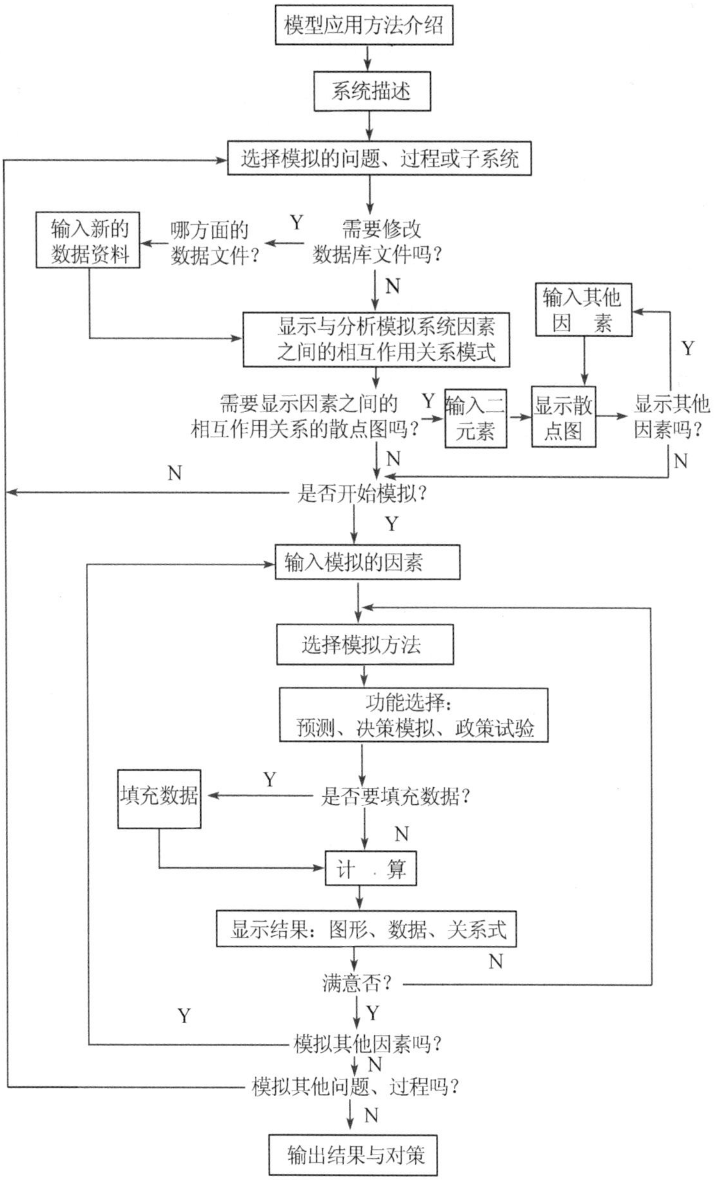

图 9-6 城市生态系统人机交互式模拟流程(据杨邦杰等,1992)

响应,可以预测城市生态环境系统的动态变化,寻求促进城市发展的生态对策。

(一) 城市生态环境系统的模拟方法

模拟方法与模型很多,如概念模型、物理模型、数学模型、计算机规划模型及其组合等。由于城市生态环境系统的非直观性、非线性与复杂性,不可能用单一的方法与模型来精确地模拟，只能采用模型群的技术。对于城市这样复杂的系统，常用的模拟方法是列昂捷夫的投入－产出模型及其扩充模型——SAM(social accounting matrix 社会核算矩阵)，这些模型是在考虑系统内部门(子系统)关系的基础上，依据供需均衡的原理建立的。由于这些模型的结构是线性的。因此，极易把它们置于优化的框架内运行。

另一种常用于复杂系统模拟的方法是 J. W. 福雷斯特(J. W. Forrester)的系统动力学方法，它把控制论中的反馈控制机制引入系统模拟分析中，通过勾划系统的反馈关系流程，找出系统中存在的问题，然后运用差分方程来描述与模拟系统的状态。这种思想方法适合模拟动态、非线性、时滞性的复杂大系统。

20 世纪 70 年代末，德国的 F. 维斯特(F. Vester)等在研究法兰克福城市生态系统时曾提出一种以动力学为基础的"灵敏度模型"。该模型的特点是把生态控制论的原理应用于城市生态系统的模拟与调控，定性描述系统组分间的相互关系的动态、结构与功能变化趋势。根据情景的变化提供相应的城市发展对策。由于这些鲜明的特点，它非常适用于城市生态系统关系的模拟与调控。我国北京、天津等城市生态系统研究也曾经成功地应用过这种方法。

(二) 城市生态环境系统人机交互式模拟过程

城市生态环境系统人机交互式模拟是以文字或图形方式在计算机上描述整个城市生态系统内部子系统、因素间的关系、状态及动态变化特征，包括系统所包含的因素、系统的边界、因素间的相互作用关系模式、关键因素及反馈回路的确定等。他们可以借助专家知识与经验，通过灵活的人机交互方式，选择因素进行相互关系、正负反馈回路的分析，定性地选取系统的关键因素与反馈回路。模拟过程可分以下几个步骤(图 9-6)：

(1) 通过系统描述过程选取需要模拟的关键性问题、过程与政策。

(2) 对选取的模拟子系统或问题进行因素间关系的定性与定量分析。

(3) 选取合适的模拟方法进行模拟。

(4) 对模拟结果进行综合分析。

(5) 推荐城市发展的对策方案。

第三节　城市环境与经济协调发展的定量评判及其分类体系

环境与经济是城市生态系统的两大子系统，它们之间存在着对立统一的辩证关系。过去，人们对两者对立的一面认识较深，也强调得比较多。随着理论和实践的发展，人们对两者统一的一面认识越来越深刻。这是人类对环境与经济关系认识的一大进步。1992 年在巴西召开的联合国环境与发展大会之后，关于环境与经济协调发展的研究已受到普遍的重视。由于环境与经济的协调发展与《我们共同的未来》中提出的可持续发展是完全一致的，而且从任何区域范围来看，可持续发展都要求协调社会经济发展与自然资源利用以及生态环境的关系；反过来说，可持续发展实质上就是人和自然关系协调发展的规范。所以在今天，协调发展已被全世界公认为处理发展经济和保护环境之间关系的最佳选择，它是保证实现人类社会可持续发展战略目标的必由之路，是一定地域内经济集聚实体和纵横交错经济网络的枢纽。10 年后的 2002 年，联合国以可持续发展为主题，在南非召开世界各国首脑会议，共同探讨这个关于世界命运的话题。纵观全球经济形势，经济重心多集中在城市集聚区，如美国东海岸波士顿—华盛顿城市集聚区，西海岸旧金山－洛杉矶城市集聚区；英国伦敦－曼彻斯特城市集聚区；法国巴黎－马赛城市集聚区；日本东京—大阪城市集聚区，以及我国的东部沿海长江三角洲、珠江三角洲、环渤海湾等城镇密集带。因此，从这个意义上说，只有城市及其集聚区的协调和可持续发展，才会有区域的可持续发展、国家的可持续发展，甚至全球的可持续发展。因此，研究城市环境与经济的协调发展，不但对于城市生态环境的可持续发展具有重大意义，而且对于区域乃至国家的可持续发展也具有重要意义。

一、协调发展的定量描述

（一）协调与发展

“协调”与“发展”是两个完全不同的概念。发展是指系统或系统组成要素本身从小到大、从简单到复杂、从低级到高级、从无序到有序的变化过程；反之则称为“负发展”或“逆发展”；介于二者之间，维持现状不变的则称为“零发展”。

由于发展是系统或系统要素本身的一种深化过程，所以某一系统或要素的发展，可能是以其他系统或要素的破坏甚至毁灭作为其发展条件(或代价)的。而这样的“发展”，显然是一种狭隘、片面的发展，并非我们所追求和倡导的。同样，以破坏生态环境为代价的经济发展，也不是我们所追求的。因为环境同样具有经济价值，长期以来无偿地利用环境发展经济的现象将逐渐成为历史。而且，环境还将逐渐成为一种越来越供不应求的特殊商品。所以，破坏环境本身就是一项巨大的经济损失。

随着社会的不断进步，单一的片面的经济发展观已渐渐落伍。因此，必须树立一种兼顾各方、“和平共处”、共同提高的多元发展观。而要实现多元发展，就得树立协调的观念。协调不同于发展，协调是两种或两种以上系统或系统要素之间一种良性的相互关联，是系统之间或系统内要素之间配合得当、和谐一致、良性循环的关系。繁荣的经济与优美的环境，即是协调的集中体现。协调是多个系统或要素保持健康发展的保证。人类历史已经证明，整个人类的发展应与其生存环境相协调、相适应,而经济发展与环境保护的协调,则是其中一个重要的组成部分,并成为人类孜孜以求的主要社会发展目标之一。显然,要实现这个目标,其主要途径是协调或调整人类发展经济与保护环境之间的关系。

(二) 协调发展

通过上述分析可知,发展是系统本身的一种深化过程,而协调则是系统之间的一种良好的关联。所以,“协调发展”只能是“协调”与“发展”概念的交集,是系统或系统内要素之间在和谐一致、配合得当、良性循环的基础上,由低级到高级、由简单到复杂、由无序到有序的总体深化过程。协调发展不是单一的发展,而是一种多元发展。在协调发展的运动过程中,发展是系统运动的指向,而协调则是对这种指向行为的有益约束和规定。协调之于发展,如水管之于自来水,既要使自来水流动,同时又要使其沿着水管延伸的一定方向流动。

综上所述,协调发展是一种强调整体性、综合性和内生性的发展聚合,它不是单个系统或要素的“增长”,而是多系统或要素在协调这一有益的约束和规定之下的综合发展。协调发展不允许其中一个(哪怕仅仅一个)系统或要素拖整体或综合发展的后腿。协调发展追求的是一种齐头并进、整体提高、全局优化、共同发展的美好前景。

(三) 协调度及其等级的划分

协调度即是度量系统或要素之间协调状况好坏程度的定量指标。根据实际需要,协调度可分为发展协调度和对比协调度两种。前者用于度量一个城市或区域在不同发展阶段环境与经济的协调状况;后者则用于度量同一发展阶段或同一时期不同城市或区域之间环境与经济的协调状况。

根据对协调及协调度的定义,设正数 $X_1, X_2, \cdots, X_{\mathrm{m}}$ 为描述环境特征的 m 个指标;设正数 $Y_1, Y_2, \cdots, Y_n$ 为描述经济特征的 n 个指标。则分别称函数:

$$f(X) = \sum_{i=1}^{m} a_i \hat{X}_i \quad 与 \quad g(Y) = \sum_{j=1}^{n} b_j \hat{Y}_j$$

为综合环境效益函数(或综合环境评价函数)和综合经济效益函数(或综合经济评价函数)。式中 a_i, b_j 为待定权数或政策系数。X_i 的取值由下式给出:

$$\hat{X}_i = \begin{cases} X_i / \lambda_{\max} & \text{当指标 } X_i \text{ 越大越好时} \\ \lambda_{\min} / X_i & \text{当指标 } X_i \text{ 越小越好时} \end{cases}$$

式中:$\lambda_{\max}$为相应于指 X_i 的规划值、对比标准值、期望值或理想值。Y_j 的取值依此类推。

依照前述对协调概念的定义和分析,我们希望 $f(X)$与 $g(Y)$的离差越小越好,用离差系数表示,即是希望:

$$C_v = \frac{S}{\frac{1}{2}[f(X) + g(Y)]} = \sqrt{2 \times \left\{1 - \frac{f(X) \cdot g(Y)}{\left[\frac{f(X) + g(Y)}{2}\right]^2}\right\}}$$

越小越好(S 为标准差)。而使 C_v 越小越好的充要条件是:

$$C' = \frac{f(X) \cdot g(Y)}{\left[\frac{f(X) + g(Y)}{2}\right]^2}$$

越大越好。

根据上式,为了使计算出的协调度具有一定的层次性,本书给出环境与经济协调度的计算公式如下:

$$C = \left\{\frac{f(X) \cdot g(Y)}{\left[\frac{f(X) + g(Y)}{2}\right]^2}\right\}^K$$

上式即是协调度计算模型。式中 C 为协调度,K 为调节系数,$K \geqslant 2$。它反映了在环境与经济综合效益或发展水平一定的条件下[即 $f(X)$与 $g(Y)$之和一定],为使环境与经济的复合效益或发展水平[即 $f(X)$与 $g(Y)$之积]最大,环境与经济效益或发展水平进行组合协调的数量程度。

不难证明,$0 \leqslant C \leqslant 1$,这样可使协调度 C 取值在 0~1 之间,最大值亦即最佳协调状态;反之,协调度 C 越小,则越不协调,亦即越失调。本书设定了如下协调度的等级及其划分标准(表 9-1)。

表 9-1　协调等级与协调度

协调等级	极度失调	严重失调	中度失调	轻度失调	濒临失调
协调度 C	0~0.09	0.10~0.19	0.20~0.29	0.30~0.39	0.40~0.49
协调等级	勉强协调	初级协调	中级协调	良好协调	优质协调
协调度 C	0.50~0.59	0.60~0.69	0.70~0.79	0.80~0.89	0.90~1.00

(四)协调发展度

协调度 C 作为反映环境与经济相互协调的重要指标,它对于约束环境与经济的发展行为,促进二者健康、协调地发展具有十分重要的意义。然而,协调度在有些情况下却很难反映出环境与经济的整体功能或综合环境经济效益的大小(或发展水平)。如表 9-2 中的城市Ⅰ与城市Ⅱ、Ⅲ比较,三者的协调度 C 别无两样,但城市Ⅰ的环境与经济发展水平均高于城市Ⅱ和城市Ⅲ。显然,城市Ⅰ环境与经济协调发展的程度均比城市Ⅱ、Ⅲ要高。为此,根据前述对协调发展的定义,将度量环境与经济协调发展水平高低的定量指标称为协调发展度或协调发展系数,用 D 表示。

$$D = \sqrt{C \cdot T}$$

$$T = \alpha f(X) + \beta g(Y)$$

式中：D 为协调发展度(系数)；C 为协调度；T 为环境与经济效益(或发展水平)的综合评价指数，它反映环境与经济的整体效益或水平；α, β 为待定权数。在实际应用中，最好使 $T \in (0,1)$，这样可保证 $D \in (0,1)$，以便于使用。

表 9-2　C 判断与 D 判断的对比

城市	$f(X)$	$g(Y)$	T	C	D
Ⅰ	0.70	0.83	0.77	0.98	0.86
Ⅱ	0.45	0.36	0.41	0.98	0.63
Ⅲ	0.35	0.29	0.32	0.98	0.56

协调发展度模型虽然简单，但它却综合了环境与经济的协调状况 C 以及二者所处的发展层次 T。因而具有简便但不粗糙，简单却又概括和综合的特点。它与协调度模型相比，具有更高的稳定性及更广的适用范围，可用于不同城市(或区域)之间，同一城市(或区域)在不同时期环境与经济协调发展状况的定量评价和比较，具有较强的可操作性。

二、环境与经济协调发展类型的分类体系及其判断标准

根据上述分析，本书按照协调发展度 D 的大小将环境与经济的协调发展状况划分为 3 大类 10 小类，然后再按照环境与经济的综合评价指数 $f(X)$和 $g(Y)$的对比关系划分为 30 种基本型(表 9-3)。

例如表 9-2 中的城Ⅰ和城市Ⅱ，在第一个层次分类上，二者均属协调发展类，而在第二个层次的分类上，前者属于良好协调发展类，后者属于初级协调发展类。到此，我们还不知道两个城市内部环境与经济的综合评价指数或发展水平究竟是谁超前谁滞后。可是到了更详细的第三个分类层次上，问题就一目了然了：城市Ⅰ属于良好协调发展类环境滞后型，城市Ⅱ属于初级协调发展类经济滞后型。这样对城市(或区域)环境与经济的协调发展类型进行全面的判别之后，就可对症下药，提出城市(或区域)环境与经济协调发展调控的对策与措施。

再如表 9-2 中的城市Ⅰ，当前的重点应放在城市环境质量的提高与改善上；而城市Ⅱ，则应在确保本市环境质量的前提下，加快发展经济，方可在更高层次上提高环境与经济的协调发展度。

表 9-3　环境与经济协调发展的分类体系及其判别标准

第一层次		第二层次	第三层次(基本类型)	
协调发展类(可接受区间)	0.90～1.00	优质协调发展类	$f(X)>g(Y)$	优质协调发展类经济滞后型
			$f(X)=g(Y)$	优质协调发展类环境经济同步型
			$f(X)<g(Y)$	优质协调发展类环境滞后型
	0.80～0.89	良好协调发展类	$f(X)>g(Y)$	良好协调发展类经济滞后型
			$f(X)=g(Y)$	良好协调发展类环境经济同步型
			$f(X)<g(Y)$	良好协调发展类环境滞后型
	0.70～0.79	中级协调发展类	$f(X)>g(Y)$	中级协调发展类经济滞后型
			$f(X)=g(Y)$	中级协调发展类环境经济同步型
			$f(X)<g(Y)$	中级协调发展类环境滞后型
	0.60～0.69	初级协调发展类	$f(X)>g(Y)$	初级协调发展类经济滞后型
			$f(X)=g(Y)$	初级协调发展类环境经济同步型
			$f(X)<g(Y)$	初级协调发展类环境滞后型
过渡发展类(过渡区间)	0.5～0.59	勉强协调发展类	$f(X)>g(Y)$	勉强协调发展类经济滞后型
			$f(X)=g(Y)$	勉强协调发展类环境经济同步型
			$f(X)<g(Y)$	勉强协调发展类环境滞后型
	0.40～0.49	濒临失调衰退类	$f(X)>g(Y)$	濒临失调衰退类经济损益型
			$f(X)=g(Y)$	濒临失调衰退类环境经济共损型
			$f(X)<g(Y)$	濒临失调衰退类环境损益型
失调衰退类(不可接受区间)	0.30～0.39	轻度失调衰退类	$f(X)>g(Y)$	轻度失调衰退类经济损益型
			$f(X)=g(Y)$	轻度失调衰退类环境经济共损型
			$f(X)<g(Y)$	轻度失调衰退类环境损益型
	0.20～0.29	中度失调衰退类	$f(X)>g(Y)$	中度失调衰退类经济损益型
			$f(X)=g(Y)$	中度失调衰退类环境经济共损型
			$f(X)<g(Y)$	中度失调衰退类环境损益型
	0.10～0.19	严重失调衰退类	$f(X)>g(Y)$	严重失调衰退类经济损益型
			$f(X)=g(Y)$	严重失调衰退类环境经济共损型
			$f(X)<g(Y)$	严重失调衰退类环境损益型
	0～0.09	极度失调衰退类	$f(X)>g(Y)$	极度失调衰退类经济损益型
			$f(X)=g(Y)$	极度失调衰退类环境经济共损型
			$f(X)<g(Y)$	极度失调衰退类环境损益型

三、实例——珠江三角洲城市环境与经济协调发展评价

（一）构造评价指标体系

评价指标体系是评价环境与经济协调发展状况的基础。本书选取二氧化硫、氮氧化物等 13 个基本指标来反映珠江三角洲城市的环境状况；选取人均社会总产

值、人均国民收等 12 个指标来反映该区域城市经济的发展状况（图 9-7），以 1992 年资料为例来说明该评价方法的应用。

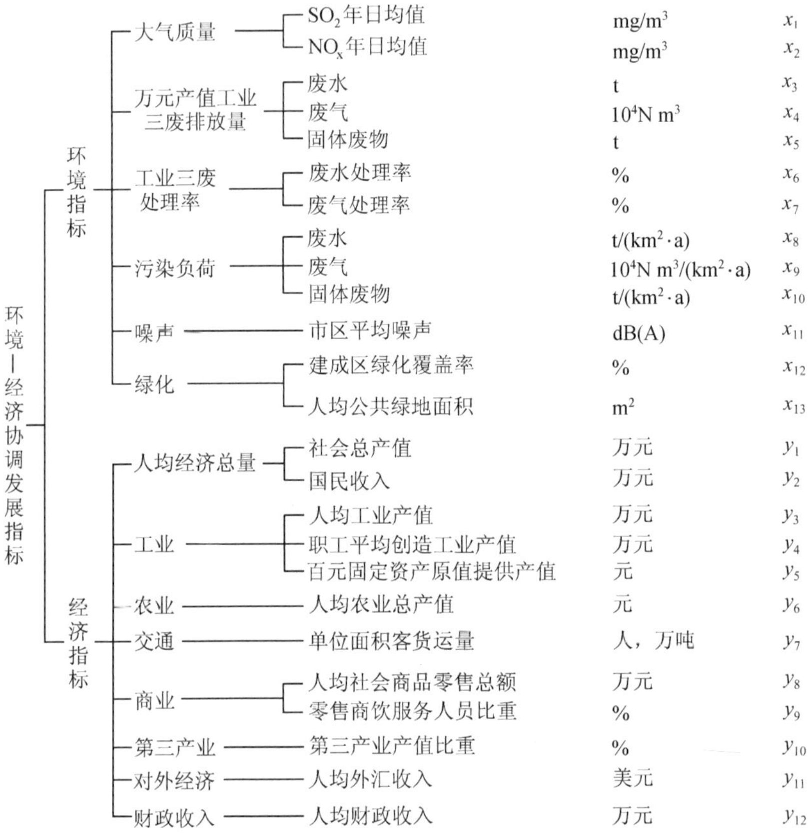

图 9-7　珠江三角洲城市环境与经济协调发展指标体系树结构图

（二）确定评价标准

评价标准是衡量城市或区域环境与经济协调发展状况的相对尺度。例如，可用未来某个时期的规划目标值作为评价标准，也可用某一典型城市或理想城市甚至若干城市择优选出的指标值作为评价标准。本书根据珠江三角洲城市环境与经济发展的实际情况，从中选择出相应的最佳值，再结合国家环境一级质量标准和有关文献，作为该区域城市环境与经济协调发展状况的评价标准。

（三）评价方法

首先计算出各城市及整个区域城市群平均的 $f(X)$ 和 $g(Y)$，然后分别计算出协调度 C 与协调发展度 D。鉴于城市经济的发展与其环境质量的改善与提高同等重要，因而权重相等，且取 $K=2$。

（四）计算结果

按照上述步骤和方法，计算出珠江三角洲城市群环境与经济的协调发展度及有关指标，如表 9-4 所示。

表 9-4　珠江三角洲城市环境与经济协调发展表征判断（以 1992 年为例）

项目	广州	深圳	珠海	惠州	东莞	中山	佛山	江门	肇庆	总体
$f(X)$	0.31	0.57	0.83	0.59	0.38	0.39	0.36	0.29	0.40	0.33
$g(Y)$	0.39	0.72	0.70	0.31	0.55	0.58	0.45	0.35	0.22	0.48
D	0.59	0.78	0.86	0.61	0.65	0.66	0.62	0.56	0.51	0.61

根据表 9-4 的计算结果及表 9-3 环境与经济协调发展分类体系，便可将珠江三角洲城市环境与经济协调发展的评价结果列于表 9-5。

表 9-5　珠江三角洲城市环境与经济协调发展类型（以 1992 年为例）

城市	类　型	城市	类　型
总体	初级协调发展类环境滞后型	东莞	初级协调发展类环境滞后型
广州	勉强协调发展类环境滞后型	中山	初级协调发展类环境滞后型
深圳	中级协调发展类环境滞后型	佛山	初级协调发展类环境滞后型
珠海	良好协调发展类经济滞后型	江门	勉强协调发展类环境滞后型
惠州	初级协调发展类经济滞后型	肇庆	勉强协调发展类经济滞后型

（五）结果分析

由表 9-5 可知，从总体上看，在 20 世纪 90 年代初期的 1992 年，珠江三角洲城市环境与经济处于初级协调发展的水平。在其环境—经济系统的内部关系中，相比之下，经济发展相对超前，而环境保护则相对滞后，故属于初级协调发展类环境滞后型。

然而，该区域内城市环境与经济的协调发展状况也存在着明显的差异。它们在 1992 年按协调发展程度从大到小排列的顺序是：珠海＞深圳＞中山＞东莞＞佛山＞惠州＞广州＞江门＞肇庆。珠海处于区内最高的协调发展水平——良好协调发展；深圳居第二，处于中级协调发展水平；广州、江门、肇庆仅处于勉强协调发展水平。由表 9-5 可知，与城市经济的发展相比，珠江三角洲大多数城市的环境保护显得相对滞后，这说明传统的重经济轻环保的思想还依然存在，历史上对城市环境建设所欠的旧账也依然没有得到解决。尤其是不少党政领导及各级各类决策者片面理解“发展才是硬道理”的论断，缺乏全面、正确、具有可持续发展的战略思想，致使一些城市虽然处于水乡却发生水源危机,一些城市大气污染恶化,噪声扰民日显突出,甚至一些城市的总体环境质量呈逐年下降之势……。总之,环境保护严重滞后于经济发展的态势令人担忧。

10年后的今天,珠江三角洲各城市环境与经济的协调发展度肯定发生了很大的变化,其排序也今非昔比。例如,珠海、深圳、中山已先后创建成国家环保模范城市;广州从1998年实施城市建设与管理“一年一小变,三年一中变”后,城市环境也得到极大的改善,经济保持快速健康发展,其环境与经济的协调发展度也会排在前列。但是,根据我们的初步判断,珠江三角洲城市总体环境滞后于经济的情况现在还没有改变,仍要引起有关部门的重视。

四、实现城市环境与经济协调发展的对策

城市是一个社会—经济—自然组成的复合生态系统,其环境与经济的协调发展对策应当是其观念导向—战略决策—对策匹配—实施措施的最佳组合;同时也应当是硬软对策优化组合与领导科学决策的最佳选择。主要内容如下:

(一)树立人与自然和谐的观念

城市是以人为中心的生态系统,人是城市生态环境系统的主体,是城市生态环境的设计者、建设者和管理者。人的行为对城市功能的好坏起着支配作用。这种支配作用的结果,反过来又影响到人。当今许多城市问题在很大程度上都是由于决策者、规划者、管理者及市民缺乏环境意识而引起的。因此,追根溯源,必须从普及和提高环境意识着手。在人类社会发展的初期,人对地球环境的依赖性强,受生产力发展和社会历史条件的局限以及认识上的片面性,存在着过分夸大环境作用和影响的倾向。而在工业化阶段,由于技术的进步和人类作用的加强,又存在过分强调人的主观性的思想,片面地按照人类需求来改造环境,认为“人定胜天”,因而违背自然规律,酿成资源枯竭、环境恶化苦果的事时有发生。历史的经验向我们警示,不能无限度地向大自然索取,人和自然之间应当保持和谐、协调的关系,才能达到可持续发展的战略目标。

城市是以人工要素为主的多项、多元、多因子构成的地域综合体,也是人类生存发展活动,特别是工业经济最为活跃的地域单元。因此,城市环境污染,生态破坏,最终都是人同自然对抗的恶果。城市人口膨胀与高密度是同生态承载力不协调造成的;城市水源危机是其需求量大于供给造成的;城市环境污染是发展经济,特别是工业和交通运输等排放废物同环境容量不协调的结果……。人类与自然本是一体,人类对自然界做了什么,实际上就是对自己做了什么。因此,城市应当充分体现生物圈与技术圈的协调,人与环境和谐相处,而实现人与自然的和谐则是惟一正确的选择。

（二）严格控制人口增长

人口多是我国的基本国情，也是城市的基本市情。我国每年出生的人口有2000多万，超过澳大利亚一个国家的总人口，每年要用掉国民生产总值的1/4。随着我国城市化进程的不断推进，城市人口将会有更大幅度的提高。当今城市所面临的就业、住房、医疗、交通及环境等问题，其实就是人口过快增长造成的。人口的增长，必然将其生存发展需求转化为对淡水、资源、食物、土地等的过度开发，由此而引发一系列失调问题的出现，这在城市尤其突出。上海已出现标志气候恶化的“五岛”（热岛、雨岛、干岛、湿岛、混浊岛）效应；北京人口激增，使人口密度加大，高层住宅过多，城市上空空气流动受阻，产生热岛效应，对提高环境质量不利，同时还受到严重缺水与来自燃煤污染大气的困扰。因此，要严格控制大中城市人口规模与人口增长速度，尤其是要严格控制广大农村人口的增长速度，以减轻城市化过程中的人口压力，并加强流动人口的管理，推进卫星城镇建设，加快小城市发展。

（三）摒弃城市经济发展的效率模式

效率模式以追求高速度为导向，用GDP增长率来评价优劣。长期以来我国城市发展正是如此。仅以能源使用状况为例，我国当前能源国民经济效益系数仅为发达国家平均系数的1/10。每亿美元国民生产总值能耗高达20万t标准煤，是美国的2.3倍，日本的9.1倍；能源综合利用率比欧洲国家平均值低26%，国民生产总值每增加1美元的能耗比日本高7倍，比世界平均水平高3倍。再如，我国吨钢耗煤量是日本的4倍。油田总热效率仅为发达国家的40%，度电（kW·h）耗煤量高出1.35倍；吨纸耗煤量高3倍，耗水量高2.5倍。我国总能耗同日本相当，但总产值仅为日本的1/6。投入大，产出少，能源利用率如此之低，必然导致能源与资源的极大浪费。每年因产品不合格损失300亿元，其结果又必然导致环境污染，损失甚重，每年环境污染损失近900亿元（冯向东，1992）。再如，我国现在约有400个城市缺水，其中约150个严重缺水，日缺水量1.6×10^7t以上，而工业复水利用率仅为45%，大大落后于发达国家。我国产品单耗比国外平均高40%，能源综合利用率仅为30%。因此强化资源综合利用是实现城市环境与经济协调发展战略的重要措施。为此，城市发展，尤其是工业发展，要按照物质循环原则（往复循环，充分利用）、机巧原则（顺应自然，化害为利）、共生原则（合作共存，互惠互利），强化资源综合利用，特别是强化对所谓“废弃物”资源的再生利用。同时，应制定城市资源综合利用法规，推进资源有偿利用，限额供给，节约有奖，超用高价，利用经济杠杆，增强资源综合利用能力。因此，必须尽快摒弃城市经济发展效率模式，选取“效益模式”，积极促进粗放型的经济发展模式向集约型的经济发展模式的根本性转变。

(四) 确立节约型的城市发展战略

城市化是世界大趋势,城市人口增加也是必然趋势。据预测,本世纪二三十年代我国人口将达到15亿人,人均耕地降至1.2亩,人均水量仅有1 800m^3,以水土为中心的农业资源达到承载力的临界状态。现在我国许多城市缺水、缺煤、缺电……出路是走节约型的发展战略之路。而且,节约型的城市发展战略,对于减少污染物的排放,提高城市环境总体质量,均有重要的现实意义。因此,我国的城市都应建设以节水、节地、节能为中心的生态城市体系,即建立以节能、节水、节料为中心的工业生产体系;建立以节省动力为中心的高效、无污染(或少污染)的综合运输体系;建立适度消费,勤俭节约又方便大众的生活服务体系;建立以组织机构精干为中心的科学化管理体系。所有这些都是实现城市高效、和谐运行的机制,是促进城市环境与经济协调发展的关键。

(五) 搞好城市环境综合整治

按城市总体规划的要求,对城市环境综合整治与城市生态建设进行优化,也是对城市环境综合体及其复合生态系统综合整治战略、目标、内容、程序、方法和效果的统筹规划。它是指导城市环境建设的蓝图,是强化环境管理的依据,也是部门行业开展环境保护工作的导向性纲领。

因此,城市各有关部门,应按环保部门的要求,贯彻城市环境综合整治的战略方针,结合城市自身特点,编好城市环境综合整治规划,以便有意识地建设一个安全、清洁、美丽、舒适的城市环境,促进城市协调发展。

(六) 推进管理体制改革

体制是运行机制的载体,只有具备良好的管理体制,才能形成良性运行机制,促进协调发展。如果体制不佳,就不利于良性机制的形成,甚至导致发展失调。

我国在1998年政府机构改革前,党政官员超编40余万人,官民比1∶53,比日本(1∶236)高4倍多,官长与办事人员比为1∶0.84(日本1∶3.6,美国1∶1.7)。管理学著名的R. B.苛希纳公式指出:若实际管理人员比最佳人数多3倍,时间就要多花2倍,成本要多花6倍(何博传,1989)。而且,在我国各级管理部门中,由于为了局部的、部门的利益,互相扯皮的多,互相协调不足,导致条块分割,条条分割,很难建成一个良性协调的运行机制。因此,要促进城市环境与经济的、以至整个城市的协调和可持续发展,就必须加快城市管理体制的改革,才能从根本上消除协调发展的障碍。

第十章　城市生态环境可持续发展

在刚刚过去的20世纪，人类在经济、社会、教育、科技等众多领域，取得了显著的成就，但在环境与发展的问题上始终面临着严峻的挑战。从20世纪四五十年代起，环境的显著恶化、自然资源的逐渐枯竭、生物物种的大量灭绝、重大污染事件的频繁发生，不得不使人们开始反思人类与环境的关系，可持续发展的观念也逐渐形成。城市既是人类技术进步、经济发展和社会文明的结晶，也是环境污染、生态破坏和社会问题的汇合处。近几十年来，全球城市化迅速发展的同时，出现了城市人口膨胀、环境污染、交通拥挤、住房短缺、建筑景观混乱等生态环境问题，使城市发展难以持续为继，所以城市生态环境可持续发展是全球可持续发展的关键，对全球可持续发展具有重要的理论和实践意义。

第一节　可持续发展的基本理论

一、可持续发展的概念和内涵

（一）可持续发展概念与由来

20世纪中叶以来，人们逐渐认识到把经济、社会、环境割裂开来谋求发展，只能给地球和人类社会带来毁灭性的灾难。源于这种危机感，可持续发展思想逐步形成。1970年联合国教科文组织“人与生物圈计划”(MAB)，开始探索合理利用生物圈资源的科学理论，以改善人类与环境的关系。1972年，联合国召开人类环境大会，通过了“人类环境宣言”。1980年，国际自然保护同盟发表的《世界自然资源保护大纲》中，将对自然资源的管理战略与人类社会的持续发展联系起来，首次使用“可持续发展”(sustainable development)一词。1987年，联合国环境与发展委员会在《我们共同的未来》报告中，“可持续发展”被解释为“既满足当代人的需要，又不对后代人满足其需要的能力构成危害的发展”。可持续发展的目的，一是为了不断改善和提高人们的生活质量，二是更充分地满足今世和后代的需要，三是促进社会文明和进步。1992年，世界环境与发展大会通过的《环境与发展宣言》和《21世纪议程》，将可持续发展列为全球的发展战略，可持续发展思想作为人类社会发展的战略选择，被世界各国普遍接受。2002年，可持续发展世界首脑会议通过了《执行计划》和《约翰内斯堡可持续发展承诺》，使可持续发展进一步在全世界得到落实。1994 年,《中国 21 世纪议程》将可持续发展作为各级政府制定国民经济和社会发展中长期计划的指导性纲领。在 2002 年可持续发展世界首脑会议上,中国总理朱镕基郑重承诺:中国坚定不移走可持续发展道路。

(二)可持续发展的内涵

如上所述,可持续发展至少包括以下涵义:

(1) 发展不只是一种经济的连续增长,而是一种以全人类的全面发展为目标的经济、社会、资源、环境的可持续发展,包括资源、环境的合理利用与保护。发展不仅是数量的增长,还包括不断提高生产潜力,追求经济发展的质量。所以,发展不能以破坏环境资源基础为条件,必须限制在不对后代人满足其需要的能力构成危害的赤字下发展。

(2) 经济发展要以保护自然为基础,要与资源和环境的承载能力相适应、相协调才能持续。人类要尊重自然规律、生态规律,人类的经济社会发展不能超越资源与环境的承载力,不能损害支持地球生命的自然系统,要保护资源环境持续利用的能力。所以要科学地、合理地利用自然资源,保护环境和维护生态平衡。坚持可持续发展充分体现自然资源和人力资源的合理配置和可持续开发利用。

(3) 发展的目的是为了满足人类的需求和愿望,不仅满足当代人的需求,还要不对后代人满足其需求能力构成危害;不仅满足部分人或少数人的需求,还要满足全人类的共同需求;不仅满足基本的需求,还要满足不断增长的需求欲望。尤其要考虑满足贫困人民的基本需求(衣、食、住、行、就业等),应将此放在特别优先的地位来考虑。要做到适度的经济增长和消除贫困;当代人不要为了自己的发展与需要而损害人类世世代代需求的条件——自然环境和资源。可持续发展要求社会从两方面满足人们的需求,一是提高生产潜力,二是确保每个人都有平等的机会。

(4) 人类应享有以与自然相和谐的方式,过健康而富有生产成果的生活的权利,并公平地满足今世后代在发展和环境方面的需要。只有一个地球,而人类是一个相互联系,互相依存的整体。当今世界人口中,20%的最富有者,占有世界总收入的 83%,而 20%最贫穷的人口,只占世界总收入的 1.5%。富裕国家人口只占世界人口的 20%,但所消耗的能源却占 70%,金属 75%,木材 85%,粮食 60%,显然这是不公平的。几个生活富裕的孤岛不可能在人类贫困的汪洋中保持永恒。因此,要达到全球可持续发展,必须采取共同的联合行动,建立新的公平、公正、平等、合理的国际政治经济新秩序。

二、可持续发展能力建设

(一)可持续发展能力

可持续发展包括比增长更丰富的内容,它要求改变增长的内涵,降低原料和能源的密集程度，以更公平地分配发展所带来的影响，这就要求发展要走一条生态良好的文明发展之路。一个国家或地区由可持续发展现实位向协调位、理想位推进的能力，或者说沿可持续发展道路前进的能力，称可持续发展能力(联合国《21 世纪议程》,1992)。可持续发展能力建设涉及一个国家的政府和人民的能力，组织、体制、经济、资源、生态与环境条件等，以及国家决策、管理、科技、人力等方面。它的具体内容可归纳为下面 5 个方面：

1. 资源的承载能力

资源的承载能力又称生存支持系统。它是一个国家或地区按人均的资源数量以及它对该空间内人口的基本生存支撑能力，并要求不仅满足当代人，还要考虑以后的世世代代。它是可持续发展的临界基础。在保护自然资源的质量和其所提供的服务的前提下，使经济发展的净得益增加到最大限度。因此，必须制止对资源环境有潜在影响的活动，防止资源环境的退化而不是等到将来进行治理。

2. 区域的生产能力

区域的生产能力又称可持续发展的福利支持系统。它是一个国家或地区在资源、人力、技术和资本的总体水平上，可以转化为人们不断增长的需求及物质能量水平，是资源利用、区域开发、发展经济的能力，要求此种生产力在不危及其他子系统的前提下与人的需求同步增长。它是实施可持续发展的动力牵引。

3. 环境的缓冲能力

实施可持续发展，环境保护是关键。环境保护是实现经济社会可持续发展的基础。环境的缓冲能力又称环境支持系统，它是指人类对区域开发、资源利用、经济发展以及自然的改造活动，必须维持在环境允许的容量之内，它是限制发展的瓶颈之一，也是人的生活质量的重要内容之一，是实施可持续发展的约束条件。可持续发展强调的是资源环境的永续利用，而自然资源和环境质量是经济发展和人民福利改善的物质基础，是可持续能力的保障。因此要保护和加强环境系统的生产和更新能力。我国人口多，人均资源相对短缺，生态环境也比较脆弱，致使我国对环境污染生态破坏的承受能力较低。目前我国在许多局部地区的环境污染和生态破坏已成为制约可持续发展的重要因素。因此，要最大限度地利用可更新和可循环的物质，降低资源的损耗，使废物最小化。保持和扩大必要的多样性。

4. 社会发展的稳定能力

社会发展的稳定性又称过程支持系统。可持续发展是保持一定增长速度的稳定发展，是一种全面的发展，它需要有一系列利于改革开放和经济发展的基本政策、法制，才能得到长期稳定地有效实施，才能规范有关部门、行业之间错综复杂的关系，才能维持公平竞争的经济秩序。在发展过程中不允许出现带来灾难性后果的各种波动(自然的或社会的)，避免系统出现崩溃状态或出现不可逆的后果。所以要培植系统的抗干扰能力和增强系统的弹性，以便一旦受干扰后有恢复能力和重建能力。

可持续发展能力建设很多内容是融入人类各方面的实践过程，落实到人的生活习惯和消费习惯等各个环节之中，使之成为一种生活方式和价值观念。要实现可持续发展，基本的先决条件之一是公众的广泛参与（21 世纪议程，1992）。要公众接受和宣传可持续发展的思想，参与可持续发展战略实施，必须大力开展环境教育和培训。

5. 管理的调节能力

管理的调节能力也称智力支持系统。它要求人的认识能力、判断能力、决策能力、调节能力应适应系统的总体发展水平，即人的智力开发对自然—社会—经济复合生态系统的驾驭能力，要适应可持续发展水平的要求，这是实施可持续发展的科技支撑。客观事实证明，盲目扩大投资规模，乱铺摊子为基础的经济增长，其增长速度越快，资源浪费越大，环境污染和生态破坏越严重，发展的持续能力就越低。

可持续发展在国家范围内是一种受国家宏观调控，受环境、法制制约的发展。要实现可持续发展，必须恰当地加强国家的宏观调控，只有在相应法律规范保障下，才能实现调控的目标。可持续发展水平越高，可持续发展能力就越强。

（二）可持续发展能力建设保障体系

可持续发展思想的出现，是人类对其生存环境问题认识的巨大飞跃，是当前人类社会发展的惟一选择。但是要实现可持续发展，道路漫长而艰巨。当务之急是需要创造形成可持续发展能力的条件。一个国家或地区的可持续发展能力，需要有一系列的保障体系。

1. 政治保障体系

从全球而言，必须建立一个有助于所有国家，尤其是发展中国家可持续发展的公正、公平的国际政治经济新秩序，为全球可持续发展创造必要的条件。健全国家机制和国际合作。完善政府决策机制，在体制、组织、法律文件等方面，要有系统协调的法律法规体系和灵活的政策体系。保证公民有效地参与决策。要将可持续发展战略由思想变为现实，必须以强有力的法制作保障和发挥政府的作用。

2. 经济保障体系

可持续发展鼓励适度的经济增长，只有经济发展了才能有效地保护和改善环境。从世界各国实施可持续发展战略的水平差异可看出，一国可持续发展水平是与该国经济发展水平呈正相关的。发达国家经济发展水平高，实施可持续发展能力就强；发展中国家经济发展水平低，实施可持续发展能力就较弱。只有经济不断增长，人民生活水平和生活质量才能不断提高。许多发展中国家至今尚不能满足人民生活的基本需要，还处于贫困、饥饿、人口过度增长、环境持续恶化的恶性循环困扰之中，谈不上有效保护环境。打破这一恶性循环的惟一出路在于严格控制人口数量，不断提高人口素质，发展经济，消除贫困，从而增强保护环境的能力。在摆脱贫困问题上，发达国家负有不可推卸的责任。在资金和技术转让上，应承担更多的义务。采取实际行动帮助发展中国家增强消除贫困和建立可持续发展的能力。

资源耗竭、环境退化与人们的生产和消费活动密切相关。所以,能否实现可持续发展,在很大程度上同经济过程的决策机制以及经济过程的各种政治、社会力量的运作,特别是所制定的政策密切相关。同时环境和资源保护问题,也都与经济发展模式和政策有关。因此,必须建立良性发展的经济体系,包括各种经济政策制度和经济手段,如税收手段、排污收费、财政金融手段、责任制度、押金退款等等。优化经济运行环境,积极拓宽资金来源。

3. 社会保障体系

实施可持续发展战略,除了必须建立良性发展的经济体系,通畅的决策机制,充足的资金来源之外,还要有一个和谐的社会保障体系。理顺各职能部门在实施可持续发展战略上的合作关系,建立高效的决策机制,培育高素质的人力资源。完善可持续发展的教育、培训和咨询机制,加大环境意识的培养力度,提高公众的认识水平,以及建立同周边地区的良好合作。对不和谐发展的紧张局面,能够提供解决的方法。

4. 科技保障体系

促进科学技术进步,使之具有不断寻求新的解决问题的科学技术方法和手段。发展高新技术产业,开发和应用环境无害化技术,特别是发展防止污染和高效使用原材料的更清洁、更安全的技术。这些技术的使用不但能获得良好的经济效益,而且在原材料的获取、工业生产全过程、产品消费和使用、最终处置和归宿各个环节,都对人体健康、社会发展、生态环境不产生负面影响或影响最小。通过科学技术的发展和应用,大幅度提高原材料和能源的利用效率,在促进经济发展的同时,起到减轻污染负荷,改善环境质量的作用。以先进的工艺技术更新落后的工艺技术,达到提高生产效率,降低成本,开发低投入、低污染、高产出、高效益的产品,提高产品竞争力和消除污染。从而实现良性循环,达到可持续发展的目的。

5. 管理保障体系

可持续发展是保持一定增长速度的稳定发展,需要稳定的法律以满足政策稳定的要求;需要建立可持续发展的生产管理、质量管理、营销管理、消费管理等不同环节的管理体系;可持续发展是全面的发展,涉及众多的领域、产业和部门,关系错综复杂,需要法律、制度来加以规范;可持续发展是一种在竞争中的发展,需要法制来有效维护和建立起能开展公平竞争的经济秩序、社会秩序;可持续发展在国家范围内是一种受国家宏观调控的发展,只有在相应法律规范的保障下才能实现调控的目标。因此,实施可持续发展需要强有力的法制保障,用法制来引导社会走向可持续发展。所以要制定和实施必要的政策、法规,强化环境执法,使各国遵循可持续发展道路来加强可持续发展能力建设。

三、实现可持续发展的措施和途径

（一）全球可持续发展趋势

当前，全球可持续发展的能力水平将逐步提高，推进可持续发展战略进程正在呈现出四个转向：一是环境治理从重视“末端”转向“全过程”的清洁生产；二是环境保护从单纯的污染防治转向重视资源、生态系统的保护；三是环境管理从单部门转向多部门；四是环境战略从片面地重视环境保护转向经济、社会、生态的全面可持续发展。这四个转向因各国经济发展水平不同，在不同国家之间表现出差距。使各国实现可持续发展的措施和途径灵活多样。但总体上的目标是一致的，“四个转向”代表了可持续发展进程中的趋势。

（二）实现可持续发展的措施

为了实现可持续发展，各国应减少和消除不能持续的生产和消费方式，并且推行适当的人口政策。生活方式的改变指的是更少地依赖地球上的有限资源，更多地与地球的承载能力达到协调。为此，应做到以下几个方面：

1. 控制人口增长，保护资源环境

人口高速增长是对环境的最大压力。每一个出生在地球上的人，都有不可剥夺的生存权和追求舒适的权利。人口问题是制约可持续发展的首要问题，是影响经济和社会发展的关键因素。适度的人口是保证资源永续利用的关键。人类生活质量的提高，也必须建立在控制人口数量、提高人口素质的基础上。关于人口与发展的问题，一些发展中国家在 1974 年召开的联合国人口大会上提出了“发展是最好的避孕药”的口号。但我们认为，这仅仅说明了问题的一个方面，从理论和实践都可说明，避孕也是发展最大的推进器。尤其对于人口众多的我国来说，只有将人口数量控制下来了，人口素质才有提高的可能，国家和城市的可持续发展才有切实的保障。

环境保护也是实现经济和社会可持续发展的保障。根据联合国报告，各国环境污染造成的直接经济损失占国民生产总值的 1%～9%。国内也有专家估计，我国因每年环境污染和生态破坏所造成的经济损失约 6100 亿元。控制污染支出的费用同样巨大。环境问题是制约可持续发展的最重要因素之一，人口、资源、环境决定国家所有的决策措施、计划和行动。如何实现人口的再生速度逐步降到生物圈生态系统的演替水平，是长远解决环境问题的最终出路。我国已把计划生育与保护环境作为基本国策，作为我国最基本的立国、治国、强国和保国的策略，是制定其他一切政策、法律的基础。

2. 摆脱贫困，共同发展

1992 年世界银行《世界发展报告》以人均收入低于 420 美元定为贫困线。据联合国有关机构统计资料，目前发展中国家约有 8 亿多人在挨饿，5 亿多儿童营养不良。《我们共同的未来》揭示了生态系统恶化的主要原因是贫困,贫困和与之相联系的低素质人口,无力吸纳先进的生产技术,其生存主要依靠过度开发和低效率利用自然资源,从而导致环境恶化,环境恶化又进一步加剧了贫困,这种"贫困——过度开发自然资源——生态环境恶化——自然灾害加剧——更加贫困"的恶性循环,互为因果。所以优先摆脱贫困是可持续发展的关键,一些政治家也提出"贫困是最大的污染"的口号。但是1992年以来,世界两极分化进一步加剧,加深了富国与穷国、富人与穷人之间的鸿沟。据世界银行统计,1950年发达国家人均收入为低收入国家的24.3倍,2000年已扩大到67.1倍。联合国开发计划署1999年度《人类发展报告》指出:世界上最富有的1/5人口和最贫困的1/5人口的人均国民收入之比,1960年是30:1,1990年60:1,1997年达到74:1。前者占世界人均国内生产总值的86%,后者仅占1%。南北差距的不断扩大,加剧了发展中国家的贫困和环境的进一步恶化,而环境恶化又导致他们更加贫困,如此恶性循环,使发展中国家在环境与发展问题上陷害入困境。当前,全球环境形势仍然相当严峻。环境恶化趋势并未能得到扭转。很多环境问题仍在发展。广大发展中国家无论经济发展、环境保护都存在重重障碍。

3. 更新观念,公众参与

可持续发展战略是一项既直接关系到当代每一个人,又惠及子孙后代的宏伟事业,必须要有公众的广泛参与和积极支持;只有公众的积极参与,只有把政府的决策、措施转化为公众的自觉行动,才能真正实现、实施政府思想、意愿;只有每一个人都行动起来,对可持续发展具有主人翁的态度,可持续发展战略才能实现。为此,我们必须更新观念,树立可持续发展价值观、道德观、资源观、人本观,树立可持续发展的思维方式、行为模式。

可持续发展的价值观是指:既承认自然界对于人类的各种价值,也承认自然界自身存在的价值,即它对地球生命支持系统具有存在的价值,对生命和自然界可持续生存的价值;不仅以人类的利益为目标,而且以人类与自然的和谐发展为目标;不仅以人类为尺度,而且以人类—自然系统为尺度。追求和尊重人与自然关系的和谐,提倡人类对自然的索取程度应建立在保持自然生态系统循环自生的基础上,寻求人类与自然的协调发展。

可持续发展的道德观是指:人类不但要对自己讲道德,而且要对自然环境讲道德,不应为自身的利益而损害自然环境;自觉为社会的长远利益而牺牲一些当前和局部利益;自觉维持人类—社会—环境的协调关系;改变超前消费、玄耀消费,过分追求物质享受,以牺牲环境来换取高额利润的各种不道德行为。

可持续发展的资源观是指:自然资源是有限的、有价的,必须珍惜、保护和有偿使用;在使用自然资源过程中要追求效率与公平,避免浪费和破坏;坚持资源的合理开发与永续利用。摒弃资源取之不尽,环境无价,大量消耗自然资源换取经济暂时发展的传统资源观。

人类可持续发展意识，是在热爱自然和保护自然环境的活动中产生的，在经济高速增长造成了环境巨大破坏之后，人类在反思环境与经济发展关系中逐步成熟起来的，是反映人、社会、环境、经济的相互关系的思想、意识、情感、伦理、意志、知觉等观念形态的总和。在联合国的一些文件中常称为世界文明，从生态学意义说，又称生态文明，是社会文明进步的标志，是人类在历经农业文明、工业文明、物质文明以后所形成的一种文明观。

社会的主体是人，社会发展是要使人的物质文化生活需求满足，人的潜能得到充分发挥，人的生活质量得到改善提高，这就必须在推进可持续发展过程中，把传统以经济增长为第一的发展模式转变到以人为中心的轨道上来。因为只有以人为本，方可解决发展的最终目的，离开了人自身的发展，可持续发展事业就失去了原始的源泉，根本的动力，正确的目标和检验标准。只有以人为本方可最大限度地开发人力资源、智力资源和一切社会资源，形成可持续发展的巨大持久的推动力。

4. 清洁生产，科学消费

清洁生产是一种在生产过程、产品和服务中既满足人类的需要，又合理利用自然资源，追求经济效益最大化和对人类与环境危害最小的生产方式。1992 年，联合国环境与发展大会通过的《21 世纪议程》中首次正式提出这一概念，指出清洁生产是取得可持续发展的关键因素。

清洁生产主要包括清洁的生产过程和清洁的产品两方面内容。不仅要实现生产过程的无污染和少污染，而且生产出来的产品在使用和最终报废处理过程中也不对环境造成损害。有三个方面的意义：一是自然资源的合理利用；二是经济效益最大化，即通过节约能源、降低损耗、提高生产效益和产品质量，达到降低生产成本、提升企业的竞争力的目的；三是对人类健康和环境的危害最小化。

科学消费是人类社会不断追求先进文化的重要体现，是维持社会发展与自然环境高度和谐的重要因素。提倡节俭消费，绿色生活，用生态学理念引导人们从偏重物质追求向文化追求、精神追求转变，由生存型向发展型转变。以适度消费代替过度消费，不断提高生活质量。既有物质消费，又有丰富、健康而且充实的精神消费。改变消费心态与消费行为，倡导绿色消费和资源、材料的再利用，提倡回馈大自然，减少消费对自然界的过度依赖、严重污染与直接破坏，禁止对濒危物种的掠夺与消费。

（三）实现可持续发展的模式

不同国家与地区，有不同的可持续发展路径，不同的可持续发展模式。全球可持续发展出现多样性、多层次性的特征。美国科学家欧尔森通过对社会、经济、人口、环境、资源各方面的分析和研究，就人类可持续发展道路设计了三个方案：

第一个方案是：采用污染控制措施的同时，经济继续增长。发达国家经济按以往模式继续增长，并为污染控制提供日益增多的费用。但单纯进行污染控制是不够的，资源使用和能源消耗的指数增长是环境恶化的根源，而有效控制污染，需要相当高的费用,这对贫困地区和国家来说,是不现实的。只有技术进步,才是实现可持续发展的出路。

第二个方案是:全面改进技术,提高能源和资源的使用效率。用高效、节能等先进技术,改变经济发展格局,达到持续发展。

第三个方案是:社会改革,使经济从数量增长转变到质量上的发展,从污染控制转变到提高能源和资源使用效率上。依据社会发展阶段选择不同的技术类型。倡导高质量的生活方式,随着生活质量的改进,提高能源和资源的使用效率。

欧尔森分析比较后认定,依靠科技进步和社会改革,是实现可持续发展最适合、最现实的方案。

我国从传统的发展模式转变为可持续发展的模式,意味着应该实现以下的转变:

(1) 从资源消耗型的发展转变为资源节约型的发展。一方面建立节水、节能、节地、节物料(农药、化肥等)的集约化的现代生产体系,包括生态农业和工业清洁生产体系。另一方面建立适度的、优质的、节俭的生活消费体系,既能满足人们的需要,又体现公平合理、消除巨大差异的消费模式。

(2) 从损害环境型的发展转变为与环境相协调型的发展。既然环境与资源是发展的重要支撑和保证,损害环境的发展也正是损害发展本身,只有与环境相协调的发展,才有可能持续不断。所以要根据自然规律按环境容量,统筹和规划发展,不损害环境和资源。

(3) 从技术落后型发展转变为科技先进型的发展。可持续发展的新模式需要新的工业革命,需要新的科技进步。例如清洁生产,是对环境友好的生产技术,正是当今所迫切需要的先进科学技术。从传统的生产技术转变为先进的清洁生产技术,就是向可持续发展道路迈进的重要步骤。

(4) 从粗放型的经营管理转变为科学的经营管理。粗放型的经营管理导致资源的浪费和生产效率的低下,必然会对环境造成更多的污染。严格的科学的进行生产和消费的经营管理,既有利于促进生产,又有利于保护环境,是符合可持续发展的经营管理模式。

第二节 城市生态环境可持续发展

一、城市生态环境可持续发展的涵义和特点

(一) 城市生态环境可持续发展的内涵

1. 可持续城市

城市可持续发展源于 1996 年在伊斯坦布尔召开的联合国第二次人居大会,会

上的两大主题：一是城市化进程中人类住区可持续发展；二是人人享有适当的住房。提出要在世界上建设健康、安全、公正和可持续的城市、乡镇和农村。大会副秘书长乔治·威廉认为：只要把发展定义为经济增长、社会公平、更高的生活质量、更好的环境之间的协调和平衡，那么这种发展将导致更多更好的、具有人性的城市的出现。因此，可持续城市要协调好城市经济、社会发展与环境保护之间的关系。G·豪霍顿和C·亨特在《可持续城市》一书中，将可持续城市定义为：居民和各种事务采用永远支持"全球可持续发展"目标的方式，在邻里和区域水平上不断努力以改善城市的自然、人工和文化环境的城市。

2. 城市生态环境可持续发展涵义

可持续发展是人类预期城市发展的基本特征。依据城市生态环境系统和可持续发展的理论，城市生态环境可持续发展是以城市空间范围内的物质实体和社会因素长期持续演进为依托，既满足当代城市发展的现实需要，又不影响城市世代发展的能力。而城市生态环境是一个资源短缺，空间狭小，人口众多的人类集中聚居的环境，存在着一系列生态环境问题，诸如水污染、大气污染、噪声污染、城市固体废物污染等。解决这些问题要付出巨大的代价，因此，建立一个资源循环型和经济节约型的社会，以便在城市系统发展过程中受到某种干扰时，具有通过自身的改造和调节，不断保持和改善其组织机制的优化能力，最终造就一个人与自然和谐协调的良性循环的城市生态系统，是城市生态环境可持续发展的目标。

（二）城市生态环境可持续发展的特点

城市生态环境具有内容丰富、结构复杂、生物多样性低、人口密度高和物质流动强度大的特点，并与区域的环境和经济发生着密切的相互作用。城市生态环境是一个高度人工化、智能化的开放系统，由自然、经济和社会等环境因素构成，其中，社会环境是指社会服务体系，主要功能是处理人与人之间的关系，提高人的素质和实现合理的人口再生产，促进物质和精神文明的不断提高；经济环境是指经济组织、经济体制、经济产业等物质生产体系，主要功能是保证物质产品的生产，满足人的物质生活和精神生活的需要；自然环境是指人以外的生物、非生物环境，主要功能是以其物质流、能量流、信息流进行自然再生产，以满足人类日益增长的生态需要。因此，对城市生态环境可持续发展来说，自然可持续性是基础，经济可持续性是条件，社会可持续性是目的，三者的协调发展是城市生态环境可持续发展的基本特点。

1. 自然资源与环境的可持续性是城市生态环境可持续发展的基础

城市发展比较重视人工生态环境建设，对自然资源、环境保护比较薄弱。城市经济取得了举世瞩目成就的同时，人口急剧膨胀，导致区域资源短缺，整体环境恶化，又限制了城市的发展。因此，自然资源与环境保护是城市生态环境可持续发展的重要内容。自然资源与环境的可持续性，应表现为城市环境得到最大程度的保护，城市开发建设应保持在环境与资源承载力之内，维持城市生态系统的动态平衡，使生命支持系统得以维持和发展。城市的发展方向、规模和水平，应决定于城市所在区域的环境容量和资源承载力。一旦城市发展超出了其生态环境承载力，则城市生态环境发展是不可持续的。

2. 经济增长的可持续性是城市生态环境可持续发展的保障

城市发展要不断满足居民日益增长的物质需求，要不断改善环境质量，进行城市生态建设，需要资金和物质的支持。只有经济不断增长，才能有条件满足这些日益增长的需求。但是经济的增长要与城市的环境、资源、人口相协调，在保护生态环境的基础上发展经济。因此，要不断调整产业结构、生产工艺结构、原材料利用结构等。经济增长的可持续性，应表现为城市经济增长方式的根本性转变，采用清洁生产、文明消费，不仅重视经济增长数量，而且还要重视增长的质量。城市经济的可持续增长离不开区域生态环境背景，离不开区域内城市与城市之间资源和产业配置、分工协调和城市内部的合理结构。

3. 社会发展可持续性是城市生态环境可持续发展的最终目标

人是城市的主体，不断提高人类生活水平是可持续发展所追求的最终目标。除有效的经济增长外，可持续发展城市谋求的还包括城市居民的基本权利，人居环境的改善，社会资源的公平分配，满足不同层次人群的需要；社会保障体系健全，社会心理稳定等一系列目标的实现，追求社会的共同繁荣和进步。可持续发展的城市，是环境、经济、社会协调发展的城市，不仅要满足当代人发展的需要，还要满足后代人发展的需要。因此，要实现城市生态环境的可持续发展，必须在可持续发展理论的指导下，以人与自然和谐为价值取向，更新观念树立环境价值观，正确处理城市发展建设过程中社会经济和环境之间的关系，力求城市与自然共生共荣，与区域和谐统一，以保证城市经济不断增长，生活质量不断提高，城市生态环境系统良性循环发展的目的。

二、城市生态环境可持续发展的基本原则

1. 预防和保护为主的原则

很多城市环境污染与资源损害已构成对发展的威胁。自然生态的脆弱性已经警示人们，单纯以经济增长和生活质量为目标的发展几乎走到了尽头。全球性的土资源损失与荒漠化，水资源短缺与水污染，空气质量恶化，生物多样性减少，海洋环境恶化与海洋资源枯竭，自然生态遭到严重破坏，已使人类社会难以为继。因此，必须以预防和保护为主，保护自然资源，防治环境污染，制止对环境有潜在影响的活动，集中精力防止环境退化，将城市居民对生物圈的影响限制在其承载力之内。在城市发展过程中要尽量减少对自然资源的消耗，依靠科技进步，不断提高资源的利用效率。建立城市自然和人工资源清单，维护自然的稳定性，保护和恢复生

物多样性和自然循环过程,建立土地开发利用和保护法规。

2. 发展的量与质相统一的原则

可持续发展的核心是发展,而发展的重要内容是经济增长,经济可持续增长是城市可持续发展的重要形式。经济可持续性应表现为城市经济增长方式的根本转变,采用清洁生产、文明消费,不仅重视经济增长的数量,而且还要重视增长的质量,单纯追求数量的增长是不可持续的,因此,城市的可持续发展应追求质与量的统一。一方面,在城市发展过程中,要尽量减少对自然资源的消耗,依靠科技进步不断提高利用自然资源的能力和效率。另一方面,城市发展强度要与城市发展能力相适应。所谓城市发展强度是指在单位时间、空间内,城市各项活动在规模、范围、密度、频度等方面所达到的程度和水平。城市发展能力是指提供给城市的各种要素在数量、质量方面的特征总和。只有在城市发展强度小于或等于城市发展能力时,才可能取得较好的城市发展质量。

3. 尊重自然的原则

城市生态环境可持续发展,必须建立与之相适应的文化意识与道德观念,其核心是尊重自然,确立自然界是人类生命之源的战略地位,真正把人看作是自然的一部分,建立自然环境和社会发展协调平衡等环境伦理道德观念。人类对自然生态环境负有道德义务和责任,城市经济社会发展建立在保护自然生态环境和节约资源,促进和谐发展的基础上。保持和发扬城市的文化特色,建立可持续发展的文化道德观,人与自然共存共荣,和谐相处,尊重自然,珍惜、爱护自然万物,改变传统资源利用方式,合理利用可再生资源和有效保护非再生资源,原材料循环利用,促进经济持续增长。

4. 全面协调发展的原则

城市生态环境是自然、经济、社会复合生态系统,城市生态环境的可持续发展必须建立在其高度和谐协调的基础上。城市生态环境系统强调在保持资源和环境永续利用的前提下促进社会经济的全面发展。强化生态环境建设和自我调节能力建设,建立科学的城市运行、调控与管理系统,以维护复合系统的全面协调发展。

三、实现城市生态环境可持续发展的途径

酸雨、全球变暖、物种消失、荒漠化、能源短缺、水源枯竭等生态环境恶化,都是不可持续的传统生产和消费模式造成的。发达国家的大城市,在经历了长期的“大生产、大流通、大消费、大抛弃”的巨大环境压力之后,在近十几年,开始改变这种传统观念,提出要创建一个使资源可循环利用的社会,这是可持续发展思想的体现。

(一)建立循环经济社会

1. 循环经济社会的涵义

传统经济是“资源—产品—污染物排放”的线性单向流动经济模式。循环经济

是“资源—产品—再生资源”闭路式的反馈流程经济模式，是在物质不断循环的基础上发展经济，在生产和生活过程中运用链的技术，建立起不同层次的循环链接，实现良性循环，达到经济、社会、环境相统一。对生产来说，要使资源得到充分利用，上游企业产生的废物，是下游企业的原料，以实现生产成本的最低，经济效益最好，生态环境效益最佳；对生活来说，建立循环利用圈，如城市生活污水处理厂要实现中水回用，生活垃圾分类回收利用；农村大力发展种、养、牧生态农业，实施综合利用措施。城市和农村、生产和生活用链连接起来，这种运用生态学原理，把自然、经济、社会组成一个系统，使物质能量在整个社会经济活动中得到合理和持久的利用，最大限度地提高资源环境的利用率，形成一个大的闭合系统，称循环经济社会。因此，发展循环经济、建立循环经济社会是城市可持续发展的重要途径。它能从根本上解决社会经济发展过程中出现的环境问题。这种模式正成为新的世界潮流和趋势，是通向可持续发展的桥梁。

2. 循环经济的优越性

知识经济和循环经济是世纪之交国际社会的两大发展趋势（曲格平，2001）。知识经济是在经济运行过程中，实现的是智力资源对物质资源的替代；循环经济则是指按照生态规律，利用自然资源和环境容量实现经济活动的生态化转向。用高消耗、高污染带动经济增长是不符合可持续发展的。通过发展新经济和高新技术来拉动中国经济发展，则成为一条必然的路径。循环经济是作为新经济的一种，正日益受到重视。循环经济是中国未来实现可持续发展的重要途径和方式。从本质上说，循环经济就是一种生态经济，它是将清洁生产和废物的综合利用融为一体，按照自然生态系统物质循环和能量流动规律，重构经济系统，使经济系统和谐地纳入到自然生态系统的物质循环过程，从而建立起一种新型的经济形式。它具有如下的优越性：

(1) 有利于提高资源利用效率，促进经济增长方式的转变。

(2) 有利于开发利用可再生资源，培育新的经济增长点。

(3) 有利于进一步削减污染排放，从根本上改善环境质量。

(4) 有利于促进资源枯竭地区的结构调整，实现资源型城市的经济转型。

(5) 有利于开发二次资源，发展替代产品，促进经济转型。

3. 我国建立循环经济社会的探索

循环经济要求经济活动按照自然生态系统的模式组织成“资源—产品—再生资源—再生产品”的物质反复循环流动过程，在整个经济系统以及生产和消费过程，基本不产生和只产生很少的废弃物，也即努力做到少投入，多产出，少污染或无污染，从而在根本上消解长期以来环境与发展之间的尖锐冲突。

近几年，发达国家的大城市，都依照从资源到产品到消费到回收利用再成为资源的循环经济发展思路，组织生产和消费。20 世纪 90 年代以来，我国进行了一系列的探索，如在工业企业大力推进清洁生产，开展生态工业园试点，建设生态示范区、生态县(市)、生态省,创建国家环境保护模范城市等。推进循环经济社会建设,就是要把清洁生产、生态工业、生态示范区建设等措施整合起来,成为系统的战略。

(二) 推行清洁生产

地球所面临最严重的问题之一,就是不适当的消费和生产模式,导致环境恶化,贫困加剧和各国发展的失衡。发达国家人口占世界人口的25%,消耗的资源占世界的80%以上。发达国家浪费型的生产和消费模式至今未能有效改变。发展中国家由于贫穷落后,加速了生产性的自然资源和生态环境的破坏。若想达到可持续的发展,必需提高生产的效率,以及改变消费方式,以最高限度地利用资源和最低限度地产生废物。这将要求重新制定发展模式,提高能效,开发更清洁的技术和生产工艺,改善污染治理技术,推行清洁生产。

1. 清洁生产的概念

按照1989年联合国环境规划署工业与环境活动中心提出的定义:“清洁生产是指将综合预防的环境政策持续用于生产过程和产品中,以减少对人类和环境的风险”。或者说,清洁生产是保持整个生产过程(从原料到最终产品)处于清洁状态。《中国21世纪议程》对清洁生产的定义为:“所谓清洁生产,是指既可满足人们的需要又可合理使用自然资源和能源并保护环境的实用性生产方法和措施,是对生产过程和产品的整个生命周期实施综合防治战略”。《中华人民共和国清洁生产促进法》(2002年6月29日九届全国人大常委会通过)第二条对清洁生产的定义,是指不断采取改进设计、使用清洁的能源和原料,采用先进的工艺技术与设备、改善管理、综合利用等措施,从源头削减污染,提高资源利用效率,减少或者避免生产、服务和产品使用过程中污染物的产生和排放,以减轻或者消除对人类健康和环境的危害。以往提倡“无废”、“少废”工艺观念,现已发展为“清洁生产”概念,是实施综合防治的战略,要求从原材料到产品的最终处理的整个生命周期都要减少“三废”排放,对人类健康和环境的影响最小。

对清洁生产的定义虽然不尽相同,但其实质都是一种消耗最少的人类生产活动的规划和管理,是将废物减量化、资源化和无害化,或消灭于生产过程之中,同时生产对人体和环境无害的绿色产品。

2. 清洁生产的内涵

在清洁生产概念中不但含有技术上的可行性,还包括经济上的可盈利性,体现经济效益、环境效益、社会效益的统一。

(1) 就生产过程来说,清洁生产是指节约能源和原材料,淘汰有害原材料,尽可能不使用或少使用有毒有害的化学品和原材料,以减少产品使用过程中和报废之后,对人体或环境的污染和危害。尽可能利用可再生能源、新能源,开发各种节能技术,减少污染物和废物的排放及其有害性。依靠科技进步采用无害或低害的新工艺、新技术,降低原材料和能源的消耗,实现少投入、高产出、低污染,尽可能把环境污染物的排放消除在生产过程之中。例如,德国推行清洁生产,使主要污染物排放量减少了75%,GDP增长2倍多。实现了经济效益与环境效益双赢。

(2) 就生产工艺来说,清洁生产是改进工艺流程和改善企业管理,改进操作步骤,物料闭路循环(反复利用),废物循环利用,工业废物转化为二次原料;通过资源综合利用,使废物资源化、减量化和无害化。把废物变成与原来不同的产品。上家的废料变成下家的原料和动力,做到各种物质充分利用。例如广州热电厂冷却水回收循环再用,蒸汽供热、制冷,煤灰渣供制砖和其他建筑材料。广州珠江啤酒集团公司,将啤酒发酵产生的大量废酵母液经特殊工艺处理后,生成酵母粉,使废物酵母液既得到净化,又得到利用。

(3) 就产品来说,革新原有产品体系,开发清洁产品,又称绿色产品。清洁生产是指降低产品在其生命周期内对环境的有害影响。产品设计做到物尽其用,实行标准化设计,易于回收再利用,强调使用寿命,在升级换代时,不必整机报废,产品坏了只更换坏了的零件,即使产品使用寿命到期,也易于拆卸和综合利用。从原料取得到产品最终处置过程中竭尽可能对环境影响最小。

(4) 就服务来说,清洁生产是指将预防性环境战略结合到服务的设计和提供服务的活动中。依靠科技进步,采用无害或低害的新工艺、新技术,延长产品寿命。在产品寿命期内有完善的保修服务系统。企业有意识地在生产过程、产品、服务上加强"一条龙"的清洁生产过程。

可见,清洁生产是通过产品设计、原料选择、工艺改革、生产过程管理和物料内部循环利用等环节的科学化与合理化实现工业生产最终产出。

3. 清洁生产的优越性

推行清洁生产有多方面的优越性:①适应环境保护从单纯的末端控制到末端控制与生产全过程控制结合的转变;②适应环境质量管理从单纯的浓度控制向浓度控制与总量控制的转变思路;③适应环境污染从对企业控制向对企业控制与区域控制相结合的转变;④适应环境保护采取工程措施与从工程措施向产业结构调整方向的转变;⑤适应环境保护从行政方式到行政手段与市场机制结合的方向,让企业通过清洁生产,见到效益;⑥适应建立生态工业体系和循环经济的模式的需要,从清洁生产进而提出生态工业循环经济体系的建立,有助于实现区域产业结构布局和污染的最小化。

因此,我国鼓励和促进清洁生产,从事生产和服务活动的单位以及从事相关管理活动的部门都要依法组织实施和促进清洁生产。各级政府要依法将清洁生产纳入国民经济和社会发展计划以及环境保护、资源利用、产业发展、区域开发等规划,以确保我国可持续发展战略的实施。

4. 加强清洁生产的管理

(1) 完善法制建设　　从清洁生产的角度说,工业污染物排放量30%~40%是管理不善造成的。因此,要强化科学管理。建立鼓励企业从事清洁生产的市场机制，制定有利于实施清洁生产的财政税收政策、产业政策、技术开发和推广政策，让企业通过清洁生产见到效益。制定必要的法规，对清洁生产加以规范化。

（2）制定清洁生产的推行规划　　目前我国清洁生产的投、融资渠道不畅，清洁生产的投入严重不足，市场的不平等竞争，习惯于把清洁生产作为科研项目来做，缺乏整体推广思路；基础工作不足，技术的指导和引导不够等影响清洁生产的推行。因此，各有关部门要组织制定推行清洁生产的规划，如调整经济布局、产业结构、发展循环经济、促进企业在资源和废物综合利用等领域进行合作。实现资源的高效利用和循环利用等。

（3）建立清洁生产信息系统　　目前我国清洁生产技术信息交流不够，企业缺乏寻找清洁生产技术的正常渠道。因此，组织和支持建立清洁生产信息系统和技术咨询服务体系，向社会提供有关清洁生产的方法和技术，可再生利用的废物供求，国家有关主管部门定期发布的清洁生产技术、工艺、设备和产品导向目录、清洁生产指南、技术手册，以及清洁生产政策等方面的信息和服务。

（4）强化清洁生产审计　　清洁生产审计是推行清洁生产工作的基础。我国清洁生产审计技术要求一般分为三级。一级要求：企业的生产行为符合可持续发展的思想，各项要求均达到国际上同行业先进水平。二级要求：企业的生产行为较好符合可持续发展的思想，各项要求均达到国内同行业先进水平（国内 1/3 企业可达到的先进水平）。三级要求：企业的生产行为基本符合可持续发展的思想，各项要求均达到国内同行业平均水平（国内 1/2 企业可达到的平均水平）。企业除满足以上要求外，同时应满足国家和地方污染物排放标准。对国内生产总值的统计，要扣除资源损耗和环境污染的损失。

（5）加强宣传教育和人员培训　　将清洁生产技术和管理纳入有关高等教育课程、职业教育和技术培训体系。组织开展清洁生产宣传和培训，提高国家工作人员、企业经营管理者和公众的清洁生产意识，培训清洁生产管理和技术人员。新闻出版、广播影视、文化等有关单位团体，发挥各自优势，宣传清洁生产。优先采购、鼓励购买和使用节能、节水、废物再生利用等有利于环境与资源保护的产品。

清洁生产企业应体现污染全过程控制、污染预防和持续改进的特点。限期淘汰浪费资源和严重污染环境的落后生产技术、工艺、设备和产品；设立节能、节水、废物再生利用等环境与资源保护方面的产品标志。清洁生产企业的污染物排放需满足国家和地方现行污染物排放标准及相关要求的规定，在本行业内处于先进水平。

5. 清洁生产的实施

清洁生产工作可分成两个层面：一是传统的企业清洁生产；二是区域性清洁生产，组建无废工业区，对“三废”进行综合利用。区域性清洁生产将有助于区域内的企业组成、产业链连接，形成区域性生产关系。

中国由于工业布局和结构，造成了严重的区域性污染、结构性污染、资源利用率低下带来的环境污染和其他环境问题，这些问题主要依靠在单个企业推行清洁生产是解决不了的。因此，现今清洁生产应包含三个层次的工作：

（1）在思想层次上，在制定国民经济发展计划时，要充分考虑各种工业在资源利用上的互补性，一种工业的废物用作另一种工业的原材料，蒸汽、水等资源在不同工业间梯级利用；在这些工业的空间布局上相对集中，以使它们之间的废物利用和资源梯级利用在经济上可行。制定产品发展计划时，进行全生命周期分析，以确定这些产品及其配件在其原材料采掘过程中、在运输和贮存过程中、在生产和使用过程中、在废弃和处置过程中，对资源的真实消耗和对生态环境的真实影响。要大大丰富和提升清洁生产这种新的创造性的整体预防的环境战略，并将其纳入到国民经济计划之中，在国民经济计划这个源头，把好工业结构关、经济布局关、产品生命周期关，把污染消灭在产生之前。

（2）在推行机制上，要创建市场运作机制，用市场运作机制产生对清洁生产的大面积的持久的需求。推行清洁生产的核心力量是政府，策划、建立、运作和发展清洁生产市场的核心力量也是政府。政府要通过制定一系列政策、措施，鼓励、刺激企业搞好清洁生产的积极性，还要投资建立各种创新型科研基地，以开辟更广的清洁生产新领域，同时政府各部门之间要搞好协调。

（3）在技术层次上，要创造新型实用的清洁生产工具，开发出在实际工作层面上落实清洁生产思想的有效手段。这是清洁生产最活跃、最富有实效的领域，是清洁生产持续发展的基础。例如开发使用洁净煤技术，制糖业开发出甘蔗→制糖→废糖蜜制酒精→酒精废液制复合肥→复合肥种甘蔗、以及甘蔗→制糖→蔗渣制浆造纸→碱回收制浆等生态工业链，即生态产业。

（4）发展生态产业。按生态经济原理和知识经济规律组织起来的、基于生态系统承载能力、具有高效的经济过程及和谐的生态功能的网络型、进化型的产业，称生态产业。它通过两个或两个以上的生产体系或环节之间的系统耦合，使物质、能量能多级利用、高效产出，资源、环境能系统开发、持续利用。生态产业的组合、孵化及设计原则是：横向耦合，纵向闭合，区域联合，柔性结构，功能导向，人类生态和信息网络软硬结合，自我调节，增加就业。

生态产业着眼于生态系统持续发展能力的整合，它根据整体、协调、循环、自生的生态控制论原理去系统设计、规划和调控人工生态系统的结构要素、工艺流程、信息反馈关系及控制机构，在系统范围内获取最高的经济和生态效益。

生态产业主张变环境投入为生态经济产出，促进生态资产与经济资产、生态基础设施与生产基础设施、生态服务功能与社会服务功能的平衡与协调发展。生态产业涉及两方面的创新：一是生态效率的创新，把产品的生产工艺改进得更好，以生态和经济上最合理的方式利用资源；二是生态效用创新，设计生态和经济上更合理的产品，以最大限度地满足社会需求。生态产品开发的战略管理包括改善材料质量，减少材料消耗，优化工艺流程和流通渠道，延长生命周期，减少环境负担，促进废弃物再生和优化系统功能等。

生态产业转型是在大的时空尺度下的一项复杂的生态系统工程，战略上需要的是观念转型（生态哲学、生态伦理、生态价值、生态文化）、体制改革（包括耦合机制、生产体制、生活方式、协同进化）和技术创新（知识创新、方法创新、功能创新、结构创新、产品创新）；战术上需要生态评价、规划、设计与管理的技术与工具。

（5）在资源设备利用上，新建、扩建和改建项目优先采用利用率高、污染物产生量少的清洁生产技术、工艺和设备；老企业在进行技术改造过程中采取清洁生产措施。产品包装优先选择无毒、无害、易降解或便于回收利用的材料，并尽力减少包装性废物的产生。农业生产要科学地使用化肥、农药、农用薄膜等，改进种植和养殖技术，实现农业产品的优质、无害和农业生产废物的资源化。服务业、建筑业等要采用节能、节水和其他有利于环境和资源保护的技术和设备。

我国自1993年开始推行清洁生产，全国开展清洁生产试点的省、自治区、直辖市已有24个。1999年，国家经贸委确定了北京、天津、上海等10个城市和石化、化工、冶金、轻工、船舶5个行业开展清洁生产试点示范工作。据统计，这些示范试点项目主要污染物平均削减20%以上，一些因污染严重即将被关闭的企业实现达标排放，扭亏为盈。

为了促进清洁生产，提高资源利用效率，减少和避免污染物的产生，保护和改善环境，保障人体健康，促进经济和社会可持续发展。2002年6月9日九届全国人大常委会通过了清洁生产促进法，国家主席江泽民签署了第72号主席令，公布了这部法律，自2003年1月1日起实施。清洁生产促进法的通过，将进一步促进清洁生产的推广，确保我国可持续发展战略的实施。

（三）倡导绿色消费

绿色消费是指既满足人的生存需求，又满足环境资源保护需求的一种消费形式，它的内涵可以概括为：

1. 节俭消费，减少污染和浪费资源

过度消费行为，不仅增加了对资源的索取和环境污染荷载，而且助长享乐主义，还加剧了穷人的相对贫困感和贫富悬殊的矛盾。工业化国家比较普遍地存在着过度消费，他们拥有的人口仅占全球的1/4，而二氧化硫的排放量却占全球总排放量的75%。全球消费破坏臭氧层的受控物质中，工业化国家的消费量占86%。全球现有的有害废弃物也主要来自工业化国家，其产量占世界总量的90%。随着生产力的发展和生活水平的提高，人们的消费动机日益呈现出多元化的趋势。提倡绿色消费，即提倡节俭，减少污染。人应当主动放弃多余的物质消费，充实精神生活，提高精神境界。在中国，节俭消费是大多数人的日常行为规范，在环境问题日益严重的现代社会，提倡节俭消费尤其重要。

2. 绿色生活，环保选购

消费绿色食品、绿色产品，绿色能源。所谓"绿色食品"是以绿色农业生产的农产品为基础，发展起来的其他产业产品，符合卫生要求，不含激素和人工色素、保鲜剂、防腐剂等对人体与环境无害的食品，又称"有机食品"，可以促进有机农业的发展。绿色产品是指产品的生产、使用和回收过程，全部符合环境保护要求的产品。"绿色能源"是指太阳能、风能、水力能、地热能、潮汐能、生物质能等可再生清洁能源。通过特定的发电设备，从这些可再生能源中转化而来的电力称"绿色电力"，其最大特点是生产过程中不排放或很少排放对环境有害的废气和废水等污染物。

3. 重复使用，多层利用，分类回收，循环再生

传统的消费基本上是一种单通道的线性过程，在其消费过程中，自然资源被转化为用品，以满足人的需求，用过的物品，大多作为废物被抛弃，这是一种高排放的线性消费，加快了资源消耗和环境退化，显然是不可持续的。事实上，某一消费主体的废弃物，很可能对另一消费主体具有使用价值。对消费废弃物进行资源化处理既减少了资源索取量，也减少了污染数量。为此，消费者要通过重复使用和多层利用，提高物质利用率；通过分类回收，促进废物的循环再用，提高废物的资源化率。一物多用，物尽其用，不要抛弃尚能发挥作用的物质，要化废为宝，使废物成为可再用的资源。

4. 保护物种，万物共生

绿色消费主张食用绿色食品，不吃珍稀动植物及其制成品。减少化肥、农药的使用，保护珍稀动植物有利于维护物种多样性。多样性意味着稳定性，稳定性意味着可持续发展。

（四）建设生态住宅

建筑活动与城市可持续发展是密不可分的，同时城市可持续发展的思想又为建筑发展提出了新的要求。在这种背景下"生态住宅"、"生态建筑"（或绿色住宅、绿色建筑）日益受到人们的关注。

1. 生态住宅的发展过程

过去的建筑设计主要是从建筑美学、空间利用、形式、结构、色彩等方面来考虑的，它忽视了建筑所产生的废弃物及污染对城市生态环境的危害，而且生态的破坏不仅在建筑过程中产生，更多是在相当长的使用期间持续地产生。如建筑物所占用的土地及空间，建筑材料的生产、加工、运输及建成后维持功能必需的资源与能源，建筑在使用过程中产生的废弃物的处理和排放，无不对城市生态环境产生重要的影响。

"生态住宅"也称"绿色住宅"、"环保屋"等，它是从可持续发展的角度来定义的，是人类经过历史的选择之后所追求的人居模式。1976 年，在温哥华召开的联合国首届人居大会提出了"以持续发展的方式提供住房、基础设施和服务"的目标，相继成立了“联合国人居委员会(CHS)”和“联合国人居中心(UNCHS)”,先后提出了反映可持续发展原则的人类住区政策建议和持续性住区发展的规划、设计、建造和管理模式的具体建议。1992 年,联合国环境与发展大会通过的《21 世纪议程》,对改善住区规划和管理综合提供环境基础设施等制定了行动依据、目标、活动和实施手段。1996 年,联合国第二次人居大会提出“人人享有适当的住房”和“城市化进程中人类住区可持续发展”。1999 年,第 20 届建筑师大会通过《北京宪章》指出:建立人居环境循环系统,将新建筑与城镇住区的构思、设计纳入一个动态的、生生不息的循环体系之中,以不断提高环境质量。2001 年“伊斯坦布尔 + 5”人居特别联大会议召开,会议全面审查和评价“人居议程”实施情况。

随着人类住区可持续发展战略的不断实践与创新,人们对生态住宅与可持续发展住宅内涵的理解也不断深化。许多国家纷纷制定出台了与之有关的评估体系、技术规范等。

2. 生态住宅的含义

到目前为止,国内还未有真正意义上的“生态住宅”。因为它并不是说在小区内多种点树,多搞几片绿地就可以称为“生态住宅”、“绿色住宅”。近几年,顺应世界潮流和消费者心理,不少房地产企业或开发商,大肆炒作“生态住宅”、“绿色住宅”等概念,但什么是生态住宅,人们的认识仍是模糊的。

所谓“生态住宅”,它是指在节能、节水、节地、无污染、低能耗技术、高舒适度等方面有全面的考虑和精心的设计,关注室内功能的健康性。它是以高新技术为先导,以可持续发展为战略,体现节约资源、减少污染,创造健康、舒适的居住环境,以及与周围生态环境相融共生的原则。

3. 生态住宅的特点

(1) 以自然能为主体的节能建筑形式　　生态住宅充分利用太阳能、风能、水能、潮汐能、生物能、地热、沼气、核能等各种可再生清洁能源及各种新技术和设计理念。对太阳能的利用,不仅限于常见的热水器,还需全面运用光电技术,如光电板墙,屋面、阳光温室、路灯、集热、供热、炊具等。生态住宅的热能来源于收集人工散热、阳光及使用家电设备所产生的热量,生态住宅的电能来源于风力发电机和太阳能电池。如遮阳板使用太阳能电池,可以将自然光转换成电能,为地下室及北面的房屋提供照明;采用自然空调技术,可以利用地下与地表的温差为房屋供暖或降温,消耗能源最少。

(2) 水资源(雨水、地表水、地下水、废污水)循环利用的节水建筑形式　　为了达到节水的目的,生态住宅用水依靠屋檐流下来经过处理的雨水和通过污水资源化技术处理的污水,为消防、绿化、洗车等提供用水,达到节水的可持续目的。

(3) 建筑物内废弃物(粪便、垃圾等)能再生利用或资源化的少污染建筑形式

对生活垃圾等废弃物进行分类收集再利用或焚烧处理制造沼气等,为生态住宅提供采暖照明或电力,达到无污染的目的,不破坏和污染环境。

(4) 向立体空间(地面、地上、地下)发展的多层次利用的节地建筑形式　地下建停车场、贮水池、沼气池等,天面建园林式花园、泳池等,墙面设计太阳能电池、太阳能收集器、垂直绿化等。

(5) 使用符合安全保障的建筑结构、建材和装修　尽可能用可再生材料,使用环保建材、环保家电,设计装修尽可能采用低能耗的采暖空调降温系统,减少使用化学品,防止室内环境污染。

(6) 与自然生态环境友好　人与自然(包括非人生物、理化环境)相互选择,相易互化,协同演化,创造使人感到健康舒适的环境;传统风水建筑理念与现代建筑技术精华融合的,适应人类心理、生理、社会、文化、风俗、地方特色与继承的建筑形态。

(7) 具有相当规模和比例的食物自生产系统和功能　可以有一定能力的自给自足循环系统。生态住宅其针对的主要是技术层面,考察的主要是物理环境问题而不是环境美学问题。

4. 生态住宅建设的原则

世界各国建造的生态住宅千差万别。早在1974年,美国建筑师西姆·潘泰设计建造了据称美国第一座循环自给型城市生态住宅。

此后,德国、荷兰、日本等国也对生态住宅进行了探索,并已做出了成功的范例。从总体上说,各国所建的生态住宅内容形式都不一样,但它们所遵循的原则是共同的:

(1) 提倡可持续性的生态建筑设计　可持续发展的生态建筑设计是:①将建筑环境看作是生态系统的有机组成部分;②追求人、建筑、自然三者的协调发展;③推广使用不污染环境,不破坏生态平衡的建筑材料;④利用可再生自然资源的高效、节能的建筑技术。以实现生态系统的良性循环,从而为人们创造一个人工环境与自然环境有机交融的绿色建筑空间。

(2) 大力开发利用可再生能源　生态建筑节约能源的基本途径是对可再生能源进行高效利用,如太阳能、风能、地热能、潮汐能、生物能等,使建筑由传统的能源消耗者变成生产者,从而有利于降低能耗,减少污染,形成人与自然协调发展。

(3) 使用环保型建筑材料　人类构筑建筑的材料,从泥土、茅草、木材等自然材料,转变为砖、瓦等人工材料,进而转化为玻璃幕墙、珐琅板、铝合金钢板等高科技材料。选用建材应综合考虑自然生态效应和社会经济效应,并尽可能选用可循环使用、低能耗的材料,避免有毒污染材料。例如,我国研制的稻草板,就是以秸秆和稻草为原料的一种绿色环保型建材,它与传统黏土砖、钢筋混凝土比较,不仅具有色彩丰富、重量轻、体积小、保温、隔音等多项优良性能,并能自然降解,废弃后不会给环境带来任何污染。

（五）发展环保产业

1. 环保产业的内容

环保产业是指那些在国民经济结构中以防治环境污染，改善生态环境，保护自然资源为目的所进行的经济技术活动。它是以信息技术和生态技术重整传统的生产工艺系统，有利于提高人类生存环境质量的新兴产业。环保产业覆盖面很广，主要包括：①环境保护设备、产品的设计、生产、经营和销售；②环保技术开发与应用、环保工程设计、施工；③环保信息获取、加工、转换与咨询服务；④资源综合利用、废物再生资源化，⑤自然保护与开发（自然保护区建设、动植物的引种繁育、迁地保护、环境生态工程建设等）；⑥环境规划、设计与产业的生态管理、环保服务等。

2. 发展环保产业的意义

环保产业为防治环境污染，改善生态环境质量、保障资源永续利用，实现可持续发展提供物质条件和工程技术支持，在保护城市生态环境促进经济发展中起重要作用。它既是经济的新增长点和振兴经济的希望，又是调整经济结构实现可持续发展的重要手段。因此，提高环境工程设计资质，规范环境工程设计，做好环境标志产品，保证设施运营质量，将有助于城市生态环境的改善和城市生态建设。需要大力发展环保产业，形成一整套跨部门、跨行业、跨学科、高科技、纵横交错、相互联系的环保产业体系。

3. 生产环保产品，树立城市形象

环保产品又称绿色产品，使用和消费环保产品，在国外早已成为普通消费者的时尚。环保产品的认定，决不是企业自己命名的，它需要一系列复杂的技术指标。比如生态纺织品要求控制服装的 pH 值适应微酸性的皮肤，不得使用致癌、致过敏的 43 种染料，不得有霉味、汽油味及有毒的芳香味；产品中甲醛、杀虫剂残留量也有控制限量，甚至机器润滑油也有降解指标。为了生产出合格的环保服装，企业从原、辅料供应和检验，到染整配方、工艺直到成衣制作、包装，均要提出保障措施。经环境标志产品认证委员会评定认可，获得“环境标志”，才是环保产品。

图 10-1　中国环境标志图示

“中国环境标志”（图 10-1）由红日、青山、绿水及环绕四周的 10 个环构成，寓意为“全民联合起来，共同保护人类赖以生存的环境”。环境标志表明了该产品在生产、使用及废弃处置过程中，符合特定的环境保护要求，具有节约能源、保护环境、无毒无害等竞争优势。迄今为止，我国已有数千万个带有环境标志标识的产品进入市场。生产环保产品，是越来越多企业的追求，是城市可持续发展的标志，使用环保产品更成为人们的消费取向，通过市场选择，使更多的企业更加关注环境保护和可持续发展。

（六）实施 ISO 14000 认证

1.ISO 14000 的含义

ISO 14000 是国际通用的综合环境管理系列标准，是国际标准化组织（ISO）为了协调全球环境问题而制定的环境管理国际标准，以满足经济持续发展的需要。其中 ISO 14001 标准是 ISO 14000 系列标准的核心与龙头，主要用于规范世界各国的企业和社会团体等各类组织的环境行为，促进节约资源、能源的目标，以达到减少和预防环境污染，提高环境管理水平，改善环境质量，进而消除贸易壁垒，促进经济持续健康发展。

2. 推行 ISO 14000 的意义

ISO 14000 标准不仅适用于企业，而且也适用于城市或区域。实践证明，实施 ISO 14000 标准，对促进城市可持续发展具有重要意义：

（1）有利于改善城市环境管理模式，建立完善的环境管理体系。推动各部门更严格地执行环保法律、法规。

（2）有利于推动城市环境综合整治，强化城市基础设施建设。有利于城市环境管理体系的建立与保持，使城市环境综合整治更加系统化、规范化，更具有可操作性，特别是按着持续改进螺旋图式运行，将使城市生态环境不断优化。

（3）有利于推动污染全过程控制，实施清洁生产。节能、降耗、减污是提高企业经济效益、环境效益，实现持续发展的主要内容。清洁生产是实现节能、降耗、减污全过程控制的重要措施。ISO 14000 标准则要求建立环境管理体系的单位必须实施清洁生产、全过程控制，不仅要减少污染而且要合理利用自然资源。

（4）有利于改善城市生态环境，保证社会稳定，减少环境灾害。该系列标准突出全面管理、预防污染、持续改进的思想，是环境管理思想和方法的总结和创新。通过实施 ISO 14000 标准来改善城市环境质量，促进经济与环境的协调发展，为实施城市可持续发展提供一种新的方法和手段。

（5）有利于打破“绿色壁垒”。“绿色壁垒”是国际贸易中出现的一种新形式，并构成了国际市场的新的贸易保护网。“绿色壁垒”形式有：“绿色关税”、“绿色技术标准”、“绿色检疫”等。发达国家通常把环保要求与国际贸易相联系，利用技术标准、卫生检疫、农药残检、商品包装和标签等规定，对出口国严格要求，一旦出口国的产品达不到进口国的环境标准就将被拒之门外，造成损失。通过了 ISO 14000 认证，就可以获得免检。

ISO 14000 环境标准系列将规范企业和社会团体组织的环境行为，减少人类各项活动所造成的污染，最大限度地节省资源，改善环境质量，保持环境与经济协调，促进可持续发展。该系统涉及到几乎所有全部组织活动及产品服务全过程，要对这些过程中的环境行为进行有效规范、控制、监督，旨在促进全球环境质量的改善，不仅适应世界各国可持续发展的需要，也是改善城市生态环境，使人类与自然环境趋于良性循环的根本要求。

3. ISO 14000 系列标准的特点

ISO 14000 环境管理系列标准涉及的领域已远远超出了单纯的环境范围。ISO 14000 环境管理系列是一种先进的环境管理方法。它改变末端控制为源头控制，甚至包括原材料采购均以环境观点调整。实行从摇篮到坟墓全过程控制；把被动应付政府部门的执法监督检查变成企业的一种自觉的主动行为；由遵守法律到适应市场的转变，把企业重点放在市场上，环保做不好，没获得认证，产品便没有销路。

第三节　城市生态环境可持续发展指标体系

从生态学的角度看，城市生态环境是一个庞大而复杂的复合生态系统，它包括生态环境、生态产业和生态文明。其最基本的功能是方便居民生活、组织生产流通、保护治理环境。城市生态系统应能实现经济发展、社会进步和生态保护的相互协调，以及物质、能量、信息的高效利用。城市活动受到各种生态因素的制约，城市的活动限度同系统的生态限度是一致的，在生态系统限度范围内发展的城市生态环境才是可持续的。

可持续发展是人类发展的全新模式，旨在促进人类之间以及人类与自然之间的和谐，实质是改变传统的索取自然、损害环境的片面发展，要求经济在人口、资源、环境的约束条件下持久、有序、稳定和协调地发展。因此，评价城市生态环境是否可持续发展，既要看经济数量的增长，又要看其资源、环境的损害程度，还要看其经济增长与资源环境损害对比的盈亏关系。所以，研究和确定城市生态环境可持续发展的指标体系至关重要。

一、制定城市生态环境可持续发展指标体系的原则

可持续发展能力建设是一个系统工程，由众多的可持续发展因子共同集合而成。正因为这个原因，理论界目前对可持续发展指标体系的研究，存在着相当大的分歧。经济学家、环境学家、生态学家、社会学家等，对可持续发展指标体系的认识，都侧重于自己的研究领域展开。但他们所遵循的基本原则至少包括：

(1) 技术性原则　所选指标是客观存在的而不是主观臆造的。它的物理意义明确，统计方法规范，能够反映可持续发展的内涵和目标的实现程度。

(2) 综合性原则　可持续发展内容的多样性，也就决定了其指标体系的复杂性，因此，选择指标要能够反映可持续发展的某个方面，并能把一些范围较广的相关信息合成为一个综合性指标，这样可以减少指标的数量，但要注意别让它所揭

示的信息还不如它所掩盖的多。

(3) 可比性原则　　可持续发展指标体系,是衡量可持续发展进程的尺度,因此,指标体系要符合时间上和空间上的可比原则。

(4) 可操作性原则　　可持续能力建设是围绕着实现可持续发展的目标来展开的,指标所需的信息必须是可得到的,并对决策者有实实在在的支持和指导作用。

二、城市生态环境可持续发展指标研究进展

(一) 联合国可持续发展委员会的指标(CSD)

国内外许多学者提出过不同的指标体系,其中联合国可持续发展委员会的指标(CSD),早期是依据《21 世纪议程》,从可持续发展的四个主要方面——社会、经济、环境和制度着手建立的,共有 134 个指标。1996～1999 年,22 个国家将其用于国家一级的测试,在 1999 年的 UNCSD 第七次会议和巴巴多斯国际研讨会上先后做了汇报,测试国家总体上反映不错,但提出三方面意见:

(1) 该框架适于环境问题而不适于社会、经济和体制问题;

(2) 框架的缺陷影响了国家指标的选择;

(3) 指标数目过多,难于测试与开发。

在此基础上,UNCSD 对指标框架进行了改革,其导向是:①突出同评价可持续发展进程有关的、共同的优先问题;②实现可持续发展范畴内的综合与平衡;③广泛覆盖《21 世纪议程》;④国家与国际的共识。现在其主题框架已经设计出来(表 10-1),它强调了:①未来的种种风险;②主题之间的相互联系;③可持续性目标;④社会的基本需求。同时,新的框架设计考虑了测试国家优先指标和经验,但并非所有优先指标都同《21 世纪议程》的章节相对应。

表 10-1　UNCSD 设计的指标体系

社会	经济	环境	制度
教育、就业、健康/供水/卫生、住房、福利与生活质量、文化遗产、贫困/收入分配、犯罪、人口、社会与伦理价值、妇女的作用、土地与资源的获取、社会结构、公平/社会遗弃	经济依赖性/债务/官方发展援助、能源、消费与生产模式、水的管理、交通、采矿、经济结构与发展、贸易、生产力	淡水/地下水、农业/食品安全、城市、沿海地区、海洋环境/珊瑚保护、渔业、生物多样性/生物技术、可持续森林管理、空气污染与臭氧层耗竭、全球气候变化/海平面上升、自然资源的可持续利用、可持续的旅游、有限的环境承载力、土地使用的改变	综合决策、能力建设、科学技术、公众意识与信息、国际公约与合作、管理/市民协会的作用、制度与立法框架、防灾、公众参与

注:据张坤民等,2001 年。

改进后的 UNCSD 指标框架的特点是:①强调了面向政策的主题,以服务于决策需求;②保留了可持续发展的 4 个重要方面——社会、经济、环境与制度;③与《21

世纪议程》有一定的对应关系；④取消了对“驱动力—状态—响应”的对应分类。

在选择核心指标时，考虑的标准包括：①主要是国家一级的；②同评价可持续发展的进程有关；③它是可理解的、明确的、不模糊的；④在政府开发的指标能力之内；⑤概念合理；⑥数量有限；⑦对《21 世纪议程》与可持续发展的覆盖面足够广；⑧尽量建立在国际共识的基础上；⑨数据要有有效性和质量保证。

此外，测试国家最常用的若干 UNCSD 指标还有：失业率、人口增长率、人均 GDP、家庭人均用水量、土地使用的变化、化肥的用量、濒危物种占国内物种总数的比率、城市大气污染物的浓度、温室气体的排放、二氧化硫的排放、氮氧化物的排放、能源的年消费量等。目前该指标框架在进一步的完善和实践中。

（二）苏格兰可持续发展指标（SISD）

苏格兰是英国的一部分，他们从经济、生态、社会、政治的角度出发，综合考虑后建立了“苏格兰可持续发展指标”（SISD），共采用 5 种指数方法（表 10-2）。

表 10-2 “苏格兰可持续发展指标”（SISD）的主要指数

指数	指数名称	指数涵义
AEANNP	环境近似调整后的国民生产净值	总资本（人造资本＋自然资本）存量－当年付出的环境补偿量。旨在考虑环境损失对原国民收入额进行修正
PAM	弱可持续性测量法	Z＝S/Y－δM/Y－δN/Y，Z 为可持续指数；S 为国内总储蓄；Y 为国内总收入；δM 为人造资产贬值量；δN 为自然资产贬值量
NPP/K	净初级生产力与承载力	NPP＝生物固化下来的全部能量－初级生产者呼吸作用所耗的能量；K 为测量环境中可再生资源的总量
EF/ACC	适当的承载力与生态立足域	为使给定数量人口达到平均单位个体消费量水平所需要的总土地面积
ISEW	可持续经济福利指数	ISEW＝个人消费＋非防护性支出－防护支出＋资产构成－环境损害费用－自然资产折旧

注：据张坤民等，2001 年。

经济指标表明，经济活动正在消耗或增加着多少自然资本存量；生态指标作为生命延续基础，代表了分级的依据；可持续经济福利指数（ISEW）指标则表明，经济与生态同可持续发展的关系。但这些指标只是建立生态可持续发展指标的第一步。

SISD 研究结果可见：①经济测量指数 AEANNP 表明，苏格兰在整体上是可持续的，而用“弱”可持续发展的经济指数 PAM 测量时，则是不可持续的。②生态指数 NPP/K 表明，苏格兰已经非常接近其承载力。而另一个生态指数 EF/ACC 表明，目前的能源与食物等消费方式是不可持续的。③1984～1990 年可持续经济福利指数 ISWE 表明苏格兰的经济福利在减少。

尽管这些指标还存在一些问题，主要是经验不充分，测量方法不一致，权重和临界值不完善等,故其结论只能视作暂时性的,最好能用更高质量的数据进行修正。然而,通过这些指标仍然可以看到一些趋势,说明苏格兰的形势并不乐观,需要尽快实施一整套明确的可持续发展政策。

(三)环境可持续性指标(ESI)

环境可持续性指标(ESI,environmental sustainability index)是由美国耶鲁大学和哥伦比亚大学合作开发的,包括22个核心指标,每项指标结合了2~6个变量,共67个基础变量。两校课题组曾用此测试了包括中国在内的122个国家。

ESI主要致力于环境可持续发展,比整个可持续发展要窄一些。该体系接受的前提是:政策、经济、社会价值都是可持续发展最值得考虑的重要因素。他们认为,环境可持续发展以下列5种现象的功能为代表:①环境系统的状态,如空气、土壤、生态和水;②环境系统承受的压力,以污染程度与开发程度来衡量;③人类对于环境变化的脆弱性,反映在粮食资源匮乏或环境所致疾病的损失;④社会与法制在应对环境挑战方面的能力;⑤对全球环境合作需求的反应能力,如保护大气等国际环境资源。ESI定义的环境可持续性为:以可持续的方式创造上述5方面的高水平业绩的能力。即上述5方面为环境可持续发展的核心内容(表10-3)。

表10-3 ESI指标的核心内容

内容	指标	指标说明
环境系统	大气质量、水的数量、水的质量、生物多样性、陆地系统	如果一个国家是环境可持续发展的,则其环境系统保持在健康水平,或得到改善而不是下降恶化趋势
降低环境压力	减少空气污染、减少水压力、减少生态系统的压力、减少废物和消费的压力、减少人口压力	如果一个国家是环境可持续发展的,则其人为压力水平很低,没有对环境系统造成明显的损害
降低人类的脆弱性	基本营养、环境健康	如果一个国家是环境可持续发展的,则其人民和社会系统对环境的扰动不应是脆弱的(通过最基本的需求表现,如健康和营养);脆弱性的减少就是社会越来越向可持续发展方向的标志
社会和法制方面的能力	科学/技术、辩论能力、法律与管理、私人部门的反应能力、环境信息、生态有效性、减少公众自主选择的混乱	如果一个国家是环境可持续发展的,则要拥有适当的法制以及技能看法和网络等基本的社会模式。这些都会鼓励对于环境挑战做出有效的反应
全球合作	国际承担的义务、全球规模的基金/参与、保护国际公共权	如果一个国家是环境可持续发展的,则其能同其他国家合作对付共同的环境问题,减少对其他国家的负面的域外环境影响,直到没有严重损害

注:据张坤民等,2001年。

据两校的研究报告认为,ESI可以在不同国家间的环境进展方面进行系统化、定量化的对比。它有助于:①确定一个国家的环境业绩在期望值之上或之下;②研究确定哪些地区的政策是成功还是失败;③确定环境工作的基准;④确定"最好的实践";⑤调研环境业绩同经济业绩间的相互作用。

研究结果表明,中国在一些指标的排名上不甚理想。其中,大气质量(以 SO_2、NO_2 和 TSP 为变量)在 122 个测试国家中名列第 121 位,仅略高于墨西哥。

三、中国城市可持续发展指标研究进展

(一) 理论探索

中国政府部门和学术界也从不同角度对可持续发展指标进行了研究,对城市、区域农业、经济发展综合效益以及社区发展模式等不同层次的可持续发展指标体系分别开展了研究。在不同层次和不同地区取得了一些成果,其中有些已应用于实际工作中,但目前尚无一致公认的中国可持续发展指标体系。

在以城市为背景的指标体系研究中,上海市曾对若干国际大都市的经济、社会、环境指标作过系统的调查。广州市也在运用生态学原理和可持续发展理论开展城市生态可持续发展的研究与规划工作。杨士弘等 1994 年在《广州城市环境与经济协调发展预测及调控研究》一文中,使用多级指标体系,构造广州城市环境与经济协调发展指标体系结构,计算了广州城市环境与经济协调发展指数(协调度),并分析了其发展趋势,比较客观地、定量地说明广州城市生态环境发展的持续性。广州市计委在 2001 年提出的生态城市指标体系,分生态城市规划指标体系和生态城市评价指标体系。包括和谐性指数、高效性指数、持续性指数、均衡性指数和区域性指数 5 个指标。

(二) 实践探索

国家环保局在城市环境指标方面曾进行过有益的探索,分别于 20 世纪 80 年代末和 90 年代末,制定了《城市环境综合整治定量考核指标体系》(表 10-4)和《环境保护模范城市考核指标体系》(表 10-5)。并公布实施多年,在实施过程中不断改进和完善,对中国城市可持续发展起了积极的推动作用。

表 10-4 城市环境综合整治定量考核指标

环境质量指标	环境污染控制指标	环境建设指标
大气环境:SO_2、TSP; 水环境:地面水 COD 平均值; 饮用水水质达标率; 噪声:区域环境噪声平均值; 交通干线噪声平均值	工业固体废物综合利用率;工业固体废物处理率;烟尘控制区覆盖率;工艺尾气达标率;汽车尾气达标率;工业废水排放量/万元产值;工业废水处理率;工业废水处理达标率	城市气化率;城市热化率;民用型煤普及率;生活垃圾清运率;城市污水处理率;城市人均公共绿地面积
6 项共 37 分	8 项共 37 分	6 项 26 分

表 10-5 国家环境保护模范城市考核指标

社会经济 5 项	环境质量 5 项	环境建设 9 项	环境管理 4 项
人均 GDP＞1 万元；经济持续增长率高于国家平均增长水平；人口自然增长率＜1%；单位 GDP 能耗；用水量均小于全国平均水平	空气污染指数＜100；水源地水质达标率＞96%；水功能区水质达标率 100%；市内无超五类水体；区域环境和交通干线噪声平均分别＜60dB 和＜70dB	自然保护区覆盖率＞5%；建成区绿化覆盖率＞30%；城市生活污水处理率＞50%；工业废水排放达标率 100%；城市气化率＞90%；生活垃圾无害处理率＞80%；工业固体废弃物综合利用率＞70%；烟尘控制区覆盖率＞90%；噪声达标区覆盖率＞60%	市政府听取研究环保工作每年＞1 次；环保机构独立建制；公众对城市环境满意率＞60%；执行污染物总量削减计划、新污染项目环保一票否决、并纳入城市社会经济发展计划

国家公布的国家环境保护模范城市的指标体系由 26 个项目组成(南方城市)，分“基本条件”和“考核指标”两大部分，其中基本条件 3 项：①城市环境综合整治定量考核名列全国或全省前列；②通过卫生城市验收；③环境保护投资指数＞1.5%。考核指标 23 项，分社会经济、环境质量、环境设施建设以及环境管理等 4 个方面，强调协调发展，体现城市发展的可持续性。

世界银行的一项研究成果把财富扩展到产品资本、自然资本、人力资本和社会资本 4 个部分，并提出了真实储蓄(genuine saving)概念。真实储蓄的实质是用总储蓄减去外债与折旧和加上教育投资得到净储蓄，再减去资源损耗与环境退化得到真实储蓄再除以 GDP 得到真实储蓄率。所得结果若持续为正的，即反映财富在增长，若持续为负的，最终必导致财富的下降。因此，有可能利用真实储蓄的长期时间序列来判断一个城市是否在向可持续方向发展(纵向比)，也可以借此比较不同城市的情况(横向比)。真实储蓄将宏观的经济因素(GDP、折旧、外债等)、教育投资、资源开发和污染控制等方面的政策与产出有效地结合起来，这对决策者有着较强的指导意义。

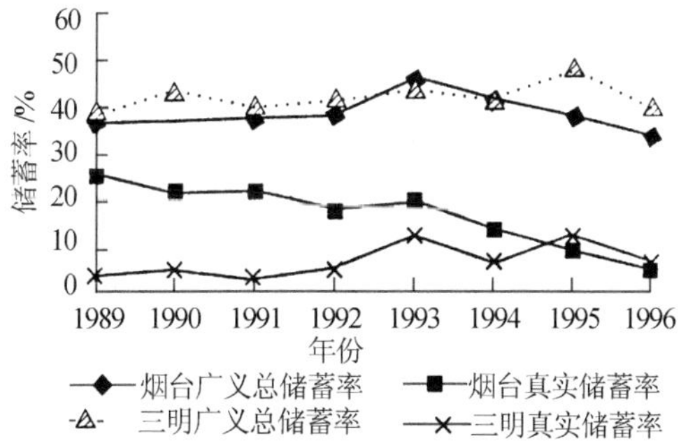

图 10-2 烟台市和三明市广义总储蓄率及真实储蓄率的对比(1989～1996)(据张坤民等，2001)

利用这一成果，国家环保局、清华大学和北京大学同世界银行合作，将其尝试应用于城市一级，对山东省烟台市和福建省三明市进行案例研究，结果如图10-2所示。

（三）中国城市可持续发展评价指标体系

我国城市可持续发展的评价还刚刚起步，正处于探索阶段，目前还没有形成一套成熟的指标体系。凌亢（2000）以城市可持续发展特征分析为理论基础，采用理论分析、经验选择和专家咨询相结合的方法，建立了城市可持续发展定量评价指标体系。构建能够反映社会、经济、环境、资源协调发展现状和趋势的指标体系，重点测度城市“可持续发展度”、“可持续发展水平”、“可持续发展能力”、“可持续发展协调度”。

1. 基本概念

（1）可持续发展度　　是城市可持续发展水平、可持续发展能力、可持续发展协调度三个准则层指标综合的结果。

（2）可持续发展水平　　是指可持续发展大系统的各个支持子系统的发展程度，在某一时期，其各个方面对可持续发展目标的满足程度的测度，它反映了各个支持子系统运行的效果，它包括“经济发展水平”、“社会发展水平”、“资源、环境支持水平”。

（3）可持续发展能力　　是指可持续发展系统内各要素对系统发展的支撑与保障能力，是可持续发展的内在源泉，它体现了发展潜力与发展后劲。它包括“经济发展能力”、“社会发展能力”、“资源环境能力”、“管理调控能力”。

（4）可持续发展协调度　　是指各支持子系统之间的关系配合得当的和谐程度，是判断社会、经济、资源、环境是否协同发展的准则，以及为谋求这种协调性所制定的政策与管理措施的有效程度。可持续发展协调度包括“资源利用效率”、“经济社会环境相关性”、“生态环境治理力度”、“政策与管理水平”。

2. 城市可持续发展指标体系结构

根据以上概念框架设计，凌亢（2000）建立了如图10-3所示的评价指标体系递阶层次结构，它分为四个层次，即：目标层、准则层、领域层和指标层。

（1）目标层A为可持续发展度，作为综合指标，用来衡量可持续发展的水平、能力及协调度。

（2）准则层B包括可持续发展水平（B_1）、可持续发展能力（B_2）、可持续发展协调度（B_3）三个方面。

（3）领域层包括经济发展水平（C_1）、社会发展水平（C_2）、资源环境支撑水平（C_3）、经济发展能力（C_4）、社会发展能力（C_5）、资源环境能力（C_6）、管理调控能力（C_7）、资源利用效率（C_8）、经济社会发展相关性（C_9）、生态环境治理力度（C_{10}）、政策与管理水平（C_{11}）11个方面。

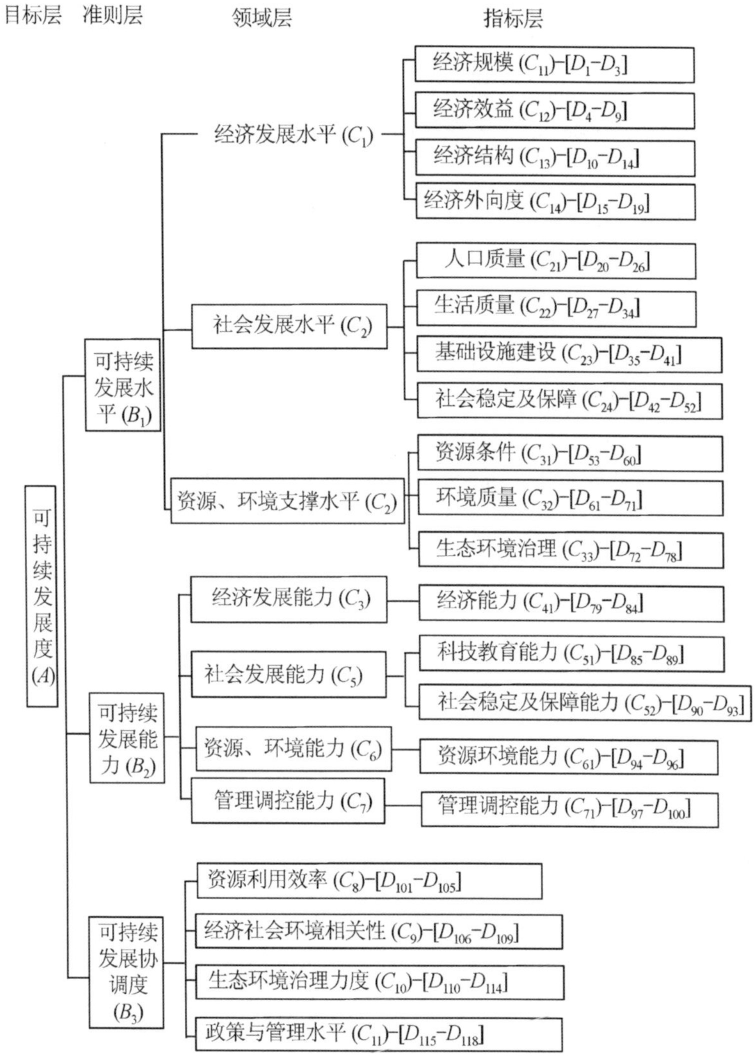

图 10-3　城市可持续发展指标体系结构图(据凌亢,2000)

(4) 指标层由 118 个指标组成,具体内涵为:

C_{11}(经济规模)=｛人均 GDP 总值 D_1,GDP 平均增长率 D_2,固定资产投资增长速度 D_3｝;

C_{12}(经济效益)=｛工业全员劳动生产率 D_4,工业资金利税率 D_5,农业劳动生产率 D_6,第三产业劳动生产率 D_7,技术增值率 D_8,单位能源消耗创产值率 D_9｝;

C_{13}(经济结构)=｛产业结构总变动率 D_{10},HK 指数 D_{11},工业化系数 D_{12},第三产业化系数 D_{13},高新技术产值比重 D_{14}｝;

C_{14}(经济外向度)=｛出口总量 D_{15},工业制成品国际市场占有率 D_{16},出口换

汇成本 D_{17}，进口贸易中燃料和初级产品的比重(%)D_{18}，出口贸易中高技术产品的比重(%)D_{19}}；

C_{21}(人口质量)={人口自然增长率 D_{20}，平均预期寿命 D_{21}，人均受教育年限 D_{22}，成人识字率 D_{23}，综合入学率 D_{24}，人口老龄化程度 D_{25}，在职员工培训率 D_{26}}；

C_{22}(生活质量)={城镇居民人均月生活费收入 D_{27}，农民人均月纯收入 D_{28}，耐用消费品人均占有量 D_{29}，文化教育支出占消费总额比重 D_{30}，人均年末储蓄余额 D_{31}，恩格尔系数 D_{32}，基尼系数 D_{33}，每名医生服务人数 D_{34}}；

C_{23}(基础设施建设)={交通密度(包括公路、铁路密度)D_{35}，运输周转量(包括货运、客运)D_{36}，城市化水平 D_{37}，人均居住面积 D_{38}，人均绿地面积率 D_{39}，建成区面积年均递增率 D_{40}，电话普及率 D_{41}}；

C_{24}(社会稳定及保障)={城镇失业率 D_{42}，通货膨胀率 D_{43}，贫困人口占总人口比重 D_{44}，下岗职工再就业率 D_{45}，失业保险率 D_{46}，养老保险率 D_{47}，医疗保险率 D_{48}，残疾人就业率 D_{49}，重大自然灾害发生率 D_{50}，每万人刑事案件发案率 D_{51}，社区服务中心普及率 D_{52}}；

C_{31}(资源条件)={区位和交通条件 D_{53}，人均自然资源拥有量 D_{54}，人均用电量 D_{55}，劳动力资源丰度 D_{56}，人均金属矿产 D_{57}，人均石化能源 D_{58}，人均用水量 D_{59}，旅游资源丰度 D_{60}}；

C_{32}(环境质量)={单位面积废气排放量 D_{61}，单位面积废水排入量 D_{62}，单位面积固体废弃物排放量 D_{63}，单位耕地面积化肥、农药使用量 D_{64}，大气中 TSP 及 SO_2 含量 D_{65}，饮用水源水质达标率 D_{66}，噪声平均值 D_{67}，空气质量达标率 D_{68}，森林覆盖率 D_{69}，水土保持率 D_{70}，物种多样性指数 D_{71}}；

C_{41}(经济能力)={人均 GDP 增长率 D_{79}，人均财政收入 D_{80}，技术改造投资占固定资产的比重增长率 D_{81}，固定资产投资中外资比重 D_{82}，经济外向度 D_{83}，自我发展能力 D_{84}}；

C_{51}(科技教育能力)={R&D 占 GDP 的比重增长率 D_{85}，高等教育人口比重增长率 D_{86}，科技进步贡献率 D_{87}，万人拥有科技人员数 D_{88}，企业技术创新能力 D_{89}}；

C_{52}(社会稳定及保障能力指数)={再就业保障基金 D_{90}，社会职位覆盖率 D_{91}，每万人警力数 D_{92}，减灾防灾投入资金占财政收入比重 D_{93}}；

C_{61}(资源环境能力)={环境保护与治理投资占 GDP 比重 D_{94}，生态建设投资占 GDP 比重 D_{95}，自然保护区年投资增长率 D_{96}}；

C_{71}(管理调控能力)={科学决策能力 D_{97}，科学规划能力 D_{98}，法规保障能力 D_{99}，资金保障能力 D_{100}}；

C_8（资源利用效率）=｛矿产资源综合利用效率 D_{101}，土地资源利用效率 D_{102}，能源消耗弹性系数 D_{103}，森林资源利用效率 D_{104}，工业用水重复使用率 D_{105}｝；

C_9（经济社会环境相关性）=｛社会环境协调系数 D_{106}，经济环境协调系数 D_{107}，工业环境协调系数 D_{108}，环保投资环境协调系数 D_{109}｝；

C_{10}（生态环境治理力度）=｛污染治理资金使用额/GDP D_{110}，污染物排放增长率/GDP 增长率 D_{111}，土地退化治理率 D_{112}，水土流失治理率 D_{113}，林木蓄积增长率 D_{114}｝；

C_{11}（政策与管理水平）=｛公众对可持续发展意识 D_{115}，资源开发规划的合理性 D_{116}，法规的制定及执行情况 D_{117}，对可持续发展诸方面变化的监控能力 D_{118}｝。

第十一章　生态城市建设

城市是人类科技进步、经济发展和社会文明的结晶，是人类集中聚居的场所，也是环境污染和生态破坏集中的场所。城市人口、资源、能量和信息高度集中，工业化、城市化的高速发展。在大规模的城市建设与开发活动中，曾不顾生态环境、地质地貌条件，移山、填海、围湖造地，大开大挖，导致自然生态系统的剧烈变化和自然、历史、文化特色风貌迅速消失，出现一系列影响居民生活质量的城市生态环境问题，生态环境恶化。在世界范围内，人类正面临着生存环境的危机，建设生态城市正逐渐成为全球的热点。我国很多大中小城市在发展建设的过程中，都提出建设生态城市的目标。中国从20世纪80年代开始，生态城市建设和实践的探索，据不完全统计，在过去的20多年里，提出或正在进行生态城市建设的各类城市超过80个。

第一节　生态城市概述

一、生态城市的概念和内涵

1984年，《人与生物圈》(MAB)报告中提出了"生态城市规划"的概念。20世纪80年代末，国际生态城市协会正式成立。为改善城市人居环境，建设人与自然和谐的城市，1990年在美国Berkeley召开了第一届国际生态城市大会。此后，1992年在澳大利亚Adelaide、1996年在塞内加尔Dakar/yoff、2000年在巴西Curitiba、2002年在中国深圳等，分别举行了第二、三、四、五届国际生态城市大会。国内外学者开展了大量的研究工作，使生态城市的概念和内涵得到不断充实和完善。

（一）生态城市的概念

生态城市的概念产生于人们面对20世纪60年代以来全球、区域和地方的环境污染和生态退化现实的反思，是人类自工业革命以来对城市发展与建设模式的重新选择。

1. 从生态学上说

生态城市是基于生态选择和组织作用，由意识定位、资本驱动和制度调制下的人与自然相易合发展的地球表层人居形态。易合是两种异质或异态之间的自组织或整合过程,强调差异性之间的协调与和谐。其中,人常常但并不总是处于支配或主导地位,而是与生物、理化环境保持动态的均衡。它强调:

①天-地-生-人动态合一;人的自然化与自然的人化选择均衡,即人类发展过程与自然环境相互作用过程;②不仅强调人类经济财富的丰实,同样也强调生物和环境的经济性;具有强而完备的系统自选择、自组织、自维持和自调节机理;③系统不会出现单一组分的过分或极端增长,而是呈现组分间的均衡增长或整体发展;④系统内部的自然资本(生物和物理资本)和人类资本(经济资本)在总量和总质上保持均衡,两者整合而成的生态资本不下降,并能得到有效维持。

2. 从通俗意义上说

生态城市是人与自然和谐发展,人的建设与自然的选择相统一的人居形态的总和。意识、资本和制度在其中具有支配和主导作用。在生态城市中,人、生物和环境的发展之间具有整体上的不可替代性,三者相互依赖,一方的存在和变化以他方为基础,一方的发展也以他方的发展为条件,任一组分(包括人)的单独发展是不可能的。

3. 国内外主要学者对生态城市的定义大同小异

(1) 1984 年,原苏联生态学家扬诺斯基(N. Yanitsky)提出,生态城市是一种理想的城市模式,是技术与自然充分融洽,人的创造力和生产力得到最大限度的发挥,居民的身心健康和环境质量得到最大限度的保护,物质、能量、信息高效利用,生态良性循环的一种理想栖境。

(2) 1987 年,美国生态学家理查德·瑞杰斯特(Richard Register)等则认为:生态城市是追求人类与自然的健康与活力,即生态健康的城市(ecologically healthy city),是紧凑、充满活力、节能并与自然和谐共存的聚居地,他在伯克莱进行了生态城市规划建设实践("Ecocity Berkeley:Building Cities for a Healthy Future",1987),并于 1990 年提出了"生态结构革命"(Ecostructural Revolution)的倡议和生态城市建设的十项计划,强调物种多样性,土地开发、城市交通要顺应自然特征,社会公平,经济发达、技术先进等原则。

(3) 我国生态学家马世骏(1984)认为:生态城市是自然系统合理、经济系统有利、社会系统有效的城市复合生态系统;王如松(1988)认为:生态城是社会、经济、自然协调发展,物质、能量、信息高效利用,生态良性循环的人类聚居地。生态城的"生态",包括人与自然环境的协调关系以及人与社会环境的协调关系两层含意;生态城的"城",指的是一个自组织、自调节的共生系统。黄光宇(1989)认为:生态城市是人、自然、环境融为一体,互惠共生,和谐发展,物质文明与精神文明高度发达的城市。李文华(2002)提出:生态城市是具有经济高效、生态友好的产业;系统可靠、社会和谐的文化;环境优美、功能完善的景观一类的行政单元。

综上所述,生态城市应该是结构合理、功能高效、关系协调的城市。具体而言,是指城市空间布局合理,基础设施完善,人的建设与自然的选择相统一,环境清洁优美，生活安全舒适，物质能量高效利用、信息传递流畅快速，经济发展、社会进步、环境保护三者保持高度协调，人与自然互惠共生和谐发展，生态良性循环的城市复合生态系统。它由社会、经济和环境三个子系统构成，是按生态学原理建立起来的人类聚居地。

严格意义上的生态城市，是人类居住的理想模式。它是生物材料与文化资源以最和谐的关系相关联的凝聚体，生态平衡，生机勃勃。同时，生态城市在自然界中具有完全生存能力，能保护与合理利用自然资源与能源，实现资源消耗与再生的平衡，能量输入与输出的平衡，输出的能量产生剩余价值。生态城市是以生态经济学、系统工程学为理论基础，通过改变生产方式、消费行为和决策手段，实现在当地生态系统承载能力范围内可持续的、健康的人类生态过程的总合。生态城市依据最小需求原则，并消除或减少废物对自然环境的污染，而对于不可避免产生的废弃物，则将其循环再生使用。可见生态城市并非简单地增加些绿地，多搞几片草地。

（二）生态城市的内涵

1. 人类社会发展不同阶段的城市生态

生态城市的内涵随着社会进步和科学技术的发展而不断完美和完善。由于影响城市发展的自然环境、经济水平、社会因素在不同历史时期是不同的，因而城市发展也呈现阶段性，各阶段的生态特征不同。从穴居野地到筑室成居，人类经历了百万年以上的漫长过程。按照希腊著名规划家道萨迪亚斯的观点，人类聚居从诞生至今，大致经过了无组织的原始聚居、有组织的原始聚居，静态的城市聚居和动态的城市聚居 4 个发展阶段。城市的存在是动态的、发展的，从人类生存和发展与自然的关系来看，人类社会发展可大致划分 3 个阶段：

（1）自然发展阶段　　百万年前，人类处于进化的早期，过着群居生活，没有固定的栖息地，也没有建造居所的能力。1 万年前，自然发展阶段的原始社会，人类崇尚自然拜物，为谋求生存，采捕渔猎。在此阶段，人类为原始聚居或穴居。此阶段人口较少，自然资源利用少，环境处于原始状态。

（2）农业社会阶段　　约 1 万年前至 18 世纪初期，封建社会，人口发展，但生活水平较低，放牧、栽培、采矿，自给型经济，有简单的工具，干预自然能力弱，天定胜人，自然主宰，支配人类生存发展，人类从无组织的原始聚居向有组织的原始聚居、村落发展。后期有商品交换，集市贸易。此阶段资源利用不高，环境基本协调。

（3）工业社会阶段　　18 世纪初工业革命至第二次世界大战和战后，资本主义发展，人口增长，生活水平提高，商品经济发展，出现了城市。早期城市主要是低矮的木屋、草棚或砖瓦建筑，有分隔地界的和防御之用的栅栏墙、院门等，进一步发展为城墙。并以此构成城市的雏形。“城”是防御性设施，“市”是交易的场所，“城”与“市”结合在一起就是具有商业交换职能的、有防御设施的居民点。城市作为区别于乡村的住区形式，是人类生产进步和社会发展的产物。具有明显的社会经济特征，是人类文明进步的集中体现。此阶段为资源型生产，开始滋长人定胜天思想。

中世纪城市，生产力水平有限，交通工具落后，城市范围小，城堡式建筑，易守难攻；蒸汽机发明，工业发展，强调发展经济，建设大规模、开放式的城市。航海业发展，新大陆不断发现，开展了大规模移民和殖民统治，从静态城市聚居向动态城市聚居发展。人类有机会获得更多的空间和资源，并促进科学技术的发展与人口的大规模集中和加速增长。工业革命是加快城市化进程的开始。消耗不可再生资源，对环境开始破坏。

1950～1970年，第二次世界大战后，美国经济学家凯恩斯提出“有了经济就有了一切”的理论，使经济高速发展。现代交通工具(汽车、超音速飞机)的发明，最大限度地拓宽了人类的活动范围，极大地推动了城市聚居的发展。除南极洲外，人类已经在地球的所有大陆上定居。在这个过程中，人类与自然的对立，把人类的文明建立在对自然界的掠夺上，盲目陶醉于对自然界的“胜利”，以为人定胜天。人口加速增长，生活水平提高，市场经济，追求GDP高速增长，大量消耗不可再生资源，环境严重恶化。现代化城市强调经济、社会、物质高度发达、高度文明和高度丰富。但地球被大规模破坏，人类文明已出现了危机。

1972～1992年，由于工业化、城市化带来的经济高速发展和人口爆炸式增长，使人类开始觉醒，工业革命的浪潮不仅带来了丰厚的物质财富，也带来了严重的环境问题。环境污染，生态破坏，直接损害到人们的健康，降低居民的福利，危及人类的生存和发展。人们开始为人口、资源、环境的严重问题担忧并找出路。开始觉悟到要尊重自然，控制人口增长。因而西方社会出现了声势浩大的群众性“环境运动”，并促进了人类环境意识的转变和现代环境科学的发展。《寂静的春天》、《增长的极限》、《只有一个地球》等，反映了该时期人们的地球观、环境观的改变，对环境问题、发展问题的认识进一步深化：地球是有限的，没有取之不尽的资源环境可供开采和污染。

1992年，“联合国环境与发展大会(UNCED)”通过的《21世纪议程》，提出了自然—经济—社会复合系统的协调与持续发展。在经济增长的同时，注意控制人口、资源永续利用和保护环境。以提高人的生活质量为目标，人与自然和谐相处，发展可持续的科技体系。与此同时，城市的发展建设观念也发生更新与转变过程。园林城市、花园城市、山水城市、环境保护模范城市、生态城市等，便是人们对城市建设的探索过程，生态城市虽然还没有明确统一的具体标准，但强调协调发展、持续发展乃是共识。

2. 从不同角度看生态城市的内涵

生态城市是社会—经济—自然复合生态系统，从不同角度来看生态城市，它会有不同的“面目”，即从不同的侧面反映了生态城市的内涵。

(1) 从生态哲学角度看，生态城市实质是实现人—自然的和谐，即天—地—生一人动态合一,人的自然化与自然的人化选择均衡。这是生态城市的价值取向所在。只有人的社会关系和文化意识达到一定水平才能实现。

(2) 从生态经济学角度看,生态城市的经济增长方式是“集约内涵式”的,不仅强调人的经济财富丰富,而且强调生物和环境的经济性。采用有利于保护自然价值,又有利于创造社会文化价值的“生态技术”,建立生态文化产业体系,实现物质生产和社会生活的“生态化”。太阳能、水电、风能等绿色能源将成为主要能源形式,智力将成为资源的开发方向,不可再生的自然资源得到有效保护和循环利用。

(3) 从生态社会学角度看,生态城市的教育、科技、文化、道德、法律制度等都将“生态化”。倡导生态价值观、生态伦理,人们有自觉的生态意识,建立有自觉保护环境、促进人类自身发展的机制,有公正、平等、安全、舒适的社会环境。是指人或生物同其自然环境之间的整合过程或相互选择和组织过程。

(4) 从城市生态学角度看,生态城市的社会—经济—自然复合生态系统,结构合理、功能稳定,达到动态平衡状态。它具备良好的生产、生活和还原、缓冲功能,具有强而完备的自选择、自组织、自催化、自维持的竞争机制,主导生态城市发生和发展,以及具有自调节、自抑制的共生机制,保证生态城市的持续稳定。物质流、能量流、信息流高效利用,自然的演进过程也得到保护和发展。系统不会出现单一组分的过分或极端增长,而呈现组分间的均衡增长或整体发育。

(5) 从城市规划学角度看,生态城市空间结构布局合理,基础设施完善,生态建筑广泛应用,人工环境与自然环境融洽,城市景观成为城市文化的空间构成与表现。

(6) 从城市地理空间角度看,生态城市是一个城市化区域,城乡复合体,城市与乡村融合,互为一体。这时城与乡只是分工上的不同,与传统的城市和乡村对立的二元经济模式有本质上的区别。

二、生态城市的特性

生态城市是一个符合生态规律的城市复合生态系统。我国20世纪70年代,主要从环境保护和城市建设的协调发展考虑,现今生态城市已经超越了这个范围层次,而融合了自然、社会、经济、文化、历史等因素,向更加全面的方向发展,体现的是一种广义的生态观。简单地说,生态城市是指社会和谐、经济高效、生态良性循环的人类住区形式,它具有如下特点:

(一) 整体性与复合性

城市是人、物、空间三位一体,以人为主体的复合生态系统。人、物、空间(自然、经济、社会)相互依存,互相制约,形成一个互惠共生不可分割的有机的整体,它的结构和功能在人类与环境之间相互易化中协同演变。生态城市不是单个追求环境优美或经济繁荣,而是兼顾社会、经济和环境三者的整体效益。不仅重视经济发展与生态环境协调,更注重对人类生活质量的提高。各部分形成互惠共生结构,是在整体协调的新秩序下寻求发展。

(二) 和谐性与耦动性

和谐是生态城市的核心内容,包括人与人的和谐、人与自然的和谐、自然系统的和谐三个方面的内容。其中,自然系统和谐、人与自然和谐是基础、是条件,人与人和谐才是生态城市的目的和根本。人、生物与环境之间在交感耦合的基础上演变。现代人类活动促进了经济增长,但却将人类逼向了"生态危机"的边缘。生态城市是营造满足人类自身进化需求的环境,充满人情味、文化气息浓郁,互助协作的人居环境,人与自然共生共荣,各行业、各部门之间的共生关系协调,社会和谐稳定,经济发展持续。

(三) 高效性与内源性

生态城市一改现代城市"高能耗"、"非循环"的运行机制,科学高效地利用各种资源,提高一切资源的利用效率,不断创造新的生产力,物尽其用,地尽其利,人尽其才,各施其能,各得其所。物质能量得到多层分级利用,废弃物循环再生,旨在寻求建立一种良性循环发展的新秩序。生态城市发展的动力源于城市内部,源于构成生态城市的人、物、理化空间环境及其相互作用产生的意识、制度、资本的驱动,而不是其他外部条件。

(四) 可持续性与协调性

生态城市是以可持续发展为根本,坚持可持续发展,充分体现自然资源与人力资源的合理配置和可持续的开发利用。兼顾不同时间、空间的合理配置资源,公平地满足现代与后代在发展和环境方面的需求,不因眼前利益而用"掠夺"的方式追求城市的暂时"繁荣",保证其发展的健康与持续,使之稳定有序地演进。

(五) 均衡性与安全性

生态城市是一个系统,是由相互依赖的经济、社会、自然等生态子系统组成,各子系统在"生态城市"这个大系统整体协调下均衡发展。生态城市在形态、构造和功能上是集中与分散的均衡,任何一个组分(或要素)在时空上的过度密集或分散,都会造成生态城市的过度发展或衰退,危及生态系统的安全。在一个生态城市中,人、物、理化空间环境之间各要素相对量比关系,都有一个安全范围,即生态安全范围,超出这个范围生态城市可能衰退或受损害。

（六）区域性与开放性

生态城市是在一定的区域空间范围内，人类活动与自然环境资源利用完美结合的产物，具有很强的区域性，是建立在区域平衡协调基础之上。只有平衡协调的区域，才有平衡协调的生态城市。但它与周围城市保持密切的联系，形成互惠共存的融洽关系，与国内外其他城市也保持较强的关联度，加强全球合作，共享技术与资源，维护全球生态平衡。因此，它也是一个开放性系统。

生态城市最明显的特征也是其最基本的条件：绿色、拥有广阔的自然空间、花园、公园、农场、河流或小溪、郊野以及与人类共存的生物。

三、生态城市的模式

生态城市是一种城市发展的过程，又是可及的目标，可能实现的未来城市蓝图。因此，许多人对它进行研究、设计和憧憬。这里列举几个有代表性的表述如下：

1990年，美国生态学家提出了生态城市建设的十项计划：①普及与提高人们的生态意识；②减少不可再生资源的消耗，保护和充分利用可再生资源；③疏浚城市内部、外部物质与能量循环流动途径；④设立生态城市建设和管理部门，完善生态城市建设的管理体制，研究提高管理技术和措施；⑤对城市进行生态重建，力求为居民创造多样的自由生存空间；⑥调整和完善城市经济生态结构；⑦加强旧城、城市废弃土地的生态恢复；⑧建立完善的公共交通系统；⑨取消汽车的补贴政策；⑩制定政策，鼓励个人、企业参与生态城市建设。这十项计划比较全面地反映了西方国家生态城市建设的热点和发展趋势。

1990年，David Gordon在《绿色城市》一书中提出：①绿色城市是生物材料与文化资源以最和谐的关系相联系的凝聚体，生机勃勃，自养自立，生态平衡；②绿色城市在自然界中具有完全的生存能力，能量的输出与输入达到平衡，甚至能够输出能量产生剩余价值；③绿色城市保护自然资源，依据最小需求原则消除或减少废物，对不可避免产生的废物则进行循环再生利用；④绿色城市拥有广阔的开放自然空间（公园、花园、农场、河流、小溪、海岸线、郊野等），以及与人类同居共存的其他物种（动物、植物等）；⑤绿色城市强调最重要的是维护人类健康，鼓励人类在自然环境中生活、工作、运动、娱乐，以及摄取有机的、新鲜的、非化学的和不过分烹制的食物；⑥绿色城市中的各组成要素（人、自然、物质产品、技术等）要按美学原则加以规划安排，基于想象力、创造力及自然的关系；⑦绿色城市是一个充满快乐和进步的地方，要提供全面的文化发展；⑧绿色城市是城市与人类社区科学规划的最终成果，它对现存庞大、丑陋、病态、腐败以及糟蹋性开发的城市中心是一个挑战，它提供面向未来文明进程的人类生存地和新空间。按照这样的标准建设的城市，也称

"生态城市",即生态健康的城市。

20 世纪 90 年代以后,国际城市生态组织的国际会议认为,生态城市应包括以下内容:①重构城市,停止无序蔓延;②改造传统的村庄、小城镇和农村地区;③修复被破坏的自然环境;④高效利用资源;⑤形成节省能源的交通体系;⑥实施生态经济鼓励政策;⑦强化政府管理职能。

1988 年,王如松对未来生态城的设想是:21 世纪的生态城市,将从根本上扭转当今的生态耗竭和生态滞留现象。①太阳能、风能、生物能、潮汐能等可再生的自然能源将取代矿物能源,工业革命所发明的大多数采矿业将逐渐消失,不可再生性资源的耗竭将大大减少;②生态滞留周期将大大缩短,绝大多数产品都由易降解、易回收的物质组成,在失去使用价值后,都会经过再生重新进入物质循环;③水的消耗将不再是困扰大多数城市的限制因子;④大多数公路、铁路干线将为绿地所取代,人们将用气垫或飞翼代替车轮;⑤便携式、充气型建筑材料的使用将彻底扭转城市建筑对自然环境和城市布局的影响;⑥生物工程技术的突破将有可能实现食物的大规模工厂化生产,使大量农田恢复自然生态;⑦智能电脑和通信技术的革命,将使得大多数生产、办公、生活和学习教育活动可坐在家里或办公室遥控,商店服务也通过电脑网络预订而自动送货上门,大大缩短工作时间;⑧变消极治疗为积极保健,保健中心通过电脑系统可以随时自动检测城市居民的健康状况,给予健身指导,防患于未然;⑨城市拥挤现象消失,废物排放量将减到最少。城市管理职能大大衰退,管理决策工作将由电脑自动完成;⑩城乡差别消失,城市居民既是职工又是自家花园的园丁,人们的生态意识大大增强,劳动成为人们的第一需要,合作共生是人们的义务和乐趣。

四、生态城市的测度

(一)生态城市与可持续城市的对比

城市是人类集中聚居的地方,人类聚居是人类生存和发展的一个重要组成部分,它涉及人类活动的所有方面。它是人类生存和发展的一个基本起点,也是最终目的和人类文明的集中体现。它不仅指住房,还包括自然环境、社会关系和基础设施。一般认为,生态城市是可持续的,但可持续城市不一定是生态城市,因为生态城市将自然环境内化于城市,而可持续城市自然环境仅作为支持系统。它们的区别如下:

从系统的结构来看,生态城市空间尺度较大,时间尺度恒久,结构复杂,人与自然的关系处于或主导或从属的动态代换状态。生态中心主义为城市基本的价值取向;可持续城市空间尺度相对较小,时间尺度可能长久,结构或复杂或简单,人本主义或人类中心主义,人处于主导或支配地位,是其基本价值取向。

从系统的整合来看,生态城市将自然环境(包括生物)内化于城市,人与自然整合能力很强,整合性很高。对外部干扰的正向响应能力很强(常常能整合外部的干扰力量);可持续城市将自然环境外化于城市,作为城市的支持(服务)系统而存在,整合能力依赖于支持服务系统,整合性不一定高。对外部干扰的响应能力强度常常依赖于它的支持服务系统。

从系统的发展来看,生态城市人—自然二元整合,均衡发展,系统组分多变,是稳定发展与突变交互存在,有时出现暂时的退化,但退化是为了存在和发展;可持续城市面向人类自身发展,追求系统组分的恒定,追求稳定发展,但并不一定可以稳定。

从系统经济功能来看,生态城市效益或效率的弹性大,不倾向于经济财富的总量积累,而倾向于系统结构和功能的经济性,维持成本常常较低。可持续城市局部效率高,追求经济财富积累,维持成本常常较高。

(二) 生态城市评判的理论准则

从理论上去评判一个生态城市,可以建立两种意义下的评定准则:一是强准则,即在当前城市发展状况下,任一要素(或组分)或子要素(或子组分)的增长和增质,都不会导致任意其他一种(或多种)要素(或组分)或子要素(或子组分)在量和质上的负向变化;二是弱准则,即一次或一种城市过程或活动,不会导致城市中生物或环境任一构成要素的严重损失或者萎缩以致最终衰亡。上述两个准则需要建立严密的定量化标准以便提高可操作性。例如,可以从下面三个方面进行评判:

1. 生态资本

生态资本包括自然资本、人造资本、人力资本的总量与结构多样性的动态均衡。生态城市要求:①资本总量不降低或处于安全水平之内,如不会产生贫困;②资本效益、效果、效率不断提高;③自然资本可持续利用与循环再生;④不同资本之间可替代性与转换性高,自然资本的可调节力强,对人类服务功能不降低。

2. 生态制度

制度是一种规范机制,是人类活动得以正常进行的行为准则,是管理的灵魂。生态制度是指规范人的活动,人与自然的相互作用过程的行为准则,它是城市演化过程中通过人与自然界的自选择、自组织作用,将自然界的运行机制内化于人的社会运动机制中,所形成的一种管理和调控规范系统。这种规范系统在城市尺度上的表现,即为城市生态制度。城市生态制度可分为城市自然生态制度和城市社会生态制度。城市自生态制度是规范城市生物与生物、生物与非生物环境的协同、调控与均衡的行为准则;城市中人与生物、非生物环境的协同、调控与均衡的行为准则。城市社会生态制度,是规范人的社会生活活动与自然的协调,以及人的个体与群体意识行为和心理行为的调控。生态城市要求:①就业、行为、意识、知识、人格等的人文制度持续健康;②福利、保险、休闲、娱乐等生活制度不断改进;③制度多样性与均衡性统一；④制度的时间公平性与空间公平性的维持；⑤制度选择机制完善。

3. 生态意识

生态意识是一种人的自然环境价值观，是指对人、对生物、对自然环境的存在及它们的相互作用、共同发展、衍生能力的持续增长等意义的理解和评判。是指人对人类与自然环境、生物与自然环境、社会与自然环境的意义，生物的意义、理化环境的意义及其相互作用的整体存在与共同发展意义的理解、评判与衍生能力的持续增长。这些作用过程或说在人们头脑中的反映，以及对相互作用过程和意义的理解，是一种人的思维运动过程，是人类对自身与生存环境关系的认定(或评判)，是人类与生存环境的关系在头脑中的反映。人是自然界的产物，人类从诞生的那一刻开始便与自然界结下了不解之缘。但是，长期以来人类对与自然环境的关系，始终是居于一种以人类为中心的无意识的本能行为。大多数人关心的是怎样向自然环境索取生存所需的最大限度的资源或财富，至于怎样节约和保护环境资源的意识始终是那样淡薄。直到20世纪中期以来，当人类生存环境受到了严重威胁，人类能否继续生存下去的问题摆到人们的面前时，人们才不得不开始反思。随着人类社会的发展，人们的生态意识也走过了一段从低级到高级的发展历程。现代的生态意识应该包括两个方面：一是人们要有自觉地认识到自身与生存环境的辩证统一关系；二是要有为了自身与环境的可持续发展，自觉地善待环境的行为与认识。

以上三个方面的定量评判，可以从人均量和比例量两个层面上考虑。对于生态制度，主要从时间和空间的多样性和公平性考虑。随着对生态城市的研究和理解的不断深化，将会有更好的评判方法和指标的提出。

(三) 生态城市的测度指标

《人与生物圈》(MAB)于1984年提出生态城市规划的基本原则：生态保护战略、生态基础设施、居民生活标准、历史文化保护、自然融洽城市。认为生态城市包括三个层次的内容：自然地理层、社会功能层和文化意识层，并用生态滞遏系数、生态协调系数和生态平衡系数，作为生态城市的衡量指标。

(1) 生态滞遏系数。测度城市物质能量流畅程度。

(2) 生态协调系数。测度城市组织结构合理程度。

(3) 生态平衡系数。测度城市的自我调节能力——生态成熟程度。

城市的活动限度与其生态系统的生态限度是一致的，在生态系统的生态限度范围内发展的生态城市才是可持续发展的。可持续发展是生态城市的一个明显标志。王如松(1988)提出的城市生态系统辨识指标体系，可作为生态城市测度的参考(表11-1)。

表 11-1　城市生态系统辨识的指标体系

<table>
<tr><th colspan="2">过程</th><th colspan="3">指　　标</th><th>控制论标尺</th><th>目的</th></tr>
<tr><td rowspan="3">组分辨识</td><td>类别</td><td>人　口</td><td>资　源</td><td>环　境</td><td rowspan="3">空载
↕
超载</td><td rowspan="3">辨识优势（利导因子）与劣势（限制因子）</td></tr>
<tr><td>内容</td><td>人口规模、密度、结构、动态、科技水平、管理水平、文化水平、道德水平、居住密度、建筑密度、交通密度、投资密度</td><td>水源供给能力、能源供给能力、物资供给能力、土地供给能力、矿产供给能力、交通运输量、蔬菜副食生产能力</td><td>地质、地貌、气候、植被、地物、水文、市场、政策、土地</td></tr>
<tr><td>综合指标</td><td>人类活动强度</td><td>资源承载能力</td><td>环境容量</td></tr>
<tr><td rowspan="3">功效辨识</td><td>类别</td><td>生　活</td><td>生　产</td><td>还　原</td><td rowspan="3">高序
↕
低序</td><td rowspan="3">辨识效益与损失</td></tr>
<tr><td>内容</td><td>收入水平、供应水平、住房水平、服务水平、健康水平、教育水平、文娱水平、安全水平、交通便利度、设施便利度、闲暇时间</td><td>固定资产率、劳动生产率、资金周转率、产值利税率、能源消耗系数、物耗系数、水资源消耗系数</td><td>水体污染物超标率、大气污染物超标率、噪声强度、植被覆盖率、鸟类栖留率、景观适宜度、自然灾害频度</td></tr>
<tr><td>综合指标</td><td>生活质量</td><td>经济效益</td><td>环境有序度</td></tr>
<tr><td rowspan="3">过程辨识</td><td>类别</td><td>物　理</td><td>事　理</td><td>情　理</td><td rowspan="3">良性循环
↕
恶性循环</td><td rowspan="3">辨识机会与风险</td></tr>
<tr><td>内容</td><td>物质投入产出比、能量投入产出比、水循环利用率</td><td>土地利用比例、基础设施比例、产业结构比例、城乡关系比例、多样性指数</td><td>生活吸引力、生产吸引力、依赖性指数、反馈灵敏度、生态意识</td></tr>
<tr><td>综合指标</td><td>生态滞遏系数</td><td>生态协调系数</td><td>自我调控能力</td></tr>
</table>

注：据王如松，1988 年。

第二节　城市生态化过程

一、生态城市的发展与演化机制

（一）基本理论

马克思主义辩证方法对事物发展规律的研究认为：任何事物均是一个处于联系和相互作用中的统一体；事物是一个运动变化中的过程；事物（系统）可以在坐标系原点上作双向（正向或负向）的发展运动和变化；量变和质变发展的动因是内部矛盾。

生态城市的发展与演化，是城市内人与环境之间一系列矛盾运动变化、生态选择和组织的过程——生态化。发生与演化的动态变化，意味着城市在时间和空间上的每一点都可能存在着这种选择和组织作用。可能是有形(物质)的，也可能是无形(意识、制度)的。而这种选择和组织行为，又依赖于城市生态化过程中的一些“边界条件”(或称“阈值”、“临界域”)。因为城市人类活动或外部因素作用，常常会诱导城市达到或超越“临界域”，从而使城市发生突变或“异化”。当城市能够利用这个“临界条件”重新整合内部和外部的扰动因子，完成新的正向自组织活动，推动城市向高级阶段发展和演化时(即正向发展)，这个“临界域”称为正边缘；当城市不能利用这个“临界条件”进行正向自组织，即负发展，反而导致城市向低级阶段退化，甚至崩溃时，称为负边缘。这种边缘是由于人与自然环境之间相互作用形成的，也称为城市生态边缘。城市的发展过程便是由一系列处于城市生态边缘的选择和组织作用来推进的。

(二) 演化动力

生态城市发展演化的动力，取决于城市内部而不是其他外部条件。是城市内人与环境之间一系列矛盾的运动变化，即社会经济高速发展的需要与资源环境有限性的矛盾。生态城市的发生发展与演化，基于生态选择和组织机制。生态选择和组织不是一种单向的简单选择和组织，而是多组分之间的二元对向选择和组织过程。生态城市的发展演化过程，是人与环境之间一系列生态选择和组织的过程，发展与演化的动态变化，构成生态城市的三大基本要素(人、物、空间)及其相互作用所产生的推动力。生态城市的发展问题，一般应基于城市本身来解决。

二、城市生态化

(一) 人类社会发展的生态化过程

人类社会发展经历了从渔猎、游牧到农业文明，再发展到现在的工业文明。每一次文明更替，都是一次社会变革，促进了社会经济的大发展、大进步。目前，工业文明虽然取得很大成就，但因其固有的严重问题，已经开始走向衰退。当前一种新的文明——生态文明，作为工业文明的替代力量正在兴起。也就是说，人类社会将从工业社会向生态社会转化，从工业化发展模式转向生态化发展模式。

生态化发展模式是在工业化发展模式的基础上发展起来的，是人与自然环境之间相互选择、和谐相处、相互易化、协同演进的共同发展模式，是对工业化发展模式的辩证否定。它扬弃了只注重经济效益，不顾人类福利和生态后果的惟经济的工业化发展模式，转向兼顾人口、社会、经济、环境和资源持续发展，以提高人的生活质量为目标的模式，是一种注重复合生态系统整体效益的发展模式。生态化发展模式是人们对人类进入工业文明以来所走过的道路进行深刻反思的结果。这是人类文明进化的历史性的重大转折，是人类改变传统模式和开拓新文明的一个重要的里程碑。

（二）城市的生态化过程

1. 生态化

人类或生物产生于自然，生长于自然，最终通过生死轮回回归自然。人或生物离开了自然环境则意味着生命的不可存在。人和生物要存在和发展下去就必然要同自然环境整合在一起。这种在组成要素、结构、功能等不同层面上，人类或生物同自然环境之间的整合过程，称生态化。所以生态化是一种整合过程，也是一种整合结果，是过程与结果的统一。在生态意识方面，生态意识浓厚，不再将自然放在与人的对立面，而是使人与自然和谐地发展演进；在生态资本方面，生态资本雄厚，经济高效，产业结构健全，自然资本与人造资本融通；在生态制度方面，社会公平安康。

2. 城市生态化的特点

生态城市是城市生态化发展的结果。所谓城市生态化，简单地说就是实现城市社会—经济—自然复合生态系统整体协调优化，而达到一种稳定有序状态的演进过程。即城市人与自然环境的整合过程。城市“生态化”不再是单纯生物学的含义，而是综合、整体的概念，蕴含社会、经济、自然复合生态的内容。城市生态化强调社会、经济、自然协调发展和整体生态化，即实现人—自然共同演进、和谐发展、共生共荣，它是可持续发展模式。

(1) 自然生态化是基础　　自然生态化表现为：①强调保护生命支持系统，发展以保护自然为前提，发展与环境的承载能力相适应；②实现自然环境与其演进过程得到最大限度的保护；③合理利用自然环境和自然资源。

(2) 经济生态化是条件　　经济生态化表现为：①强调低消耗，高效益，低投入，高产出的经济增长方式；②实现清洁生产和文明消费；③对经济增长不仅重视增长数量，更追求质量的提高；④提高资源的再生和综合利用水平；⑤采用可持续的生产、消费、交通和住区发展模式。

(3) 社会生态化是目的　　社会生态化表现为：①有自觉的生态意识和环境价值观，是实现城市生态化的关键，尤其是领导决策层；②生活质量，人口素质及健康水平与社会经济发展相适应；③有一个保障人人平等、自由、教育、人权，免受暴力的社会环境；④强调社会进步与经济发展相适应。

(4) 复合生态化是前提　　实现城市生态化，使社会、经济、自然协调发展，整体优化，人与自然共同演进、共生共荣和谐发展。

三、中国城市的生态化道路

（一）生态化道路的选择

城市走生态化发展之路，标志着城市由传统的惟经济开发模式，向复合生态开发模式转变。这意味着一场破旧立新的社会变革，它不仅涉及到城市物质环境的生态建设、生态恢复，还涉及到价值观念、生活方式、政策法规等方面的根本性转变。

在新旧文明转换之际，我国城市发展面临两种选择，一是走传统工业化发展道路，生产和生活方式不发生根本改变，最多只进行一些调整。如“边发展、边治理”，或“先发展、后治理”，都使人类“生存危机”无法从根本上解决，或拖延解决，只会使为之付出的代价越来越大，到最后可供选择的余地愈来愈小。另一是对传统发展模式进行根本性变革，探索一条符合中国国情的生态化发展之路。城市走生态化发展道路，是实现城市可持续发展，走出“城市病”困境的必然选择，是提高人居环境质量，维护全球生存与发展的迫切要求，变革势在必行。我国是发展中国家，综合国力、科技水平、人口素质、意识观念与发达国家相比都有一定的差距，这些因素都将影响到城市生态化发展。底子薄、人口多的国情决定了必须开辟一条非传统方式，又非西方化的“中国式”城市生态化发展之路。

（二）实现城市生态化的对策和措施

1. 加强宣传教育，普及和提高公众的生态意识

自觉的生态意识是实现城市生态化发展的关键。要实现城市生态化发展，首先必须加强宣传教育，普及生态知识，倡导生态价值观，提高生态意识，使公众特别是领导决策层的观念转变过来，树立人与人、人与自然和谐的生态价值观。

2. 制定行动计划，实施符合城市生态化发展的政策

城市生态化应作为我国城市今后发展的主要目标和内容，并与《中国21世纪议程》结合起来，把这种思想贯彻到政策、计划中去，改变以前不符合生态要求的政策、计划。制定城市各领域、各部门、各行业生态化发展的战略，并确定优先发展领域，制定一系列鼓励政策，加快城市生态化发展步伐，使城市逐步走上生态化发展道路。

3. 加强城市生态立法

建立适应城市生态化发展的法规综合体系，使城市生态化发展法律化、制度化，是保障其战略、政策顺利实施的有效途径。这样，城市生态化发展得到法律保证，有法可依，对不符合生态化发展的行为采取必要的法律、行政和经济手段，保证建设计划的顺利实施。

4. 设立城市生态化发展的管理机构

在市政府领导下，设立跨部门的、综合的生态城市建设决策管理机构，组织、协调、监督、管理城市生态化发展战略的实施。同时也作为城市生态化发展的宣传、咨询、交流和推广中心。

5. 重视生态技术的开发和应用

凡是破坏生态平衡，导致环境污染，社会异化，经济非持续发展的技术，都是与生态化发展相违背的。解决的根本出路在于依靠现代科学技术，结合生态学原理创造新的技术形式——生态技术。城市生态化发展必须重视增加科技投入，研制、开发生态技术、生态工艺，积极选择“适宜技术”，推广生态产业，保证发展过程低污染或无污染，低废物或无废物，低消耗高产出，提高资源循环利用率，逐步走上清洁生产、绿色消费之路。

6. 重视城市间、区域间的合作

城市间、区域间乃至国家间必须加强合作，建立公平的伙伴关系，技术与资源共享，形成互惠共生的网络系统。城市在发展过程中应承担相应的义务和责任，确保在其管辖范围内或在其控制下的活动不致损害其他城市的利益。

第三节　生态城市的规划和建设

一、生态城市建设的《深圳宣言》

2002 年 8 月，在中国深圳举行的第五届国际生态城市大会，通过了生态城市建设的《深圳宣言》，明确提出了 21 世纪城市发展的目标和生态城市建设原则与行动措施。该《宣言》阐述了建设生态城市包含的主要内容和必须采取的措施或行动。

（一）建设生态城市的五个层面

1. 生态卫生

一是通过鼓励采用生态导向、经济可行和与人友好的生态工程方法，处理回收生活废物、污水和垃圾，减少空气和噪声污染，以便为城镇居民提供一个整洁健康的环境。二是以高效率低成本的生态工程手段，对粪便、污水和垃圾进行处理和再生利用。生态卫生是由技术和社会行为所控制，自然生命支持系统所维持。

2. 生态安全

一是为居民提供安全的基本生活条件，即向所有居民提供洁净的空气，安全可靠的水、食物、住房和就业机会，以及市政服务设施和减灾防灾措施的保障。二是生态城市建设中的生态安全包括水安全（炊饮用水、生产用水和生态系统服务用水的质量和数量);食物安全(动植物食品、蔬菜、水果的充足性、易获取性及其洁净程度);居住安全(空气、水、土壤的面源、点源和内源污染);减灾(地质、水文、流行病及人为灾难)、生命安全(生理、心理健康保健、社会治安和交通事故)。这些问题在发展中国家城市尤其是其城郊结合部的边缘地带最为突出。

3. 生态产业

促进产业的生态转型,强化资源的再利用、产品的生命周期设计、可更新能源的开发、生态高效的运输,在保护资源环境的同时满足居民的生活需求。强调产业通过生产、消费、运输、还原、调控之间的系统耦合,从传统利益导向的产品生产转向功能导向的过程闭合式的生产。环境污染源于人类活动对生态系统耗竭与未被充分利用的资源在环境中滞留。为解决此类问题,生态城市建设中应大力发展生态产业。

产业的生态转型应遵循以下原则:①功能服务为导向而不是产品生产为导向;②企业间及部门间食物网式的横向耦合;③产品生命周期全过程的纵向耦合;④工厂生产与周边农业生产及社会系统的区域耦合;⑤具有多样性、灵活性和适应性的工艺和产品结构;⑥软件、心件优于硬件,进化式管理,增加研发和售后服务的就业比例,实现增员增效,尊重人格和知识经济等。

4. 生态景观

即通过对人工环境、开放空间(如公园、广场)、街道、桥梁等连接点和自然要素(水路和城市轮廓线)的整合,在节约能源、资源,减少交通事故和空气污染的前提下,为所有居民提供便利的城市交通。同时防止水环境恶化,减少热岛效应和对全球环境恶化的影响。强调通过景观生态规划与建设,优化景观格局及过程来减轻热岛效应、水资源耗竭及水环境恶化、温室效应等环境影响。

5. 生态文化

帮助人们认识其在与自然关系中所处的位置和应负的环境责任,引导人们的消费行为,改变传统的消费方式,增强自我调节的能力,以维持城市生态系统的高质量运行。以整体、和谐、循环和自生的生态学原理为基础,培养具有高生态意识和继承历史文化的群体生态智人、管理者。

生态城市建设中应在以下领域加强生态文化建设:①认知文化(哲学、科学、教育);②体制文化(组织、立法、政策制定);③物态文化(建筑、景观、艺术);④规范或准则(宗教、价值、道德);⑤行为(生产、消费方式、习惯)等。需要自上而下自下而上相结合的双向方法以及科学和行政上的诱导,改变人们的生活方式、生产方式和生态意识。

生态城市是由五个层面有机地组成的。最基础是生态卫生,最尖端是生态文化,五个层面像金字塔似的自下而上构成(图 11-1)。生态卫生是一个巨大的基础层,通过生态的手段对"源"——食物、水、能量;"汇"——臭气、粪便、垃圾;"流"——物理、化学、生物等工程净化功能;"库"——厨房、洗澡间、厕所等污水进

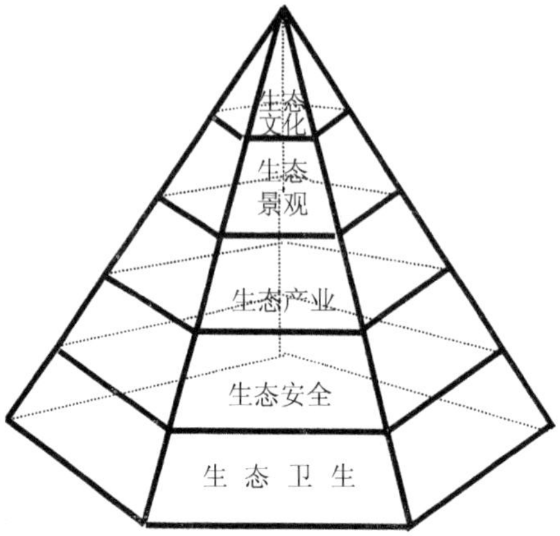

图 11-1　生态城市建设的五个层面

行处理回收的生态复合体系；生态安全包括水、食物、空气、土壤、生命等安全；生态产业强调与传统生产、消费、运输不同的生态转型产业；生态景观强调通过景观生态规划与建设，优化景观格局，从而减少热岛效应等对环境的影响；生态文化以整体、和谐、还原和自生的生态学原理为基础，培养具有较高生态意识和继承历史文化的群体，包括认知文化、体制文化、物态文化（建筑等）、规范或准则（道德等）、行为（消费方式等）。这是生态城市建设中最重要和最难于建造的一个层面。

（二）推动生态城市建设的必要行动

生态城市建设可分为四个阶段：①概念启动与综合规划；②景观规划和立法；③生态工程设计与建设；④生态系统调控与管理。生态城市建设的动力主要是：①政府引导；②科技催化；③企业赞助；④公众参与；⑤舆论监督。为了推动生态城市建设，需要采取以下行动：

(1) 通过合理的生态手段，为城市人口，特别是贫困人口提供安全的人居环境、安全的水源和有保障的土地使用权，以改善居民生活质量和保障人体健康。

(2) 城市规划应以人而不是以车为本，扭转城市土地“摊大饼”式蔓延的趋势。通过区域城乡生态规划等各种有效措施使耕地流失最小化。

(3) 确定生态敏感地区和区域生命支持系统的承载能力，并明确应开展生态恢复的自然和农业地区。

(4) 在城市设计中大力倡导节能、使用可再生能源、提高资源利用效率，以及物质的循环再生。

(5) 将城市建设成以安全步行和非机动车交通为主的，并具有高效、便捷和低成本的公共交通体系的生态城市。终止对汽车的补贴，增加对汽车燃料使用和私有汽车的税收，并将其收入用于生态城市建设项目和公共交通。

(6) 为企业的生态建设和旧城生态改造项目提供强有力的经济激励手段。向违背生态城市建设原则的活动，如排放温室气体和其他污染物的行为征税；制定和强化有关优惠政策，以鼓励对生态城市建设的投资。

(7) 为优化环境和生态恢复制定切实可行的教育和再培训计划，加强生态城市的能力建设，开发生态适用型的地方性技术，鼓励社区群众积极参与生态城市设计、管理和生态恢复工作，增强生态意识，扶持社区生态城市建设的示范项目。

(8) 在国家、省、市各级政府中设置生态城市建设和管理的专门机构，制定和实施生态城市建设的相关政策。该机构负责政府各部门间(如交通、能源、水和土地管理部门等)管理职能的协调和监控,推动相关项目和计划的实施。

(9) 倡导和推进国际间、城市间和社区间的合作。加强生态城市建设领域正反两方面经验的交流以及资源的相互支持,促进在发展中国家以及发达国家开展生态城市建设的实践和示范活动。

生态城市并非是不可企及、尽善尽美的理想意境,而是一个逐步逼近,可望可及的具体目标。目标确定之后,首先要做好规划、计划、立项、实施程序、步骤、措施,尤其要重视生态技术的开发和应用,积极推广生态产业、生态企业的建设,绿色产品的生产项目优先上马。生态城市的建设可从生态工艺的设计与改造,生态关系的规划与协调,生态意识的普及与提高三个方面同时入手进行。生态城市规划是生态城市建设合理的前提和保障,是生态城市建设的重要组成部分。

二、生态城市规划

长期以来,我国城市规划与设计一直是只注重景观的经济和社会价值而忽视环境和生态价值。只强调功能分区,而忽视景观功能与环境之间的整体联系。生态城市规划是对城市生态要素的综合整治目标、程序、内容、方法、成果、实施对策的全过程进行规划的一种方法,同时也是实现城市生态系统动态平衡、调控人与环境关系的一种有效手段,在具体工作中是以生态学原理和可持续发展理论为指导,应用系统科学、环境科学、城市规划学等学科手段,辩识、模拟和设计城市生态系统内的各种生态关系,确定资源开发利用与保护的生态适宜度,探讨改善系统结构和功能的生态建设对策,以促进人与环境关系的协调发展。

(一) 生态城市规划的主导思想

(1) 与自然协调的思想　　生态学的形成和发展与人类社会生产实践和对客观事物的认识密切相关。从历史发展来看,古代中国的“天人合一”、“阴阳五行”,“道天地将法”,“金、木、水、火、土”等;西方的“理想国”、“乌托邦”、“田园城市”等,都反映了人与自然共存共荣的生态哲学思想。近代美国的美化城市运动,英国的大伦敦绿圈规划,法国的巴黎规划设想,日本的东京都规划等,出发点都是让人们生活得更好。

(2) 以人为本的思想　　1991 年,世界建筑师大会提出:“每个生态城市必须规划和建设成在气候、文化、技术、工业与其所在地方条件等诸方面的整合”,“健康的、生态活泼的城市必须是人性的、生态良好的新技术城市”。以人为本是 21 世纪城市建设的主旋律。以人为本,一是要充分考虑人的行为特征,善解人意,尊重人格;二是要努力满足人的基本需求,从人的生理和心理感受要求出发,目的也是让人们生活得更美好。

(3) 因地制宜的思想　　中国幅员广大，地域辽阔，生态环境条件千差万别，城市与区域发展水平也相差悬殊，因此生态城市的规划建设不可能是单一的发展类型和模式，应根据不同地区、不同城市的具体条件，来制定适合于自身特点的生态化发展战略与创建各具特色、多种类型的生态城市发展模式。

生态城建设力求为城市居民创造多种多样的自由生存空间，建立和恢复野生生物生境，调整和完善经济生态结构，加强旧城改造，恢复废弃地的生态，建立完善的公共交通系统，鼓励个人和企业参与生态城市建设，实行政策倾斜，设立生态城市建设管理部门，普及提高生态意识等都是生态城市建设的内容。

中国生态城市规划与建设仍处于初始发展阶段，有关生态城市的理论、规划、设计、方法、手段和管理机制等都还很不成熟，还需要不断实践、探索。

(二) 生态城市规划的基本原则

1984 年，《人与生物圈》报告中提出了生态城规划的 5 项原则是：①生态保护策略；②生态基础设施；③居民的生活标准；④文化历史的保护；⑤将自然融入城市。

我国学者在生态城市规划建设的实践中，总结出如下 8 项基本原则：

(1) 生态保护和生态平衡原则　　保护自然资源，对自然环境侵扰最少，提倡节地、节水、节能和治污，使用可再生能源和提高能效；能量的输出和输入达到平衡。

(2) 循环再生原则　　依据最小需求原则消除或减少废物，对不可避免的废物则进行循环再生利用。减少垃圾产生量和回收垃圾再生利用；系统尽可能是闭合的，使物质循环再生，能量高效利用。

(3) 生态基础设施建设原则　　发展高效的公共交通系统。

(4) 将自然融入城市的原则　　生态城市提供面向未来文明进程的人类生存地和新空间。城市中各组成要素(人、自然、物质、技术等)按美学关系规划安排，将自然融入城市。

(5) 居民的生活标准原则　　强调最重要的是维护人类健康，有利人类在自然环境中生活、工作、运动、娱乐以及供应有机的、新鲜的食品，推广可长期使用的建筑结构。

(6) 具有最大的多样性原则　　包括生物多样性、景观多样性、土地利用和人类活动方式的多样性；拥有广阔的自然空间(公园、花园、河流、农场、郊野等)，以及与人类同居共存的其他物种(动物、植物)。生物、环境、文化、资源与人类以最和谐的关系共生。

(7) 历史文化保护原则　　生态城市是一个充满快乐和进步的地方，要提供全面的文化发展，保护优秀的历史文化。

(8) 优化人口结构原则　　控制人口增长，提高人口素质，在人口与资源之间达到最适的平衡。

这些原则对任何一个城市生态系统都很重要,如何把这些原则付诸于生态城市的规划、建设和管理的实践中,是生态城市建设成败的关键。

(三)生态城市规划的原理和方法

(1) 以生态学原理为指导　　生态城市建设是一项极其复杂的系统工程,必须以生态学基本原理和方法为指导,努力遵循生态学的基本规律,依据生态控制论原理,调节城市系统内部各种不合理的生态关系,提高城市生态系统的自我调节能力,确定资源开发利用与保护的生态适宜程度,提出改善系统结构与功能的生态建设对策,使城市规模和城市地域空间的生态环境和资源供给相适应,实现城市生态系统的良性循环。

(2) 以协调人与自然的关系为核心　　协调人与自然之间的关系是生态城市建设首要任务和中心议题。城市建设偏离了这个轨道,则导致各种环境和生态问题的产生,使人类面临生存与发展的严峻挑战。生态城市建设就是要处理好人与自然之间的关系,使城市发展和建设的对象不仅关注人,更强调人与自然是一个密切相连的有机整体。生态城市不再将传统城市发展赖以维持的自然条件作为外部因素来考虑,而是作为城市的有机组成部分,使人与自然的发展之间具有整体上的不可代替性,共同进化、共同发展。

(3) 以提高生态能力建设为重点　　生态城市建设是城市生态能力持续提高的过程。生态能力建设远比治理环境污染、保护自然生态等问题复杂得多,它要寻求城市作为复合生态系统的健康与活力。因而,生态能力建设是生态城市既治本又治标的长期行为。生态城市必须以能力建设为重点,解决生态意识薄弱、生态观念淡薄、生态道德水准低下等深层次的生态冲突,实现从消极的生态环境保护到积极的生态建设,从被动性的生态环境运动到自觉性的社会行为的质的飞跃。探索一种跨领域、跨行业的先进的适宜的生产力、生产关系、生活方式及生态秩序,加强生态意识、生态文化、生态体制等软件建设。通过各种技术的、行政的、经济的、法律的和行为诱导等手段,提高城市复合生态系统的自我调节能力。

(4) 以现代科学技术为手段　　科学技术是生态城市建设的重要手段。科学技术进步可以有效地为生态城市的规划建设提供依据和手段,促进生态决策、管理水平的提高,加深人类对自然规律的理解,开拓新的自然资源领域,提高资源综合利用率,提供保护自然资源和生态环境的有效手段,从而缓解城市人类与经济增长和资源有限性之间的矛盾,扩大生存空间,提高生存质量。

(5) 以城市可持续发展为目标　　生态城市的规划应遵循自然生态规律与城市发展规律,以持续发展为目标,综合协调城市及其所在区域的社会、经济、自然复合生态系统,以促进健康、高效、文明、舒适、可持续的人居环境的发展。

(四) 生态城市规划的内容与设计

1. 生态城市规划的主要内容

生态城市规划的对象是一个由自然生态要素和人工生态要素共同构成的复合生态系统。因子众多,复杂多变,其规划内容可大致概括为以下 10 个方面:①城市生态要素的调查、评价与预测;②分析环境容量和生态适宜度;③研究确定规划目标和评价的指标体系;④划分生态功能区和土地利用布局;⑤环境污染综合防治规划;⑥人口适宜容量规划;⑦产业结构与道路、交通运输布局调整规划;⑧园林绿地系统规划;⑨资源利用与保护规划;⑩生态城市管理决策研究。

2. 生态城市设计

在城市设计中大力倡导节能、使用可更新能源、提高资源利用效率和物质的循环再生;将城市建成以安全步行和非机动交通为主的,并具有高效、便捷和低成本的公共交通体系的生态城市;为企业参与生态城市建设和旧城的生态改造项目提供强有力的经济激励手段;鼓励社区群众积极参与生态城市设计、管理和生态恢复工作。

原苏联的亚尼茨基(Yanistky,1981)曾将生态城市的设计与实施分成三种知识层次和五种行为阶段(图 11-2)。

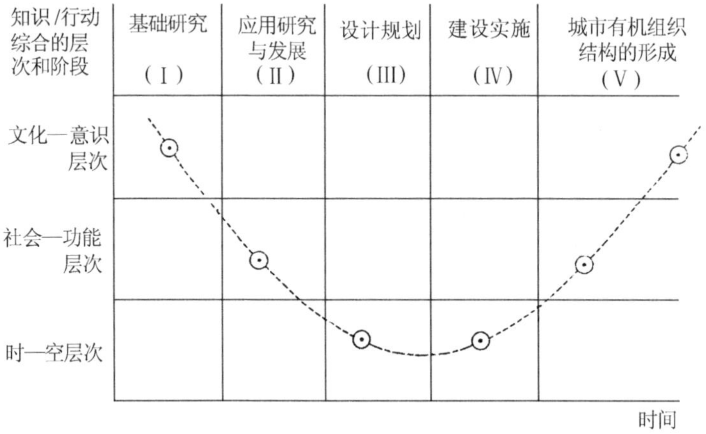

图 11-2 “生态城市”的设计与实施矩阵(转引自王如松,1988)

(1) 时—空层次　　即生态城市概念发展的第一层次——自然地理层次,或物理层次。这一层次是城市人类活动的自发层次,是城市生态位的趋适、开拓、竞争和平衡过程,最后达到地尽其能,物尽其用(王如松,1988)。

(2) 社会—功能层次　　即生态城市概念发展的第二层次——事理层次。随着城市人类活动的加剧,人与自然环境的时空矛盾日益突出,引起人们对改善城市关系,增强系统整体功能的强烈愿望,解决城市社会经济发展与自然环境之间的矛盾关系,增强城市有机体的组织能力,是这一层次要研究的事理关系问题。

(3) 文化—意识层次　　即生态城市概念发展的第三层次——环境伦理层次。城市生态关系的一个重要内容是人与社会环境、人与自然环境的关系,只改善城市的物理和事理关系而忽视人际关系、人与自然关系的城市建设是不会见效的。因此,要研究人与环境关系的历史渊源、社会渊源和文化意识渊源,增强人的生态意识,变外在控制为内在调节,变自发为自觉行动。将社会学、经济学、生态学、环境学、地理学、行为学、心理学等学科的知识结合进城市规划领域。变过去单纯的物质性建设规划为社会、经济、自然融合的综合规划。

五种行为阶段是:基础研究、应用研究与发展、设计规划、建设实施和城市有机组织结构的形成。强调整体、协调、循环、共生的生态学原则,综合考虑城市活动与环境相互作用关系的"天人合一"。

生态规划与设计是城市规划主设计同生态理论与方法相结合的产物,是可持续发展城市建设由传统型转向现代型的基本途径。

三、生态城市建设

(一) 生态城市建设的理念

所谓生态城市建设,是遵循自然规律和社会经济发展现状,从区域实际出发,调动社会各方面的力量,围绕生态环境面临的突出矛盾和问题,以保护和改善生态环境,实现环境资源合理开发利用和可持续发展的目标所进行的城市建设活动。我国江西宜春市,早在1988年就开始生态建设试点工作,迈出了我国生态城市建设的第一步。近年许多大中小城市也纷纷提出和正在规划建设生态城市。

生态城市的建设过程,是一个不断实践、创新和解决矛盾与问题的生态化发展过程,也是生态城市学理论形成与完善的过程。生态城市的建设不仅是自然与社会物质空间的创造过程,更是新文化与新观念(生态文化)、新经济与新秩序(生态产业)的建立过程。因此,生态化的理念应贯彻到生态城市建设与管理的全过程,并且需要作长期不懈的努力。通过生态城市的规划、建设与管理,不仅改造了现有人类住区的缺点,完善人类住区的形式与功能,同时也改造了人类自己。

(二) 生态城市建设的总体目标

生态城市是人、自然、环境和谐发展的最好形式,是城市物质文明与精神文明高度发达的标志,也是城市经济、文化和现代科学技术发展的必然结果。体现的是维护生态平衡,保护自然环境,而并非简单地绿化、美化城市运动。所以生态城市建设,是一项系统工程,需要确立明确的目标。原则上说要与城市总体发展战略目标相适应,与环境保护目标相协调。

(1) 追求城市社会—经济—自然和谐协调发展　　生态城市是应用生态工

程、环境工程、系统工程等现代科学与技术手段，协调现代城市社会经济系统与自然环境系统关系而建设的城市，实现经济效益、社会效益、环境效益的统一，在发展社会经济的同时，保持良好的生态环境。单纯追求自然环境的美化，以建设“花园城市”为目标，简单地增加绿地，只是建设生态城市的一项内容，不等于就是生态城市。

(2) 追求城市自维持、自修复、自组织、自发展　生态城市建设是一个渐进的过程，从初级阶段到高级阶段会是一个较长的时期，在这个时期中，城市人类活动或外部因素作用常常会诱导城市达到或超越某个临界域而发生突变，当城市能够重新整合内部或外部的扰动因子，完成新的正向自组织活动，则可推动系统向高级阶段发展和演化，才能达到既定的目标。而建设“生态城市”最关键的就是必须做到城市内部资源的再生。

(3) 追求城市与区域的协调发展　城市是区域生态环境中的一环，是区域生态环境的一个细胞，区域生态环境的健全是城市生态健全的基础。所以，城市生态建设与区域生态建设是联系在一起的。单纯追求城市环境的清洁，将不发达地区作为发达地区的“垃圾站”和资源的供应地，使不发达地区不仅经济不发达，更成为环境破坏最严重的地区。发达地区利用不发达地区廉价资源的同时向不发达地区倾倒垃圾，绝不意味着它们已建成了“生态城市”。

(4) 追求节能、节水、节地和使用新能源　提倡利用太阳能、风能、潮汐能、核能等新型能源；使用可再生材料；建设具有“智能性”的生态建筑。大量利用现代科技的全部潜力制造高效、节能的、对环境不产生污染或污染很少的新型灯具。对于城市垃圾的处理，应尝试将新的生态技术运用到建筑设计与建造过程中。

生态城市的提出，是基于人类生态文明的觉醒和对传统工业化和工业城市的反思。生态城市的生态，不是纯哲学的生态，而是自然、社会、经济复合共生的城市生态，它包括了人与自然的协调关系和人与社会、人与环境的协调关系。生态城市的“城市”，已经不是一般概念的城市，而是以一定区域为条件的社会、经济、自然综合体。在地域空间结构上，生态城市不是“城市市”，而是一定地域空间内的城乡融合的“区域市”。“山水城市”、“园林城市”、“卫生城市”、“花园城市”、“森林城市”、“健康城市”、“绿色城市”以及环境保护、园林绿化建设等与“生态城市”的目标既有区别，又有联系，它们都有特定的科学内涵、目标定位与建设侧重。从科学意义上说，前者并不等同于后者，但在遏制生态退化、改善环境质量、减少环境污染、丰富城市景观、提高市民文化素质与生态质量方面都有重要的功效，都能在城乡生态化的进程中发挥重要作用，异曲而同功，殊途而同归，都应该提倡和鼓励，以形成百花齐放的城市建设风貌与特色。

(三) 生态城市建设的主要内容

1. 城市生态环境工程建设

(1) 城市绿化工程建设　在城市规划设计中,传统的"绿化设计"往往只是注重面积指标和服务半径,使"绿地"常常只能处于交通和建筑规划后填空插缝的消极地位,因而不能在生态意义上起到积极的作用。而"绿色设计"是生态城市建设在设计领域内的一种战术回应,其含义远较"绿化设计"更广泛和深刻,它更多地与生态系统、大地景观、整体和谐、集约高效等概念相联系。因此,建设生态城市提倡"绿色设计"。

城市绿化工程建设包括:①城市园林绿化;②街道景点、行道树绿化;③城市山林绿化;④城市农业、果林基地建设;⑤城市花卉基地建设等。按可持续发展原则将这些绿化工程建设有机组合和分布。避免大建草坪不种树,急功近利种"老树",讲究排场建大广场,毁良田、填埋水域造地搞绿化等不良倾向。

我国建设部 1994 年颁布的园林城市评选标准(城建 234 文件)是:

a. 有完善的城市绿化系统规划和较先进的各项规划指标,并逐年安排实施。城市公共绿地、居住区绿地、单位附属绿地、防护绿地、生产绿地及道路绿化布局合理,功能齐全。

b. 城市绿化考核标准最近 5 年逐年增长,现已达到或超过全国先进水平;城市绿化覆盖率 35%以上,建成区绿地率 30%,人均公共绿地 $5m^2$,实际完成植树绿化任务人数占参加义务植树人数 80%,植树成活率 85%,保存率 85%。

c. 城市街道绿化普及率达 95%,市区干道绿化面积不少于道路总用地面积的 25%,形成林阴路系统,达到"三季有花,四季常青"。

d. 公园绿地规划设计继承传统,探索创造新风格成绩显著。公园绿地分布均匀,设施齐全,维护良好,特色鲜明。突出植物景观,绿化面积占陆地总面积的 70%以上,方便人民休息、观赏及文化活动的需要,社会评价良好。

e. 居住区绿化普及,效果显著。新建居住小区绿化面积占总用地面积的 30%以上,辟有休息活动园地,养护管理资金落实,措施得当,反映良好。

f. 各单位庭院绿化美化工作普遍开展,涌现出一批"花园式单位"、"园林化单位"或"绿化美化先进单位"各单位普遍达到国家、省(自治区)或城市各自规定的绿地率标准。

g. 各单位和居民个人积极开展庭院、阳台、屋顶、墙面和室内的绿化美化活动,取得良好效果。

h. 按照城市卫生、安全、防灾、环保等要求建设防护绿地。落实维护管理措施,环境效益良好。生产绿地面积占城市建成区面积的 2%～3%。城市绿化美化苗木自给率达 80%,规格、质量达到城市绿化栽植需要。

i. 城市园林绿化行政主管部门机构完善,职能健全,管理法规、制度健全、配套，执法管理落实、有效。园林绿化维护管理队伍、资金落实，绿地维护良好，杜绝侵占城市绿地和乱砍树木事件。

j. 绿化美化城市指导思想明确，安排实施取得进展，创造出全面经验。保护城市依托的自然山川地貌，搞好大环境的绿化建设，改善城市生态，形成城市独有的风貌特色。

(2) 城市环境污染治理工程建设　①城市污水处理工程建设；②城市废气治理工程建设，包括工业锅炉废气治理、工厂烟囱烟气治理、机动车尾气治理、饮食业油烟废气治理、燃气工程、清洁能源等；③垃圾治理工程建设，包括垃圾分类收集、垃圾填埋场建设、垃圾焚烧发电厂建设等；④噪声治理工程建设，包括加强道路系统建设和交通管理，调整空间布局，强化工业噪声防治，加强对施工工地和第三产业的噪声管理等。

(3) 城市江河水体整治、生态恢复和河岸绿化工程建设　城市河流清洁水源工程，如水源涵养工程，水资源管理工程，河段整治工程，流域综合整治工程等。

(4) 城市石场、矿场生态恢复和整治工程等建设。

(5) 城市生态住宅建设　"生态住宅"有严格的技术标准，它要求在能源和水、气、声、光、热、环境以及绿化、废物处理、建筑材料等 9 个方面，符合国家有关标准。中国建筑学会饶良修认为，生态住宅建设应符合如下技术标准：

a. 在能源系统方面，"生态住宅"应该避免多条管道入户，对住宅的维护结构和冷热系统进行节能设计，鼓励使用太阳能、风能、地热能等可再生清洁能源。

b. 水环境系统方面，"生态住宅"要求设立室外污水处理再利用系统和雨水收集利用系统，室内外采用节水型器具，采用节水型的景观用水系统。

c. 空气环境系统方面，"生态住宅"要求室外空气质量达到二级标准，室内保证自然通风，卫生间有通风换气设施，厨房有烟气集中排放系统，达到国家规定居室内空气质量标准。

d. 声环境系统方面，"生态住宅"要求建筑设计中要用隔音降噪措施，要求室外日间噪声小于 50dB，夜间噪声小于 40dB，室内日间噪声小于 35dB，夜间小于 30dB。

e. 光环境系统方面，"生态住宅"要求室内设计满足日照时数，尽量采用自然光，室外避免光污染，如强光广告、玻璃幕墙等；室内外采用节能灯具，提倡使用太阳能绿色照明。

此外，"生态住宅"还要求采用符合无毒、无害、无污染、无放射性、无挥发性的 3R(可重复使用、可循环使用、可再生使用)绿色建筑材料。

2. 城市郊区农村生态环境建设

(1) 森林资源保护和林业建设　森林是陆地生态系统的主体，是人类不可缺少的自然资源，以森林为经营对象的林业既是重要的社会性、公益性事业，又是重要的基础产业，是改善生态环境和促进经济发展的重要行业。在生态城市建设中具有重要作用。

a. 生态公益林工程建设,包括各种防护林,如沿海防护林、防风固沙林、水土保持林、水源涵养林、农田牧场防护林等工程建设。

b. 自然保护区生态系统工程建设。

c. 森林公园建设,包括城市和城郊的森林公园建设。

d. 特种用途林建设。

e. 退耕还林退牧还草工程建设等。

(2) 农田、果木生态保护

a. 基本农田保护建设,制定农业资源区划,划定基本农田保护区。

b. 农田标准化工程建设,制定和完善有关基本农田保护、农业环境保护、农业技术推广和化肥农药使用的规章制度。

c. 农用化学污染防治工程建设,农田施用的城市生活垃圾、农用灌溉水、化肥农药均要符合国家有关标准。合理使用农药化肥,建设禽畜粪便资源化工程,推广使用有机肥、复合肥。

d. 农田林网化建设等。建设以农业生产基地、生态农业为主体的农业生态保护区。

e. 城市“菜篮子”工程建设。在郊区各县市建设城区蔬菜副食品供应保证基地。

(3) 水利建设,水土保持　封山育林,建设保护水源林和生态公益林。乡镇区域开发、低丘荒坡开发,扩大农地面积,采取生物与工程措施相结合的方法有效治理水土流失。必须采取有效措施防止水土流失。

(4) 生态农业建设　生态农业是按自然生态规律和经济生态规律进行经营和管理的集约化农业体系,是现代化农业的新模式。它因地制宜,合理布局,农、林、牧、渔、副多种经营,有机整合,全面发展。它以绿色植被覆盖最大,生物产量最高,光合产物利用最合理,经济效益最好和动态平衡最佳为标志。在生态上它输入能量最少,能自我维持,充分发挥复合生态系统的“内循环”作用,在经济上能达到最大的生产量,效率最高;不需使用化肥农药,在环境上它污染最少,对自然环境的改变最小。因此,生态城市的郊区应大力推广“生态农业”、“三高农业”、“三高林业”的建设。

a. 生态农业优化示范工程建设;如种苗—饲料—饲养—粪便无害化处理等一条龙工程建设。

b. 建设畜牧业废污水综合利用工程,控制禽畜养殖场粪便污染水体。

c. 建设沼气工程。

(5) 农村生态环境建设

a. 调整乡镇企业产业结构,解决因为乡镇企业分散型、粗放型经营带来的资源浪费和污染环境问题。

b. 建设主题工业区，相近类型的企业集中布局，引进高新技术，污染集中处理，淘汰落后设备，对污染严重的企业限期整改至关、停、并、转。

c. 大力推广无公害生产技术，如无公害生物农药、生物防治技术，建设无公害蔬菜生产基地、集约化养殖场。

d. 建立农业生态监测管理体系。

3. 城市自然保护区建设和生态景观保护

建设各种类型的自然生态保护区，如温泉保护区、水库水源林保护区、野生动植物保护区、鸟类保护区、鱼类保护区、文物古迹保护区等。

4. 生态文明建设

城市素以追求高度的物质文明和精神文明作为发展的主要目标，传统的物质文明是人类改造自然向自然索取的成果，在改造自然界的同时人们主观世界得以改造，使社会精神生活得以发展的成果，谓之精神文明。

城市在社会—经济—自然系统中，人类始终处于一种对自然的征服和无所不能的主宰地位，把自然当作一种异己的力量。人类传统文明成为一种只有人类向自然索取或自然推动人类进步的单向运动。因此，在这一传统文明基础上所采取的改造城市的经济活动带有极大的功利性而引发了日益严重的生态危机。现代城市文明是物质文明、精神文明、生态文明的耦合。

生态文明是一种尊重自然，人与自然和谐发展的文明。人类在改造利用自然的过程中，既获利于自然又还利于自然；既改造自然生态又保护自然生态，人与自然协调和谐，互惠共荣的双向运动。城市生态文明建设主要有：

(1) 生态道德建设　道德是社会意识形态之一，是调节人们行为的一种习俗规范。生态道德是人们在生态这个公共生活中，为维护人类生存条件和经济持续发展，自觉调节人与自然之间关系所必须遵循的共同行为准则，并正在成为社会主义道德体系的重要组成部分，为实施城市可持续发展战略奠定道德基础。生态道德建设主要包括生态道德教育建设和生态道德修养建设两部分内容。生态道德教育建设主要是有计划对市民施加系统的道德影响：①开展生态道德教育，向市民传授生态道德知识、理论；②培养市民生态道德情感，养成高尚的生态道德情操；树立市民生态道德观念，实现人与自然和谐共存；③培养市民生态道德意志，战胜不道德行为；④养成市民良好的生态道德行为习惯和生态道德修养、生态道德品质、生态道德意识。克服急功近利的实用主义、功利主义，自觉关心公共利益、长远利益。尊重科学、尊重自然、尊重环境。养成勤俭节约、保护生态环境的优良习惯。

(2) 生态意识建设　生态意识是人类在高度文明基础上产生的先进观念，是人类与其生存环境各组成部分的内在关系的综合感知和认识。是人与人以外的自然界的一切事物间的关系及自然界各组成部分或要素的有机联系在人脑中的系统反映。生态意识建设就是要对市民大力加强生态意识教育：①普及生态环境知识，提高生态环境意识；②改变传统的资源利用观念、价值观念、小农经济观念，树立生态环境价值观、资源环境容量的有限观念；③认识到人与自然和谐共处是人类生存与发展的必然选择；④认识到改善城市生态环境的迫切性。

(3) 生态文化建设　城市生态文化是城市生态环境同人类活动相互作用的结果，是人们认识和处理生态问题的实践活动中所形成的文化成果。它是人们对生态问题的认识处理方式以及由此而产生的各种物质成果和精神成果的总汇。生态文化建设包括：①生态文化制度建设，如工作机构、法规、法律的制定；②生态文化联络网站建设，加强与各部门、各厅局的联系与配合；③将生态文化作为文学艺术的重要题材建设，主要与新教育、文艺等社团联合；④加快生态艺术品的开发和中华民族生态文化宝库的开发，充分挖掘生态城市文化内涵，塑造鲜明的生态城市文化主题，保护和发展城市的生态文化轨迹；⑤建造生态文化工程，如生态文化博物馆，生态城市标志性工程；⑥培育生态城市功能区域，如生态学校、生态社区等。

5. 生态城市管理机制建设

(1) 建立生态城市管理体制　管理体制是生态城市运行的载体，只有具备良好的管理体制，才能形成良性的运行机制，促进生态城市的健康发展。建立一个跨部门的决策机构，用于综合协调监督生态城市管理，并组织培养一支由社会科学和自然科学各学科领域的有关专业人才组成的生态城市管理队伍和咨询机构。管理系统主要由有关的职能部门及各级管理部门组成。依靠各方面的共同努力，在决策、规划、实施、监督、反馈各个环节相互联接、配合，通过各种手段维持生态城市功能的正常发挥和社会的正常秩序。

管理是生态城市建设成败的关键，是营造生态城市的基础。更新城市管理观念，完善生态城市管理体制，强化高科技在生态城市建设与管理中的应用，实现生态城市管理智能化，建立生态城市管理信息系统。

(2) 加强环境与发展综合决策机制建设　纵观我国城市生态的发展历史，现存的许多生态环境问题，主要是由于重大决策实施过程缺乏生态环境论证而造成的，教训惨重。如城市建设过分强调生产功能，导致城市畸形发展，功能失调，至今这种后遗症仍在影响城市的持续发展。从根本上解决城市生态问题，需要从宏观层次上对重大决策进行生态环境影响评价，控制生态问题的政策源头。因此，对城市国民经济和社会发展重大决策开展环境影响评价，并使之成为政府决策中的一项必经程序。它既是从决策源头防止环境污染和生态破坏的有效措施，也是实现环境与发展综合决策的根本途径，更是在城市建设过程中政府转变职能和决策方式的必然选择，是实行决策科学化的重要保障。

(3) 加强管理体制保障体系建设　发达国家的经验表明，经济手段是城市生态建设和管理最成功、最有效的途径。在市场经济条件下，任何一种措施如果不具备经济上的合理性，则很难得到贯彻落实。运用经济手段加强生态城市管理保障体系建设要做好：①按照资源有偿使用原则，逐步开征生态环境补偿费或税，保证生态建设资金的来源；②研究并试行把生态环境和自然资源的耗费纳入国民经济和社会发展核算体系，使市场价格准确反映城市建设过程中的环境代价，逐步消除社会经济生活中不利于资源节约和保护生态的各种因素，避免由于大量消耗和浪费资源而带来的暂时虚假繁荣；③对保护生态环境、废物综合利用和自然保护等社会公益性明显的项目，要给予一定的税收、信贷等方面的优惠；④对清洁生产、环境标志产品、绿色食品等生产和消费行为给予精神上或经济上的鼓励；⑤加强法制建设，惩处破坏生态环境的违法行为。加大执法检查力度；⑥规范执法行为，完善执法程序，不断提高执法效率和质量。

此外，更新管理观念，重视城市建设对居民身心健康影响的治理，创造既满足人类生存与发展，又适宜生态生存与发展的城市环境。强化高科技在生态城市建设和管理中的应用，实现城市管理智能化，全面应用信息技术和地理信息系统对城市的管理，建立城市管理信息系统、生态保护跟踪系统、环境综合治理系统和城市建设生态破坏技术评估机制。

6. 生态消费建设

城市是巨大的需求中心和消费中心，所以城市消费结构是否合理对生态城市建设影响很大。生态消费的消费观念是提倡合理消费、勤俭节约，从追求物质享受转向追求精神享受、生态需求。生态需求是人对优美环境的需求、对清洁食物的需求。它不仅是最基本、最重要的生存需要，也是享受需要和发展需要。生态消费的消费行为从对自然的过度依赖、严重污染和直接破坏转向节约资源、能源、减少废物排放、消费污染、破坏生态环境，禁止对濒危物种的掠夺与消费。尽可能使用可回收利用的新产品或对环境无害的产品；生活方式注重特色和多样化，休闲、娱乐、健身、旅游社区活动等，物质生活生态化，提倡舒适而非豪华的生活环境，大量使用社区设施、公共交通和天然能源，反对资源垄断和浪费，把保护环境作为自己的生活准则；饮食生态化，优化饮食结构，提升饮食质量；反对过剩消费和攀比消费；禁止食用国际和国家保护的野生动植物，减少对初级农产品的消耗总量，增大深加工产品的需求量。此外，在税收政策上应当限制高消费，鼓励合理消费、储蓄和投资。

满足人类的生态消费，就必须培育良好的生态环境，开拓生态消费品。我国从1999年开始实施“三绿工程”，即“提倡绿色消费”、“培育绿色市场”、“开辟绿色通道”，建立食品安全保障体系。“三绿工程”的特点主要是：①从提倡绿色消费入手，加快绿色市场的培育和绿色通道的开通，引导绿色生产的发展，以满足人们生态食品的需求；②实行全程质量控制，形成以肉菜为重点，以绿色消费为目标，以绿色市场为载体、以绿色通道为物流网络的绿色食品产业链；③社会参与程度高，政府、中介组织、企业、消费者共同参加，特别是国家八部委联合组织实施，形成共同维护食品质量安全的社会气氛和运行机制。除绿色食品外，绿色电器、绿色住宅、绿色汽车等，也逐步形成生态消费体系。开拓新产品，搞深加工，提高质量、档次，降低价格，满足城市居民生态消费的开发体系和销售网络，更好地满足生态需求。

7. 生态技术创新

模拟自然生态系统的生态工艺原理,利用系统分析方法设计、分析、规划和调控各类生态系统的结构要素、工艺流程、信息反馈关系及控制机构,使其最大限度地符合人类整体和长远利益。把城市经济活动组织成"自然资源—产品和用品—再生资源"的反馈式流程。所有的原料和能源都能在不断循环的经济运行中得到最合理的利用。从而使经济活动对自然环境的负面影响控制在尽可能小的程度。

四、广州市建设生态城市的构想

近年来,国内外不少城市提出建设生态城市,国内提出要建设生态城市的有上海、广州、南京、扬州等20多个城市,各城市所处的自然地理环境条件和社会经济发展水平不同,其建设模式也不同。这里简要介绍广州建设生态城市的概念性规划构想。

(一) 主导思想

充分利用广州得天独厚的自然地理条件和雄厚的社会经济综合实力,从生态支撑能力、城市发展规律和人类需求出发,遵循生态城市整体性、和谐性、高效性、持续性、均衡性、区域性的发展共性,尊重城市作为有机生命体的运动轨迹,重视城市发展方向,经济社会发展模式,人的生存与发展模式,建设真正意义上的生态城市,满足人们创业发展和生活居住的不断追求。在这总体思路的指导下,提出如下发展目标。

(二) 发展蓝图

1. 总目标

未来20年乃至更长时间,广州将建成为"园林置于城中,城置于园林中",生产力发达,经济实力雄厚,先进文化底蕴深厚,社会进步,人民生活富裕,人与自然高度和谐,生态环境优美,具备岭南自然景观与人文景观及山水特色,最适宜人创业发展和生活居住的生态城市。

2. 空间布局

(1) 以耕地、园地、林地为主体的城市生态发展区　　该区用生态隔离带(交通要道、河流为主体的绿色、蓝色通道及其他生态网络)将广州新老城区、中心镇和其他村镇,按生态城市高标准有效分隔。

(2) 广州现有建成区(老城区)　　该区将以"城中林"的基本构想进行全面改造,生态修复,使生态结构日趋合理、完善,生态功能更加高效,生态关系更加协调,老城生态化全面实现。

(3)广州新建城区　　该区将按"林中城"的基本构架全面建设,各种生态城市构成要素逐步形成，依山傍水的、富有园林诗画的各类功能区将在新城区域内散落，基本形成最适宜创业发展和生活居住的生存环境。

(4)大南沙地区　　大南沙地区的广州经济发展中心基本建成，各类生态产业区将成为珠江三角洲最为活跃的经济区域。

广州北部的城市建设和生态建设和谐并进，使广州拥有一流的绿色屏障。东部生态产业发展和城市功能更新改造，将催生生态城市新的发展带。整个广州与周边地区的生态和谐发展将上一个新的台阶。

3. 建设分区

为了使生态城市建设合理有序地进行，广州市根据城市生态环境现状及其敏感性，将生态城市建设划分为三类地区：

(1) 生态管护区　　是指生态保护优先于经济社会发展的地区，基本上是禁止开发建设的。该区涵盖了广州市的自然保护区、人文景观保护区和自北向南延伸的中、低山林地，以及重要水源涵养地、基本农田保护区、饮用水源二级以上的保护区、主要河流水域、湿地以及城市组团间的结构性生态隔离带。

(2) 生态控制区　　是指以自然生态保护为主导，可以适度地、有选择地进行建设的地区。该区属临近自然保护区或与山体、林地河流水体毗邻以及一般耕地，所处位置地势较高或与整体生态维系紧密相关的用地，以及现状建成区中生态结构不合理的地区。该类地区原则上以保护为主，但因该地本身也较适宜作城市发展用地，故需对其使用进行评价，合理引导严格控制人口规模和建设强度。在尊重和保护自然环境的前提下，适度地有选择地进行城市建设活动。

(3) 生态重建区　　是指城市建成区及规划发展建设的地区。该区基本涵盖了绝大部分现状建设区以及适宜开发建设的生态非敏感区或低敏感区。该区应处理好城市建设与环境承载力的关系，在城市开发建设中要加强生态补偿和生态恢复，使因建设而打破原有的生态平衡能趋向新的平衡，保证生态环境的稳定与改善。

4. 生态廊道体系建设

广州生态城市建设，以山、城、田、海的自然特征为基础，构筑“一环两楔”(图11-3)、“三纵四横”(图11-4)、打通“生态廊道”，建构多层次、多功能、立体化、网络式的生态结构体系。维护山、城、田、海的空间格局，使负山、通海、卧田成为广州城市最基本的生态特征。

(1)“一环两楔”　　“一环”是指环绕广佛都市圈的环状农田、鱼塘、绿化和防护林绿色生态环廊。“两楔”是指东北部山林自东北向西南延伸至环廊形成的“绿楔”，和自南海珠江口沿珠江向西北延伸至环廊形成的“蓝楔”。“蓝楔”、“绿楔”相互融合贯通，从总体上形成广佛都市圈“一环两楔”的开放式区域生态空间格局。为培育“一环两楔”，广州必须严格保护北部地区的九连山余脉——桂峰山、三角山、天堂顶、帽峰山、白云山等一系列山地丘陵和植被，必须严格保护整个珠江三角

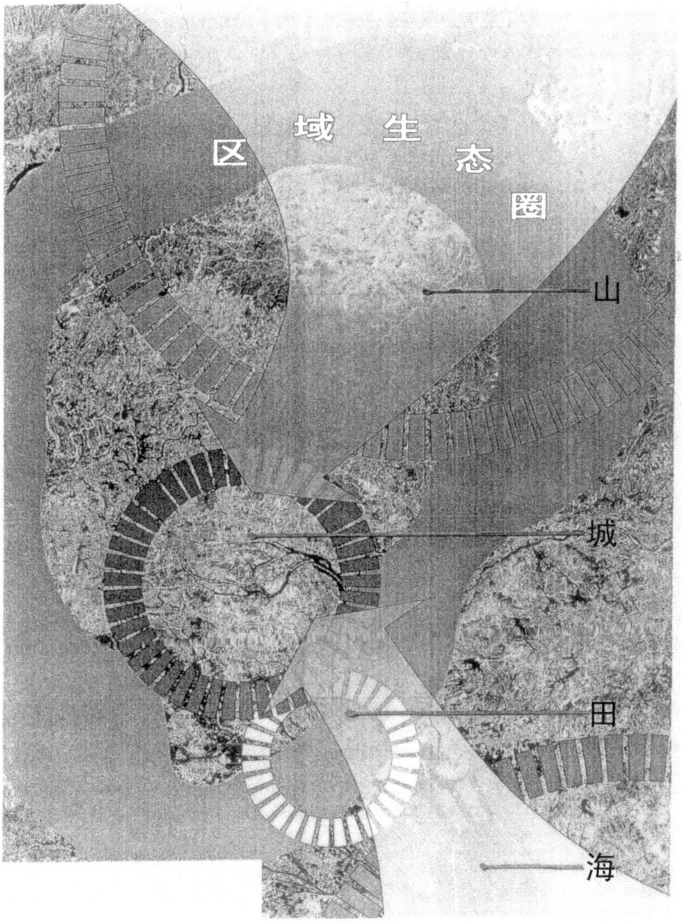

图 11-3　广州市“一环两楔”生态系统架构示图(据广州市计委,2002)

洲水系和南部珠江口及滩涂湿地。

(2)“三纵四横”　“三纵”是指三条南北走向的生态主廊道,一是“西部生态廊道”:沿广州市域西侧行政边界,南起洪奇沥水道入海口,穿过滴水岩、大夫山、芳村花卉果林区,北接流溪河及北部山林保护区。二是“中部生态廊道”:南起蕉门水道入海口,经市桥组团东侧生态隔离带、海珠区小洲果园生态保护区,向北延伸至世界大观以北的山林地区。三是“东部生态廊道”:南起珠江口,经海鸥岛、黄埔广州经济技术开发区西侧生态隔离带至北部山林地区。

东部生态廊道和西部生态廊道基本沿市域东西行政边界,主要作用是保护广州市域城市发展。中部生态廊道则位于旧城发展区和新城发展区之间,主要作用是在旧城和新城发展区之间形成一条南北向的生态隔离带。

“四横”是指四条东西向的生态主廊道,自北向南依次为:一是江高—萝岗—新塘生态廊道,主要作为中心城区与花都、增城的生态隔离带,保护广州城市发展;二

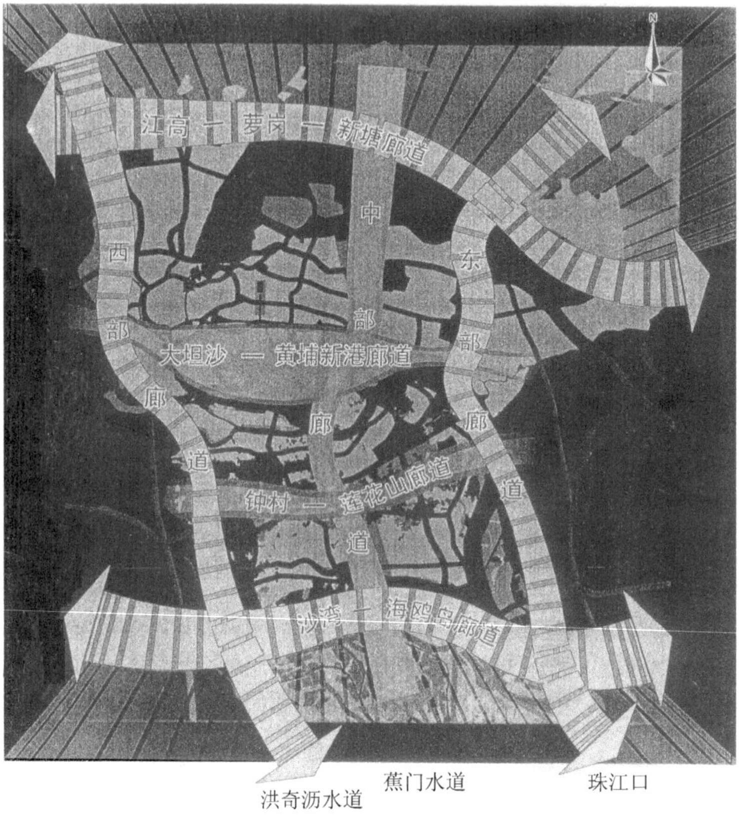

图 11-4 广州市“三纵四横”生态系统架构示图(来源同上)

是顺珠江东西延伸的大坦沙—黄埔新港生态廊道,主要作用是隔离中心城市各组团;三是位于中心城市与南部新城区之间的钟村—莲花山生态廊道,主要作用是在中心城市与新城之间形成一条东西向的生态隔离带;四是沙湾—海鸥岛生态廊道,主要作用是保护广州市域城市发展,控制城市的无限制蔓延。

在“一环两楔”和“三纵四横”基础上,打通、疏浚汇集到珠江、沙湾水道、市桥水道等密布城乡地区的河网水系及滨江绿化带,形成网状的“蓝道”系统。加上珠江两岸景观绿化带、道路绿化带、各类公园、游园、市政设施绿化廊道、街道绿地等线状和点块状的生态绿地串连起来。城郊的森林公园、自然保护区、风景名胜区、生产绿地等,共同构成了多层次、多功能的复合型网络式生态廊道体系。届时广州市森林公园面积达到 9.6 万 hm^2,占国土地面积 12.91%,各类自然保护区面积 33 209hm^2,占国土面积约 5%,城市绿地率达 38%,人均公共绿地 15m^2,形成山、水、城、田、海一体化的城乡生态格局。

（三）阶段目标

(1) 近期目标　　2005 年，广州市生态功能区基本划定，并以项目推进优化建设；生态城市基本架构、城市形态和发展模式、生态群体、城市功能区域与建筑群体风格设计基本确定；交通网络、绿化、碧水网络全面构筑；广州新城功能区、景观区和生态保护区逐步建设；广州老城区的生态功能大幅度提高，人居环境和出行环境进一步改善；市区北部、东部将加快生态建设进程。此期广州生态城市初级目标——"山水城市"基本实现，大南沙地区新经济中心基本形成，北部生态屏障工程全面推进，东部生态产业带逐步形成。

(2) 中期目标　　2010 年，广州生态城市全面建设。老城区生态化进程不断加快，居住环境质量、出行环境质量大幅度提高，与住宅区相匹配的城市园林广场不断兴建，园林城市的内涵不断扩展，独特的岭南城市生态景观和城市建筑群景观逐步形成。以生态隔离带(圈)、生态农业隔离区、自然生态保护区与景观区隔离的广州新城中心商务区、辐射状的分区商务区与物流中心、高新技术产业区与生态工业区、居住区与休闲区不断涌现，生态城市形态中期目标——"园林城市"基本形成。创业发展和生活居住环境适宜度不断提高，各类最适宜创业发展和生活居住的区域初步形成。大南沙地区成为珠江三角洲经济发展最活跃的一极，北部、东部将建设成为生态城市次中心，辐射范围不断扩大。

(3) 远期目标　　至 2020 年，广州老城"生态化"目标基本实现，通过人口的疏导，腾出土地进行大面积绿化，实现"城中林"的规模达到国内最高水平，成为不老的城区。广州新城和大南沙地区成为新世纪广州城市中心区域，建成符合生态城市基本要求的、充分利用自然资源的、内外交通便捷的功能区。城市建设群体错落有致，充分体现山水城市与园林城市内涵的新城区。整个广州将初步形成中西园林与建筑合璧生辉富于岭南特色的生态城市。

（四）构思原则

生态城市的建设目标最终要实现经济效益、社会效益和生态效益的统一。生态效益的实现要坚持以人为本，保护和优化生态系统，保护生产力的可持续运行能力，以满足人类长远的生态利益，使生态系统内的各种循环按最优的自然法则进行，使自然界的各种物质、能量和信息达到最优的动态平衡。

(1) 坚持以生态学原理和岭南园林诗画理念为指导，突出山、水、城、田、海的建设思路，实现"南拓、东进、北优、西联"的城市扩展构想。生态城市建设还要根据广州在珠江三角洲城市体系中的地位与作用给予正确定位，不断加强城市之间、城市与区域之间的合作和联系，科学确定生态城市的城市功能、城市结构及空间扩张。此外，生态城市发展的速度和规模要与经济社会发展水平相适应，不能超越经济社会的特定发展阶段。

(2) 坚持建立经济、社会、自然高度和谐的复合体，强调城市生态系统的耦合，始终遵循系统论的思想，充分体现城市发展的良性生长，城乡科学分布，蓝绿色与人工构筑和谐布局，生产力高度发展，城市功能优化，人居环境美化，与外部生态环境充分协调，使区域间、行业间、部门间呈现出较强的共生关系，使整个城市的运转处于最优水平状态。

(3) 坚持自然生态化、经济生态化和社会生态化，强调生态发展优先和生态能力建设，重视循环经济和建立生态产业体系，加强科技对生态城市发展的推动作用，体现社会组织和人的需求生态化。

(4) 坚持以人为本，以自然生态为本的共同生存观念，拓宽人与自然发展道路的选择，树立人与自然互惠，共生共荣的发展理念，增强自然在与人共同发展中的安全感，保护生物多样性和均衡发展。

(5) 坚持生态城市"形"与"神"的统一，高度重视城市的"形"与"神"的构建，将体现在山水城市中"形"的构造和充分体现生态城市中"神"的灵性、体韵结合起来，形神兼备，体现现代化中心城市的魅力。

(6) 坚持可持续发展，高效利用资源和保护生态系统良性循环。强调在保护资源和环境永续利用的前提下，促进城市经济社会的发展，强化生态保障能力和自我调节能力建设，建立科学的城市运行、调控与管理系统，以维持复合生态系统稳定发展。城市生态系统具有敏感性和脆弱性的特点，其脆弱性决定了城市开发和建设活动要保护在生态系统能够承载的限度之内，寻求合理的生态适宜度，使城市经济、社会和生产生活不超出生态极限。

(7) 突出生态工程建设，用生态手段解决城市产业、空间发展问题，从系统整合中取得综合生态效益。生态城市要通过生态工程建设，改变不合理的运行状态、资源利用方式以及环境的物质和能量交换，从而实现系统的良性循环。

主要参考文献

北京市气象局资料室. 1992. 北京城市气候. 北京:气象出版社

陈　华. 1994. 城市发展与城市生态系统评价. 城市环境与城市生态, 7(3)

陈昌笃. 1990. 中国的城市生态研究. 生态学报, 3(1)

陈敏豪. 1988. 人类生态学——一种面向未来的生态文化. 上海:交通大学出版社

陈新庚. 1992. 环境管理与环境规划. 广州:中山大学出版社

丁锡祉. 1988. 简述城市地貌学. 山地研究, 6(2)

丁锡祉等. 1990. 影响中国城市分布和建设的地貌因素. 西南师范大学学报, 15(4)

丁锡祉. 1992. 城市生态地貌的研究. 地理科学, 12(1)

丁锡祉. 1992. 城市生态地貌学. 地理科学, 12(2)

刁永泰. 1990. 重庆市地貌分析方法探讨. 西南师范大学学报, 15(4)

刁永泰. 1990. 重庆市地貌环境与城市扩展. 西南师范大学学报, 15(4)

刁永泰. 1993. 重庆市地貌图的设计和编制. 地理学报, 48(6)

方子云. 1988. 水资源保护工作手册. 郑州:河南大学出版社

冯采芹等. 1992. 绿化环境效应研究. 北京:中国环境科学出版社

冯向东. 1992. 城市协调发展理论与对策的探讨. 城市环境与城市生态,5(4)

〔日〕高原荣重, 杨曾智等译. 1974. 城市绿地规划. 北京:中国建筑工业出版社

国家环境保护局. 1989. 第三次全国环境保护会议文件汇编. 北京:中国环境科学出版社

国家计委、国家科委. 1994. 中国 21 世纪议程—中国 21 世纪人口、环境与发展白皮书. 北京:中国环境科学出版社

顾朝林. 1994. 论中国城市持续发展研究方向. 城市规划汇编, (6)

黄银晓. 1989. 城市生态学的研究动态和发展趋势. 生态学进展,6(1)

何博传. 1989. 山坳上的中国. 贵阳:贵州人民出版社

何绿萍. 1992. 城市绿地的防尘效应. 见:绿化环境效应研究. 北京:中国环境科学出版社

河村武. 1979. 都市大气环境. 东京:东京大学出版株式会

侯光宇. 1991. 城市环境水文问题分析. 资源开发与保护,7(2)

〔日〕吉野正敏, 郭可展等译. 1989. 局地气候原理. 南宁:广西科学技术出版社

江苏省植物研究所. 1981. 城市绿化与环境保护. 北京:中国建筑工业出版社

蒋　维等. 1992. 中国城市综合减灾对策. 北京:中国建筑工业出版社

井文涌. 1989. 当代世界环境. 北京:中国环境科学出版社

康慕谊. 1997. 城市生态学与城市环境. 北京:中国计量出版社

孔国辉等. 1988. 大气污染与植物. 北京:中国林业出版社

梁星权等. 2001. 城市林业. 北京:中国林业出版社

李宏文. 1989. 昆明城市生态系统的目标管理——指标体系. 生态学杂志, 8(1)

李希光. 1992. 我国现代化应走资源节约型道路. 科技日报, 5 月 11 日

李文彦. 1994. 持续发展与地理学. 地理学报, 49(2)

廖重斌. 1995. 人为因素对广州市区气温影响的灰色系统分析. 广州环境科学, 10(2)

廖重斌. 1999. 环境与经济协调发展的定量评判及其分类体系——以珠江三角洲城市群为例. 热带地理, 19(3)

凌　亢. 2000. 中国城市可持续发展评价理论与实践. 北京:中国财政经济出版社

罗　锐等. 1992. 城市生态系统的预测与综合评价的思想体系. 城市环境与城市生态,5(2)
吕明强. 1993. 城市水文水资源. 北京:中国科学技术出版社
刘梦飞. 1988. 城市绿化覆盖率与气温的关系. 城市规划, (3)
刘瑞华. 1992. 论广州市现代城市环境地貌问题. 热带地理, 12(2)
刘树坤. 1993. 全民防洪减灾手册. 沈阳:辽宁人民出版社
刘维屏,刘广深主编. 2002. 环境科学与人类文明. 杭州:浙江大学出版社
马世骏等. 1984. 社会——经济——自然复合生态系统. 生态学报, 4(1)
马世骏. 1989. 生态学发展趋势估计. 生态学进展,5(1)
马世骏. 1990. 现代生态学透视. 北京:科学出版社
穆桂春. 1990. 城市地貌学的理论和实践. 西南师范大学学报, 15(4)
曲格平. 1989. 中国环境问题及对策. 北京:中国环境科学出版社
曲格平. 1994. 中国城市化与环境保护. 中国环境报, 11 月 8 日, 二版
沈清基. 1998. 城市生态与城市环境. 上海:同济大学出版社
沈雪平等. 1989. 广州城市对降水的影响. 热带地理, 6(2)
施雅风等. 1992. 中国气候与海平面变化研究进展(二). 北京:海洋出版社
〔日〕石弘之著, 张坤民等译. 1991. 地球环境报告. 北京:中国环境科学出版社
宋永昌等. 1990. 长兴岛复合生态系统研究. 上海:华东师范大学出版社
宋永昌等. 2000. 城市生态学. 上海:华东师范大学出版社
唐运梯等. 1992. 环境管理概论. 北京:中国环境科学出版社
唐永銮等. 1988. 大气环境学. 广州:中山大学出版社
同济大学等. 1981. 城市规划原理. 北京:中国建筑工业出版社
同济大学等. 1982. 城市环境保护. 北京:中国建筑工业出版社
同济大学等. 1987. 城市园林绿地规划. 北京:中国建筑工业出版社
王发曾. 1991. 城市生态系统的综合评价与调控. 城市环境与城市生态,4(2)
王金南等. 1993. 中国 90 年代城市环境污染控制战略. 环境科学进展, 1(1)
王祥荣. 2000. 生态与环境——城市可持续发展与生态环境调控新论. 南京:东南大学出版社
王如松. 1988. 高效·和谐·城市生态调控原理与方法. 长沙:湖南教育出版社
吴文桂等. 1988. 城市水资源评价及开发利用. 郑州:河南大学出版社
吴人坚等. 2000. 生态城市建设的原理和途径——兼析上海市现状和发展. 上海:复旦大学出版社
邢嘉明等. 1988. 京津地区生态系统特征与污染防治研究. 北京:科学出版社
薛兆瑞等. 1993. 城市生态规划研究——承德市城市生态规划. 北京:气象出版社
杨邦杰等. 1992. 城市生态调控的决策支持系统. 北京:中国科学技术出版社
杨士弘等. 1984. 广州城市热岛效应. 华南师范大学学报,(2)
杨士弘. 1987. 广州城市热效应统计分析. 地理科学,7(2)
杨士弘等. 1985. 广州城市气候初探. 见:城市气候与城市规划. 北京:科学出版社
杨士弘. 1989. 广州城市绿化的光能效应分析. 见:珠江三角洲环境与空间发展. 北京:学术书刊出版社
杨士弘等. 1989. 广州城市绿化的环境作用. 热带地理, 9(2)
杨士弘. 1991. 城市生态环境研究. 广州:中山大学出版社
杨士弘等. 1992. 关于环境与经济协调发展研究方法的探讨. 广东环境监测, 2(4)
杨士弘等. 1993. 广州城市绿地系统及生态环境建设. 广州环境科学, 8(2)
杨士弘. 1994. 城市绿化树木的降温增湿效应分析. 地理研究, 13(4)
杨士弘. 1994. 广州城市环境与经济协调发展预测及调控研究. 地理科学, 14(2)
杨士弘. 1997. 论城市生态环境可持续发展. 华南师范大学学报, (1)

杨士弘. 2000. 城市生态环境可持续发展评价探讨. 华南师范大学学报, (4)
杨士弘,2001,论广州建设山水城市与生态城市. 广州环境科学,16(3)
杨小波等. 2000. 城市生态学. 北京:科学出版社
袁留根. 1992. 辽宁省生态环境质量评价. 环境科技, 12(1)
叶锦昭. 1993. 环境水文学. 广州:广东高等教育出版社
于志熙. 1992. 城市生态学. 北京:中国林业出版社
张大泉. 1990. 城市地貌过程初探. 西南师范大学学报, 15(4)
张景哲. 1988. 北京城市气温与下垫面结构关系的时相变化. 地理学报, 43(2)
张一民等. 1994. 大气污染预测系统. 环境导报, (6)
张志杰. 1992. 环境污染生态学. 北京:中国环境科学出版社
张忠祥等. 1998. 城市可持续发展与水污染防治对策. 北京:中国建筑工业出版社
郑　度. 1994. 中国21世纪与地理学. 地理学报, 49(2)
郑芷青. 1995. 建设广州国际大都市的市区街道绿化. 热带地理, 15(1)
中国科学院自然科学研究所. 1984. 中国古代地理学史. 北京:科学出版社
中国建筑工业出版社. 1993. 给排水工程规范(上). 城镇建设常用规范集(1). 北京:中国建筑工业出版社
〔日〕中野尊正等著, 孟德正等译. 1986. 城市生态学. 北京:科学出版社
周纪纶等. 1990. 城市生态经济研究和实例. 上海:复旦大学出版社
周淑贞等. 1981. 上海的雾. 地理学报, 36(1)
周淑贞等. 1982. 上海城市热岛效应. 地理学报, 37(2)
周淑贞等. 1989. 城市气候与区域气候. 上海:华东师范大学出版社
周淑贞等. 1991. 上海城市湿岛与城区雾. 应用气象学报, 2(3)
周淑贞等. 1994. 城市气候学. 北京:气象出版社
周淑贞等. 1994. 城市气候学. 北京:气象出版社
周小平. 1991. 什么是生态. 生态学杂志, 10(5)
邹扬善. 1992. 城市污水处理. 北京:中国环境科学出版社
宗跃光. 1993. 城市景观规划的理论和方法. 北京:中国科学技术出版社
朱　虹等. 1994. 中国城市地貌特点与利用. 华中师范大学学报,28(3)
朱元甡. 1991. 城市水文学. 北京:中国科学技术出版社
Anderson D.G. 1970. Effects of Urban Development on Floods in Northern Virginia. Geological Survey Water-supply, Paper 2001-cc,22pp., Washington
Bearry J.L. 1977. Contemporary Urban Ecology, New York
Changnon, S.A. et al.. 1986. The Urban-related Nocturnt Rainfall Anomaly at st. Louis, j. Climate and Applied Meteorol, 25
Dunne T. 1986. Urban Hydrology in the Tropics: Problems, Solutions, Data Collection and Analysis. Urban Climatology and Its Apply, with Special Regard to Tropical Areas, Wmo-no. 652
Howard E. 1898. Garden Cities of Tomorrow, Feber and Faber. London(rapr. 1965)
Landsberg H.E. 1981. The Urban Climate. World Survey of Climatology, 3. New York
Miller J.G. 1979. Living Systems. Mcgraw Hill, New York
Oke. T.R. 1982. The Energetic Basis of the Urban Heat Island. Qquart. J.R. Met. Soc., 108(455)
Oke T.R. 1987. Boundary Layer Climate. Methuan Co. LTD. London